Marie Curie
Die Radioaktivität

SEVERUS Verlag

ISBN: 978-3-95801-297-4
Druck: SEVERUS Verlag, 2015

Der SEVERUS Verlag ist ein Imprint der Diplomica Verlag GmbH.
Bibliografische Information der Deutschen Nationalbibliothek:
Die Deutsche Nationalbibliothek verzeichnet diese Publikation in der Deutschen Nationalbibliografie; detaillierte bibliografische Daten sind im Internet über http://dnb.d-nb.de abrufbar.

Marie Curie

Die Radioaktivität

FOTOGRAV. GEN. STAB. LIT. ANST.

M. Curie

Inhaltsverzeichnis.

Seite

Einleitung . . . . VII—XV

I. Kapitel. Ionen und Elektronen . . . . 1—67

1. Leitfähigkeit der Gase. Gasionen. Sättigungsstrom. S. 1. — 2. Die Grundgleichungen. Gleichförmige Ionisation. Bildung und Wiedervereinigung der Ionen. S. 6. — 3. Wirkung des elektrischen Feldes. S. 9. — 4. Die Verteilung des Potentials und des elektrischen Feldes. S. 13. — 5. Oberflächenionisation. S. 15. — 6. Messung des Koeffizienten der Wiedervereinigung. S. 18. — 7. Messung der Ionenbeweglichkeit. S. 21. — 8. Kondensation von Wasserdampf auf den Ionen. S. 26. — 9. Die Ladung der Ionen. S. 29. — 10. Diffusion der Ionen. S. 31. — 11. Elementare Ladung. S. 36. — 12. Ursachen der Ionenbildung und Beschaffenheit der Ionen. S. 39. — 13. Theorie der Ionisation durch Ionenstoß und der disruptiven Entladung. S. 43. — 14. Kathodenstrahlen. S. 46. — 15. Wirkung des magnetischen und des elektrischen Feldes auf die Kathodenstrahlen. S. 47. — 16. Messung des Verhältnisses e/m und der Geschwindigkeit eines sich bewegenden Elektrons. S. 53. — 17. Elektronen. S. 55. — 18. Positive Strahlen. S. 57. — 19. Röntgenstrahlen. S. 59. — 20. Durch ein geladenes Teilchen erzeugtes elektromagnetisches Feld. S. 60. — 21. Elektromagnetische Trägheit und Maße. S. 63. — 22. Strahlung durch ein beschleunigtes Elektron. S. 67.

II. Kapitel. Untersuchungs- und Messungsmethoden auf dem Gebiete der Radioaktivität . . . . 78—114

23. Beobachtungsmethoden. S. 73. — 24. Elektroskope. S. 77. — 25. Elektrometer. Messung mittels der Ausschlagsgeschwindigkeit. S. 83. — 26. Messung mittels des konstanten Ausschlags. S. 91. — 27. Kompensationsmethoden. Piezoelektrischer Quarz. S. 94. — 28. Kompensation durch den Ladungsstrom eines Kondensators. S. 104. — 29. Korrektion der Messungen. S. 106. — 30. Experimentelle Vorkehrungen. S. 108. — 31. Radioaktive Maßplatten. S. 113. — 32. Einfluß des Elektrodenabstandes, des Druckes und der Temperatur auf das Resultat der Messungen. S. 114.

III. Kapitel. Die Radioaktivität des Urans und des Thoriums. Radioaktive Mineralien . . . . 115—139

33. Die Entdeckung der Radioaktivität. S. 118. — 34. Uranstrahlen. S. 119. — 35. Ionisation durch Uranstrahlen. S. 122. — 36. Untersuchung der Uranver-

Seite

bindungen. S. 127. — 37. Die Radioaktivität des Thoriums. S. 128. — 38. Die Radioaktivität ist eine Eigenschaft des Atoms. Ist sie eine allgemein verbreitete Erscheinung? S. 132. — 39. Radioaktive Mineralien. S. 139.

IV. Kapitel. Die neuen radioaktiven Substanzen . 140—188

40. Neue, auf die Radioaktivität gegründete Untersuchungsmethoden chemischer Elemente. S. 142. — 41. Untersuchung der Pechblende. Entdeckung des Poloniums und Radiums. Aktinium. Radioaktives Blei. Thorianit und Radiothorium. Ionium. S. 145. — 42. Abscheidung der neuen radioaktiven Stoffe. Behandlung des Erzes. S. 150. — 43. Darstellung der reinen Radiumsalze. S. 152. — 44. Das Spektrum des Radiums. S. 157. — 45. Das Atomgewicht des Radiums. S. 160. — 46. Die Eigenschaften der Radiumsalze. S. 169. — 47. Polonium. Darstellung und Eigenschaften. S. 173. — 48. Aktinium. S. 180. — 49. Radioaktives Blei. S. 184. — 50. Radiothorium. Mesothorium. S. 185. — 51. Ionium. S. 188.

V. Kapitel. Radioaktivität von beschränkter Dauer. — Induzierte Radioaktivität. — Emanationen. — Chemische Abscheidung von Substanzen mit kurz dauernder Aktivität . . . . . . 189—199

52. Permanente und ephemere Radioaktivität. S. 192. — 53. Induzierte Radioaktivität. S. 194. — 54. Radioaktive Emanationen. Beziehungen zwischen den Emanationen und den induzierten Radioaktivitäten. S. 195. — 55. Chemische Darstellung radioaktiver Substanzen, deren Aktivität von begrenzter Dauer ist. S. 197. — 56. Produktion und Zerfall radioaktiver Stoffe. S. 199.

VI. Kapitel. Radioaktive Gase oder Emanationen . 200—319

57. Radioaktive Emanationen. S. 201. — 58. Thoriumemanation. S. 201. — 59. Radiumemanation. S. 204. — 60. Aktiniumemanation. S. 221. — 61. Vergleichung der drei Emanationen. S. 226. — 62. Die Difussion der Emanationen. S. 228. — 63. Absorption der Radiumemanation durch Flüssigkeiten. Löslichkeit. Difussion in Flüssigkeiten. S. 248. — 64. Absorption der Radiumemanation durch feste Körper. S. 253. — 65. Verdichtung der Emanationen. S. 255. — 66. Chemische Eigenschaften der Emanationen. S. 265. — 67. Strahlung und Ladung der Emanationen. S. 266. — 68. Bildung und Abgabe der Emanationen. S. 268. — 69. Bestimmung des Radiums durch Messung der entwickelten Emanation. S. 278. — 70. Einfluß der Temperatur auf die Abgabe radioaktiver Emanationen durch feste Substanzen. S. 290. — 71. Die Emanationen sind materielle Gase. Isolierung der Radiumemanation in reinem Zustand. Messung des Volumens. S. 307. — 72. Verflüssigung der Radiumemanation. S. 318. — 73. Das Spektrum der Radiumemanation. S. 319.

Seite

VII. Kapitel. Die induzierte Radioaktivität . . . . 320—379

74. Die Entstehung der induzierten Radioaktivität. S. 322. — 75. Die induzierte Radioaktivität des Radiums. S. 323. — 76. Das Zerfallsgesetz der induzierten Radioaktivität des Radiums. S. 326. — 77. Langsam veränderliche induzierte Radioaktivität. S. 335. — 78. Die induzierte Aktivität des Thoriums. S. 336. — 79. Die induzierte Radioaktivität des Aktiniums. S. 341. — 80. Der Zusammenhang zwischen den induzierten Radioaktivitäten und den Emanationen. S. 343. — 81. Die Natur der induzierten Radioaktivitäten. S. 344. — 82. Der Einfluß der Temperatur auf die induzierte Radioaktivität. S. 346. — 83. Der Einfluß eines elektrischen Feldes auf den Niederschlag der induzierten Radioaktivität. S. 347. — 84. Der Mechanismus der Ablagerung der induzierten Radioaktivität. Die Ausstoßung des aktiven Niederschlages. S. 355. — 85. Die Ausbreitung des aktiven Niederschlages durch Diffusion. S. 359. — 86. Die Wirkung der Schwerkraft auf den Niederschlag der induzierten Radioaktivität. S. 367. — 87. Der Einfluß der Aktivierungsbedingungen auf die Form der Entaktivierungskurve. Der im Gase suspendierte aktive Niederschlag. S. 373. — 88. Die Radioaktivität von Substanzen, die sich gleichzeitig mit aktiven Substanzen in Lösung befinden. S. 376. — 89. Versuche, durch die bloße Strahlung einer radioaktiven Substanz oder in Abwesenheit einer solchen Aktivität hervorzurufen. S. 378.

VIII. Kapitel. Die Theorie der radioaktiven Umwandlungen . . . . 380—413

90. Die Theorien der Radioaktivität. S. 380. — 91. Theorie der Umwandlung einer einzigen Substanz. S. 387. — 92. Theorie der Umwandlung von zwei oder drei Substanzen. S. 389. — 93. Allgemeiner Fall. S. 392. — 94. Die Beziehung zwischen der Inoisation und der vorhandenen Menge radioaktiver Substanz. S. 401. — 95. Unabhängigkeit der radioaktiven Konstanten von allen äußeren Bedingungen. S. 402. — 96. Gründe, welche für die Annahme einer Umwandlung der Atome sprechen. S. 403. — 97. Abweichungen von dem einfachen Gesetz der radioaktiven Umwandlungen. S. 405. — 98. Die möglichen Ursachen des Zerfalls der radioaktiven Atome. S. 410.

Tabellen zum Gebrauche bei auf Radiumemanation bezüglichen Rechnungen . . . . 414—419

Tafel I.

Tafel II.

Einleitung.

Dieses Buch enthält die Vorträge über Radioaktivität, die im Laufe der letzten Jahre in der Sorbonne gehalten worden sind. Bei der Abfassung derselben sind Fortschritte mit berücksichtigt worden, die in den Vorlesungen nicht erwähnt werden konnten.

Die Entdeckung der Radioaktivität ist verhältnismäßig sehr jungen Datums, sie reicht nicht weiter als bis zum Jahre 1896 zurück, in welchem Jahre Henri Becquerel die dem Uran eigentümliche Strahlung nachgewiesen hat. Indessen hat sich die Kenntnis dieser Erscheinung außerordentlich rasch entwickelt, und es sind Forschungsresultate von so großer Tragweite auf diesem Gebiete erzielt worden, daß die Radioaktivität jetzt ein wichtiger und selbständiger Zweig der physikochemischen Wissenschaft mit eigenem, klar abgegrenztem Gebiet geworden ist.

Das Wissen des Chemikers und das des Physikers finden bei dem Studium der Radioaktivität wichtige und gleichwertige Anwendung. Werden die chemisch-analytischen Methoden bei der Abscheidung radioaktiver Substanzen aus ihren Mineralien angewandt, so bedient man sich physikalischer Messungsmethoden und besonders der Elektrometrie bei der Untersuchung dieser Substanzen.

Ein besonderes Interesse bietet der Zusammenhang, der zwischen der schnellen Entwicklung der Radioaktivität und den Resultaten der theoretischen und experimentellen Untersuchungen über die Natur der elektromagnetischen Erscheinungen und über den Durchgang des elektrischen Stromes durch Gase besteht. Diese Untersuchungen, die mit großer Folgerichtigkeit zur Annahme einer korpuskulären Struktur der Elektrizität geführt haben, beziehen sich auf die Kathoden- und Kanalstrahlen, die Röntgenstrahlen und die Gasionen. Sie führten zur Kenntnis von Partikeln, die positive oder negative elektrische Ladungen tragen und von denselben Dimensionen wie die Atome oder auch bedeutend kleiner sein können.

Die Ionisationstheorie, die zur Erklärung der elektrischen Leitung in Gasen aufgestellt worden ist, wurde auch als geeignet befunden, Rechenschaft über die Leitfähigkeit zu geben, die den Gasen durch die Wirkung eines radioaktiven Körpers erteilt wird. Sie konnte bei den Untersuchungen der von den radioaktiven Substanzen emittierten Strahlungen angewandt werden und ist in dieser Hinsicht ein äußerst wertvolles Hilfsmittel geworden. Die Strahlen der radioaktiven Körper bieten in ihren Eigenschaften Analogien mit den Kathodenstrahlen, den Kanalstrahlen und den Röntgenstrahlen und können häufig nach denselben Methoden wie diese untersucht werden. So kann man behaupten, daß die Entdeckung der Radioaktivität gerade zu einer Zeit erfolgt ist, in der das Feld wunderbar gut vorbereitet war, Früchte zu tragen, und man diesen Ertrag zu schätzen in der Lage war.

Eng mit Chemie und Physik verwandt, sich der Arbeitsmethoden dieser beiden Wissenschaften bedienend, bietet ihnen die Radioaktivität als Gegenleistung Elemente der Erneuerung. Der Chemie bringt sie eine neue Methode für die Auffindung, Scheidung und Untersuchung chemischer Elemente, die Kenntnis einer gewissen Anzahl neuer Elemente von merkwürdigen Eigenschaften — in erster Reihe des Radiums — und endlich den grundlegenden Begriff der Umwandlungsmöglichkeit des Atoms unter der experimentellen Kontrolle zugänglichen Bedingungen. Der Physik, und überhaupt den modernen Korpuskulartheorien, bietet sie eine Welt von neuen Erscheinungen, deren Studium eine Quelle von Fortschritten für dieselben ist. Man braucht hier z. B. nur zu erwähnen die Emission von eine elektrische Ladung tragenden Partikeln von großer Geschwindigkeit, deren Bewegung nicht mehr den Gesetzen der Mechanik gehorcht, und auf die die neueren Theorien über die Elektrizität und die Materie zum Zwecke ihrer Bestätigung und weiterer Entwicklung angewendet werden können.

Steht die Radioaktivitätslehre auch hauptsächlich in Verbindung mit Physik und Chemie, so ist sie doch auch anderen wissenschaftlichen Gebieten nicht fremd und erwirbt daselbst eine wachsende Bedeutung. Die Erscheinungen der Radioaktivität sind so mannigfach, ihr Auftreten so verschiedenartig und so verbreitet im Universum, daß sie in allen Zweigen der Naturwissenschaft und ganz besonders in der Physiologie, Therapie, Meteorologie und Geologie berücksichtigt werden müssen. Mehrere wissenschaftliche Laboratorien widmen sich gegenwärtig dem Studium der Radioaktivität. Institute sind in Vorbereitung, um relativ bedeutende Mengen von Radium, dem wichtigsten Untersuchungsobjekt auf dem neuen Gebiete, zu sammeln, wodurch das Interesse an dem Gegenstand noch gesteigert werden wird.

Im Jahre 1903 habe ich eine kleinere Schrift unter dem Titel: „Recherches sur les substances radioactives“[1]) veröffentlicht, in welcher der damalige Stand des Gegenstandes dargelegt worden ist. 1905 erschien das vorzügliche Buch von Rutherford,[2]) das kürzlich in einer neuen und vollständigeren Auflage herausgegeben worden und von großem Nutzen gewesen ist. Im vorliegenden Werke habe ich versucht, eine möglichst vollständige Darstellung der radioaktiven Erscheinungen nach dem Stande unserer gegenwärtigen Kenntnisse zu geben. Der Plan meines ersten Buches ist zwar beibehalten worden, aber das vorliegende Werk enthält eine der inzwischen erfolgten Entwicklung der Radioaktivitätslehre entsprechende viel ausführlichere Behandlung.

* * *

Die Radioaktivität ist eine neue an einigen Substanzen beobachtete Eigenschaft der Materie. Daß sie eine allgemeine Eigenschaft der Materie sei, läßt sich durch nichts begründen, als nur dadurch, daß eine derartige a priori gemachte Annahme an sich nichts Unwahrscheinliches hätte und selbst ganz natürlich erscheinen müßte. Die radioaktiven Körper sind Quellen von Energie, deren Abgabe sich durch verschiedene Wirkungen offenbart: durch Emission von Strahlungen, von Wärme, Licht und Elektrizität.

---

[1]) Untersuchungen über die radioaktiven Substanzen, Deutsch von W. Kaufmann, 1904.

[2]) Rutherford, Die Radioaktivität, Deutsch von Aschkinass, 1907.

Diese Energieabgabe ist wesentlich an das Atom der Substanz gebunden; sie ist eine dem Atom zugehörende Eigenschaft und ist außerdem spontan. Diese beiden Umstände sind durchaus wesentlich.

Wir kennen gegenwärtig schwach radioaktive Körper: das Uran und das Thorium, und einige stark radioaktive: das Radium, das Polonium, das Aktinium, das Radiothorium und das Ionium. Diese Körper finden sich in der Natur in äußerster Verdünnung, und das ist nicht die Wirkung eines Zufalls. Von den stark radioaktiven Körpern hat nur das Radium in Form reiner Salze isoliert werden können. In den daran reichsten Erzen ist dieser Körper im Verhältnis von einigen Zentigramm in der Tonne enthalten.

Die radioaktiven Substanzen emittieren Strahlen, die auf die photographischen Platten einwirken, Phosphoreszenz erregen und Gase elektrisch leitend machen, die aber weder gewöhnliche Reflexion, noch Refraktion, noch Polarisation zeigen. Diese Strahlen verhalten sich also analog den Kathoden-, den Kanal- und den Röntgenstrahlen. Genauere Untersuchun genhaben ergeben, daß die Strahlung der radioaktiven Körper in drei Gruppen, β, α und γ zerfällt, die den genannten drei in Crookesschen Röhren entstehenden Strahlenarten entsprechen. Die β-Strahlen bestehen aus einer Emission von negativen Elektronen, die α-Strahlen aus einer Emission positiv elektrisch geladener Partikeln, während die γ-Strahlen keinerlei Ladung tragen. Die Emission der α- und β-Strahlen entspricht einer spontanen Entbindung von Elektrizität von den radioaktiven Substanzen. Die Strahlen dieser Körper rufen zahlreiche Wirkungen verschiedener Art hervor: chemische Wirkungen, deren wichtigste die Zersetzung des Wassers ist, physiologische Wirkungen, wie diejenige auf die Haut und andere Gewebe, welche allgemein in der Heilkunde angewandt werden. Einige radioaktive Substanzen leuchten spontan.

Die radioaktiven Körper sind Wärmequellen. Das Radium erzeugt eine Wärmemenge von 118 K. pro Gramm und Stunde und zwar ohne jede wahrnehmbare Veränderung der Substanz im Laufe mehrerer Jahre. Diese ganz besonders bemerkenswerte Tatsache bildet einen fundamentalen Unterschied zwischen dem Radium und den gewöhnlichen Elementen und steht in Übereinstimmung mit der gegenwärtigen Auffassung, wonach die

Radioaktivität von einer Transformation des Atomes hergeleitet wird.

Manche radioaktiven Substanzen haben eine, wenigstens innerhalb der Grenzen der Beobachtung, konstante Aktivität. Dahin gehören das Uran, das Thorium, das Radium und das Aktinium. An anderen, wie z. B. dem Polonium, hat man eine mit der Zeit erfolgende langsame Abnahme der Aktivität beobachtet. Es ist aber auch Radioaktivität von nur kurzer Dauer beobachtet worden. So entwickeln das Radium, Thorium und Aktinium kontinuierlich radioaktive, Emanationen genannte Gase, deren Aktivität mit der Zeit verschwindet, und zwar langsam bei der Radiumemanation und sehr schnell bei den Emanationen des Thoriums und Aktiniums. Diese Emanationen produzieren wiederum selbst an Flächen, die sie bespülen, aktive Niederschläge, die ebenfalls nach einigen Stunden oder Tagen verschwinden. Diese letztere Erscheinung ist die der *induzierten* Radioaktivität. Mit Hilfe chemischer Reaktionen kann man endlich vom Uran oder dem Thorium Substanzen abscheiden, die kontinuierlich von diesen Elementen gebildet werden und deren Aktivität binnen einigen Monaten nach und nach vergeht.

Alle diese Erscheinungen können in befriedigender Weise durch die Annahme einer vollkommen gesetzmäßig erfolgenden Bildung und Zerstörung der radioaktiven Substanzen erklärt werden.

Die radioaktiven Eigenschaften sind sehr verschieden. Die mannigfachen Formen der ephemeren Radioaktivität unterscheiden sich voneinander durch die Natur der emittierten Strahlen und die Geschwindigkeit ihres Zerfalles. Man kann annehmen, daß die Produktion oder die Zerstörung einer bestimmten Form von Radioaktivität der Produktion oder dem Zerfall einer bestimmten chemischen Substanz entspricht, und daß es sich hierbei, da die Radioaktivität eine Eigenschaft des Atoms ist, um den Zerfall von Atomen handelt. Diese Anschauungsweise ist eine Erweiterung der Auffassung der Radioaktivität als einer Eigenschaft des Atoms, der Auffassung, die zur Entdeckung des Radiums geführt hat. Die Theorie der Transformation der radioaktiven Elemente, die von *Rutherford* und *Soddy* entwickelt worden ist, ist jetzt allgemein angenommen.

Nach dieser Theorie existieren keine unveränderlichen radioaktiven Substanzen, sondern eine jede von ihnen erleidet im Verlaufe der Zeit einen mehr oder minder raschen Zerfall. Die Zerfallsgeschwindigkeit einer chemisch einfachen radioaktiven Substanz ist ihrer Menge proportional; infolgedessen vermindert sich diese Menge nach einem einfachen Exponentialgesetz, das charakterisiert ist durch einen von der Natur der Substanz abhängigen unveränderlichen Koeffizienten, durch den diese definiert werden kann. Diese Koeffizienten oder radioaktiven Konstanten scheinen von den Versuchsbedingungen unabhängig und geeignet zu sein, als Grundlage von Zeitmaßen zu dienen. Der Zerfall der Atome wird mit einer Explosion verglichen, durch welche Fragmente der Atome mit elektrischer Ladung oder ohne eine solche fortgeschleudert werden können. Die resultierenden Produkte können sowohl inaktiv als auch mit Radioaktivität begabt sein. Im letzteren Falle ist das neugebildete Atom selbst nicht stabil, sondern es unterliegt einer neuen Desintegration nach Ablauf einer mehr oder minder langen Zeit.

Verläuft der Zerfall einer ephemeren radioaktiven Form nach einem komplizierten Gesetz, so kann dasselbe immer als Summe von Exponentialfunktionen dargestellt werden, die als eine Reihenfolge von einfachen Transformationen in begrenzter Anzahl aufgefaßt werden kann. Die Erfahrung hat gezeigt, daß in solchem Falle die einzelnen Glieder der Reihe als Repräsentanten von elementaren radioaktiven Substanzen betrachtet werden können, von denen man manche hat isolieren können.

Durch fortgesetzte Analyse der radioaktiven Erscheinungen gelangt man dahin, von einer Ursubstanz ausgehend, eine Reihe von im Verlaufe der radioaktiven Umwandlungen aufeinander folgenden Exponentialgrößen aufzustellen.

Man erhält so Familien von Elementen, die miteinander durch eine gemeinschaftliche Abstammung verbunden, aber vollkommen verschieden sind. Dahin gehört die auch das Polonium einschließende Radiumfamilie, ferner die Familie des Urans, die des Thoriums und die des Aktiniums. Das Radium selbst ist keine primäre Substanz, sondern wahrscheinlich ein Abkömmling des Urans. Man kann gegenwärtig die Existenz von etwa 30 radioaktiven Elementen annehmen, von denen freilich mehrere niemals

als solche festgestellt werden können, weil sie eine zu kurze Lebensdauer haben. Nur diejenigen radioaktiven Elemente können sich in merkbarer Menge anhäufen, die kontinuierlich produziert werden und deren Zerfall bei gegebener Menge nicht zu beträchtlich ist. Andererseits ist die Intensität der Radioaktivität der Geschwindigkeit des Zerfalls proportional, und vergleicht man Körper von analoger Strahlung nach gleichem Mengenverhältnis, so zeigen sich die Körper am radioaktivsten, die am schnellsten zerfallen. Infolgedessen werden die stärker radioaktiven Substanzen in ganz besonders geringem Maße in der Natur vorkommen, und das wird durch die Erfahrung bestätigt.

Unter den Zerfallsprodukten der radioaktiven Körper befindet sich ein besonders interessantes, das ist das Helium, welches konstant vom Radium, Aktinium, Polonium, Uran und Thorium produziert wird. Es ist erwiesen, daß die Heliumatome α-Partikeln sind, die ihre elektrische Ladung verloren haben. Andererseits scheinen die α-Strahlen der verschiedenen radioaktiven Körper aus denselben materiellen Partikeln zu bestehen. Daraus folgt, daß das Heliumatom aller Wahrscheinlichkeit nach einen Bestandteil aller oder fast aller radioaktiven Atome bildet und vielleicht ein Bestandteil der Atomgebilde überhaupt. Die Entdeckung der Produktion des Heliums durch das Radium ist Ramsay und Soddy zu verdanken; sie ist eine der wichtigsten Tatsachen in der Geschichte der Radioaktivität.

Manche radioaktive Transformationen verlaufen sehr langsam; so z. B. der Zerfall des Urans und des Thoriums. Selbst nach mehreren Jahren sind in diesen Fällen die Wirkungen dieses Zerfalls unbedeutend. Aber in den radioaktiven Mineralien haben sich dieselben Transformationen in Zeiträumen von der Größe geologischer Epochen vollziehen können, und darum ist das Studium der Mineralien geeignet, die Beziehungen zwischen den radioaktiven Körpern aufzuklären. Umgekehrt läßt sich aus einer solchen bekannten Beziehung die Größenordnung der Zeit ableiten, binnen welcher die Transformation in einem unveränderten Mineral stattgefunden hat. So kann man aus dem in den Mineralien okkludierten Helium sich über das Alter derselben Rechenschaft geben. Wäre es bewiesen, daß alle Materie mehr oder weniger radioaktiv ist, so könnte man durch die Untersuchung des Mengenverhältnisses, in welchem die Elemente in den Mineralien zueinander stehen, die genetischen Beziehungen dieser Elemente feststellen.

Zum Schluß dieses kurzen Überblickes über das Gebiet der Radioaktivität möchte ich noch auf die Größe der Energieabgabe der radioaktiven Körper hinweisen. So hat beim Radium, dessen Zerfallsgeschwindigkeit mit einer gewissen Annäherung bekannt ist (seine Menge vermindert sich um die Hälfte in ungefähr 2000 Jahren), der Zerfall von einem Gramm die Entwicklung einer Wärmemenge zur Folge, die derjenigen gleich ist, welche bei der Verbrennung von 500 kg Kohle oder 70 kg Wasserstoff erzeugt wird. Daraus ist zu schließen, daß die innere Energie eines Atoms sehr groß ist im Vergleich mit derjenigen, die bei der Verbindung der Atome zu einem Molekül in Tätigkeit gesetzt wird, und dieser Umstand kann wohl geeignet sein, die Unabhängigkeit der radioaktiven Phänomene von den experimentellen Bedingungen zu erklären. Von den Versuchen, die gemacht worden sind, diese Erscheinungen zu beeinflussen, hat noch keiner zu einem positiven Resultat geführt.

Die Radioaktivität resultiert aus dem Zerfall bestimmter Atome, und dieser Zerfall erscheint uns als ein spontan verlaufender Vorgang. Die Erfahrung zeigt, daß die Wahrscheinlichkeit des Zerfalls zur gleichen Zeit für sämtliche Atome derselben Substanz die gleiche ist. Daraus erklärt sich das diesen Zerfall beherrschende Exponentialgesetz und die Abweichungen von diesem Gesetz. Nichtsdestoweniger wird man doch mit Notwendigkeit zu der Annahme geführt, daß der Zerfall eines individuellen Atoms in einem gegebenen Augenblick durch besondere Umstände veranlaßt wird, die ebensowohl dem Einfluß seines momentanen Zustandes, als auch äußeren Bedingungen unterworfen sein können. Mithin ist die bestimmende Ursache der radioaktiven Phänomene bis jetzt noch unbekannt.

In diesem Buche ist der Behandlung der eigentlichen Erscheinungen der Radioaktivität eine Darstellung der Theorie der Gasionen und ein kurzer Abriß der wichtigsten Kenntnisse über die Kathoden-, Kanal- und Röntgenstrahlen sowie über die Eigenschaften elektrisch geladener bewegter Partikeln vorausgeschickt worden. Die Kenntnis dieser Dinge ist für das Studium unseres Gegenstandes unentbehrlich. Ein Kapitel ist der Beschreibung der Messungsmethoden gewidmet worden. Nach der ausführlichen Beschreibung der Entdeckung und der Darstellung der radioaktiven Substanzen folgt die Abhandlung der radioaktiven Emanationen, der induzierten Radioaktivität und der von den radioaktiven Körpern emittierten Strahlungen. Die radioaktiven Substanzen werden dann nach Familien eingeteilt und diese einzeln in bezug auf ihre Gesamteigenschaften und die Natur der radioaktiven Transformationen betrachtet.

I. Kapitel.

Ionen und Elektronen.

1. **Leitfähigkeit der Gase. Gasionen. Sättigungsstrom.** — Die radioaktiven Körper senden Strahlen aus, die den in einer Crookes'schen Röhre erzeugten analog sind. Indem sie ein Gas durchdringen, teilen diese Strahlen demselben eine gewisse elektrische Leitfähigkeit mit, und es ist dies eine fundamentale Eigenschaft, die für die Erforschung der Radioaktivität die größten Dienste geleistet hat. Die durch radioaktive Körper in einem Gase hervorgebrachte Leitfähigkeit ist von derselben Art, wie die durch Röntgenstrahlen verursachte. Diese letztere ist schon vor der Entdeckung radioaktiver Körper untersucht worden und hat zu einer Theorie Anlaß gegeben, die direkt auf die Untersuchung der Radioaktivität angewandt werden konnte und die sich ihrerseits an die Theorie der elektrolytischen Stromleitung anschließt.

Nach den allgemein angenommenen Anschauungen von Hittorf und Arrhenius ist bekanntlich der elektrische Strom in einem Elektrolyten ein Konvektionsstrom, d. h. ein Strom, der durch den Transport elektrischer Ladungen durch materielle Teilchen, die Ionen, erzeugt wird. Die Ionen sind die Bruchstücke des dissoziierten Moleküls eines Elektrolyten. Sie tragen eine positive oder negative elektrische Ladung und bewegen sich in der Lösung unter der Wirkung eines elektrischen Feldes. Indem diese Bewegung innerhalb eines Mediums stattfindet, das einen der Geschwindigkeit proportinalen Widerstand bietet, wird ihre Geschwindigkeit der bewegenden Kraft, folglich dem elektrischen Felde proportional. Ionen sind einerseits das Atom des Wasserstoffs oder eines Metalles oder eines metallischen Radikals, die eine positive Ladung tragen, andererseits der negativ geladene Säurerest. Sie entstehen in der Lösung infolge der elektrolytischen Dissoziation und vermögen sich wieder zu vereinigen und ein neutrales Molekül zu bilden. Der Bruchteil der dissoziierten Moleküle ist abhängig von dem Gleichgewicht zwischen Zerfalls- und Bildungsgeschwindigkeit. Ist das Feld hergestellt, so wandern die Ionen zu den Elektroden und scheiden sich hier aus, indem sie ihre Ladungen abgeben.

Ein der Wirkung von Röntgenstrahlen ausgesetztes Gas besitzt eine gewisse elektrische Leitfähigkeit. Wird in einem solchen Gase ein elektrisches Feld erregt, so entsteht ein Strom, der durch eine passende Anordnung gemessen werden kann. Nimmt man an, daß ein solcher Strom ebenfalls durch Konvektion erzeugt wird, so gewinnt man eine gute Vorstellung von der Natur dieser durch die Strahlen hervorgerufenen Leitfähigkeit. Man bezeichnet auch hier die Träger der Elektrizität als Ionen und nimmt an, daß eine gewisse Anzahl von Gasmolekülen unter dem Einfluß der Strahlen in je zwei Ionen zerfallen, welche gleiche und entgegengesetzte elektrische Ladungen tragen. Ein Gas in diesem Zustand ist ionisiert. Zwei Ionen mit entgegengesetzter Ladung können sich, ihrer gegenseitigen Anziehung gehorchend, wieder nähern und ein neutrales Molekül bilden. Man nennt diesen Vorgang die Wiedervereinigung. Die Ionen nehmen Teil an der Wärmebewegung des Gases, und sind sie in einem Gasvolum nicht gleichmäßig verteilt, so tritt Diffusion derselben ein, d. h. eine Bewegung im Sinne des Konzentrationsgefälles. Das Gas berührende leitende Flächen sind im allgemeinen von bestimmendem Einfluß auf die Diffusion; sie absorbieren die Ionen infolge der Anziehung zwischen der leitenden Fläche und dem geladenen Teilchen. Strömt ein ionisiertes Gas durch eine lange und enge metallene Röhre, so kann ein großer Teil der in ihm enthaltenen Ionen an die Wandung abgegeben werden. Geht das Gas durch einen Wattepfropf, so werden die Ionen vollständig von der Watte absorbiert. Demnach kann ein sich selbst überlassenes ionisiertes Gas seine Ionen verlieren, sowohl durch Wiedervereinigung derselben als auch dadurch, daß sie von der Gefäßwand absorbiert werden.

Wird in einem ionisierten Gase ein elektrisches Feld erzeugt, so wandern die Ionen den Kraftlinien entlang, und zwar die positiven im Sinne des Feldes, die negativen in entgegengesetztem Sinne. Man nimmt an, daß die Wanderungsgeschwindigkeit, wie bei den Elektrolyten, proportional der Feldstärke ist und man bezeichnet mit dem Ausdruck Beweglichkeit eines Ions die Geschwindigkeit desselben in einem Felde von der Stärke 1.

Das Feld wird in der Regel zwischen zwei, in das ionisierte Gas hineinragenden Elektroden erzeugt, zwischen denen man eine Potentialdifferenz herstellt. In einem solchen Felde können die Ionen durch zwei Ursachen in Bewegung geraten: durch die elektrische Kraft des Feldes und durch die von der ungleichmäßigen Verteilung hervorgerufene Tendenz zur Diffusion. Sie sind aber auch ihrer gegenseitigen Anziehung unterworfen, die zu ihrer Wiedervereinigung führen kann. Ist das Feld stark genug, so kann seine Wirkung derart vorherrschend sein, daß man annehmen darf, alle Ionen wandern zu den Elektroden, ohne daß welche von ihnen sich wiedervereinigen oder durch Diffusion absorbiert werden. Eine jede Elektrode sammelt dann während einer gewissen Zeit alle Ionen von dem dem ihrigen entgegengesetzten Vorzeichen an, die während dieser Zeit entstehen. Daraus geht hervor, daß, wenn die in der Zeiteinheit erzeugte Anzahl von Ionen konstant bleibt, man nur einen Strom von nicht überschreitbarer, maximaler Stärke durch das betreffende Gasvolum hindurch senden kann, wie groß auch die Intensität des Feldes sein mag. Dieser maximale Strom heißt der Sättigungsstrom, er ist erreicht, wenn alle im Gase entstehenden Ionen praktisch zu seinem Transport dienen. Die Erfahrung lehrt, daß man den Sättigungsstrom erreichen kann in einem durch Röntgenstrahlen oder Strahlen eines radioaktiven Körpers ionisierten Gas, nicht aber bei der elektrolytischen Leitung.

Die Zahl der in der Volumeinheit durch die Strahlung erzeugten Ionen hängt von der Art und Weise ab, wie die Strahlen ausgenutzt werden. Angenommen, z. B., es handle sich um die Ionisation eines zwischen den beiden parallelen Platten eines Kondensators sich befindenden Gases; dann könnte man ein Bündel von Röntgenstrahlen parallel zu den Platten und ohne, daß diese berührt werden, hindurchsenden. Ist der Kondensator nicht zu groß, so wird die Wirkung der Strahlen auf der ganzen Länge ihres Weges zwischen den Platten nahezu konstant sein, und man wird dann in dem durchstrahlten Volumen des Gases eine gleichförmige Ionisation haben, d. h. es wird die in jedem Moment in der Volumeinheit erzeugte Anzahl von Ionen im ganzen Volumen konstant sein. Bleibt außerdem die Strahlung eine gewisse Zeit lang konstant, so wird man während dieser Zeit eine konstante und gleichförmige Ionisation im betreffenden Volumen haben.

Geht die Strahlung von einer radioaktiven Substanz aus, so ist die Ionisation im allgemeinen nicht gleichförmig in dem die Substanz umgebenden Gase. Sie erweist sich energischer in der unmittelbaren Nähe der Substanz und vermindert sich mit der Entfernung von derselben.

So erzeugt eine mit einer Schicht Uranoxyd bedeckte Platte eine Ionisation, deren Dichte rasch mit dem Abstand von der Platte abfällt. Man sagt dann, daß die von der Substanz ausge-

Fig. 1.

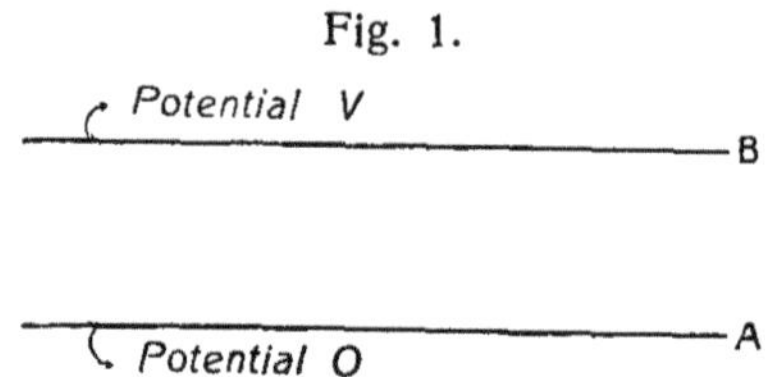

sandten Strahlen wenig durchdringend sind und von dem Gase leicht absorbiert werden. Dasselbe Resultat erhält man, wenn die Röntgenstrahlen anstatt zwischen den metallischen Platten des Kondensators hindurchzugehen, zu dem Gase erst gelangen, nachdem sie die Platten durchdrungen haben. Hierbei spielt das Metall die Rolle einer radioaktiven Platte und sendet Strahlen aus, die weit weniger durchdringend sind als die Röntgenstrahlen. Diese Strahlen werden die sekundären Strahlen genannt. In manchen Fällen kann man mit Hilfe einer radioaktiven Substanz eine annähernd gleichförmige Ionisation in einem gewissen Gasvolumen erzielen.

In folgender Weise stellt sich uns die Änderung des Stromes in einem durch Strahlung ionisierten Gase bei verändertem elektrischen Felde experimentell dar. Wir können z. B. das zwischen den Platten *A* und *B* eines Kondensators (Fig. 1) befindliche Gas betrachten, zwischen denen eine Potentialdifferenz hergestellt ist. Das Gas möge leitend gemacht sein durch ein Bündel zwischen die Platten eindringender Röntgenstrahlen oder durch

Strahlen, die von einer auf der einen Platte ausgebreiteten radioaktiven Substanz ausgehen. Man kann auch annehmen, das Gas sei in einen metallischen Behälter eingeschlossen, in den eine isolierte Elektrode eingeführt ist (Fig. 2), und daß die Ionisation

Fig. 2.

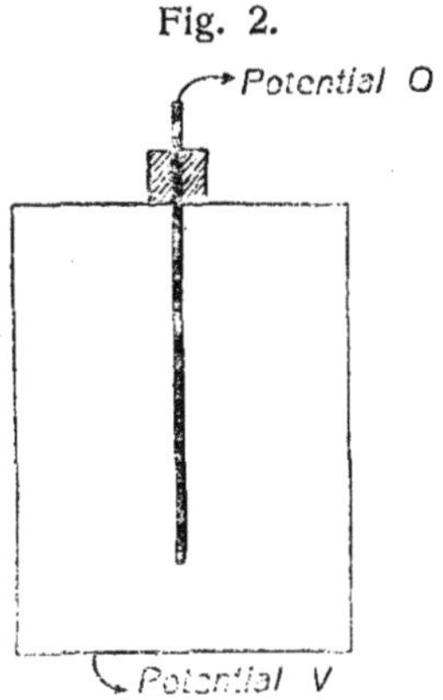

bewirkt wird durch eine im Behälter befindliche oder unter dessen Boden angebrachte radioaktive Substanz.

Variiert die Ionisation nicht mit der Zeit und ist sie annähernd gleichförmig im ganzen Gasvolumen, so läßt sich die Beziehung

Fig. 3.

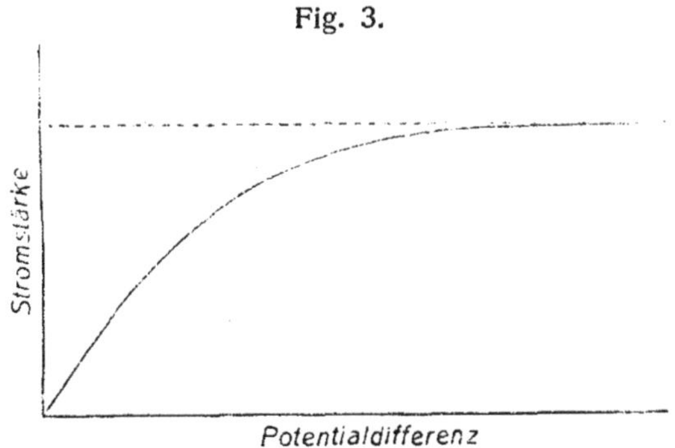

zwischen der Stromstärke i und der an den Elektroden herrschenden Potentialdifferenz V durch eine Kurve darstellen, deren allgemeine Gestalt aus Fig. 3 ersichtlich ist.

Die Stromstärke wächst zunächst proportional der Potentialdifferenz, d. h. nach dem auf Elektrolyte anwendbaren Ohmschen

Gesetz. Wird aber die Potentialdifferenz größer, so wächst die Stromstärke nicht mehr in demselben Maße, sondern immer langsamer und strebt einem konstantem Werte I zu, welcher derjenige des Sättigungsstromes ist. Man hat also zwei Konstanten zur Charakterisierung der Leitfähigkeit des Gases: die anfängliche Leitfähigkeit im schwachen und den Sättigungsstrom im starken Felde. Wir haben hierbei vorausgesetzt, daß es sich um ein unter Atmosphärendruck stehendes Gas handelt und daß die Intensität der Ionisation von der Größenordnung ist, wie man sie im allgemeinen mit Röntgenstrahlen erhält. In diesem Falle kann der Sättigungsstrom erhalten werden für Potentialdifferenzen, unterhalb derjenigen, bei der die disruptive Entladung zwischen den Elektroden eintritt. Wir werden später sehen, daß bei Gasen unter vermindertem Druck die elektrische Leitung andersartig werden kann.

2. **Die Grundgleichungen. Gleichförmige Ionisation. Bildung und Wiedervereinigung der Ionen.** — Wir wollen nun sehen, wie man die verschiedenen Probleme, die sich beim Studium der Leitfähigkeit der Gase darbieten, rechnerisch behandeln kann.

Bezeichnen wir mit n_1 und n_2 die respektiven Konzentrationen der positiven und negativen Ionen und mit e die Ladung eines Ions, die wir als für beide Arten gleich groß voraussetzen; bezeichnen wir ferner mit N die in der Zeit- und Volumeinheit gebildete Anzahl positiver oder negativer Ionen. Die Werte N, n_1 und n_2 sind Funktionen der Zeit und können sich von Stelle zu Stelle im Gasvolumen ändern. Die Gesamtzahl Q der Ionen einer jeden Art, die in der Zeiteinheit im Volumen v gebildet wird ist

$$Q = \int N \, dv,$$

wobei das Integral sich über das Volumen v erstreckt. Nehmen wir an, das Gasvolumen v sei in einem metallenen Gefäß eingeschlossen, in welches eine isolierte Elektrode eingeführt ist, und zwischen dieser Elektrode und dem Gefäß sei eine Potentialdifferenz hergestellt, so entsteht ein Strom, dessen Stärke mit dieser Differenz wächst. Bleibt nun aber Q konstant, so ist es klar, daß die Stromstärke nicht größer werden kann, als sie wird, wenn alle erzeugten Ionen von den Elektroden aufgenommen werden. Der Sättigungsstrom wird also den Wert haben

$$I = Qe$$

und erfolgt die Ionenbildung gleichmäßig im gesamten Volumen v, so erhält man

$$I = N v e.$$

Wird ein ionisiertes Gas sich selbst überlassen, ohne einem elektrischen Felde ausgesetzt zu sein, so verschwindet die Ionisation spontan infolge der Wiedervereinigung der entgegengesetzt geladenen Ionen, die durch die gegenseitige Anziehung derselben herbeigeführt wird. Die Anzahl der Zusammenstöße in der Einheit des Volumens während der Einheit der Zeit ist dem Produkte der Konzentrationen beider Ionenarten proportional. Die Änderung der Ionenkonzentration durch Wiedervereinigung als Funktion der Zeit t läßt sich demnach ausdrücken durch

$$\frac{dn_1}{dt} = \frac{dn_2}{dt} = -\alpha n_1 n_2,$$

wo α ein positiver, von n_1 und n_2 sowohl wie von der Zeit unabhängiger Koeffizient ist: der Koeffizient der Wiedervereinigung.

Gilt die Beziehung $n_1 = n_2$ von Anfang an, so bleibt sie auch konstant erhalten, d. h. die Konzentrationen der beiden Ionenarten bleiben einander beständig gleich, wenn sie es in einem gegebenen Augenblick gewesen sind. Das ist der Fall bei der Ionisation eines Gases, das eine bestimmte Zeit lang der Einwirkung von Röntgenstrahlen ausgesetzt worden ist. Sei hier n_0 die Anfangskonzentration der beiden Ionenarten, die wir als gleichförmig in dem gegebenen Volumen voraussetzen, und n die Konzentration in der Zeit t, so hat man

$$\frac{dn}{dt} = -\alpha n^2$$

und nach Integration

$$\frac{1}{n} - \frac{1}{n_0} = \alpha t$$

$$n = \frac{n_0}{1 + n_0 \alpha t}$$

Die Konzentration nimmt mit der Zeit nach einem hyperbolischen Gesetz ab, wie in Fig. 4 dargestellt.

Wirkt die Ionen produzierende Ursache kontinuierlich weiter und ist die in der Zeit- und Volumeneinheit entstehende Anzahl von Ionen konstant und gleich N, so ändert sich die Ionenkonzentration als Funktion der Zeit von dem Augenblick an, in dem die ionenbildende Ursache zu wirken begonnen hat, nach folgendem Gesetz:

$$\frac{dn_1}{dt} = \frac{dn_2}{dt} = N - \alpha n_1 n_2.$$

Auch hier bleiben die Konzentrationen der beiden Ionenarten einander gleich, wenn sie es am Anfang waren, wie es der Fall ist,

Fig. 4.

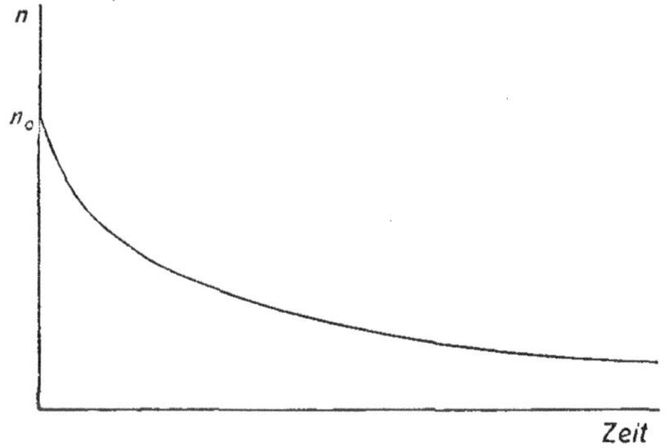

wenn ein ursprünglich nicht ionisiertes Gas der Wirkung einer Strahlung, wie der Röntgenstrahlen oder derjenigen einer radioaktiven Substanz ausgesetzt wird. Man kann dann schreiben

$$n_1 = n_2 = n$$

und hat dann

$$\frac{dn}{dt} = N - \alpha n^2.$$

Diese Gleichung zeigt, daß n wächst bis

$$\frac{dn}{dt} = 0, \quad n = \sqrt{\frac{N}{\alpha}} \text{ ist.}$$

Dieser Wert von n bezeichnet einen stationären Zustand, denn die Ionenbildung kompensiert dann gerade den Verlust durch Wiedervereinigung. Der stationäre Zustand wird theoretisch erst nach unendlich langer Zeit erreicht. Die Gleichung kann auch geschrieben werden:

$$\frac{dn}{1 - \frac{\alpha}{N} n^2} = N\,dt,$$

woraus nach Integration und unter Berücksichtigung, daß für $t=0$ $n=0$ ist, folgt:

$$\log\text{nat}\frac{1+n\sqrt{\frac{\alpha}{\text{N}}}}{1-n\sqrt{\frac{\alpha}{\text{N}}}}=2\sqrt{\alpha\text{N}}\,t$$

$$n=\sqrt{\frac{\text{N}}{\alpha}}\,\frac{e^{2\sqrt{\alpha\text{N}}\,t}-1}{e^{2\sqrt{\alpha\text{N}}\,t}+1}.$$

Dann erhält man für $t=\infty$

$$n=\sqrt{\frac{\text{N}}{\alpha}}.$$

Gleiche Bruchteile des stationären Wertes von n werden bei gleichen Werten $t\sqrt{\alpha\text{N}}$ erreicht, d. h. nach Zeiten t, die umgekehrt proportional $\sqrt{\alpha\text{N}}$ sind. Folglich dauert die Einstellung des Gleichgewichts um so länger, je schwächer die Produktion von Ionen ist. Bei sehr schwacher Ionisation kann die zur Herstellung des stationären Zustandes erforderliche Zeit sehr wohl merkbar sein, bei starker Ionisation ist sie sehr kurz.

3. **Wirkung des elektrischen Feldes.** — Das verwickeltere Problem der gleichzeitigen Wirkung einer ionisierenden Ursache, der Wiedervereinigung der Ionen und eines elektrischen Feldes erhält seine einfachste Form, wenn man ein zwischen zwei parallelen Platten A und B eingeschlossenes Gas betrachtet, an der Stelle,

Fig. 5.

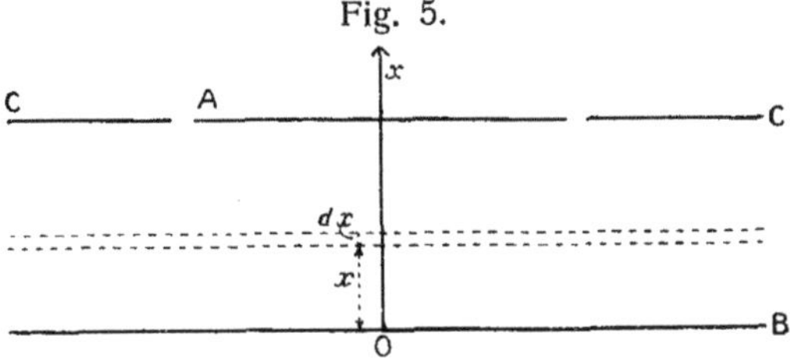

wo das Feld gegen die Platten normal gerichtet ist (Fig. 5). Wir nehmen dabei noch an, daß die Ionisation in gleichem Abstand von den Platten den gleichen Wert beibehält, wie dies in der Mitte des Kondensators stattfindet, wenn die eine der Platten, B, mit einer gleichförmigen Schicht einer radioaktiven Substanz bedeckt ist.

Wir betrachten die zu den Platten senkrechte Richtung Ox und nehmen als positiven Sinn den Sinn des elektrischen Feldes, das wir von B nach A gerichtet annehmen. Die Größen N, n_1 und n_2 sind Funktionen von x und von der Zeit. In einer Schicht zwischen den Abständen x und $x + dx$ von B, die die Flächeneinheit zur Basis hat, kann die Zunahme der Ionenzahl während der Zeit dt als daher rührend angesehen werden, daß eine Anzahl von Ionen N $dx\,dt$ in der Schicht entstanden ist, während die Anzahl $\alpha n_1 n_2 dx dt$ sich wieder vereinigt hat, und daß eine gewisse Anzahl an der einen gegen das Feld normalen Grenzfläche eingetreten, während eine andere Anzahl an der gegenüberliegenden Grenzfläche ausgetreten ist. Es seien u_1 und u_2 die Geschwindigkeiten der Ionen im Felde h, das mit x variieren kann. Bezeichnet man mit k_1 und k_2 die Beweglichkeiten, so hat man

$$u_1 = k_1 h, \text{ und } u_2 = k_2 h$$

und die Anzahl der positiven Ionen, die in der Zeiteinheit eine gegen das Feld normale Fläche von der Größe 1 und in den Abständen x und $x + dx$ von der Platte B durchdringt, ist

$$n_1 k_1 h \quad \text{und} \quad n_1 k_1 h + k_1 \frac{\partial}{\partial x}(n_1 h)\,dx.$$

Die Anzahl der negativen Ionen, die die gleichen Flächen im entgegengesetzten Sinne durchdringt, ist in der Zeiteinheit

$$n_2 k_2 h \quad \text{und} \quad n_2 k_2 h + k_2 \frac{\partial}{\partial x}(n_2 h)\,dx.$$

Der Überschuß der in die Schicht eintretenden gegenüber den aus derselben austretenden Ionen ist also gleich

$$-k_1 \frac{\partial}{\partial x}(n_1 h)\,dx$$

für die positiven und

$$+k_2 \frac{\partial}{\partial x}(n_2 h)\,dx$$

für die negativen in der Zeiteinheit. Man kann sonach folgende Gleichungen schreiben:

$$\frac{\partial}{\partial t}(n_1 dx) = \mathrm{N}\,dx - \alpha n_1 n_2 dx - k_1 \frac{\partial}{\partial x}(n_1 h)\,dx$$

$$\frac{\partial}{\partial t}(n_2 dx) = \mathrm{N}\,dx - \alpha n_1 n_2 dx + k_2 \frac{\partial}{dx}(n_2 h)\,dx$$

oder auch

$$(1) \qquad \begin{cases} \dfrac{\partial n_1}{\partial t} = \mathrm{N} - \alpha n_1 n_2 - k_1 \dfrac{\partial}{\partial x}(n_1 h), \\ \dfrac{\partial n_2}{\partial t} = \mathrm{N} - \alpha n_1 n_2 + k_2 \dfrac{\partial}{\partial x}(n_2 h). \end{cases}$$

In diesen Gleichungen sind n_1, n_2 und h Funktionen von x und t. Übrigens sind die Gleichungen nicht vollständig. Die Bewegung der Ionen infolge von Diffusion ist nicht berücksichtigt. Letztere entsteht sowohl durch Absorption von den Platten aus, wie auch infolge der dadurch und durch den Strom veranlaßten ungleichförmigen Konzentration. Die Bewegung durch Diffusion ist aber im Verhältnis zur Wirkung der gewöhnlich verwendeten elektrischen Felder so gering, daß diese Annäherungsgleichungen bei den gebräuchlichen Plattenkondensatoren wohl zulässig sind.

Den vorstehenden Gleichungen sei noch diejenige hinzugefügt, die die Änderung des elektrischen Feldes mit der Anwesenheit freier Ladungen im betreffenden Mittel verknüpft.

Es ist dies die folgende wohlbekannte Gleichung:

$$\frac{\partial h_x}{\partial x} + \frac{\partial h_y}{\partial y} + \frac{\partial h_z}{\partial z} = 4\pi\varrho,$$

worin h_x, h_y, h_z die Komponenten des elektrischen Feldes nach den Koordinatenachsen sind und ϱ die Dichte der Ladung am betreffenden Punkte. Diese Dichte ist hier gegeben durch den Überschuß der positiven Ladung $n_1 e$ der in der Volumeneinheit enthaltenen positiven Ionen über die Ladung der negativen Ionen $n_2 e$. Das Feld variiert überdies nur mit x. Man hat daher

$$(2) \qquad \frac{\partial h_x}{\partial x} = 4\pi e(n_1 - n_2),$$

eine Gleichung, die in Verbindung mit den Gleichungen (1) im Prinzip die Funktionen n_1, n_2 und h zu bestimmen erlaubt. Wären diese Funktionen bekannt, so könnte man die Stärke i des Stromes berechnen, der durch das in Betracht gezogene Flächenelement geht. Dieser Strom wird zum Teil von den positiven und zum Teil von den negativen Ionen transportiert, und man hat

$$(3) \qquad i = eh\,(k_1 n_1 + k_2 n_2).$$

Die Beziehung (3) gestattet nun i als Funktion der Potentialdifferenz V zwischen den beiden Platten zu berechnen; es ist nämlich

$$V = \int_0^l h\,dx,$$

wenn d den Abstand der Platten bezeichnet.

Das Problem ist im allgemeinen schwer zu lösen, weil weder das Feld h noch die Konzentrationen der Ionen n_1 und n_2 gleichförmig zwischen den Platten sind, und eine solche Gleichförmigkeit nicht bestehen bliebe, selbst wenn sie zu Anfang vorhanden gewesen, und die Ionenbildung N konstant und gleichförmig wäre. Infolge des Stromdurchgangs häufen sich nämlich die Ionen eines Vorzeichens an der Platte an, die sie anzieht, und andererseits strebt die Konzentration der Ionen an der Platte, die sie abstößt, nach 0 hin. Dadurch bildet sich ein Überschuß von positiver Ladung in der Nähe der Kathode und ein Überschuß negativer Ladung in der Nähe der Anode, was zu einer Deformation des Feldes führt, das nicht mehr gleichförmig bleibt, sondern in der Nähe der Elektroden stärker wird als in den mittleren Teile.

Das Problem vereinfacht sich, wenn man sich auf die Betrachtung des stationären Zustandes beschränkt, der sich einstellt, wenn $\frac{dn_1}{dt}$ und $\frac{dn_2}{dt}$ gleich 0 werden. Dann werden die Gleichungen (1)

$$N - \alpha n_1 n_2 - k_1 \frac{d}{dx}(n_1 h) = 0,$$

$$N - \alpha n_1 n_2 + k_2 \frac{d}{dx}(n_2 h) = 0,$$

woraus sich ergibt:

$$\frac{d}{dx}(k_1 n_1 h + k_2 n_2 h) = 0,$$

was mit Einbeziehung der Gleichung (3) $\frac{di}{dx} = 0$ ergibt.

Wenn also der stationäre Zustand erreicht ist, so ist die Stromstärke die gleiche in jedem Querschnitt zwischen den Platten, aber dies ist keineswegs der Fall, solange die Anordnung der Ladungen im Gase den Gleichgewichtszustand noch nicht erreicht hat.

Das Problem der Verteilung im Gleichgewicht ist noch nicht

völlig gelöst, und selbst bei einer konstanten und gleichförmigen Ionenproduktion N nur für den besondern Fall, daß die Beweglichkeiten der Ionen gleich sind, also $k_1 = k_2$. Die Lösung rührt von J. J. Thomson her[1]). Wir geben die Rechnung in diesem Buche nicht wieder. Man kann beweisen, daß die Beziehung zwischen Stromdichte und Potentialdifferenz V die Form

$$Ai^2 + Bi = V$$

hat, solange die Stromstärke sich nicht dem Sättigungsstrom genähert hat. Die Kurve $i = f(V)$ hat also die in Fig. 3 gegebene Form, mit Ausnahme der Potentialdifferenzen, die den vom Sättigungsstrom verlangten nahe kommen. Dieser Kurventypus stimmt gut mit dem Versuch, im Falle, daß die Ionenbildung annäherend gleichförmig im Volumen zwischen den Platten erfolgt und die Beweglichkeiten der Ionen nicht sehr voneinander abweichen. Diese Bedingungen können mit Röntgenstrahlen erfüllt werden. Man kann sie auch annähernd mit radioaktiven Substanzen erreichen. Auch im Falle, daß die Platte B mit einer Lage radioaktiver Substanz, wie Uranoxyd, bedeckt ist und die Ionisation von der Platte B gegen die Platte A hin abnimmt, findet man trotzdem, daß dei Kurve $i = f(V)$ eine Gestalt wie in Fig. 3 erhält. Indessen kann man, wie wir sehen werden, Kurven von einem andern Typus erhalten, wenn die Unterschiede der Ionisation innerhalb des Gasvolumens viel größer werden.

4. **Die Verteilung des Potentials und des elektrischen Feldes.** — Wie ich bereits bemerkt habe, ist die Verteilung des Potentials zwischen den Platten während des Stromdurchgangs nicht gleichförmig, indem das Feld in der Nähe der Platten stärker ist als im mittleren Teil. Diese Verteilung ist von Child und Zeleny[2]) untersucht worden. Die Kurven, die die Feldintensität als Funktion des Abstandes von der positiven Platte darstellen, sind in Fig. 6 wiedergegeben.

Fig. 6a stellt den Fall gleicher Beweglichkeit der Ionen dar, Fig. 6b bezieht sich auf den Fall, in welchem die negativen Ionen eine viel größere Beweglichkeit haben als die positiven, wie das bei Leitung in Flammen stattfindet.

[1]) J. J. Thomson, Elektrizitätsdurchgang in Gasen.

[2]) Zeleny, Phil. Mag. 1898. Child, Wied. Ann. 65, S. 152. 1898.

Ist das Feld schwach, so beeinflußt der Stromdurchgang die Konzentration der Ionen im Gase nicht wesentlich. Man kann dann annehmen, diese Konzentration sei ebenso groß, als wenn kein Feld da

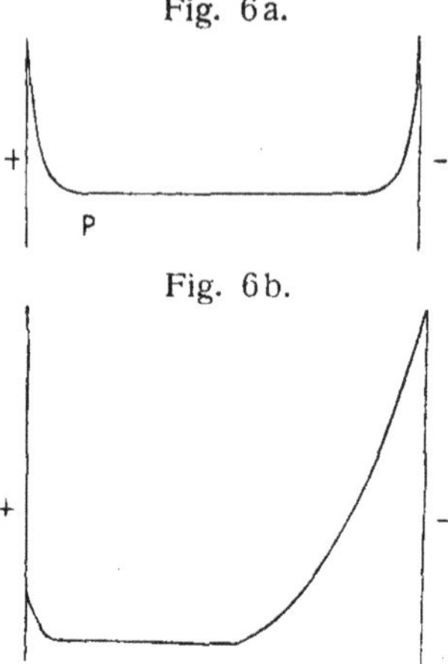

Fig. 6a.

Fig. 6b.

wäre. Unterwirft man z. B. das Gas einer gleichmäßig Ionen bildenden Wirkung, so ist die Konzentration der Ionen im Gleichgewicht:

$$n = \sqrt{\frac{N}{\alpha}},$$

wo N die erzeugte Ionenmenge in der Volum- und Zeiteinheit und α den Koeffizienten der Wiedervereinigung bezeichnet. Die Stromdichte wird alsdann ausgedrückt durch

$$i = eh\sqrt{\frac{N}{\alpha}}(k_1 + k_2),$$

während die Dichte des Sättigungsstromes den Wert hat

$$I = N\,de,$$

wenn d den Abstand der Platten bezeichnet.

In einem schwachen Felde ändert sich der Strom mit der Feldstärke nach dem Ohmschen Gesetz, wie bei den Elektrolyten. Nimmt man annäherungsweise das Feld als homogen an, so erhält man, wenn V die Potentialdifferenz der Platten und d ihren Abstand bezeichnet,

$$i = e\frac{V}{d}\sqrt{\frac{N}{\alpha}}(k_1 + k_2),$$

$$\frac{i}{I} = \frac{V}{d^2}\frac{1}{\sqrt{N\alpha}}(k_1 + k_2).$$

Für einen gegebenen Wert von V ist das Verhältnis $\frac{i}{\mathfrak{J}}$ um so kleiner, als der Abstand der Platten größer, die Bildung der Ionen intensiver und ihre Beweglichkeit schwächer ist. Unter sonst gleichen Umständen ist es um so schwieriger, den Sättigungsstrom zu erzielen, als die Ionisation intensiver ist. Dies gestattet uns, die Leitung in den Elektrolyten, die immer dem Ohmschen Gesetz folgt, als dem ersten Stück der Kurve Fig. 3 entsprechend zu betrachten, die die Leitung in einem Gase darstellt. In einem Elektrolyten ist die Ionisation viel intensiver und die Beweglichkeit der Ionen viel geringer als in einem Gase. Daher sieht man selbst in einem starken Felde keine Andeutung eines Sättigungsstromes.

5. **Oberflächenionisation.** — Die größte Ungleichförmigkeit in der Verteilung der Ionen in dem zwischen den Platten befindlichen Gasvolumen erhält man, wenn man annimmt, daß die Ionenbildung sich in einer äußerst dünnen Gasschicht an der einen der beiden Platten vollzieht. In diesem Falle wird die Leitung nur durch Ionen e i n e s Vorzeichens bewirkt. Denn die Ionen, deren Ladung von entgegengesetztem Vorzeichen ist, als die der Platte, an der die Ionisierung stattfindet, werden sofort von dieser Platte absorbiert und beteiligen sich nicht an der Leitung durch das Gas. Eine solche Ionisation könnte man mittels eines äußerst dünnen, auf eine der Platten gerichteten Bündels von Röntgenstrahlen erhalten. Auch dadurch kann man diese Erscheinung hervorbringen, daß man auf einer Platte Ionen von sehr geringer Anfangsgeschwindigkeit erzeugt, die eine Ladung desselben Vorzeichens haben wie die Platte selbst. Das ist der Fall, wenn eine negativ geladene Zinkplatte mit ultraviolettem Licht bestrahlt wird. Die auf dieses Problem bezüglichen Gleichungen sind einfacher, da man die Wiedervereinigung der Ionen innerhalb des Gases hierbei nicht zu berücksichtigen braucht.

Angenommen zunächst, die Ionen entstünden an der positiven Platte, dann geschieht die Leitung allein durch die positiven Ionen, und die Gleichungen (2) und (3) in § 3 werden

$$i = n_1 k_1 he, \qquad \frac{dh}{dx} = 4\pi n_1 e.$$

Entstehen die Ionen an der negativen Platte, so hat man:

$$i = n_2 k_2 eh, \qquad \frac{dh}{dx} = -4\pi n_2 e.$$

Folglich erhält man im ersteren Falle:

$$\frac{4\pi i}{k_1} = h\frac{dh}{dx}, \qquad \frac{4\pi i x}{k_1} = \frac{h^2 - h_0^2}{2},$$

wenn h_0 den Wert der Feldstärke für $x = 0$ bedeutet.

Man sieht, daß h mit x wächst, und wird die Ionisation an der Platte B sehr stark, so kann bei $x = 0$ die Feldstärke gleich Null werden. Man hat dann

$$h^2 = \frac{8\pi i x}{k_1}, \qquad h = \sqrt{\frac{8\pi i x}{k_1}}.$$

Bezeichnen wir mit V die Potentialdifferenz der Platten, deren Abstand von einander d beträgt:

$$V = \int_0^d h\,dx = \frac{2}{3}\left(\frac{8\pi i}{k_1}\right)^{\frac{1}{2}} d^{\frac{3}{2}},$$

$$V^2 = \frac{32}{9}\frac{\pi i}{k_1} d^3,$$

$$i = \frac{9}{32}\frac{k_1}{d^3 \pi} V^2.$$

Ein entsprechendes Resultat erhält man unter der Annahme, daß es die negative Platte ist, an der die Ionenbildung stattfindet, und daß die Feldstärke an dieser Platte, d. h. bei $x = d$, gleich 0 wird. Bei dieser Rechnung ist keine Rücksicht auf die Diffusion der Ionen nach der Platte zu genommen worden, von der ihre Bildung ausgeht, aber diese Vernachlässigung ist in dem vorliegenden Falle im allgemeinen nicht zulässig, da der Einfluß der Diffusion hier viel bedeutender ist, als bei Ionisation im ganzen Volumen. Man kann jedoch von dieser angenäherten Rechnung in solchen Fällen Gebrauch machen, in denen die Anzahl der Ionen, die durch das Feld ausgeschieden werden, sehr gering ist im Verhältnis zu der Gesamtzahl der erzeugten Ionen.

Man sieht, daß der Zusammenhang der Stromstärke mit der Potentialdifferenz bei kleiner Potentialdifferenz hier anders ist, als im Falle gleichförmiger Ionisation. Der Strom wächst proportional mit V^2 und hängt außerdem von der Beweglichkeit der transportierenden Ionen ab, so daß die Stromstärke von der Richtung des Feldes abhängig wird, was bei einer gleichförmigen Ionisierung offenbar nicht stattfindet.

Der Anfang der Kurve $i = f(V)$ hat die in Fig. 7 angedeutete Gestalt. Die punktierte Fortsetzung entspricht größeren Potentialdifferenzen, bei denen die Feldstärke nicht mehr in der Nähe der Platte an der die Ionenbildung stattfindet, gleich Null wird, und wo

Fig. 7.

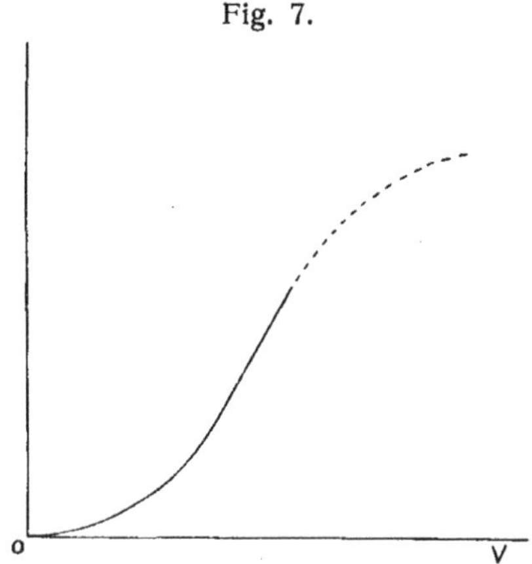

man anfängt, sich dem Sättigungsstrom zu nähern. Dieser wird erhalten, wenn weder Wiedervereinigung noch Diffusion irgendeinen Verlust an Ionen herbeiführen. Er hat notwendigerweise den gleichen Wert, wie auch das Feld gerichtet sein möge, ausgenommen in dem Falle, in dem nur Ionen eines Vorzeichens erzeugt werden, wie bei der Bestrahlung einer Zinkplatte, und daher die Leitung nur bei einem bestimmten Sinne des Feldes erfolgen kann.

Die Ionenkonzentration nimmt bei der Oberflächenionisation beständig mit der Entfernung von der erzeugenden Platte ab. Daraus folgt, daß die Feldstärke in diesem Sinne stetig zunimmt.

Fig. 8a. Fig. 8b.

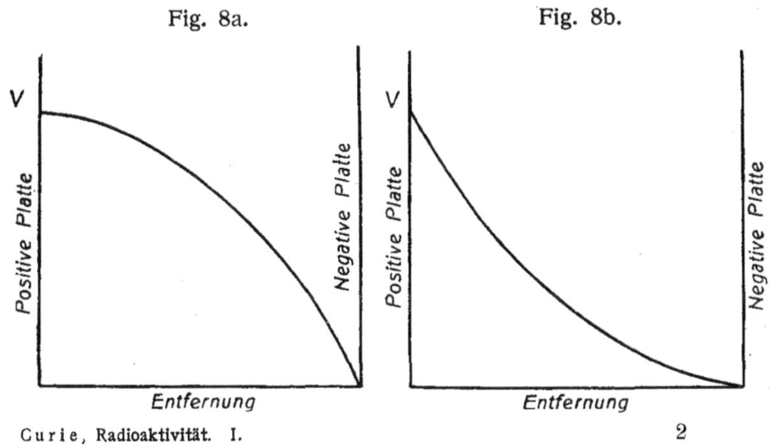

Die Kurven für den Wert des Potentials V als Funktion des Abstandes von der positiven Platte sind in Fig. 8 unter der Annahme wiedergegeben, daß die negative Platte das Potential der Erde hat. Die Kurve 8*a* zeigt den Fall der Ionenerzeugung an der positiven, die Kurve 8*b* den Fall der Erzeugung an der negativen Platte. Hierbei ist angenommen, daß die Feldstärke an der erzeugenden Platte gleich 0 wird.

Eine Kurve von der Gestalt Fig. 7 kann mit Hilfe einer radioaktiven Substanz, wie Polonium, erhalten werden, wenn man ein Bündel der Strahlen isoliert, das eben eine der Platten streift. Wird eine radioaktive Substanz, wie z. B. Uran, das sehr absorbierbare Strahlen liefert, auf die eine Platte eines Kondensators gelegt, dessen Platten sehr weit von einander entfernt sind, so haben die erhaltenen Kurven eine zwischen Fig. 3 und Fig. 7 liegende Gestalt.

6. **Messung des Koeffizienten der Wiedervereinigung.** — Die obige Theorie setzt voraus, daß es möglich ist, Koeffizienten, wie k_1, k_2 und α zu definieren, deren erstere die Beweglichkeiten, letzteres den Koeffizienten der Wiedervereinigung darstellen, und die unabhängig sind von der Intensität der Ionisation und von dem im Gase vorhandenen elektrischen Felde, wie auch von der experimentellen Anordnung zu ihrer Messung. Sie können jedoch abhängig sein vom Druck und der Temperatur des Gases, denn es ist begreiflich, daß diese Bedingungen die Leichtigkeit beeinflussen können, mit der die Ionen sich innerhalb des Gases bewegen. Messungen der Konstanten k_1, k_2 und α die nach sehr verschiedenen Methoden gemacht worden sind, bestätigen in einer im allgemeinen befriedigenden Weise die Theorie.

Auf folgende Weise läßt sich der Koeffizient der Wiedervereinigung von Gasionen, die durch Röntgenstrahlen oder durch Strahlen einer radioaktiven Substanz erzeugt sind, messen.

Eine metallene Röhre T (Fig. 9) wird von einem raschen Gasstrom durchflossen. Das Gas ist trocken und staubfrei, da es über Trockenmittel und durch Baumwollpfropfen geleitet worden ist. Bei O wird das Gas durch irgendein Mittel ionisiert. Man kann dazu ein Bündel Röntgenstrahlen verwenden, das die Röhre an dieser Stelle normal zur Achse durchbringt. Dann muß der betreffende Teil der Röhre aus Aluminium sein, da dieses das für die Strahlen durchlässigste

Metall ist. Man kann auch bei O eine radioaktive Substanz einbringen, etwa gepulvertes Uranoxyd, das durch mit Glaswolle bedeckte Drahtnetze zwischen zwei Querschnitten des Rohres festgehalten wird, um das Mitreißen von Substanz zu verhindern. Jenseits von O befinden sich

Fig. 9.

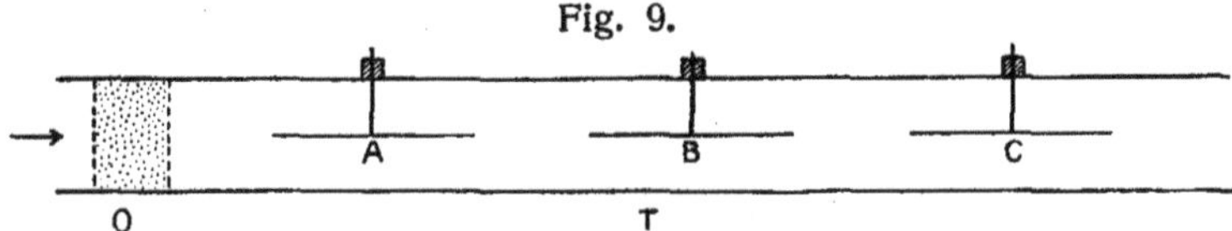

mehrere gleiche, von der Röhre isolierte zylindrische Elektroden, die in gleichen Abständen von einander in der Achse der Röhre angeordnet sind. Der Versuch besteht nun darin, zwischen einer dieser Elektroden und der Röhre ein elektrisches Feld von genügender Stärke zu erregen, um alle in dem vorbeiströmenden Gase enthaltenen Ionen nach den Elektroden zu ziehen, also zwischen der Röhre und der betreffenden Elektrode den Sättigungsstrom zu erhalten. Die übrigen Elektroden werden mit der Röhre leitend verbunden. Man mißt nun den Strom zwischen der Röhre und der isolierten Elektrode. Hinter dieser letztern muß nun das Gas ionenfrei sein, was man nachweisen kann, indem man auch zwischen einer der folgenden Elektroden und der Röhre ein elektrisches Feld herstellt. Dort wird aber kein Strom hindurchgehen, da bereits alle Ionen im Felde der vorhergehenden Elektrode verbraucht worden sind. Man erhält so der Reihe nach mit jeder der isolierten Elektroden einen Sättigungsstrom, der um so schwächer wird, je weiter dieselbe von O, wo die Ionen entstehen, entfernt ist. Denn in der Zeit, die das Gas braucht, um von O zu der betreffenden Elektrode zu gelangen, vereinigt sich ein Teil der Ionen wieder, und dieser Verlust an Ionen wird um so größer, je länger der Weg wird. Ist die Röhre nicht zu eng, so kann der Verlust durch Diffusion nach der Röhrenwand vernachlässigt werden. Die Konzentrationen der positiven und negativen Ionen sind dann überall in der Röhre gleich und der an jeder Elektrode gemessene Sättigungsstrom ist unabhängig von der Richtung des Feldes. Um diesen Strom zu messen, verbindet man die Elektrode mit einem Elektrometer und ladet die Röhre auf ein hohes Potential, indem man sie mit einem Pole einer Hochspannungsbatterie, deren anderer Pol geerdet wird, verbindet. Die Elektrode muß mit einem Schutzring versehen werden. Im nächsten Kapitel werden Angaben über die Methoden zum Messen der schwachen Ströme, um die es sich hier handelt, gemacht werden.

Bezeichnen wir mit n_A die Konzentration der Ionen in dem Röhrenabschnitt, in dem sich die Elektrode A befindet, und mit n_B die Konzentration in der Umgebung der Elektrode B, so haben wir zufolge des Wiedervereinigungsgesetzes

$$\frac{1}{n_B} - \frac{1}{n_A} = \alpha t, \tag{1}$$

wo α der Koeffizient der Wiedervereinigung ist und t die Zeit, die das Gas braucht, von einer Elektrode zur andern zu gelangen.

Bezeichnen wir mit Δ das Gasvolumen, welches in der Zeiteinheit jeden Röhrenquerschnitt durchströmt, so ergibt sich der Sättigungsstrom I, der an der Elektrode A erhalten wird, als

$$I_A = n_A e \Delta,$$

wo e die Ladung eines Ions bedeutet.

Man hat dann

$$\frac{1}{I_B} - \frac{1}{I_A} = \frac{\alpha t}{e \Delta} = \frac{sd}{\Delta^2} \frac{\alpha}{e},$$

worin d den Abstand zweier aufeinander folgender Elektroden und s den Röhrenquerschnitt bedeutet.

Hat man die Gasmenge pro Sekunde Δ und die Stromstärken I, I_A und I_B in absolutem Maß bestimmt, so kann man daraus den Wert des Verhältnisses $\frac{\alpha}{e}$ ableiten.

Auch ohne in absolutem Maße gemessen zu haben, läßt sich das Gesetz der Wiedervereinigung durch den Nachweis bestätigen, daß die Sättigungsströme, die man an den Elektroden erhält und die den Werten von n an denselben proportional sind, der Beziehung (1) entsprechen. Das Verhätlnis $\frac{\alpha}{e}$ ist auf die angegebene Weise und auch nach einer ganz anderen Methode gemessen worden[1]). Nach diesen übereinstimmenden Messungen ist $\frac{\alpha}{e}$ für Luft und Kohlensäure ziemlich gleich und zwar 3400 elektrostatische Einheiten. Nach neueren Bestimmungen ist e ungefähr $4 \cdot 10^{-10}$ elektrost. Einheiten, woraus sich für α ein Wert von nahe 10^{-6} elektrost. Einheiten ergibt.

---

[1]) Rutherford, Phil. Mag., Nov. 1897 u. Febr. 1899. — Townsend, Phil. Trans., 1899. — Langevin, Thèse de doctorat, Paris 1902.

Ist das ionisierte Gas nicht staubfrei, so vollzieht sich die Wiedervereinigung viel schneller. Das kommt von der Diffusion der Ionen zu den Staubteilchen. Infolgedessen ist dabei für Erzielung des Sättigungsstromes eine höhere Potentialdifferenz erforderlich.

Die zur Wiedervereinigung der Hälfte der vorhandenen Ionen nötige Zeit ist $t = \frac{1}{\alpha n}$ und ist umgekehrt proportional zur Konzentration der Ionen. Dasselbe gilt auch für die Zeit, die notwendig ist, um die Ionisation durch Wiedervereinigung bis zu einem bestimmten Bruchteil des ursprünglichen Wertes zu reduzieren. Die Wiedervereinigung verläuft also verhältnismäßig sehr schnell bei starker Ionisation und deshalb ist es dann schwer, den Sättigungsstrom zu erreichen.

7. **Messung der Ionenbeweglichkeit.** — Die Beweglichkeit der Ionen kann auf verschiedene Weise gemessen werden.

Eine Methode besteht im Prinzip in dem Vergleich der Geschwindigkeit, die die Ionen eines Vorzeichens in einem elektrischen Felde annehmen, mit der bekannten Geschwindigkeit eines Gasstromes. Eine der hierzu verwendeten Versuchsanordnungen sei hier beschrieben[1]).

Ein zylindrisches Rohr T (Fig. 10) wird von einem Gasstrom durchflossen. An der Stelle 0 wird das Gas in einer zwischen zwei

Fig. 10.

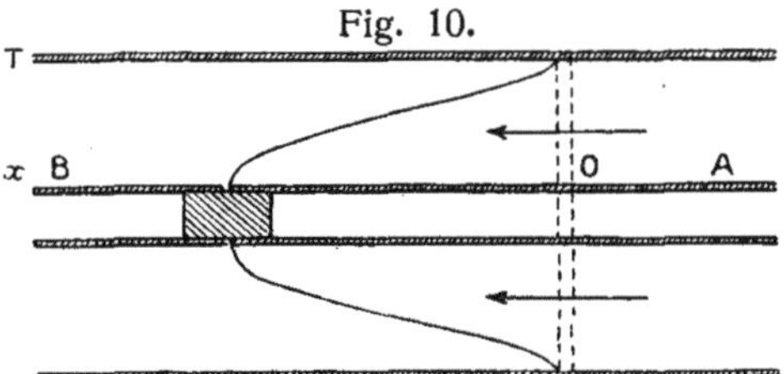

senkrechten Querschnitten des Rohres befindlichen Schicht ionisiert. In der Achse des Rohres befindet sich eine zylindrische Elektrode, die aus zwei von einander isolierten Teilen A und B besteht. Ein elektrisches Feld wird zwischen dem Rohre und der zentralen Elektrode erregt, und man mißt den Strom, der zwischen dem Rohre und der Elektrode B hindurch geht, bei verschiedenen Feldstärken.

[1]) Zeleny, Phil. Trans. 1901, A, S. 193.

Die bei O gebildeten Ionen werden vom Gasstrom mitgeführt und bewegen sich außerdem im Sinne der Kraftlinien, welche radial verlaufen. Von den Ionen, die sich nach der zentralen Elektrode hin bewegen, durchlaufen diejenigen, die sich in größter Nähe der Rohrwand gebildet haben, den weitesten Weg in axialer Richtung. Diese Richtung sei O x. Wenn das Feld vom Rohr nach der Elektrode gerichtet ist, so nimmt diese die positiven Ionen auf. Das Potential des Rohres sei um den Betrag V höher als das der Elektrode. Das Feld h hat im Abstande r von der Achse den Wert

$$h = -\frac{V}{r \log \operatorname{nat} \frac{b}{a}},$$

wo b und a die Radien des Rohres resp. der Elektrode sind.

Die Geschwindigkeit des Gases in der Entfernung r von der Achse sei u; dies ist auch die axiale Geschwindigkeit des mitgeführten Ions. Man erhält also für ein positives Ion:

$$\frac{dx}{dt} = u, \quad \frac{dr}{dt} = k_1 h = -\frac{k_1 V}{r \log \operatorname{nat} \frac{b}{a}},$$

folglich:

$$\frac{dx}{dr} = -\frac{ur \log \operatorname{nat} \frac{b}{a}}{k_1 V},$$

Die Größe der Verschiebung in der Richtung der Achse auf der ganzen Bahn zwischen dem Rohr und der Elektrode ergibt sich also zu

$$x = -\frac{\log \operatorname{nat} \frac{b}{a}}{k_1 V} \int_b^a ur\, dr.$$

Andererseits ist das in der Zeiteinheit durchströmende Gasvolumen

$$\varDelta = \int_a^b 2\pi ur\, dr.$$

Folglich ist

$$x = \frac{\varDelta \log \operatorname{nat} \frac{b}{a}}{2\pi k_1 V};$$

Wenn die Potentialdifferenz V so gewählt ist, daß die Verschiebung x genau gleich der Länge l der Elektrode A ist, so kann kein Ion die Elektrode B erreichen, und zwischen dieser Elektrode und dem Rohr kann kein Strom hindurchgehen; wird aber V nur wenig kleiner, dann beginnt hier ein Strom aufzutreten. Der Grenzwert V_1 von V, bei dem der Strom gerade noch ausbleibt, muß also der Beziehung genügen:

$$l = \frac{\Delta \log \text{nat} \frac{b}{a}}{2 \pi k_1 V_1};$$

Ist V_1 experimentell bestimmt, so ergibt sich daraus

$$k_1 = \frac{\Delta \log \text{nat} \frac{b}{a}}{2 \pi l V_1}.$$

Ist das Feld von der Elektrode nach dem Rohre gerichtet, dann nimmt die Elektrode die negativen Ionen auf; die Beweglichkeit derselben ist durch die Formel gegeben:

$$k_2 = \frac{\Delta \log \text{nat} \frac{b}{a}}{2 \pi l V_2},$$

wo V_2 den Wert der Potentialdifferenz zwischen Elektrode und Rohr bedeutet, bei dem gerade keine negativen Ionen mehr die Elektrode B erreichen.

Man kann also auf diese Weise k_1 und k_2 bestimmen. In der Rechnung ist die durch die Ionen bewirkte Deformation des Feldes vernachlässigt. Es ist auch vorausgesetzt, daß die Lage der vorderen Grenze der ionisierten Schicht O in der Nähe der Rohrwand

Fig. 11.

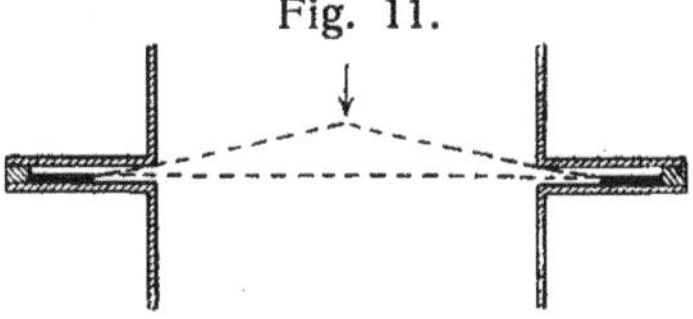

scharf bestimmt ist, eine Bedingung, die annähernd erfüllt werden kann mit einem Bündel Röntgenstrahlen, das senkrecht zur Längsrichtung des Rohres durch eine Aluminiumwand, die nicht in merklichem Maße diffuse Sekundärstrahlen emittiert, einfällt. Noch leichter kann dieser Voraussetzung genügt werden, wenn man Poloniumstrahlen anwendet. Ein mit einer ganz dünnen Schicht von Polonium bedeckter flacher Ring (Fig. 11) sendet in das Rohr eine von geeigneten Schirmen begrenzte ganz dünne Scheibe von Strahlen, und die Poloniumstrahlen geben, wie wir weiter unten sehen werden, keine sekundären Strahlen, die das Gas ionisieren könnten.

In nachstehendem sind die Beweglichkeiten von in verschiedenen Gasen erzeugten Ionen angegeben, wenn die Feldstärke in $\frac{\text{Volt}}{\text{cm}}$ ausgedrückt ist.

	k_1	k_2
Trockene Luft	1.36	1.87
Feuchte Luft	1.37	1.51
Trockenes Kohlendioxyd	0.76	0.81
Feuchtes Kohlendioxyd	0.81	0.75
Trockener Wasserstoff	6.70	7.95
Feuchter Wasserstoff	5.30	5.60

Aus diesen Angaben sieht man, daß in trockener Luft die Beweglichkeit der negativen Ionen diejenige der positiven bedeutend übetrifft. In feuchter Luft sind die Beweglichkeiten beider Ionen schwächer und einander viel näher. Die sämtlichen gegebenen Werte beziehen sich auf Gase unter Atmosphärendruck und bei gewöhnlicher Temperatur.

Die Methode der Messung mit Hilfe eines Gasstromes ist leicht ausführbar, aber sie erfordert ein gewisses Gasquantum, dessen vollständige Trockenheit schwer zu erreichen ist. Man kann sich mit Vorteil anderer Methoden bedienen, die auf der direkten Bestimmung der Zeit beruhen, welche ein in einem ruhenden Gase enthaltenes Ion braucht, um unter der Wirkung eines elektrischen Feldes einen bestimmten Weg zurückzulegen.[1])

Eine solche Methode sei hier beschrieben[2]).

Eine von einem Schutzring umgebene Platte A ist mit dem Elektrometer verbunden. Ihr gegenüber ist, parallel mit ihr und im

---

[1]) Rutherford, Proc. Camb. Phil., Soc., 1898. — Langevin, Comptes rend., 134, S. 646. 1902. — J. J. Thomson, Elektrizitätsdurchgang in Gasen.

[2]) Blanc, Soc. de Phys. 1908. Diese Methode ist derjenigen Analog die von Rutherford zur Messung der Beweglichkeit von Ionen angegeben worden ist, welche durch Bestrahlung von Zink mit ultraviolettem Licht entstehen. (Rutherford loc. cit.)

Abstand d, ein Drahtnetz B angebracht, hinter welchem eine, mit demselben ebenfalls parallel und im Abstand d gestellte zweite Platte C sich befindet. Will man die Beweglichkeit der positiven Ionen messen, so erzeugt man zwischen Drahtnetz B und Platte C eine konstante Potentialdifferenz, die ein Feld von C nach B hervorruft. Zwischen dem Drahtnetz B und der Platte A erzeugt man ein mit der Periode T wechselndes Feld, wodurch während der einen halben Periode eine Potentialdifferenz V zwischen A und B ein Feld in demselben Sinne erregt, wie es zwischen B und C konstant besteht, während der nächsten halben Periode aber eine Differenz V_1, gleich oder größer als V, ein dem vorigen entgegengesetzt gerichtetes Feld verursacht.

Man ionisiert nun das Gas zwischen B und C mit Hilfe eines den Platten parallelen dünnen Bündels Röntgenstrahlen. Die positiven Ionen gehen zum Drahtnetz und durchdringen es, wenn das Feld von B nach A gerichtet ist; sie werden aber vom Netz aufgehalten, wenn die Feldrichtung umgekehrt ist. Die Ionen, die durch das Netz hindurchgehen können, bewegen sich nun zwischen B und A mit der Geschwindigkeit $u_1 = k_1 \frac{V}{d}$. Ist die Zeit, die sie brauchen, um den Weg bis A zurückzulegen, kleiner als $\frac{T}{2}$, so erreichen einige von ihnen die Platte A. Verstärkt man also V nach und nach, so beginnt das Elektrometer bei einem Werte V_0 auszuschlagen, der der Beziehung

$$\frac{d}{u_1} = \frac{T}{2} \quad \text{oder} \quad 2d^2 = T k_1 V_0.$$

entspricht.

Wird V größer als V_0, so wächst die Zahl der zum Elektrometer gelangenden Ionen, und die aus dem Versuch sich ergebende Gesetzmäßigkeit dieses Zuwachses ist derart, daß man eine gerade Linie erhält, wenn man V als Abszissen und die am Elektrometer abgelesenen Stromstärken i als Ordinaten aufträgt. Der Schnittpunkt dieser Geraden mit der Abszissenachse gibt genau den Wert V_0 an, und mittels der oben gegebenen Beziehungen läßt sich k_1 daraus ableiten.

Zur Messung der Beweglichkeit der negativen Ionen verfährt man auf entsprechende Weise. Die nach dieser Methode erhaltenen Zahlen weichen wenig von den mit der Methode des strömenden Gases gewonnenen ab.

Versuche haben ergeben, daß die Ionen, die zwischen C und B in Kohlendioxyd erzeugt worden waren und nachher durch das Netz zwischen B und A in Luft gelangten, sich bezüglich ihrer Beweglichkeit genau so verhielten, als wären sie direkt in Luft gebildet worden. Dies ist leicht erklärlich, wenn man von der Ansicht ausgeht, daß die Ionen Molekülgruppen sind, die sich um ein geladenes Zentrum bilden. Diese Gruppen tauschen beständig ihre Moleküle mit denen des umgebenden Gases aus und bilden sich, wenn sie aus einem Gase in ein anderes gelangen, zu Gruppen um, die aus Molekülen dieses letzteren bestehen.

Die Abhängigkeit der Koeffizienten k_1, k_2 und α von Druck und Temperatur ist untersucht worden. Nach der kinetischen Gastheorie läßt sich voraussehen, daß die Beweglichkeit der Ionen umgekehrt proportional dem Druck sein müßte, wenn sie unverändert blieben. Das ist tatsächlich der Fall sowohl für negative, durch ultraviolettes Licht auf Zink als auch für durch Röntgenstrahlen erzeugte Ionen, aber nur für Drucke über 10 *mm* Quecksilber. Sinkt der Druck darunter, so wird die Beweglichkeit der negativen Ionen größer, als sie nach diesem Gesetz sein dürfte; es ist, als ob sie bei geringem Druck ihr Volumen verkleinerten[1]).

Die Abhängigkeit des Koeffizienten α vom Druck ist viel verwickelter. In der Nähe des atmosphärischen Druckes ändert sich dieser Koeffizient wenig mit dem Druck, aber hier ist der Wert von α eine Art Maximum und vermindert sich sowohl bei höheren als auch bei abnehmendem Druck[2]).

Die Wirkung der Feuchtigkeit auf die Beweglichkeit, besonders auf die der negativen Ionen, läßt sich durch die Vergrößerung des Volumens erklären, die die geladenen Teilchen durch Anlagerung von Wassermolekülen erleiden.

Die Beweglichkeit der Gasionen ist viel größer als die der elektrolytischen Ionen. Die letztere ist nur von der Größenordnung 1 cm in der Stunde bei einem Felde von 1 Volt: cm.

8. **Kondensation von Wasserdampf auf den Ionen.** — In einer geistvollen Weise hat man es ermöglicht, die Ladung eines ein-

---

[1]) Rutherford, Proc. Camb. Phil. Soc., 9, S. 410. 1898. — Langevin, Thèse de doctorat.

[2]) Langevin, Thèse de doctorat.

zelnen Ions mit Hilfe der Kondensation des Wasserdampfes annähernd zu messen.

In einem Gefäße, das Luft und Wasser enthält, ist bei konstanter Temperatur der Wasserdampf gesättigt. Wird die Luft im Gefäße mit Hilfe einer passenden Vorrichtung plötzlich ausgedehnt, so tritt eine vorübergehende Abkühlung ein, und der bei dieser erniedrigten Temperatur übersättigte Dampf muß sich zum Teil kondensieren. Der Eintritt dieser Kondensation hängt zum großen Teil von der Gegenwart von Kondensationszentren ab, d. h. von Partikeln, die als Kerne für die Tropfenbildung dienen können. Darum tritt in staubhaltiger Luft die Kondensation mit Leichtigkeit schon bei geringer Ausdehnung ein und offenbart sich uns als Nebel. Ist aber die Luft staubfrei, so erfolgt bei einer schwachen Ausdehnung innerhalb des Gasraumes keine Kondensation und es erscheint kein Nebel. Offenbar wirkt der in der Luft enthaltene Staub auf die Wassermoleküle durch chemische Anziehung, ähnlich wie eine hygroskopische Substanz. Aber auch ganz abgesehen von chemischer Wirkung stellt dieser Staub Kondensationszentren dar, weil er die Bildung flüssiger Oberflächen von verhältnismäßig schwacher Krümmng ermöglicht, während Tropfen von sehr kleinen Dimensionen, die in einem Gase entstehen, infolge von Kapillarwirkung verdunsten müssen, wie Lord Kelvin gezeigt hat.

Die Kondensation von übersättigtem Dampf wird auch durch die Gegenwart elektrischer Ladungen im Gase erleichtert. Jedes geladene Teilchen wirkt als Kondensationszentrum, da es eine elektrostatische Anziehung auf die Wassermoleküle ausübt.

Die Bedingungen der Wasserdampfkondensation in staubfreier, neutraler oder ionisierter Luft sind von C. T. R. Wilson[1]) untersucht worden, der sich hierbei eines Apparates bediente, der eine plötzliche Volumvergrößerung der Luft in einem bekannten und willkürlich abzuändernden Verhältnis $\varDelta$ gestattete. Nachstehend Wilsons Resultate:

1. In nicht ionisierter, staubfreier Luft entsteht keine Kondensation, so lange $\varDelta$ kleiner ist als 1,25. Bei Werten von $\varDelta$ zwischen 1,25 und 1,38 erscheinen wenige Tropfen. Ist endlich $\varDelta >$ 1,38 so bildet sich bei der Ausdehnung ein dicker Nebel.

---

[1]) Phil. Trans., 1897, S. 265; 1899, S. 403; 1900, S. 289.

2. In Luft mit Ionen, die durch Röntgenstrahlen oder durch eine radioaktive Substanz erzeugt sind, findet keine Kondensation statt bei $\Delta < 1{,}25$, aber bei $\Delta > 1{,}25$ entsteht ein Nebel, der um so undurchsichtiger ist, als die Ionisation stärker ist. Die Kondensationszentren sind hierbei die im Gase vorhandenen Ionen. Man kann darum durch Herstellung eines starken elektrischen Feldes, das die Ionen in dem Maße, als sie entstehen, nach den Elektroden treibt, die Kondensation verhindern. In Abwesenheit eines Feldes kann auch unmittelbar nach Beseitigung der ionisierenden Ursache die Kondensation noch durch Ausdehnung bewirkt werden.

Die negativen Ionen kondensieren den Wasserdampf leichter als die positiven. So beträgt der zur Kondensation auf negativen Ionen erforderliche Wert von Δ 1,25, während die positiven Ionen nicht eher zu wirken anfangen, als bei $\Delta = 1{,}31$.

Eine Bildung weniger Tropfen tritt in staubfreier und vor jeder ionisierenden Einwirkung geschützter Luft bei einer Entspannung ein, für die $\Delta = 1{,}25$—$1{,}38$ ist. Sie ist einer schwachen, spontanen Ionisation der Luft zuzuschreiben, die durch zahlreiche Untersuchungen außer Zweifel gestellt ist und von der weiter unten noch die Rede sein wird.

Nachstehender, von Wilson herrührender Versuch zeigt den Unterschied zwischen der Wirkung der positiven und negativen Ionen.

Das Gefäß, in dem die Kondensation beobachtet wird, hat eine Gestalt wie in Fig. 12. Es ist durch eine zentrale Scheidewand, die

Fig. 12.

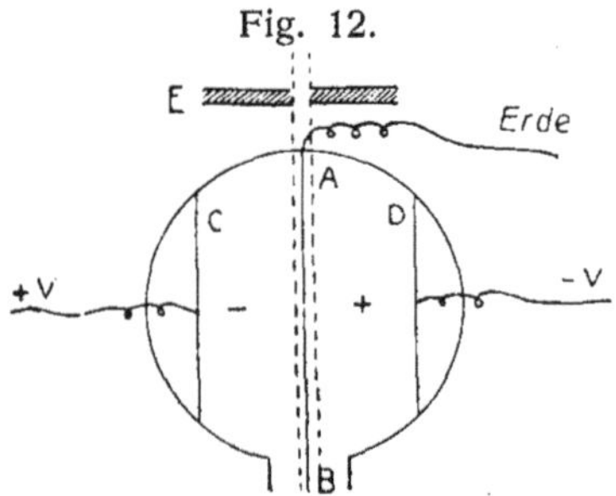

gleichzeitig als Elektrode dient, in zwei symmetrische Hälften geteilt. Ein flaches Bündel Röntgenstrahlen ionisiert das Gas zwischen zwei zu beiden Seiten der mittleren Elektrode, parallel zu ihr und in gleichem Abstand, verlaufenden Flächen. Zwei mit der mittlern parallele Elektroden sind symmetrisch diesseits und jenseits von derselben angeordnet. Sie werden auf die Poteniale $+V$ und $-V$ gebracht, während die mittlere Elektrode geerdet ist. Infolge dieser Anordnung enthält das Gas rechts von der mittleren Elektrode nur positive Ionen, mit Ausnahme der unmittelbar an dieser anliegenden Teile, und das Gas links von ihr nur negative Ionen. Man kann den Apparat so einstellen, daß die Ionisation auf beiden Seiten gleich stark wird. Dies ist der Fall, wenn die auf beiden Seiten erhaltenen Sättigungsströme gleich stark sind. Dann beobachtet man, daß der kleinste Wert von Δ, bei dem Nebel eintritt, in dem Gasraum mit negativen Ionen 1,25 beträgt, dagegen 1,31 in dem Raum mit positiven Ionen. Ist die Kondensation auf beiden Seiten erfolgt, so gleichen sich die Nebel in ihrem Aussehen. Erzeugt man die Nebel unmittelbar nach der Beendigung der Ionisation, so sieht man sie sich senken und erkennt, daß sie auf beiden Seiten gleich schnell fallen, was ein Beweis dafür ist, daß die Tröpfchen, aus denen sie bestehen, annähernd gleiches Volumen haben. Ist, wie man annehmen muß, die Menge des kondensierten Wassers auf beiden Seiten annähernd gleich, so folgt daraus, daß beide Ionenarten in ungefähr gleicher Zahl vorhanden sind, und da sie in einem ursprünglich ungeladenen Gase entstanden sind, so müssen die Ladungen der beiden Vorzeichen von derselben Größenordnung sein.

Die konstante Endgeschwindigkeit v, die eine kleine Kugel von der Dichte d und dem Radius a im freien Falle innerhalb eines Gases, dessen Reibungskoeffizient μ ist, annimmt, ist von Stokes berechnet worden als

$$v = \frac{2}{9}\frac{dga^2}{\mu}.$$

Man kann diese Formel auf den Fall der Tröpfchen, aus denen der Nebel besteht, und für die $d = 1$ ist, anwenden. Nimmt man sie sämtlich als gleich groß an und ist die Geschwindigkeit ihres gemeinsamen Falles durch Beobachtung festgestellt, so läßt sich daraus der Radius a eines Tropfens berechnen. Der Koeffizient μ ist für verschiedene Gase bekannt.

9. **Die Ladung der Ionen.** — Bei der Messung der Ladung eines Ions ist J. J. Thomson von der Annahme ausgegangen, daß bei nicht zu starker Ionisation und bei passender Ausdehnung des betreffenden Gases alle Ionen als Kondensationszentren wirken, und daß demnach

die Anzahl der entstandenen Tropfen gleich ist der Zahl der vorhandenen Ionen. Das Gas wurde entweder durch Röntgenstrahlen oder durch eine radioaktive Substanz ionisiert. Es befand sich in einem Gefäße, in dem zwei horizontale, parallele Platten als Kondensator angeordnet waren. Unmittelbar nach Aufhebung der Bestrahlung wurde die Ausdehnung bewirkt, der Fall des Nebels beobachtet und daraus der Radius eines Tropfens abgeleitet. Unter Zuhilfenahme gewisser Voraussetzungen über die Bedingungen der Ausdehnung und der Kondensation kann die Wassermenge, die sich bei der Ausdehnung niederschlagen müßte, berechnet und daraus die Anzahl der Tropfen abgeleitet werden. Andererseits kann man die gesamte, von den Ionen getragene Ladung bestimmen, indem man während einer Bestrahlung ein schwaches Feld zwischen den Platten herstellt und den durchgehenden Strom mißt. Die Stärke i dieses Stromes ist durch die Gleichung

$$i = \frac{ne\mathrm{V}}{l}(k_1 + k_2)$$

gegeben, in der n die Konzentration der Ionen einer Art, e die Ladung eines Ions, V die Potentialdifferenz der Platten, l deren Abstand und $k_1 + k_2$ die Summe der Beweglichkeiten der Ionen bedeuten.

Bei kleiner Potentialdifferenz V darf angenommen werden, daß die Konzentration n der positiven beziehungsweise negativen Ionen nicht merkbar durch den Strom beeinflußt wird. Aus obiger Formel kann nun auch das Produkt ne abgeleitet werden, und da man andererseits die Zahl $2n$ der entstandenen Tropfen kennt, so läßt sich schließlich der Wert von e berechnen.

Das letzte und beste Ergebnis dieser schwierigen Versuche ist

$$e = 3,4 \,.\, 10^{-10} \text{ elektrostatische Einheiten.}$$

Nach J. J. Thomsons[1]) Untersuchungen ist die Ladung eines durch Röntgenstrahlen erzeugten Ions in Luft und in Wasserstoff gleich groß.

Die Ladung e kann auch aus der Beobachtung des Fallens des Nebels abgeleitet werden, der durch negative Ionen allein zwischen den horizontalen und parallelen Platten eines Kondensators, im Beisein eines elektrischen Feldes und ohne ein solches erzeugt wird[2]).

---

[1]) J. J. Thomson, Elektrizitätsdurchgang in Gasen.

[2]) H. A. Wilson, Phil. Mag., April 1903.

Das Verhältnis der Fallgeschwindigkeiten v_1 und v_2 unter diesen beiden Bedingungen ist durch die Gleichung gegeben:

$$\frac{v_1}{v_2} = \frac{mg}{mg + eh},$$

in der m die Masse eines Tropfens und h das Feld bezeichnet, dessen Wirkung sich zu derjenigen der Schwere hinzugesellt.

Diese Gleichung läßt nun in Verbindung mit den Gleichungen

$$m = \frac{4}{3} \pi a^3, \quad v_1 = \frac{2}{9} \frac{g a^2}{\mu},$$

e berechnen, ohne daß man die Menge des kondensierten Wassers hineinzubeziehen nötig hat. Das Mittel der für Luft gefundenen Werte ist $e = 3{,}1 \cdot 10^{-10}$ elektrostatische Einheiten.

Bei diesen Bestimmungen sind die Abweichungen der einzelnen Ergebnisse vom Mittel verhältnismäßig groß. Die Methode ist indessen von Millikan[1]) vervollkommnet worden, der anstatt des Nebels isolierte Tropfen beobachtete. Die so erhaltene Zahl ist $e = 4{,}65 \cdot 10^{-10}$ elektrostatische Einheiten, und die Genauigkeit der Messungen wird auf $2^0/_0$ geschätzt.

Die Untersuchungen über die Kondensation des Wasserdampfs auf Gasionen sind von großer Wichtigkeit. Durch sie ist es zum ersten Male möglich gewesen, klar und deutlich die diskontinuierliche Struktur der Elektrizität zu erkennen, und die individuellen Wirkungen, die durch elektrische Ladungen äußerster Kleinheit hervorgebracht werden, einzeln zu beobachten.

Die Größe der Ladung eines negativen Ions ist eine sehr wichtige Konstante. Wir werden sehen, daß diese Ladung tatsächlich die kleinste isolierbare Elektrizitätsmenge darstellt, die wir nach dem Stande unseres gegenwärtigen Wissens kennen. Sie ist das Atom der negativen Elektrizität. Man bezeichnet sie als das Elementarquantum.

Aus dem Studium der Beweglichkeit und der Diffusion der Gasionen gewinnen wir ein wichtiges Hilfsmittel zur Vergleichung der Ladungen elektrolytischer Ionen und der Gasionen.

10. Diffusion der Ionen. — Sind die Ionen in einem Gasvolumen ungleichmäßig verteilt, so macht sich das Bestreben geltend, die

---

[1]) Millikan, Amer. Phys. Soc. 1909.

Gleichmäßigkeit der Konzentration durch Diffusion herzustellen. Diese Diffusion könnte beispielsweise verursacht sein durch eine von einer leitenden Wand in sehr geringem Abstand auf die Ionen ausgeübte Anziehung. Eine solche Wand verhält sich in bezug auf die Ionen wie eine absorbierende Wand.

Die Ionen können den Partikeln eines Gases verglichen werden, das sich in ganz geringer Menge dem nichtionisierten Gase beigemengt befindet. In der Tat ist die Ionenmenge immer sehr gering im Vergleich zu den vorhandenen nicht ionisierten Gasmolekülen. Eine mit den uns gegenwärtig zu Gebote stehenden Hilfsmitteln erzeugte Ionisierung von 10^9 Ionen jedes Vorzeichens im Kubikzentimeter Gas muß schon als ausnehmend hoch betrachtet werden.

Nach der kinetischen Theorie ist aber bei Normaldruck und -temperatur die Zahl der in 1 *ccm* Gas enthaltenen Moleküle ungefähr $3 \cdot 10^{19}$. Die ionisierten Moleküle bilden daher nur einen geringen Bruchteil der Gesamtzahl.

Der Diffusionskoeffizient der Ionen in dem sie enthaltenden Gase ist von Townsend für verschiedene Gase und mit verschiedenen Ionisierungsmitteln, so auch mit Röntgenstrahlen und radioaktiven Substanzen, bestimmt worden.[1]) Seine Methode war wie folgt: Das ionisierte Gas streicht durch eine Reihe enger Metallröhren, deren Wandung die Ionen durch Diffusion absorbiert. Diese Röhren liegen innerhalb eines weitern Metallrohrs parallel zu dessen Achse nebeneinander. Da, wo das Gas das enge Rohr verläßt, wird der Sättigungsstrom zwischen dem weiten Rohre und einer in dessen Achse angebrachten Elektrode gemessen, indem man die Ladung bestimmt, die die Elektrode nach und nach annimmt, wenn sie nach vorangegangener Erdung isoliert und das Rohr auf ein hohes positives oder negatives Potential gebracht wird. Man kann so die Anzahl der positiven und negativen Ionen einzeln bestimmen, die in dem Gase nach dessen Durchgang durch das Bündel der engen Röhren geblieben sind. Der Verlust an Ionen bei diesem Durchgang ist fast ausschließlich auf Rechnung der Diffusion gegen die Wandungen zu setzen; indessen kann man auch leicht die kleine Menge der Ionen in Rechnung ziehen, die sich während der Zeit des Durchgangs wiedervereinigt haben.

---

[1]) Townsend, Phil. Trans., 1899.

Mathematisch läßt sich das Problem behandeln, indem man die Ionen einer jeden Gattung wie ein in dem nicht ionisierten Gase in sehr kleiner Konzentration vorhandenes anderes Gas betrachtet, das mit dem ersteren in der Richtung der Achse durch das enge Rohr hindurchströmt. Zu dieser Bewegung gesellt sich für die Ionen noch eine radiale wegen der von der Rohrwand ausgeübten Anziehung. Diese Bewegung vollzieht sich nach dem Diffusionsgesetz, d. h. so, daß die Anzahl q der Ionen, die in der Zeiteinheit eine gegen den Radius der Röhre normal gerichtete Flächeneinheit durchdringt, proportional ist dem Gradienten der Ionenkonzentration an dieser Stelle des Rohres und in der Richtung des Röhrenradius. Bezeichnet man also mit n die Ionenkonzentration, mit r den Abstand von der Achse der Röhre, so hat man:

$$q = -\mathrm{D}\frac{\partial n}{\partial r},$$

worin D ein von n und den Koordinaten unabhängiger Koeffizient ist: der Diffusionskoeffizient.

Wenn man nun in dem Rohre ein Raumelement betrachtet, das durch zwei senkrechte Querschnitte und durch zwei mit dem Rohre konaxiale Zylinderflächen begrenzt ist, so kann man aussagen, daß im stationären Zustand die Zahl der Ionen, die in dies Raumelement eintreten, gleich der Zahl deren ist, die während derselben Zeit daraus austreten. r und $r + dr$ seien die Radien der beiden Zylinder, Ox die axiale Richtung und dx der Abstand der beiden Querschnitte; schließlich sei u die Geschwindigkeit des Gases im Abstand r von der Achse, die in der Richtung Ox als konstant angenommen wird. Die Zahl der Ionen einer Gattung, die in der Zeiteinheit im Sinne Ox durch die beiden Querschnitte gehen, ist gleich:

$$2\pi r\,dr\,.\,nu$$

beziehungsweise

$$2\pi r u\,dr\left(n + \frac{\partial n}{\partial x}dx\right).$$

Die Zahl der Ionen einer Gattung, die in der Zeiteinheit in radialer Richtung die beiden Zylinderflächenelemente durchsetzen, ist gleich

$$-2\pi r\,dx\,\mathrm{D}\frac{\partial n}{\partial r}$$

beziehungsweise

$$-2\pi D\,dx\left[r\frac{\partial n}{\partial r}+\frac{\partial}{\partial r}\left(r\frac{\partial n}{\partial r}\right)dr\right].$$

Man hat also die Beziehung

$$2\pi r\,n\,u\,dr-2\pi r\,D\frac{\partial n}{\partial r}dx$$

$$=2\pi r u\left(n+\frac{\partial n}{\partial x}dx\right)dr-2\pi D\,dx\left[r\frac{\partial n}{\partial r}+\frac{\partial}{\partial r}\left(r\frac{\partial n}{\partial r}\right)dr\right],$$

woraus die Differentialgleichung folgt:

$$r u\frac{\partial n}{\partial x}-D\frac{\partial}{\partial r}\left(r\frac{\partial n}{\partial r}\right)=0.$$

Außerdem weiß man, daß, wenn ein Gas durch ein enges Rohr strömt, seine Geschwindigkeit u im Abstand r von der Achse

$$u=\frac{2\Delta}{\pi a^4}(a^2-r^2)$$

ist, wenn Δ das in der Zeiteinheit durchströmende Gasvolumen und a der Radius des Rohres ist.

Infolgedessen nimmt die Gleichung die Form an:

$$r\frac{\partial^2 n}{\partial r^2}+\frac{\partial n}{\partial r}-\frac{2\Delta r}{\pi D a^4}(a^2-r^2)\frac{\partial n}{\partial x}=0.$$

Durch diese Gleichung ist n als Funktion von r und x bestimmt, wenn man die Grenzbedingungen hinzunimmt, welche lauten, daß $n=0$ werden muß für $r=a$, für jeden Wert von x, und daß n am Eingang des Rohres, bei $x=0$, einen bestimmten, von r unabhängigen Wert n_0 hat. Man erhält die Lösung der Gleichung in Form einer konvergenten Reihe. Ist l die Länge des Rohres, so kann also der Wert von n an jedem Punkte des Endquerschnitts ($x=l$) berechnet werden. Die Anzahl Q der Ionen, die durch den Endquerschnitt hindurchgehen, berechnet sich dann aus der Gleichung

$$Q=\int_0^a 2\pi\,n\,u\,r\,dr.$$

Das Verhältnis R dieser Zahl zu der Zahl der Ionen, die durch den Anfangsquerschnitt des Rohres gehen, ist durch folgende Näherungsformel gegeben:

$$R = 4\left(0{,}195\, e^{-3{,}65\frac{\pi l D}{\Delta}} + 0{,}024\, e^{-22{,}28\frac{\pi l D}{\Delta}} + \ldots\right)$$

Aus dieser Formel kann D berechnet werden, wenn R gemessen ist, da ja l und Δ bekannt sind.

Nachstehend einige in verschiedenen Gasen mit Röntgenstrahlen und mit radioaktiven Substanzen bestimmte Diffusionskoeffizienten.

	+ Ionen.	— Ionen.
Trockene Luft	0,028	0,043
Feuchte Luft	0,032	0,035
Trockener Sauerstoff	0,025	0,0396
Trockenes Kohlendioxyd . . .	0,023	0,026
Trockener Wasserstoff . . .	0,123	0,190

Die Diffusionsgeschwindigkeit der negativen Ionen ist in allen Fällen größer als die der positiven, was mit der größern Beweglichkeit der negativen Ionen übereinstimmt. Diese Ungleichheit der Diffusionsgeschwindigkeiten hat zur Folge, daß das ursprünglich ungeladene Gas nach dem Austritt aus dem engen Rohr eine schwache positive Ladung zeigt. Die negativen Ionen sind eben in überwiegendem Maße an die Röhrenwandung abgegeben worden.

Diffundiert ein ionisiertes Gas durch einen Baumwollenpropfen, so werden die Ionen vollständig absorbiert und das entweichende Gas ist ganz ionenfrei. Beim Durchleiten eines ionisierten Gases durch Wasser werden alle Ionen an das Wasser abgegeben.

Die Diffusionskoeffizienten der Ionen sind bedeutend kleiner als die der Gase ineinander. So beträgt dieser Koeffizient für Kohlendioxyd in Luft 0,14. Die Diffusionskoeffizienten von Gas in Gas verhalten sich bekanntlich annähernd umgekehrt wie die Quadratwurzeln aus ihren Molekulargewichten. Könnte man dieses Gesetz auf die Ionen anwenden, so berechnete sich ihre molekulare Masse zum 20 bis 30fachen des Kohlendioxydmoleküls. Daraus kann man schließen, daß die durch Röntgenstrahlen in Gasen erzeugten Ionen keine Bruchteile von Molekülen sein können, sondern daß sie vielmehr Anhäufungen von Molekülen sind. Indessen ist hier zu bedenken, daß die geladenen Ionen in ihrer Bewegung durch die von ihnen ausgeübte Anziehung auf die Gasmoleküle gehemmt werden, wodurch ihre Diffusionsgeschwindigkeit vermindert wird.

Der Diffusionskoeffizient der Ionen in einem Gase ist umgekehrt proportional dem Druck, in Übereinstimmung mit der Diffusionstheorie.

11. **Elementare Ladung.** — Aus den Messungen der Diffusionskoeffizenten in Verbindung mit denen der Beweglichkeiten hat ein die Ladung der Ionen betreffendes wichtiges Ergebnis abgeleitet werden können.

Betrachten wir ein Flächenelement s an einer Stelle, wo die Ionenkonzentration gleich n ist, senkrecht zur Richtung Ox des maximalen Konzentrationsgefälles an diesem Punkte. Die Zahl der Ionen, die dieses Flächenelement in der Zeiteinheit durchsetzen, ist

$$-s\,\mathrm{D}\frac{\partial n}{\partial x},$$

folglich ist ihre Geschwindigkeit gleich

$$-\frac{\mathrm{D}}{n}\frac{\partial n}{\partial x}.$$

Die Ursache, durch welche die Diffusion hervorgerufen wird, ist die Änderung des Partialdruckes der Ionen in der Richtung Ox. Dieser Partialdruck sei p. Betrachtet man ein Raumelement mit dem Flächenelement s als Basis und mit der Höhe dx, so beträgt die Druckdifferenz an den Endflächen

$$-\frac{\partial p}{\partial x}dx,$$

und auf jedes in dem Raumelement befindliche Ion wirkt die Kraft

$$-\frac{1}{n}\frac{\partial p}{\partial x}.$$

Andererseits verleiht die elektrische Kraft eh, die das Feld h auf das Ion von der Ladung e ausübt, diesem die konstante Endgeschwindigkeit kh. Setzt man die Kräfte den Geschwindigkeiten proportional, so findet man

$$\frac{\mathrm{D}\frac{\partial n}{\partial x}}{\frac{\partial p}{\partial x}}=\frac{kh}{eh}.$$

Wenn die Ionen den Molekülen eines Gases vergleichbar sind, so ist ihr Druck ebenso groß, wie der eines Gases von gleicher Konzentration; es muß also

$$\frac{n}{p} = \frac{N}{P}$$

sein, wenn man mit N die Zahl der Moleküle bezeichnet, die beim Atmosphärendruck P und bei gewöhnlicher Temperatur in 1 ccm Gas enthalten sind. Es ergibt sich weiter

$$\frac{\partial n}{\partial x} = \frac{N}{P}\frac{\partial p}{\partial x} \text{ und } Ne = P\frac{k}{D}.$$

Bildet man die Quotienten $\frac{k}{D}$ für die negativen Ionen in verschiedenen Gasen, so findet man sie nur wenig abweichend voneinander; noch dazu, wenn man berücksichtigt, daß die Messungen sich im allgemeinen nicht auf Gase von gleichem Druck und gleicher Temperatur beziehen, und daß man die Gase nicht vollkommen trocknen kann. Ist nun die Ladung der Gasionen ebenso wie die der elektrolytischen immer ein Multiplum einer gewissen elementaren Ladung, so schließen wir daraus, daß die untersuchten negativen Ionen sämtlich die gleiche Ladung tragen, und daß bei ihnen keine verschiedenen Valenzen vorkommen, wie bei den Elektrolyten.

Setzt man

$$P = 10^6$$

so ergibt sich daraus der Wert von Ne für

Negative Ionen in trockener Luft . . $1{,}31 \times 10^{10}$ e. s. Einheiten
Negative Ionen in Sauerstoff . . . . $1{,}36 \times 10^{10}$ e. s. Einheiten
Negative Ionen in Wasserstoff . . . $1{,}25 \times 10^{10}$ e. s. Einheiten

Bezeichnen wir andererseits mit e' die Ladung eines Wasserstoffatoms in der Elektrolyse, so beträgt die von 1 cm^3 Wasserstoff bei 0^0 und Atmosphärendruck transportierte Ladung bekanntlich

$$2\,Ne' = 96500 \times 3 \times 10^9 \times 0{,}0013 \times 0{,}069,$$
$$= 2{,}6 \cdot 10^{10} \text{ elektrostatische Einheiten.}$$

Bei Atmosphärendruck und bei 15^0 ist diese Ladung $Ne' = 1{,}225 \times 10^{10}$ elektrostatische Einheiten. Man sieht also, daß die Ladung eines negativen Ions derjenigen sehr nahe kommt, die ein Atom Wasserstoff bei derElektrolyse transportiert.

Für die positiven Ionen zeigen die Quotienten $\frac{k}{D}$ im allgemeinen eine stärkere Ladung an, die aber nicht den doppelten Wert erreicht. So sind die für Luft und für Wasserstoff gefundenen Zahlen resp. $1{,}46 \cdot 10^{10}$ und $1{,}63 \cdot 10^{10}$ elektrostatische Einheiten.

Mittels folgender Methode hat Townsend[1]) die Unsicherheiten zu beseitigen gesucht, die die gesonderten Bestimmungen der Beweglichkeits- und Diffussionskoeffizienten mit sich bringen.

Zwei Platten A und B (Fig. 13), die von kreisrunden Ausschnitten gleichen Durchmessers durchbrochen sind, sind in passendem Abstand horizontal und parallel zueinander so angeordnet, daß die Mittelpunkte der beiden Ausschnitte in derselben Vertikalen liegen. Ein feines Drahtnetz bedeckt den oberen Ausschnitt, während der

Fig. 13.

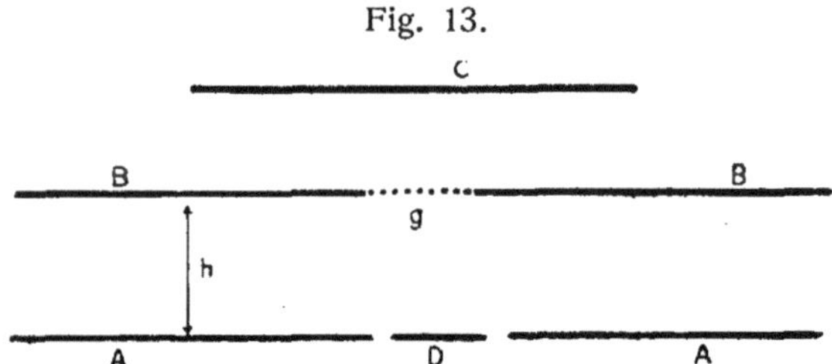

untere durch eine Metallscheibe D, die ringsum durch einen geringen Zwischenraum von der Platte A isoliert ist, beinahe ausgefüllt wird. Über B befindet sich eine dritte Platte C, ebenfalls parallel zu A und B. Man erregt zwischen C und B und zwischen B und A gleichgerichtete elektrische Felder und ionisiert die Luft zwischen C und B. Es gehen nun nur die Ionen eines Vorzeichens durch das Drahtnetz in den Raum zwischen B und A, wo sie sich unter dem Einfluß des homogenen Feldes h bewegen und gleichzeitig in seitlicher Richtung diffundieren, so daß einige von ihnen von der Scheibe D aufgenommen werden und die anderen von der ringförmigen Platte A. Der Bruchteil der in die Scheibe D gehenden Ionen wächst mit der Intensität des Feldes h und kann genau bestimmt werden. Die Rechnung zeigt, daß dieser Bruchteil nur von dem Produkt Neh abhängt und daß man den Wert dieses Produktes daraus berechnen

---

[1]) Townsend, Proc. Roy. Soc., 1908.

kann. Auf diese Weise findet man für negative Ionen in Luft:

$$Ne = 1{,}23 \cdot 10^{10} \text{ elektrostatische Einheiten.}$$

Es ist also zulässig, die Ladung des negativen Ions derjenigen des Wasserstoffatoms bei der Elektrolyse gleich zu setzen. Diese Ladung, die kleinste, die je gemessen worden ist, heißt die **elementare Ladung.**

Die mit positiven Ionen erhaltenen Resultate hängen von der Versuchsanordnung ab. Die positiven Ionen können als durchaus zweiwertig oder einwertig oder auch ein- und zweiwertig im Gemenge auftreten. Dieser Umstand, daß die Ladungen der positiven und negativen Ionen nicht notwendigerweise gleich sein müssen, kann eine Modifikation der in der Theorie der Elektrizitätsleitung in Gasen in Frage kommenden Gleichungen erforderlich machen. Diese Modifikationen sind für den Fall, daß alle Ionen gleiche Ladung haben, leicht zu bewirken, aber im entgegengesetzten Falle werden die Resultate sehr verwickelt.

Es wäre denkbar, daß die mit Hilfe der Kondensationsmethode bestimmte elementare Ladung zu gering gefunden wird, weil die Tröpfchen im Fallen verdunsten und deshalb ihre Fallgeschwindigkeit geringer wird, als sie ihrer ursprünglichen Größe nach sein müßte. Rutherford hat aus seinen Versuchen mit α-Strahlen die elementare Ladung zu $4{,}65 \cdot 10^{-10}$ elektrost. Einheiten bestimmt (siehe § 133), eine Zahl, die sehr gut mit der von Planck[1]) aus der Strahlungstheorie abgeleiteten: $4{,}69 \cdot 10^{-10}$ übereinstimmt.

Endlich läßt sich die elementare Ladung auch aus den Versuchen von Perrin[2]) über kolloidale Emulsionen auf indirektem Wege unter Bedingungen ableiten, die für die Genauigkeit günstig sind, und es folgt daraus

$$e = 4{,}1 \cdot 10^{-10} \text{ elektrostatische Einheiten.}$$

Wahrscheinlich ist e größer als $4 \cdot 10^{-10}$ e. s. Einheiten. In diesem Buche wird der Wert $4{,}7 \cdot 10^{-10}$ gebraucht werden, der aus den Bestimmungen mit α-Strahlen abgeleitet ist.

12. **Ursachen der Ionenbildung und Beschaffenheit der Ionen.** — Im Laufe dieser Darlegungen habe ich im allgemeinen

---

[1]) Planck, Ann. der Phys. 1901.

[2]) Perrin, Comptes rend. 1908.

vorausgesetzt, daß man Ionen von derselben Beschaffenheit sowohl mit Röntgenstrahlen als auch mit den Strahlen einer radioaktiven Substanz erhält. Die Idendität der in diesen beiden Fällen erhaltenen Ionen ist durch die Messung ihrer Beweglichkeiten, wie auch ihrer Diffusionskoeffizienten bewiesen worden (Rutherford, Zeleny und Townsend).

Diese Ionen, die uns hauptsächlich beschäftigen werden, nennt man kleine Ionen im Gegensatz zu den viel größeren, die sich ebenfalls bei gewöhnlicher Temperatur in Gasen bilden können. Kleine Ionen können aber, wie verschiedene Untersuchungen dargetan haben, auch unter anderen Umständen entstehen. Läßt man z. B. die disruptive Entladung in Büschelform zwischen einer Spitze und einer Fläche übergehen, so wird die Leitung der Elektrizität durch das Gas durch Ionen vermittelt, die sich in der Nähe der Spitze bilden, und diese Ionen sind derselben Art wie die bisher besprochenen kleinen Ionen[1]). Auch eine negtaiv geladene Zinkplatte, die mit ultraviolettem Licht bestrahlt wird, entladet sich bekanntlich allmählich, weil ihre negative Elektrizität in dem elektrischen Felde der Platte wegströmt, als ob das sie umspülende Gas ein schwacher Leiter wäre. Die Leitfähigkeit des Gases ist in diesem Falle einseitig, sie zeigt sich nur bei einer negativen Ladung auf dem bestrahlten Körper. Bei einer positiven Ladung verhält sich das Gas unverändert als Isolator. Wie das Studium dieser Erscheinung ergeben hat, bilden sich unter der Wirkung des ultravioletten Lichtes an der bestrahlten Oberfläche nur negative Ionen, die sofort bei ihrem Entstehen von derselben abgestoßen werden. So erklärt sich der Vorgang bei dieser Entladung. Die Messung der Beweglichkeit und des Diffusionskoeffizienten dieser negativen Ionen hat gezeigt, daß es dieselben kleinen Ionen sind, wie sie in der Luft durch Röntgenstrahlen entstehen.

In manchen Fällen zeigen Gase bei gewöhnlicher Temperatur elektrische Leitfähigkeit, die zwar auch durch Ionen hervorgerufen wird, aber von solchen, die verschieden sind von denen, die wir bis jetzt besprochen haben. So wird Luft in Gegenwart von feuchtem weißem Phosphor leitend. Ein geladenes Elektroskop entladet sich, wenn man ein Stückchen solchen Phosphors in die Nähe seines Knopfes bringt. Die Partikeln, die hier die Leitfähigkeit

[1]) Ions, electrons, corpuscules, p. 97, 951.

bewirken, besitzen eine etwa tausendmal geringere Beweglichkeit, als die kleinen Ionen[1]). Infolge davon diffundieren sie nur sehr langsam in den Gasen, und sie werden weder von einem Wattepfropfen noch von Wasser beim Hindurchleiten vollständig absorbiert. Ähnliche Ionen entstehen auch in Gasen, die bei manchen chemischen Reaktionen oder bei der Elektrolyse frei werden.

Diese großen Ionen haben das Vermögen, gesättigten Wasserdampf zu kondensieren. Wegen ihrer geringen Beweglichkeit ist es schwierig, mit ihnen den Sättigungsstrom zu erzielen, obwohl sie einen viel geringeren Wiedervereinigungskoeffizienten besitzen als die kleinen Ionen.

Auch das Verhalten heißer Gase oder der Flammengase ist hier zu betrachten. Diese Gase sind Leiter, und ihre Leitfähigkeit rührt von einer Ionisation her. Die Beschaffenheit der Ionen hängt wesentlich von der Temperatur des Gases ab. Ist diese sehr hoch, so haben die Ionen eine sehr bedeutende Beweglichkeit, besonders die negativen Ionen, deren Beweglichkeit 1000 cm:sec. erreicht, bezogen auf eine in $\frac{\text{Volt}}{\text{cm}}$ gemessene Feldstärke. Im erkalteten Gase wird die Beweglichkeit dagegen viel schwächer und kann selbst unter diejenige der gewöhnlichen kleinen Ionen sinken.[2])

Glühende Körper senden im Vakuum sehr bewegliche negative Ionen aus. In unter gewöhnlichem Druck stehenden Gasen geben sie positive und negative Ionen ab, welch letztere in dem Maße vorherrschend werden, als die Temperatur steigt. Die Messung des Verhältnisses von Ladung zur Masse dieser Ionen macht es wahrscheinlich, daß die Masse des negativen Ions von der Größenordnung $^1/_{1000}$ der Masse des Wasserstoffatoms ist, während die des positiven Ions von derselben Größenordnung wie die eines Atoms ist.[3])

Endlich sei noch erwähnt, daß eine negativ geladene, mit ultraviolettem Licht bestrahlte Zinkplatte in einem Gase von Atmosphärendruck gewöhnliche kleine Ionen abgibt, in einem guten Vakuum aber viel kleinere und viel beweglichere, deren Masse von der Größenordnung $^1/_{1000}$ des Wasserstoffatoms ist.[4]) Aus Vorstehendem können wir folgendes schließen: Obwohl die

---

[1]) Ions, electrons, corpuscules, p. 82.
[2]) Ions, electrons, corpuscules, p. 513.
[3]) J. J. Thomson, Conduction of Electricity through Gases.
[4]) Lenard, Ions electrons, p. 362.

Ionen in verschiedenen Fällen elektrischer Konvektion von verschiedener Größe und Beweglichkeit sein können, so scheint es doch, daß das negative Ion fähig ist, Dimensionen anzunehmen, die viel kleiner sind als die eines Atoms, bei einer Masse, welche $^1/_{1000}$ derjenigen eines Wasserstoffatoms nicht übersteigt. Das geschieht, wenn das negative Ion irgendwie in einem hohen Vakuum, oder bei sehr hoher Temperatur entsteht, und wird durch die Gegenwart eines starken elektrischen Feldes am Orte der Ionisation begünstigt (siehe § 13).

Schafft man also Bedingungen, die geeignet sind, die Ionen in heftige Bewegung zu versetzen oder ihren Zusammenstoß mit den Gasmolekülen zu verhindern, so befördert man die Bildung dieser kleinsten negativen Korpuskeln. Sind solche Bedingungen nicht erfüllt, so entstehen größere negative Ionen, und man nimmt an, daß ein jedes Ion letzterer Art ein außerordentlich kleines Teilchen, wie es sich im Vakuum gebildet hätte, ein Elektron, als Kern enthält, um den sich eine materielle Anlagerung gebildet hat.

Das positive Ion verkleinert sich, wie die Versuche zeigen, nicht in dem Maße wie das negative. Seine Masse übertrifft wahrscheinlich in einem kalten unter Atmosphärendruck stehenden Gase diejenige eines Moleküls und nähert sich unter den Umständen, die die Loslösung der Anlagerungen bewirken, derjenigen eines Atoms, und man kann daher annehmen, daß der eigentliche Kern des Ions selbst Atomdimensionen besitzt.

Wir kommen so zu folgender Auffassung von der Entstehung der Ionen aus dem Molekül:

Unter der Wirkung einer Strahlung oder gewisser anderer Ursachen zerfällt das Molekül in zwei ungleiche Teile: in eine negativ geladene Korpuskel, ein Elektron, und in den übrig bleibenden, positiv geladenen Teil. Diese beiden Teile können entweder unter geeigneten Bedingungen für sich allein bestehen bleiben, oder sich, infolge elektrostatischer Anziehung als Kerne mit einer mehr oder minder bedeutenden materiellen Anlagerung umgeben. Bei den gewöhnlichen kleinen Ionen bestehen diese Anlagerungen wahrscheinlich aus einer geringen Anzahl nicht ionisierter Moleküle des Gases, in dem die Kerne entstanden sind. Bei den großen Ionen mag wohl die Beschaffenheit dieser Anlagerungen, die bis jetzt wenig aufgeklärt ist, verwickelter sein. Bei einem Drucke von 10 mm

Quecksilber beginnt, wie aus den Versuchen hervorgeht, eine Lösung der Anlagerungen um das negative Ion sich zu zeigen.

Das Elektron oder Korpuskel mit einer Masse von unter $^1/_{1000}$ derjenigen des Wasserstoffatoms spielt eine wichtige Rolle in der gegenwärtigen Theorie der Elektrizität und der Materie. Es stellt das Atom der Elektrizität, d. h., das kleinste isolierbare Elektrizitätsquantum, und das kleinste materielle Element dar, das wir kennen, und ist ein Bestandteil im Aufbau des Atoms. Seine Ladung beträgt ungefähr 4×10^{-10} elektrost. Einheiten, und das Verhältnis von Ladung zur Masse ist etwa $1{,}73 \times 10^7$ elektromagnetische Einheiten, wie weiter unten noch gezeigt werden wird. Die Ladung eines negativen oder positiven Ions kann in absolutem Wert derjenigen des Elektrons gleich bleiben, wie groß auch die Anlagerungen sein mögen. Es gibt jedoch Ionen mit größerer Ladung.

13. **Theorie der Ionisation durch Ionenstoß und der disruptiven Entladung.** — Geht ein elektrischer Strom durch ein bei Atmosphärendruck mittels Röntgenstrahlen oder radioaktiver Substanz ionisiertes Gas, das sich zwischen zwei Elektroden befindet, so zeigt — wie wir gesehen haben — die die Beziehung zwischen Stromstärke i und Potentialdifferenz V darstellende Kurve einen Verlauf, der hauptsächlich durch die Möglichkeit charakterisiert ist, daß ein maximaler Grenzstrom, der Sättigungsstrom, erreicht werden kann, der auch bei gesteigertem Wert von V nicht überschritten werden kann, bis zum Eintritt disruptiver Entladung. Steht das Gas unter vermindertem Druck, so kann die Kurve $i = f(V)$, wie aus Versuchen von Townsend hervorgeht, eine andere Gestalt annehmen.

Es zeigt sich in solchem Falle, daß der Strom bei schwachem Felde zunächst in immer geringerem Maße mit der Zunahme der Potentialdifferenz anwächst und so die Neigung zur Bildung eines Sättigungsstroms verrät, bis er, nachdem schon eine deutliche Konstanz von i bestanden hat, ja selbst schon vorher, wiederum anzusteigen und rasch mit der Potentialdifferenz zu wachsen beginnt (Fig. 14).

Townsend hat dazu folgende Erklärung gegeben: Die durch das elektrische Feld in Bewegung gesetzten Ionen üben Stöße aus gegen die Moleküle. Die Geschwindigkeit und infolgedessen die kinetische Energie eines Ions im Augenblick des Stoßes ist um so größer, als die Arbeit größer ist, die vom elektrischen Felde während der Bewegung eines Ions auf seiner freien Weglänge zwischen zwei

Fig. 14.

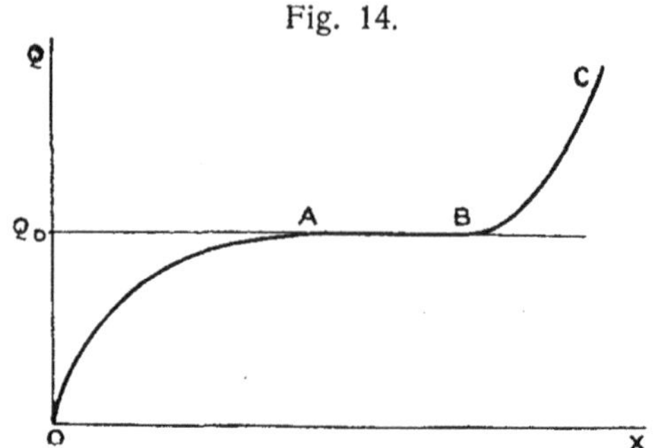

aufeinander folgenden Stößen geleistet wird. Diese Arbeit ist wiederum im Mittel gleich eV, wenn e die Ladung eines Ions und V den Potentialfall auf der mittlern freien Weglänge desselben bedeutet. Ist V groß genug, so kann die kinetische Energie des Ions im Augenblick des Stoßes derart sein, daß es sich geradezu wie ein Geschoß verhält und beim Auftreffen auf ein Molekül die Entstehung zweier neuer Ionen bewirken kann. Es erfolgt so Ionisation durch Ionenstoß. Erzeugt nun ein jedes Ion auf diese Weise neue Ionen, und zwar in um so größerem Maße, als das Feld stärker ist, so ist es begreiflich, daß der Strom mit der Steigerung der Potentialdifferenz schnell wachsen wird. Die Ionisation durch Stoß wird durch verminderten Druck begünstigt, weil der freie Weg länger wird und damit die Erreichung eines zur Hervorbringung der Erscheinung hinreichenden Potentialfalles erleichtert wird. Die Gleichung für die Beziehung zwischen der kinetischen Energie eines Ions und der äquivalenten elektrischen Arbeit ist

$$\frac{mv^2}{2} = eV;$$

es muß jedoch bemerkt werden, daß diese Gleichung nur anwendbar ist, wenn die Geschwindigkeit v nicht zu groß ist. Besitzt eine elektrisierte Partikel eine sehr große Geschwindigkeit, so wird die Masse eine Funktion der Geschwindigkeit, und die gewöhnlichen Gleichungen der Mechanik sind dann nicht mehr anwendbar. Theoretisch kann abgeleitet werden, daß die obige Gleichung noch für Geschwindigkeiten mit genügender Genauigkeit anwendbar ist, die nicht über $^1/_{10}$ der Lichtgeschwindigkeit hinausgehen.

Zur Hervorbringung dieser Ionisation darf die Potentialdifferenz auf der freien Wegstrecke des Ions nicht unter ein Minimum herab gehen. Die negativen Ionen erfordern eine geringere, die positiven eine größere Differenz. Die negativen Ionen sind also wirksamer in dieser Beziehung. Das Minimum für V ist bei den negativen Ionen ungefähr 25 Volt. Aus der Gleichung

$$\frac{m v^2}{2} = e \mathrm{V}$$

folgt

$$v = \sqrt{\frac{2e}{m} \mathrm{V}}.$$

Man kann sich davon überzeugen, daß das mit großer Geschwindigkeit sich bewegende negative Ion sehr klein und wahrscheinlich zum Elektron geworden ist. Es scheinen nämlich bei genügender Feldstärke alle Stöße der Ionen gegen sie begegnende Moleküle wirksam zu sein. Es ist dann die Anzahl der auf der Länge von 1 cm gebildeten Ionen einer Art gleich der Anzahl der Stöße, also gleich dem reziproken Wert der mittlern freien Weglänge des Ions. Bei dem Druck von 1 mm Quecksilber kann das negative Ion bei starkem Felde in Luft, wie gefunden wurde, im Maximum 15 neue Ionen auf 1 cm erzeugen. Daraus leitet sich für das negative Ion bei diesem Druck und starkem elektrischen Felde die Länge des freien Weges zu $^1/_{15}$ cm ab. Dieser Wert ist etwa zehnmal so groß, als der des mittlern freien Weges eines Moleküls unter denselben Bedingungen, woraus geschlossen werden kann, daß unter diesen Bedingungen das negative Ion sehr klein ist im Vergleich mit einem Molekül. Ist nun dann das negative Ion gleich einem Elektron, so ist bei ihm das Verhältnis von Ladung zur Masse gleich $1{,}7 \times 10^7$ elektromagnetische Einheiten (siehe § 16). Daraus folgt, daß die Geschwindigkeit, die im Minimum verlangt wird, um ihm das Ionisierungsvermögen zu verleihen, gleich ist

$$\sqrt{2 \times 1{,}7 \times 10^7 \times 25 \times 10^8},$$

also ungefähr 3×10^8: cmsec.

Diese Geschwindigkeit ist genau von derselben Größenordnung wie die der sehr langsamen Kathodenstrahlen, durch die Gase ionisiert werden. Die Kathodenstrahlen sind übrigens selber in Bewegung befindliche Elektronen.

In Feldern unter einer gewissen Stärke verhalten sich die negativen Ionen allein wie Projektile oder ionisierende Strahlen; in stärkern Feldern beginnen auch die positiven Ionen sich daran zu beteiligen. Erhält endlich das Feld eine genügende Stärke, so vermehrt sich die Bildung neuer Ionen durch die Stöße der bereits vorhandenen ungemein rasch, und es kommt schließlich dazu, daß der Strom dadurch allein und ohne Mitwirkung einer fremden Strahlung aufrecht erhalten wird. Es bildet sich so die disruptive Entladung. Nach dieser Auffassung müssen zur Einleitung der disruptiven Entladung stets einige Ionen von Anfang an vorhanden sein. Bekanntlich können diese zu Beginn erforderlichen Ionen durch verschiedene Ursachen erzeugt werden.

14. **Kathodenstrahlen.** — Ein ungemein wertvolles Mittel, die Größe einer geladenen Partikel zu ermitteln, besteht in der Bestimmung des Verhältnisses von ihrer Ladung zu ihrer Masse. Durch Untersuchung ihrer Bewegung in einem elektrischen und in einem magnetischen Felde wird dies erreicht. In diesen beiden Fällen wird die geladene Partikel von ihrer Richtung abgelenkt, und der Betrag dieser Ablenkung ist abhängig von dem Verhältnis e/m der Ladung zur Masse und von der Geschwindigkeit v der Partikel.

Die ersten Untersuchungen dieser Art betrafen die Kathodenstrahlen. Bei der elektrischen Entladung in einem unter sehr geringem Druck, etwa $^1/_{1000}$ mm, stehenden Gase, das in einem mit zwei Elektroden versehenen Rohre sich befindet, sendet die Kathode Strahlen aus, die man eben wegen ihres Ursprungs Kathodenstrahlen nennt. Sie gehen von der Oberfläche der Kathode aus senkrecht zu dieser geradlinig fort und werden mitunter durch eine Fluoreszenz des Gases auf ihrem Wege angezeigt. Da, wo die gegenüberliegende Glaswand von dem Strahle getroffen wird, entsteht eine lebhafte Fluoreszenz, und befindet sich ein undurchsichtiger Körper im Wege des Strahlenbündels, so wirft er einen scharfen Schatten, was ein Beweis für die geradlinige Fortpflanzung dieser Strahlen ist. Die Kathodenstrahlen besitzen eine ganz bedeutende Energie. Wo sie auf ein Hindernis auftreffen, können sie die Temperatur bis zum Erglühen, beim Glase bis zum

Schmelzen steigern. Durch ein elektrisches oder ein magnetisches Feld werden sie von ihrer Richtung abgelenkt. Man kann diese Ablenkung sich vorstellen, als wäre ein Kathodenstrahl eine negativ geladene materielle Partikel, die von der Kathode mit großer Geschwindigkeit fortgeschleudert worden ist. Daß die Kathodenstrahlen negative Elektrizität mit sich führen, ist übrigens von Perrin[1]) direkt bewiesen worden. Die eben wiedergegebene Auffassung der Kathodenstrahlen rührt ursprünglich von Crookes her und wird jetzt allgemein angenommen.

Lenard ist es geglückt, die Kathodenstrahlen außerhalb des Rohres, in dem sie entstanden waren, zu beobachten, indem er sie auf ein dünnes, in das Rohr eingefügtes Fenster aus Aluminium fallen ließ. Ist das Aluminium nicht dicker als einige Tausendstel eines Millimeters, so können die Strahlen es durchdringen und sich nach außen fortpflanzen, ohne ihre Ladung zu verlieren. Indessen können sie sich nur im leeren Raum auf einige Entfernung fortpflanzen; in Luft unter Atmosphärendruck werden sie sofort absorbiert und können höchstens 1 bis 2 mm weit gelangen. Leitet man die Kathodenstrahlen in ein Gas, so wird dieses intensiv ionisiert.

15. **Wirkung des magnetischen und des elektrischen Feldes auf die Kathodenstrahlen.** — Die Kraft, die in einem homogenen magnetischen Felde von der Stärke H auf eine mit der Geschwindigkeit v normal zum Felde fortgeschleuderte kathodische Partikel ausgeübt wird, ist gleich Hev, wenn e die Ladung der Partikel bezeichnet. Diese Kraft ist senkrecht zu der Ebene, die durch die Richtungen der Bewegung und des Feldes bestimmt ist, ihr Sinn ergibt sich aus der Ampèreschen Regel über die Wirkung eines magnetischen Feldes auf einen elektrischen Strom.

Mittels eines passend innerhalb des Kathodenrohres angebrachten Diaphragmas kann man ein dünnes und annähernd zylindrisches Strahlenbündel abgrenzen. Sei O A die Fortpflanzungsrichtung eines solchen Bündels. (Fig. 15.)

Nehmen wir nun an, ein homogenes, magnetisches Feld von der Stärke H, normal zur Ebene der Figur und von vorn nach hinten gerichtet, sei in dem Bezirk O O′ der anfänglichen Bahn des Strahlen-

[1]) Ions, electrons, cospucules, p. 558.

bündels hergestellt worden. Dann wirkt die vom Felde ausgeübte Kraft H ev in der Ebene der Abbildung und die Bahn des Bündels bleibt gleicherweise in dieser Ebene. Da die Kraft normal zur Bahn

Fig. 15.

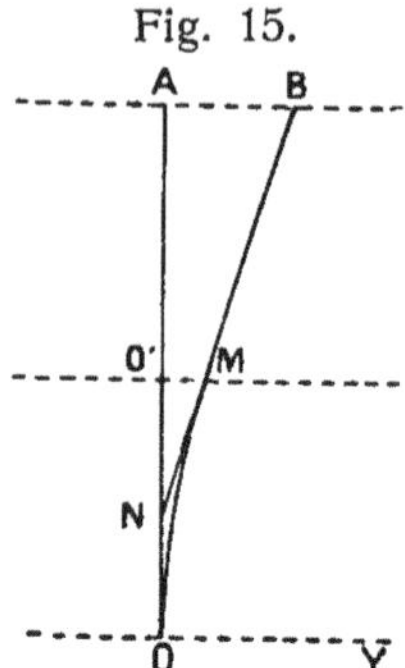

ist, so bleibt die Geschwindigkeit eines geladenen Teilchens, das zu dem Bündel gehört, von konstanter Größe. Kommt dieselbe der Lichtgeschwindigkeit nicht zu nahe, so lassen sich noch die Gleichungen der Mechanik auf die Bewegung des Teilchens anwenden, und man hat, vorausgesetzt, daß das vorhandene Gas verdünnt genug ist, um die Bewegung des Projektils nicht zu beeinflussen, die Gleichung

$$\frac{m v^2}{R} = H e v,$$

worin m die Masse des Teilchens ist und R der Krümmungshalbmesser der Flugbahn. Da v konstant ist, so ist es auch R. Das Teilchen beschreibt also eine kreisförmige Bahn, die in O die Gerade O A berührt und deren Halbmesser sich aus obiger Gleichung ergibt. Man kann auch die seitliche Ablenkung einer Partikel berechnen, die einer Länge des Feldes $O O' = l$ entspricht. Diese Ablenkung $O' M = \delta$ ist die magnetische Ablenkung. Ihre Beziehung zum Krümmungshalbmesser R der Bahn wird ausgedrückt durch

$$\delta (2 R - \delta) = l^2.$$

Ist die Ablenkung gering, so kann man sich der angenäherten Gleichung bedienen

$$2 R \delta = l^2,$$

woraus folgt:

$$\delta = \frac{e}{mv} \frac{l^2}{2} H.$$

Setzt das Teilchen seinen Weg außerhalb des magnetischen Feldes fort, so verfolgt es vom Punkte M ab die Tangente des Kreisbogens O M bei M. Ist A der Punkt, in dem das Teilchen in der ursprünglichen Richtung der Bahn eine gegen diese Richtung normale Ebene traf, so trifft es diese Ebene nach der Ablenkung in B, und A B $= z$ ist der Wert der endgültigen Ablenkung. Ist die Ablenkung gering, so trifft die Tangente M B die Linie O A in einem Punkte N, der annähernd O O′ halbiert. Man erhält dann, wenn man den Abstand O A mit D bezeichnet

$$2\,R\,O'M = l^2,$$

woraus

$$z = \frac{2\,\delta}{\varrho}\left(D - \frac{l}{2}\right) = \left(D - \frac{l}{2}\right)\frac{l\,e\,H}{m\,v}.$$

Man kann den Strahl auf einem Schirm auffangen, der bei der Bestrahlung fluoresziert, und die Ablenkung des entstehenden leuchtenden Fleckes beobachten, oder sich einer photographischen Platte bedienen, die von den Strahlen geschwärzt wird, und so Bilder vom Strahle vor und nach der Ablenkung erhalten, in beiden Fällen die letztere messen und daraus den Wert $\frac{e}{mv}$ ableiten, wenn H bekannt ist.

Diese Methoden können in der Ausführung abgeändert und vervollkommnet werden, das Prinzip derselben bleibt bestehen.

Wenn eine elektrisch geladene Partikel sich mit der Geschwindigkeit v in einem homogenen Magnetfelde von der Intensität H bewegt, dessen Richtung mit der anfänglichen Bewegungsrichtung der Partikel den Winkel α bildet, so wird, wie leicht zu zeigen ist, ihre Bahn eine Schraubenlinie, die im Ausgangspunkt die Richtung der Anfangsgeschwindigkeit berührt und an der Oberfläche eines geraden Kreiszylinders verläuft, dessen Achse parallel zur Feldrichtung und dessen Radius gleich R sin α ist. (R ist der Radius des Kreises, den die Partikel beschreibt, wenn sie mit derselben Geschwindigkeit v normal zur Feldrichtung emittiert wird.) Die auf die Partikel wirkende Kraft ist gleich $He v$ sin Θ, wo Θ der Winkel ist, den die Tangente der Bahn mit der Feldrichtung bildet. Die Richtung dieser Kraft ist normal zu der Ebene, welche durch die Bewegungsrichtung der Partikel und die Feldrichtung bestimmt ist. Folglich hat die Geschwindigkeit v einen konstanten Wert, ebenso ihre Komponente v cos Θ nach der Richtung des Feldes. Daraus ergibt sich weiter, daß der Winkel Θ konstant und gleich α ist, d. h. daß die Bahn einen konstanten Winkel mit der Feldrichtung einschließt, und folglich eine Schraubenlinie bildet, die auf der Oberfläche eines Zylinders mit zu dieser Richtung paralleler Achse verläuft.

Auf eine zum Felde senkrechte Ebene projiziert sich die Kraft $\mathrm{H} e v \sin \alpha$ in wahrer Größe, in einer Richtung, die senkrecht zu der der Projektion der Geschwindigkeit ist. Stellt man für die Bewegung in Projektion auf diese Ebene die Bewegungsgleichungen auf, so findet man

$$\frac{m v^2 \sin^2 \alpha}{\varrho} = \mathrm{H} e v \sin \alpha,$$

wo ϱ der Krümmungsradius der Projektion der Bahn ist. Dieser Radius ist demnach konstant und gleich

$$\frac{m v}{\mathrm{H} e} \sin \alpha.$$

Wenn das magnetische Feld nicht homogen ist, so ist die Form der Bahn, die die Strahlen beschreiben, komplizierter, aber sie läßt sich immer voraussehen, wenn man den Strahl einem negativ geladenen, in sehr schneller Bewegung befindlichen Teilchen gleich setzt. Man betrachtet dann das Teilchen an jedem Punkte seiner Bahn als äquivalent einem Stromelement von der Länge l und der Richtung der Tangente an dem betreffenden Punkte der Bahn. Die Stromstärke i ist bestimmt durch die Beziehung $i\, l = e\, v$, und die Stromrichtung ist der Bewegungsrichtung des Teilchens entgegengesetzt, da dieses ja negativ geladen ist, während im Falle einer positiven Ladung die Stromrichtung gleich der Bewegungsrichtung wäre.

Befindet ein geladenes Teilchen sich in einem elektrischen Feld von der Stärke h, so ist es einer Kraft von der Größe eh unterworfen, die bei positiver Ladung e in der Feldrichtung wirkt, bei negativer Ladung in entgegengesetzter Richtung. Bei homogenem Felde ist die Kraft konstant, und wenn die Geschwindigkeit des Teilchens der Lichtgeschwindigkeit nicht zu nahe kommt, lassen sich die Gleichungen der Mechanik auf seine Bewegung anwenden. Gutes Vakuum vorausgesetzt, braucht man die Gegenwart des Gases dabei nicht zu berücksichtigen.

Sei nun O A die ursprüngliche Richtung des Strahlenbündels (Fig. 16), O O′ das Bereich, in dem ein elektrisches Feld vom Sinne

Y O besteht, so findet die Ablenkung in der Richtung O Y statt. Solange die Ablenkung klein bleibt, kann man annehmen, daß die Kraft senkrecht zur Bahn bleibt, und daß das Teilchen mit konstanter Ge-

Fig. 16.

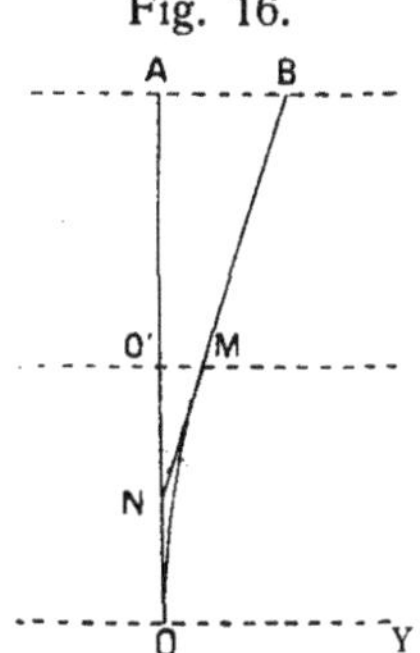

schwindigkeit v den Bogen O M einer Parabel beschreibt, deren Scheitel in O liegt. Die Ablenkung $O'M = \delta'$ ist gleich $\frac{\gamma t^2}{2}$, wo γ die von der Kraft eh bewirkte Beschleunigung und t die zum Durchlaufen des Bogens O M erforderliche Zeit ist.

Man hat also

$$\gamma = \frac{eh}{m}, \qquad t = \frac{l}{v}, \qquad \delta' = \frac{eh}{2m} \cdot \frac{l^2}{v^2}.$$

Nach dem Austritt aus dem Bereich des elektrischen Feldes setzt das Teilchen seine Bahn längs der Tangente an die Parabel im Punkte M fort, deren Schnittpunkt N mit O O′ diese Strecke halbiert. Trifft das nicht abgelenkte Bündel eine zu seiner Richtung senkrechte Ebene in A, so trifft das abgelenkte Bündel dieselbe Ebene in B, und $AB = y$ ist die elektrische Ablenkung. Es ergibt sich

$$y = \left(D - \frac{l}{2}\right) \frac{leh}{mv^2},$$

wo D der Abstand O A und l die Ausdehnung des Feldes ist.

Ist y gemessen, so kann man daraus den Wert des Verhältnisses $\frac{e}{mv^2}$ ableiten, wenn h bekannt ist.

Hier die Angabe einer Vorrichtung zur angenäherten Messung der elektrischen und magnetischen Ablenkung.

Fig. 17 stellt das Rohr zur Erzeugung der Strahlen dar. C ist die Kathode, P und Q sind zwei Diaphragmen, deren erstes gleichzeitig als Anode dient, M und N sind die beiden Kondensatorplatten zwischen denen eine Potentialdifferenz zur Erregung des elektrischen Feldes hergestellt werden kann. Ein normal zur Ebene der Abbildung gerichtetes magnetisches Feld kann im Bereiche OO′ vermittelst zweier einander in jeder Beziehung gleicher Spulen hergestellt werden, die symmetrisch diesseits und jenseits des Rohres, mit ihren Achsen in derselben gegen die Rohrachse normalen Linie liegend, angeordnet

Fig. 17.

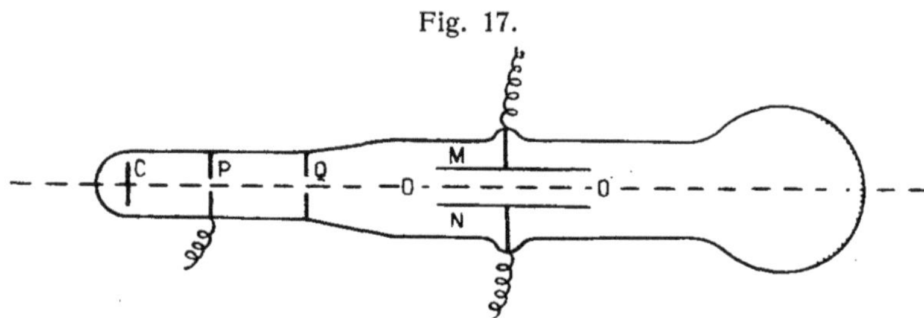

werden. Die Ablenkungen z und y werden aus der Stellung der Lichtflecke auf einer innerhalb des Rohres angebrachten Skala abgelesen. Durch Umkehrung des Feldes kann auch die Ablenkung umgekehrt werden.

Zwischen der elektrischen und magnetischen Ablenkung besteht eine einfache Beziehung

$$\frac{z^2}{y} = \left(D - \frac{l}{2}\right) \frac{l\,H^2}{h} \frac{e}{m}.$$

Die Kenntnis des Wertes $\frac{z^2}{y}$ ergibt den Wert $\frac{e}{m}$.

Wirken beide Felder gleichzeitig, so kann es durch Abänderung ihrer Stärke und Richtung dahin gebracht werden, daß die Ablenkungen sich gegenseitig aufheben und der Strahl seine Richtung beibehält. In diesem Falle ist $\delta = \delta'$, woraus $v = \frac{h}{H}$ folgt.

Man kann auch noch eine dritte Beziehung zwischen $\frac{e}{m}$ und der Geschwindigkeit v herleiten, indem man annimmt, daß die kinetische Energie eines Teilchens des Kathodenstrahls ihm vom elektrischen Felde, das im Kathodenrohre herrscht, erteilt worden sei. Dieses Feld ist besonders intensiv in unmittelbarer Nähe der Kathode. Bei der in Fig. 17 angedeuteten Anordnung ist das elektrische Feld, das das Teilchen in Bewegung setzt, auf den begrenzten Raum C P zwischen den Elektroden beschränkt und geht nicht über das Diaphragma P hinaus. Infolgedessen kann die Geschwindigkeit der Strahlen als konstant betrachtet werden in dem Bereich des elektrischen oder magnetischen Feldes, das die Ablenkung bewirken soll. Nimmt man an, daß jedes Partikelchen die Oberfläche der Kathode mit der Geschwindigkeit 0 verläßt, und daß die endlich erreichte Geschwindigkeit v nicht zu groß ist (weniger als $^1/_{10}$ der Lichtgeschwindigkeit), so kann man die Gleichung aufstellen:

$$\frac{m v^2}{2} = e \mathrm{V},$$

worin V die Potentialdifferenz der Elektroden ist. Es haben demnach alle Kathodenstrahlen die gleiche Endgeschwindigkeit.

16. Messung des Verhältnisses e/m und der Geschwindigkeit eines sich bewegenden Elektrons. — Die Messung der magnetischen und elektrostatischen Ablenkung der Kathodenstrahlen sowie der Potentialdifferenz zwischen den Elektroden liefert uns also drei Beziehungen des Verhältnisses e/m mit der Geschwindigkeit v eines kathodischen Partikelchens. Aus der Verbindung je zweier dieser Beziehungen können wir die Werte e/m und v einzeln ableiten. Diese Bestimmung war der Gegenstand zahlreicher Arbeiten, die zu wichtigen Ergebnissen geführt haben.

Die ersten Bestimmungen rühren von J. J. Thomson her, der ihnen die magnetische und elektrostatische Ablenkung zugrunde legte. Er fand $e/m = 0{,}8 \times 10^6$ elektromagnetische Einheiten. Dieser Wert war annähernd gleich in Luft, Wasserstoff und Kohlendioxyd und erwies sich unabhängig von der Natur der Elektroden und von dem Grade der Gasverdünnung. Die zugehörige Geschwindigkeit war von der Größenordnung 10^9 cm/sec.

In der Elektrolyse wird bekanntlich eine bestimmte Ladung von einer bekannten Masse transportiert. Das Verhältnis von Ladung zur Masse hängt von der Natur des Elementes ab. Der höchste Betrag entfällt auf den Wasserstoff mit 9650 oder rund 10^4 elektromagnetische Einheiten. Es ist also klar, daß die geladenen Teilchen, aus denen die Kathodenstrahlen bestehen, ganz etwas anderes sind als die elektrolytischen Ionen; sie sind durch einen viel höheren Wert von e/m ausgezeichnet und unabhängig von der Natur des Gases, in dem die Entladung vor sich geht.

Ein ähnliches Resultat hat Lenard mit den durch ein Aluminiumfenster geleiteten Kathodenstrahlen erhalten.

Genauere Messungen des Verhältnisses e/m bei den Kathodenstrahlen verdanken wir Kaufmann und Simon, die die magnetische Ablenkung und die Potentialdifferenz zwischen den Elektroden unter Berücksichtigung der Inhomogenität des magnetischen Feldes auf der Länge des Strahls gemessen haben. Sie fanden $e/m = 1{,}865 \times 10^7$ elektrom. Einh., eine viel höhere Zahl als die von Thomson und Lenard ermittelte, die aber von Classen[1]), der unter theoretisch sehr durchsichtigen Bedingungen arbeitete, bestätigt worden ist. Classen erzeugte die Kathodenstrahlen in dem Bereiche eines mit Hilfe von zwei Solenoïden hergestellten homogenen magnetischen Feldes. Die Kathode war an einer ganz kleinen kreisrunden Stelle in der Mitte mit Calciumoxyd überzogen. Wird eine solche Elektrode zum Glühen gebracht, so gibt sie eine reiche Ausstrahlung von negativen Elektronen. Ein als Anode dienendes Platinblech, das gerade dem Kalkfleck gegenüber eine kleine Öffnung hatte, stand der Kathode gegenüber. Der Abstand der Elektroden von einander betrug nur 1 mm und ihre Potentialdifferenz 1000 Volt. So ging ein dünnes, normal zur Anode gerichtetes Strahlenbündel durch die Öffnung in derselben. In einem homogenen, zur ursprünglichen Richtung des Bündels normalen magnetischen Felde beschrieb dieses eine kreisförmige Bahn und traf eine ringförmige photographische Platte, die sich auf der Anode befand.

Die durch Umkehrung des Feldes erhaltenen beiden Abdrücke standen um das Doppelte des Durchmessers der beschriebenen Kreisbahn von einander ab. Der Wert von e/m ist aus der Größe dieses Durchmessers und der bekannten Potentialdifferenz, die dazu gedient hatte, den Elektronen ihre Geschwindigkeit zu erteilen, nach den Formeln

$$\frac{m v}{e} = R H, \qquad \frac{m v^2}{2} = e V,$$

abgeleitet worden.

Bei einem Felde H = 56 Gauß wurde gefunden 2 R = 37 cm ungefähr. Übereinstimmende Resultate aus mehreren Versuchen ergaben den mittleren Wert

$$\frac{e}{m} = 1{,}773 \times 10^7 \text{ elektromagnetische Einh.}$$

[1]) Classen, Phys. Zeitschr. 1908.

mit einem möglichen Fehler von einigen Einheiten in der letzten Stelle.

Einen Versuch, die Geschwindigkeit der Kathodenstrahlen durch die Vergleichung mit derjenigen der elektromagnetischen Wellen direkt zu messen, hat Wiechert[1]) gemacht. Er gelangte zu einer Zahl der nämlichen Größenordnung wie die obige.

17. **Elektronen.** — Es ist also das Verhältnis e/m bei den Kathodenstrahlen, die man erhält, wenn man die disruptive Entladung durch ein verdünntes Gas gehen läßt, ungefähr 1800 mal so groß als bei dem elektrolytischen Wasserstoffion. Andererseits ist es aber auch sehr wahrscheinlich, daß die Ladung eines Teilchens im Kathodenstrahl gleich sei derjenigen eines einwertigen Atoms bei der Elektrolyse. Wir haben ja gesehen, daß diese letztere Ladung dieselbe ist wie die eines Gasions. Vergleichendes Studium von unter verschiedenen Umständen auftretenden Ionen hat es nun wahrscheinlich gemacht, daß das negative Ion immer ein Elektron oder Korpuskel als Kern besitzt, der allein die ganze Ladung trägt und dessen Dimensionen gegen die eines Atoms verschwindend gering sind, der aber fähig ist, sich mit Gasmolekülen zu umhüllen und so ein recht beträchtliches Agglomerat zu bilden. Dieses Agglomerat scheint aber nicht mehr zu entstehen, wenn das Gas in verdünntem Zustande einem Felde von genügender Stärke ausgesetzt wird, so daß eine Ionisation durch Ionenstoß eintreten kann, und es ist darum auch sehr wahrscheinlich, daß solche Anhäufungen nicht zustande kommen, wenn eine disruptive Entladung durch das Gas geht. Man hat darum allen Grund, die Teilchen, aus denen die Kathodenstrahlen bestehen, für die nämlichen Elektronen zu halten, die stets die Kerne der negativen Ionen sind und die an der Kathode durch den Stoß der positiven Ionen gegen die Gasmoleküle entstehen. Diese Annahme kann durch die Versuche Lenards als bewiesen betrachtet werden, bei denen man vollständig mit Kathodenstrahlen identische Strahlen erhält, wenn man eine in einem gut evacuierten Glasrohre eingeschlossene Zinkelektrode, der ein negatives Potential erteilt wird, mit ultraviolettem Licht bestrahlt, während die zweite, im Rohr befindliche Elektrode geerdet wird. Die Zinkkathode gibt alsdann Kathodenstrahlen aus, deren Geschwindigkeit um so größer wird, je

[1]) Wiechert, Ions, electrons, corpuscules, p. 1029.

mehr die Potentialdifferenz der Elektroden anwächst. In einem unter Atmosphärendruck stehenden Gase hingegen gibt eine Zinkkathode negative Ionen von verhältnismäßig großer Masse, deren Kerne eben die negativen Elektronen sind, jene kleinsten materiellen Elemente, die wir kennen, verbunden mit der kleinsten negativen Elektrizitätsmenge, die zu isolieren möglich ist.

Daraus geht nun hervor, daß das Elektron sich so verhält, als wenn es eine 1800 mal kleinere Masse hätte als die des Wasserstoffatoms, und es wird begreiflich, daß ein so kleines Teilchen unter Umständen von einem Atom losgelöst zu werden vermag, ohne daß dieses dadurch zerstört würde.

Die Geschwindigkeit der Kathodenstrahlen wächst mit der die Elektronen in Bewegung setzenden Potentialdifferenz.

Erfahrungsmäßig liegt diese Geschwindigkeit zwischen 10^8 cm/sec für die langsamsten Strahlen, die man erhält, wenn man Zink im luftleeren Raume mit ultraviolettem Licht bestrahlt, und 10^{10} cm/sec für die schnellsten Kathodenstrahlen, wie sie bei Entladungspotentialen von etwa 40 000 Volt entstehen. Es sind dies Geschwindigkeiten von außerordentlicher Größe im Vergleich zu den gebräuchlichen Geschossen, aber sehr gering im Vergleich mit der Geschwindigkeit des Lichts.

Ein mit so großer Geschwindigkeit begabtes Elektron kann infolge seiner Kleinheit einen sehr dünnen, festen Schirm durchdringen.

Die Gleichung $\frac{mv^2}{2} = e\,V$ ist nach der modernen Theorie der Elektrizität nur auf Teilchen anwendbar, deren Geschwindigkeit $^1/_{10}$ der Lichtgeschwindigkeit nicht erreicht. Auf die schnellsten Kathodenstrahlen ist sie nicht mit Genauigkeit anwendbar. Wie wir weiter unten sehen werden, bleibt der Wert $\frac{e}{m}$ bei verhältnismäßig geringen Geschwindigkeiten unabhängig von denselben, aber bei größeren Geschwindigkeiten nimmt er immer schneller ab. Nach den Ergebnissen der Versuche bleibt $\frac{e}{m}$ für Strahlen, deren Geschwindigkeit unter 4×10^9 cm./sec. liegt, annähernd konstant, der Wert fällt aber ganz bedeutend bei Strahlen mit einer Geschwindigkeit von über 10^{10} cm/sec

Mannigfache bekannte Erscheinungen lassen sich durch die Hypothese von der Existenz der negativen Elektronen deuten. So ist die

Emission negativer Elektrizität von glühenden Körpern verbunden mit einer Ausstrahlung von Korpuskeln, die Teil haben an der Zusammensetzung dieser Körper und durch die erhöhte Temperatur von ihnen losgelöst werden. Nach J. J. Thomsons Bestimmungen ist für diese ausgestrahlten Korpuskeln der Wert $\frac{e}{m}$ gleich dem bei Elektronen.

Das Emissionsspektrum einer Lichtquelle wird verändert, wie Zeemann nachgewiesen hat, wenn sie in ein magnetisches Feld gebracht wird. Diese Veränderung läßt sich durch die Annahme erklären, daß die Zentren der Lichtemission in der betreffenden Quelle negative Elektronen sind, für die e/m einen Wert von der Größenordnung 10^7 elektromagnetische Einheiten hat.

Auch die metallische Leitung der Elektrizität und die thermische Leitfähigkeit werden von der modernen Theorie der Elektrizität der Gegenwart von freien Elektronen in den Metallen, die an der thermischen Molekularbewegung teilnehmen und sich unter der Wirkung eines elektrischen Feldes im Metall bewegen können zugeschrieben. Hierbei erfahren die Elektronen einen einer Reibung ähnlichen Widerstand durch ihre Stöße gegen die Moleküle. Durch Wechsel der freien Elektronen werden die chemischen Eigenschaften der Metalle nicht beeinflußt.

So kann auch eine gewisse Anzahl von Molekülen in einem Gase durch Röntgenstrahlen ionisiert werden, ohne daß sich eine chemische Veränderung in der Natur des Gases wahrnehmen ließe.

Die Elektronen gehen in die Konstitution aller Atome ein. Sie haben in vielfacher Weise teil an den Erscheinungen der Radioaktivität. Eine Strahlungsart radioaktiver Körper besteht in der Emission von Elektronen hoher Geschwindigkeit, es sind dies die sogenannten β-Strahlen.

18. **Positive Strahlen.** — Außer den aus sich bewegenden Elektronen bestehenden Kathodenstrahlen kennt man auch aus positiv geladenen Teilchen bestehende positive Strahlen von großer Geschwindigkeit. Diese Strahlen entstehen ebenfalls bei der disruptiven Entladung in einem verdünnten Gase. Sie befinden sich in dem Raume vor der Kathode und gehen, falls durch Bohrung ein Kanal in der Kathode hergestellt ist durch diesen hindurch,

so daß sie jenseits der Kathode wahrgenommen werden können. Sie heißen darum auch Kanalstrahlen. Von einer Anzahl von Forschern[1]) ist festgestellt worden, daß diese positiven Strahlen sich wie positiv geladene Teilchen verhalten, daß ihre Ablenkung im elektrischen und magnetischen Felde dem entspricht, und daß sie positive Elektrizität transportieren.

Nach Methoden, die den bei den Kathodenstrahlen angewandten entsprechen, ist auch für sie das Verhältnis e/m und die Geschwindigkeit ermittelt worden. Danach hat sich der Wert von e/m bei diesen Strahlen als von derselben Größenordnung erwiesen, wie bei den elektrolytischen Atomen. Das Maximum dieses Wertes ist 10^4 el.-m. Einheiten, wie beim elektrolytischen Wasserstoff, aber es sind auch viel geringere Werte beobachtet worden. Die Geschwindigkeit der Strahlen ist von der Größenordnung 10^8 cm/sec, also bedeutend geringer als die der Kathodenstrahlen.

Die positiven Strahlen bringen Fluoreszenz des Gases hervor, durch das sie gehen, und auch das Glas fluoresziert, wo es von ihnen getroffen wird. Sie erzeugen im Gase eine starke Ionisation. Ihre korpuskulare Beschaffenheit läßt sich durch Beobachtung des Spektrums ihres Lichtes bestätigen. Wird dieses Spektrum in der Richtung der Strahlen beobachtet und dann in dazu senkrechter Richtung, so zeigen sich gewisse Linien nicht genau an denselben Stellen, sondern verschoben, wie bei dem Spektrum einer Lichtquelle, die das eine Mal auf den Beobachter zu sich schnell bewegt, das andere Mal aber ruht. Aus dem Studium dieses sogen. Dopplereffekts läßt sich ableiten, daß die positiven Strahlen aus Atomen verschiedener Art bestehen können, aus solchen, die aus dem von der Entladung durchdrungenen Gase, und anderen, die von dem Metall der Elektroden herrühren.

Die positiven Strahlen, die durch die disruptive Entladung in verdünnten Gasen entstehen, haben sehr wenig Durchdringungsvermögen, und es ist nicht möglich, sie durch ein noch so dünnes Fenster aus dem Entladungsrohr herauszuleiten.

Entsenden glühende Körper positive Elektrizität, so sind, wie aus den Messungen von e/m durch Thomson hervorgeht, die Teilchen, die sie transportieren, von ähnlichen Dimensionen wie die positiven Strahlen, die die disruptive Entladung begleiten.

---

[1]) Ions, electrons, corpuscules.

Positiv geladene Teilchen von großer Geschwindigkeit werden auch von den radioaktiven Körpern entsendet. Es sind dies diejenigen Strahlen dieser Körper, die man α-Strahlen nennt, und wir werden sehen, daß die Dimensionen dieser Teilchen ebenfalls von der Größenordnung der Atome sind.

Es scheint sonach eine Ungleichheit zwischen den Elementen der negativen Elektrizität, den Elektronen, und den Elementen der positiven Elektrizität zu bestehen. Das Atom der negativen Elektrizität, das besser bekannt ist, existiert nur in einer Art, nämlich als Elektron, das viel kleiner ist als ein Atom.

Von positiven Elementen können verschiedene Arten vorhanden sein, und sie scheinen die Beschaffenheit von Atomen zu haben. So könnte die Materie aus einer Vereinigung von positiven und negativen Elementen bestehen, die beiderseits die gleiche elektrische Ladung tragen.

19. **Röntgenstrahlen.** — Außer den positiven und den Kathodenstrahlen entsteht noch eine Strahlenart in von elektrischer Entladung durchdrungenen, verdünnten Gasen. Sie ist von Röntgen entdeckt worden. Diese Strahlen werden Röntgenstrahlen oder X-Strahlen genannt. Die X-Strahlen stehen in engem Zusammenhang mit den Kathodenstrahlen; sie werden überall ausgesandt, wo die Kathodenstrahlen auf ein Hindernis stoßen. Um sie zu erhalten, wird meist in dem Rohre eine Metallplatte der Kathode gegenüber angebracht. Man nennt diese Platte die Antikathode. Die X-Strahlen gehen leicht durch das Glas des Gefäßes. Sie pflanzen sich in gerader Linie fort. Sie durchdringen jede Art von Materie, und zwar um so leichter, als deren Dichte geringer ist. Sie wirken auf die photographische Platte, erzeugen Phosphoreszenz verschiedener Substanzen und ionisieren Gase, durch die sie gehen. Sie erleiden keine regelrechte Reflexion, sondern werden durch Hindernisse in ihrem Wege zerstreut, und werden weder wahrnehmbar gebrochen noch gebeugt. Die großen Unterschiede ihres Durchdringungsvermögens durch Substanzen verschiedener Dichte ermöglichen ihre Anwendung zu den bekannten Radiographien. Diese Abbildungen werden erhalten, indem man die Strahlen auf das Objekt richtet, während hinter demselben die in schwarzes Papier eingewickelte photographische Platte aufgestellt wird.

Treffen die Röntgenstrahlen auf ein materielles Hindernis, so können sie, wie nachgewiesen worden ist, Kathodenstrahlen erzeugen, d. h. die Entsendung von Elektronen großer Geschwindigkeit aus der Materie des Hindernisses veranlassen.

Je größer die Geschwindigkeit der Kathodenstrahlen war, desto größer ist das Durchdringungsvermögen der von ihnen erzeugten Röntgenstrahlen. Die wenig durchdringenden, weichen Strahlen entstehen in Crookes'schen Röhren in denen eine mäßige Potentialdifferenz herrscht. Die durchdringenden harten Strahlen werden in Röhren mit sehr gutem Vakuum und bei sehr hoher Potentialdifferenz gewonnen.

20. **Durch ein geladenes Teilchen erzeugtes elektromagnetisches Feld.** — Ein jeder Punkt im Raume, an dem sich eine elektrische Ladung befindet, bildet den Ausgangs- oder Ankunftspunkt elektrischer Kraftlinien. Diese entstehen dort wo sich die positiven Ladungen befinden, und enden, wo die negativen Ladungen sind. Ein kleines, von aller anderen Materie abgesondertes Teilchen, das eine elektrische Ladung trägt, ist ein Ausstrahlungszentrum von elektrischen Kraftlinien, deren anderes Ende in weiter Entfernung liegt. Ist das Teilchen sphärisch, hat es die Ladung gleichmäßig auf sich verteilt und ist es in Ruhe, so gehen die Kraftlinien radial von ihm aus, und die Stärke des Feldes verhält sich umgekehrt wie das Quadrat der Entfernung vom Mittelpunkte des Teilchens. Hat es seinen Ort verändert und ist wieder zur Ruhe gelangt, so bleibt das Feld unverändert in bezug auf das Teilchen; es ist als ob dieses das von ihm erzeugte elektrische Feld mitgenommen hätte.

Während der Dauer der Ortsveränderung des Teilchens treten kompliziertere Erscheinungen auf. Die Theorie derselben ist von Thomson, Heaviside, Searle, Lorentz, Larmor und Abraham entwickelt worden.

Ein elektrisiertes Teilchen, das sich geradlinig und gleichförmig mit mäßiger Geschwindigkeit fortbewegt, ist in jedem Augenblick einem Element eines elektrischen Stromes vergleichbar. Bezeichnen e die Ladung und v die Geschwindigkeit des Teilchens, l die Länge des entsprechenden Stromelementes und i dessen Stromstärke, so gibt die Formel $ev = li$, unter der Bedingung, daß die

Geschwindigkeit nicht zu groß ist, die Beziehung dieser Größen zueinander. Folglich erzeugt das Teilchen ein magnetisches Feld um sich, dessen Kraftlinien Kreise sind, die die Flugbahn des Teilchens als Achse haben, und dessen Intensität H an einem Punkte, der im Abstand r vom Mittelpunkt des Teilchens und in einer Richtung liegt, die den Winkel Θ mit der Richtung der Geschwindigkeit bildet, gegeben ist durch die Formel:

$$H = \frac{ve \sin \Theta}{r^2}.$$

Die Entstehung des magnetischen Feldes kann auch in anderer Weise betrachtet werden. Nach der jetzt allgemein herrschenden Theorie zieht jede Verschiebung der Kraftlinien eines elektrischen Feldes die Bildung eines magnetischen Feldes nach sich. Verschiebt sich also an irgend einem Punkte im Raume ein elektrisches Feld von der Intensität h mit der Geschwindigkeit v, so besteht an diesem Punkt ein magnetisches Feld, das normal zu der Ebene gerichtet ist, die durch die Richtung des elektrischen Feldes und diejenige der Geschwindigkeit gelegt wird, und dessen Intensität H gegeben ist durch die Formel

$$H = Khv \sin \Theta,$$

worin Θ der von der Richtung des elektrischen Feldes und derjenigen der Geschwindigkeit eingeschlossene Winkel und K die Dielektrizitätskonstante des leeren Raumes bedeuten. Wird das elektrische Feld von der bewegten geladenen Kugel gebildet, die wir im Auge haben, so werden die beiden Formeln für H identisch, weil $h = \frac{1}{K}\frac{e}{r^2}$ ist und Θ denselben Winkel in beiden Fällen bedeutet. Man kann, sich eines gebräuchlichen Ausdrucks bedienend, sagen, daß H das Vektorprodukt des elektrischen Feldes und der Geschwindigkeit der Verschiebung dieses selben Feldes ist.

Gleichwie das elektrische folgt das magnetische Feld dem Teilchen. Es ist dieses daher auf seinem Wege von einem elektromagnetischen Felde begleitet.

Ist die Geschwindigkeit des Teilchens groß, so nimmt das es begleitende elektromagnetische Feld eine verwickelte Gestalt an, wobei sowohl die Veränderung des elektrischen wie auch des magnetischen Feldes beachtet werden müssen, die eine Folge der Bewegung sind. Gerade so, wie eine Verschiebung der elektrischen Kraftlinien ein magnetisches Feld hervorruft, so veranlaßt die Verschiebung der magnetischen Kraftlinien die Entstehung eines elektrischen Feldes. Es ist dies bei Leitern die wohl bekannte Erscheinung der Induktion.

Man nimmt gegenwärtig mit Maxwell an, daß im leeren Raum das induzierte elektrische Feld sich nach denselben Gesetzen bildet, wie in leitender Materie, d. h. daß die totale elektromotorische Kraft längs einer geschlossenen Linie gleich ist dem Differentialquotienten nach der Zeit des magnetischen Induktionsflusses durch die von dieser Linie eingeschlossene Fläche. Es läßt sich weiter zeigen, daß für jede Geschwindigkeit das magnetische Feld dem Vektorprodukt aus der Geschwindigkeit und der Stärke des elektrischen Feldes gleich bleibt. Durch diese beiden Gesetze ist die Verteilung des elektrischen und magnetischen Feldes bestimmt. Man findet, daß das elektrische Feld in Entfernungen von dem Teilchen, die im Vergleich zu seinen Dimensionen groß sind, eine radiale Verteilung behält, aber seine Intensität, die sich in jeder gegebenen Richtung immer umgekehrt wie das Quadrat des Abstandes verhält, ist nicht in allen Richtungen gleich. Sie ist am größten in der Ebene senkrecht zur Richtung der Geschwindigkeit und nimmt mit der Entfernung von dieser Ebene ab. Das elektrische Feld wird also in der Weise deformiert, daß die Kraftlinien zwar geradlinig bleiben, sich aber in der Nähe der genannten Ebene anhäufen, und zwar um so mehr, je größer die Geschwindigkeit ist. Die Intensität h des elektrischen Feldes, im Abstand r von dem Teilchen in einer Richtung, die mit der Geschwindigkeit v den Winkel Θ bildet, ist durch die Formel

$$h = \frac{e}{\mathrm{K} r^2} \cdot \frac{1 - \beta^2}{(1 - \beta^2 \sin^2 \Theta)^{\frac{3}{2}}}$$

gegeben, wo β das Verhältnis $\frac{v}{c}$ der Geschwindigkeit des Teilchens zur Lichtgeschwindigkeit bedeutet.

Die magnetischen Kraftlinien bleiben Kreise um die Flugbahn als Achse; die Stärke des magnetischen Feldes ergibt sich aus der Formel:

$$\mathrm{H} = \mathrm{K} h v \sin \Theta = \frac{e v \sin \Theta}{r^2} \cdot \frac{1 - \beta^2}{(1 - \beta^2 \sin^2 \Theta)^{\frac{3}{2}}}.$$

Der Korrektionsfaktor $\frac{1-\beta^2}{(1-\beta^2 \sin^2 \Theta)^{\frac{3}{2}}}$ ist von 1 um weniger als 1 Prozent verschieden, wenn β kleiner als 0,1 ist. Foglich kann man für jede Geschwindigkeit, die kleiner als $^1/_{10}$ Lichtgeschwindigkeit ist, mit einem Fehler von weniger als 1 Prozent so rechnen, als sei das elektrische Feld gleich dem des ruhenden Teilchens, und das magnetische Feld wie oben mittels der Laplaceschen Formel berechnen.

Ist die Bewegung nicht gleichförmig und geradlinig, besteht also eine Beschleunigung, so sind die vollständigeren Formeln selbst nicht mehr absolut genau. In solchen Fällen muß auch einer Strahlung Rechnung getragen werden, die mit der Beschleunigung des Teilchens verknüpft ist. Indessen läßt sich zeigen, daß die Verteilung des Feldes in der Nähe des Teilchens bei Beschleunigungen, mit denen man zu rechnen haben kann, in sehr großer Annäherung von der augenblicklichen Geschwindigkeit allein abhängt. Die Bewegungen, die diesen Bedingungen entsprechen, nennt man q u a s i s t a t i o n ä r.

21. **Elektromagnetische Trägheit und Masse.** — Das das in Bewegung begriffene geladene Teilchen begleitende elektromagnetische Feld repräsentiert einen gewissen Betrag elektromagnetischer Energie, indem die Energie in dem Raumelement du die Summe ist der Energie des elektrischen Feldes $\frac{K h^2 du}{8\pi}$ und derjenigen des magnetischen Feldes $\frac{\mu H^2 du}{8\pi}$ (wo μ die Permeabilität des Mittels ist). Wir haben andererseits gesehen, daß das elektrische Feld bei geringer Geschwindigkeit gleich ist dem Felde in der Ruhe, daher der Aufwand an Energie, der nötig ist, um das Teilchen in Bewegung zu setzen, der magnetischen Energie allein gleich ist. Diese ist weiter proportional dem Quadrate der Geschwindigkeit, weil H proportional v ist; und so ist es leicht zu zeigen, daß die magnetische Energie eines sphärischen Teilchens vom Radius a, welches eine gleichmäßig verteilte Oberflächenladung e trägt, den Wert hat:

$$\int \frac{\mu H^2 du}{8\pi} = \frac{\mu e^2}{3a} v^2.$$

Diese Energie ist von derselben Form wie die kinetische: $^1/_2 mv^2$. Es verhält sich also die Sache so, als ob das Teilchen infolge seiner Ladung eine supplementäre Trägheit, mit anderen Worten, eine supplementäre Masse besäße, die man als elektromagnetische Trägheit oder elektromagnetische Masse bezeichnet. In dem von uns eben betrachteten Falle ist die elektromagnetische Masse $m_0 = \frac{2}{3} \cdot \frac{\mu e^2}{a}$. Man sieht, daß die Trägheit eines elektrisch geladenen Teilchens wenigstens zum Teil elektromagnetischen Ursprungs ist, und es entsteht die Frage, ob die Trägheit im allgemeinen ähnlich gedeutet werden darf. Diese Auffassung scheint, nach den Resultaten theoretischer und experimenteller Untersuchungen über die Trägheit der Elektronen, deren Geschwindigkeit der Lichtgeschwindigkeit nahe kommt, wenigstens für diese gerechtfertigt zu sein. Wir haben ja gesehen, daß bei solchen Geschwindigkeiten das elektrische Feld nicht mehr dem ruhenden gleicht. Es tritt also bei der Bewegung des elektromagnetischen Feldes eine supplementäre elektrische Energie auf, die eine recht komplizierte Funktion der Geschwindigkeit des Teilchens ist, während gleichzeitig das magnetische Feld aufhört der Geschwindigkeit proportional zu bleiben. Aus diesen beiden Ursachen ist die Energie, welche aufgewendet werden muß, während das Teilchen sich in Bewegung setzt und ein elektromagnetisches Feld um sich erzeugt, oder die kinetisch-elektromagnetische Energie dem Quadrate der Geschwindigkeit nicht mehr proportional. Die elektromagnetische Masse kann dann nicht mehr so einfach definiert werden, wie bei langsamer Bewegung, und man sieht sich namentlich genötigt, eine longitudinale Masse m_1 in Betracht zu ziehen, die einer Änderung in der Größe der Geschwindigkeit, d. h. einer tangentialen Beschleunigung, und eine transversale Masse m_2, die einer bloßen Richtungsänderung der Geschwindigkeit, d. h. einer normalen Beschleunigung, entspricht. Diese Massen werden definiert durch die bekannten Bewegungsgleichungen des Teilchens:

$$m_1 \frac{dv}{dt} = \mathrm{F}_t, \qquad \frac{m_2 v^2}{\varrho} = \mathrm{F}_n.$$

In diesen Gleichungen sind F_t und F_n die tangentiale und die normale Komponente der Kraft, die auf das Teilchen wirkt, und ϱ der Krümmungshalbmesser der Bahn.

Unter der Voraussetzung, daß die Trägheit gänzlich elektromagnetischen Ursprungs ist, kann man m_1 und m_2 berechnen. Hierzu muß auch noch die Gestalt des Teilchens und die Verteilung der elektrischen Ladung präzisiert werden. Macht man die Voraussetzung, daß das Teilchen eine Kugel von unveränderlicher Gestalt ist und die Oberflächenladung gleichmäßig verteilt ist, so findet man

$$m_1 = \frac{\mu e^2}{2 a \beta^2}\left(\frac{2}{1-\beta^2} - \frac{1}{\beta}\log\text{nat}\frac{1+\beta}{1-\beta}\right)$$

$$m_2 = \frac{\mu e^2}{2 a \beta^2}\left(\frac{1+\beta^2}{2\beta}\log\text{nat}\frac{1+\beta}{1-\beta} - 1\right).$$

Man kann auch von der Annahme ausgehen, daß das an der Oberfläche gleichmäßig geladene Teilchen nicht starr sei, sondern sich deformieren könne. L o r e n t z hat die Annahme gemacht, daß eine gleichförmige Bewegung mit der Geschwindigkeit v tatsächlich eine Deformation des Teilchens zur Folge habe, und daß diese in einer Zusammenziehung im Sinne der Bewegung bestehe. Das sphärische Teilchen vom Radius a wird zu einem abgeplatteten Rotationsellipsoid, dessen kurze Achse mit der Flugbahn zusammenfällt, dessen äquatorialer Halbmesser gleich a ist, dessen polarer Halbmesser gleich $a\sqrt{1-\beta^2}$ ist, und dessen Ladung so groß bleibt, wie sie in der Ruhe gewesen ist. L o r e n t z ist zu dieser Annahme der Kontraktion gelegentlich des Versuches gelangt, die elektromagnetische Theorie mit den experimentellen Ergebnissen in Einklang zu bringen, nach denen es nicht möglich ist, einen Einfluß der Erdbewegung auf die optischen und elektromagnetischen Erscheinungen irdischen Ursprungs nachzuweisen. Diese Kontraktionshypothese erklärt den Mißerfolg der betreffenden Versuche, nach denen es überhaupt unmöglich zu sein scheint, die absolute Bewegung nachzuweisen. Die sogenannte Relativitätstheorie, die neuerdings auf die elektromagnetischen Erscheinungen angewandt wird, behandelt diese Annahme als einen Grundsatz. Ihre theoretischen und experimentellen Ergebnisse stehen mit den Folgerungen aus der L o r e n t z schen Annahme im Einklang. Danach ergeben sich für die elektromagnetische Masse folgende Ausdrücke:

$$m_1 = \frac{2\mu e^2}{3a}(1-\beta^2)^{-\frac{3}{2}}, \quad m_2 = \frac{2\mu e^2}{3a}(1-\beta^2)^{-\frac{1}{2}}.$$

Diese Formeln sind nicht dieselben, die für das starre Teilchen gelten. Indessen ist ersichtlich, daß bei geringen Geschwindigkeiten, bei denen β sehr klein gegenüber Eins ist, die longitudinale und die transversale Masse in beiden Fällen demselben gemeinschaftlichen Wert zustreben, nämlich dem Werte m_0. Man sieht auch, daß die elektromagnetische Masse in beiden Fällen eine Funktion der Geschwindigkeit ist, die anfangs langsam, dann aber sehr schnell mit der Zunahme des Verhältnisses β wächst und unendlich wird, wenn dieses Verhältnis gleich 1 wird, d. h., wenn das Teilchen die Lichtgeschwindigkeit erreicht. Daraus folgt, daß eine unendlich große Energie nötig wäre um dem Teilchen die Lichtgeschwindigkeit zu erteilen, und daß es darum nicht möglich ist, diese Geschwindigkeit zu bewirken. Indessen sind der Lichtgeschwindigkeit äußerst nahekommende Geschwindigkeiten erhalten worden, wie man bei der Behandlung der β-Strahlen des Radiums sehen wird.

Nachstehende Tabelle zeigt die Veränderung der transversalen Masse mit der Geschwindigkeit des Teilchens nach der Formel von Lorentz:

β	0	0,01	0,1	0,25	0,5	0,75	0,9	0,99	0,999
$\frac{m_1}{m_2}$	1	1,00005	1,005	1,032	1,155	1,513	2,3	7,08	22,4.

Für $\beta = 0{,}1$ unterscheidet sich die Masse m_2 nur um 0,5 Prozent von der Masse m_0, die dem Ruhezustand entspricht; für $\beta = 0{,}99$ ist $\frac{m_2}{m_0}$ noch unter 10. Die Masse wächst erst sehr schnell, wenn β sehr nahe 1 wird.

Kennt man die Beziehung von der Masse des Teilchens zu seiner Geschwindigkeit, so kann man sich auch über seine Bewegung unter der Einwirkung äußerer Kräfte Rechenschaft geben. Man kann insbesondere die Bewegung eines geladenen Teilchens in einem elektrischen oder magnetischen Felde untersuchen, um festzustellen, ob diese Bewegung sich mittels der Annahme einer mit der Geschwindigkeit nach einer der obigen Formeln sich ändernden Masse erklären läßt, indem man das Vorhandensein einer konstanten Masse nichtelektromagnetischen Ursprungs mit in Rechnung zieht, oder von einer solchen absieht. Außerordentlich kleine, negative, wahrscheinlich die Elementarladung besitzende Teilchen werden von den β-Strahlen des Radiums geliefert. Ihre

Geschwindigkeit genügt zu dem Versuch, an ihnen die Theorie zu prüfen. Diese Prüfung hat zu dem Schlusse geführt, daß die Masse eines solchen Teilchens oder negativen Elektrons gänzlich elektromagnetischen Ursprungs ist, indem der, der geringen Geschwindigkeiten entsprechende Grenzwert m_0 als die Masse im Sinne der Mechanik aufgefaßt werden kann. Es wäre auch denkbar, daß man aller materiellen Masse einen elektromagnetischen Ursprung zuschreiben und so die Materie als eine Vereinigung geladener Teilchen auffassen könnte, von denen jedes seine eigene elektromagnetische Masse hätte. So betrachtet, würde sich uns die jetzt geltende Mechanik nur als erste Annäherung an eine allgemeinere Mechanik darstellen, in welcher die Masse, als Trägheitskoeffizient aufgefaßt, eine Funktion der Geschwindigkeit und der Beschleunigung wäre. Eine solche Theorie liegt noch in weiter Ferne. Indessen ist es klar, daß die Auffassung von einer unveränderlichen Masse zulässig bliebe mit einem Fehler von höchstens 1 Prozent bei Geschwindigkeiten, die geringer sind als ein Zehntel der Lichtgeschwindigkeit, und daß die gewöhnlichen Formeln der Mechanik in diesen Grenzen auch auf bewegte Elektronen anwendbar sind.

22. **Strahlung durch ein beschleunigtes Elektron.** — Ist ein geladenes Teilchen in gleichförmig fortschreitender Bewegung, so ist seine elektromagnetische Energie in dem es umgebenden Raume verteilt und fast gänzlich an die unmittelbare Nähe des Teilchens gebunden. Das ist eine Folge der raschen Abnahme des elektrischen und magnetischen Feldes im umgekehrtem Verhältnis zum Quadrat der Entfernung. Die Energie des elektromagnetischen Feldes begleitet das Teilchen auf seinem Wege, und da die Konfiguration des Systems unverändert bleibt, so strahlt keine Energie von ihm aus. Zu dem gleichen Schluß gelangt man auch auf anderm Wege, wenn man der Auffassung von Lorentz folgt.

Eine Störung eines elektromagnetischen Feldes macht sich bekanntlich nicht augenblicklich in der Entfernung fühlbar, sondern verbreitet sich von Punkt zu Punkt mit der Lichtgeschwindigkeit c im Raume. Darauf hin betrachtet Lorentz das von einem geladenen Teilchen hervorgebrachte elektromagnetische Feld nicht als durch seinen augenblicklichen Zustand, sondern als durch die Gesamtheit der vorangegangenen Zustände bestimmt.

Der im Zeitpunkt t bestehende Bewegungszustand eines Teilchens, das sich in O befindet, bestimmt im Zeitpunkt $t + \tau$ den Zustand des Mittels an jedem Punkte einer Kugel vom Halbmesser $c\tau$ und dem Mittelpunkt O. Ebenso bestimmt der Zustand des Teilchens zwischen den Zeitpunkten t und $t + dt$ im Zeitpunkt $t + \tau$ den Zustand des Mittels in einer Kugelschale zwischen zwei Kugeln von den Halbmessern c und $c(\tau - dt)$, deren Mittelpunkte die Orte des Teilchens in den Zeitpunkten t und $t + dt$ sind. Das elektromagnetische Feld innerhalb dieser Schale kann aufgefaßt werden, als wäre es von dem Teilchen zwischen den Zeitpunkten t und dt emittiert worden, und hätte sich bis zum Zeitpunkt $t + \tau$ in Form einer Kugelwelle ausgebreitet. In jedem Punkte des Raumes kann das zu einer gegebenen Zeit vorhandene Feld als dadurch hervorgebracht betrachtet werden, daß eine zu einer frühern Zeit emittierte derartige Kugelschale über den Punkt hinweggeht. Kann die Geschwindigkeit v des Teilchens im Vergleich zur Lichtgeschwindigkeit vernachlässigt werden, so kann auch der Abstand vdt der beiden Kugelmittelpunkte gegenüber der Differenz cdt ihrer Halbmesser vernachlässigt werden, so daß die Dicke der Kugelschale dann an allen Punkten annähernd gleich bleibt, und zwar gleich cdt. Diese Dicke bleibt ferner während der Dauer der Ausbreitung einer solchen schalenförmigen Schicht konstant.

Befindet sich das Teilchen in gleichförmiger Bewegung, so verhalten sich das elektrische und das magnetische Feld umgekehrt wie das Quadrat der Entfernung, und es ist dann die im Raume einer Schale von Halbmesser $r = c\tau$ und der Dicke cdt verbreitete Energie umgekehrt proportional zu r^2. Diese Energie nähert sich also dem Werte 0 in dem Maße, als die Schale sich vom Zentrum der Ausstrahlung entfernt; mit andern Worten: die ins Unendliche ausgestrahlte Energie ist gleich null.

Anders ist es, wenn die Bewegung eine Beschleunigung erfährt. Betrachten wir den Fall, in dem die Änderung der Geschwindigkeit nur eine sehr kurze Zeit dauert. Die während der Zeit dt ausgesendete Schale scheidet zwei Räume voneinander. Der Raum außerhalb derselben wird von den Wellen eingenommen, die schon vor der Änderung der Geschwindigkeit ausgesandt wurden, und das elektromagnetische Feld entspricht hier der vorhergegangenen

Geschwindigkeit. Im innern Raume entspricht der Zustand der neuen Geschwindigkeit.

Das magnetische Feld erfährt zwischen den beiden Grenzflächen der Schale eine Veränderung, die durch die Geschwindigkeitsänderung hervorgerufen ist. Das bedingt in der Schale die Existenz eines Verschiebungsstromes, d. h. eines tangentialen elektrischen Feldes, das von der Beschleunigung herrührt und ihr proportional ist. Die Rechnung zeigt, daß die Intensität dieses Feldes dem Radius der Schale umgekehrt proportional ist. Gleichzeitig herrscht in der schalenförmigen Schicht ein, ebenfalls tangentiales, magnetisches Feld, senkrecht zu dem eben genannten elektrischen Feld, und wie dieses proportional der Beschleunigung und umgekehrt proportional dem Abstand vom Zentrum. In großer Entfernung vom Emissionszentrum überwiegt das neue, von der Beschleunigung herrührende elektromagnetische Feld das von der Geschwindigkeit herrührende, das viel schneller mit der Entfernung abnimmt. Die in der schalenförmigen Schicht enthaltene Energie verdankt dann ihren Ursprung allein der Beschleunigungswelle, und man kann ferner zeigen, daß der Betrag W dieser Energie pro Zeiteinheit endlich und proportional dem Quadrat der Beschleunigung γ ist. Diese Energie W ist die ausgestrahlte Energie; sie berechnet sich nach der Formel:

$$W = \frac{2 \mu e^2 \gamma^2}{3 c}.$$

Man kann ferner zeigen, daß an einem Punkte M der Welle sowohl das elektrische, wie das magnetische Feld, das zu dieser Strahlung gehört, der Beschleunigungskomponente senkrecht zum Radius OM proportional ist, so daß diese Felder in der Richtung der Beschleunigung verschwinden und in den dazu senkrechten Richtungen den größten Betrag erreichen.

Eine Störung von kurzer Dauer, die sich derart in Form einer Kugelschale ausbreitet, wird als Impuls bezeichnet.

Dauert die Beschleunigung eine endliche Zeit an, so findet kontinuierlich Emission einer Strahlung statt, die sich durch Nebeneinanderlagerung der in aufeinander folgenden Augenblicken emittierten Kugelschalen darstellt.

Wenn ein schnell bewegtes elektrisch geladenes Teilchen plötzlich angehalten wird, so erfolgt ein Impuls, dessen Energie ein

Teil der ursprünglichen Energie des Teilchens ist. Ebenso entsteht, wenn ein geladenes Teilchen ausgeschleudert oder plötzlich in Bewegung gesetzt wird, ein Impuls, dessen Energie den äußeren Kräften entlehnt ist, die die Ausstoßung bewirkt haben.

Man sieht hieraus, daß die plötzliche Hemmung der Kathodenstrahlen beim Auftreffen auf ein Hindernis Impulse erzeugen muß, die sich nach allen Richtungen ausbreiten, und es ist sehr wahrscheinlich, daß diese Impulse die Röntgenstrahlen bilden. Wir haben gesehen, daß diese Strahlen weder reflektiert, noch gebrochen, noch gebeugt werden; diese Eigenschaften sind, nach Stokes, erklärlich bei Impulsen, deren Breite klein im Vergleich mit den Wellenlängen des Lichtes ist. Hierzu genügt die Bedingung, daß die Hemmung eines Kathodenteilchens nur eine Zeit in Anspruch nimmt, die kurz gegenüber den Schwingungszeiten des Lichtes ist.

Wenn ein sich ausbreitender Impuls auf ein materielles Hindernis trifft, so befindet sich die Materie unter der Wirkung des elektromagnetischen Feldes des Impulses. Enthält sie Elektronen, so unterliegen diese dem Einfluß des elektrischen Feldes, und die Geschwindigkeit, die sie dadurch erhalten, kann hinreichend groß werden, daß einige von ihnen in den umgebenden Raum hinausgeschleudert werden. Auf diese Weise kann es erklärt werden, daß Kathodenstrahlen entstehen, wenn Röntgenstrahlen auf ein Hindernis auftreffen.

Die Unterschiede im Durchdringungsvermögen der Röntgenstrahlen je nach der Geschwindigkeit der sie erzeugenden Kathodenstrahlen lassen sich auch durch die Theorie vorhersehen, welche die Röntgenstrahlen als elektromagnetische Impulse auffaßt, die von der Hemmung der Kathodenstrahlen herrühren. Man kann annehmen, daß die Geschwindigkeitsänderung des primären Kathodenteilchens in dem Moment erfolgt, wo dieses in unmittelbarer Nähe an einem in der Materie enthaltenen Elektron vorbeigeht; dieser Vorbeigang, dessen Dauer die Breite des ausgestrahlten Impulses bedingt, ist um so schneller, je größer die Geschwindigkeit des Kathodenteilchens ist. Den schnellsten Kathodenstrahlen entsprechen also die Impulse geringster Breite. Andererseits sieht man leicht ein, daß der Durchgang eines Impulses durch Materie für den Impuls einen Verlust an Energie mit sich bringt, der um so größer ist, je breiter der Impuls ist. Das geht aus folgendem hervor. Es sei h der mittlere Wert des elektrischen Feldes in einem Impulse, dessen Breite $c\tau$ einer Emissionsdauer τ entspricht, dann ist die Energie des Impulses pro Flächeneinheit proportional $h^2\tau$. Ein Elektron, über das der Impuls hinweggeht, erfährt eine mit h proportionale Kraft und nimmt eine Geschwindigkeit an, die proportional $h\tau$ ist, es entnimmt also dem Impuls einen mit $h^2\tau^2$ proportionalen Betrag kinetischer Energie. Das Verhältnis der von dem Impuls verlorenen Energie zu der ursprünglichen Energie ist also proportional τ, d. h. der Breite des Impulses.

Wenn die Beschleunigung andauert, so ist der Energieverlust des geladenen Teilchens stetig. Ein Elektron, das eine periodische Bewegung auf einer geschlossenen Kreisbahn ausführt, strahlt auf diese Weise fortwährend Energie aus; diese Strahlung ist Licht, dessen Schwingungsperiode gleich der Umlaufszeit des Teilchens ist. Wenn das Elektron zu einem Atom gehört, so muß die so ausgestrahlte Energie der inneren Energie des Atoms entstammen.

Das Vorhandensein periodischer Bewegungen der Elektronen in den Atomen wird durch die Eigenschaften der Lichtemission sehr wahrscheinlich gemacht. Obwohl die Energie eines Atoms wahrscheinlich sehr groß ist, so kann man sich doch vorstellen, daß der Energieverlust, welcher als Folge der Bewegungen der das Atom aufbauenden Elektronen eintritt, einen Grund zur Unbeständigkeit des Atoms bilden kann. Wir werden sehen, daß diese Vorstellung zur Theorie der radioaktiven Umwandlungen herangezogen werden kann.

Die Theorie der durch Beschleunigungen von Elektronen hervorgebrachten und kontinuierlich im Raume verbreiteten elektromagnetischen Strahlung liegt in einer sehr vollkommenen Form vor. Nichtsdestoweniger begegnet diese Theorie großen Schwierigkeiten, wenn es sich darum handelt, die Größe der Energie der sekundären Kathodenstrahlen oder der zu den γ-Strahlen gehörigen sekundären β-Strahlen zu erklären (siehe § 139). Ähnliche Schwierigkeiten treten bei der Erklärung des photoelektrischen Phänomens (Erzeugung von Kathodenstrahlen bei der Belichtung von Metallen mit ultraviolettem Licht) zutage, ferner bei der Theorie der Wärmestrahlung. Um diese Schwierigkeiten zu beseitigen, haben einige Physiker zur Hypothese einer diskontinuierlichen Struktur der

Strahlung gegriffen[1]), wonach sich die Strahlung aus Energie-Elementen zusammensetzt, deren Größe bei einer periodischen Strahlung proportional der Frequenz ist (P l a n c k). Nach dieser Anschauungsweise ist die ausgestrahlte Energie nicht unendlich teilbar, und die Emission eines sekundären Kathodenteilchens entspricht der Ausnutzung von einem oder mehreren Energieelementen der Strahlung. Diese Theorie hat bezüglich der periodischen Strahlungen eine ziemlich präzise Form erhalten; indessen ist sie noch nicht der Erklärung aller optischen Erscheinungen (Interferenz, Beugung usw.) angepaßt worden.

---

[1]) Planck, Ann. d. Phys. 1901. Einstein, Ann. d. Phys. 1905. J. J. Thomson, Proc. Camb. Phil. Soc., 1907.

II. Kapitel.

Untersuchungs- und Messungsmethoden auf dem Gebiete der Radioaktivität.

23. **Beobachtungsmethoden.** — Die von den radioaktiven Stoffen ausgesandten Strahlen wirken auf die photographische Platte, rufen bei verschiedenen Körpern Fluoreszenz hervor und machen die Gase elektrisch leitend. Aller dieser Eigenschaften der Strahlen hat man sich beim Studium der Radioaktivität bedient, und die darauf gegründeten Untersuchungsmethoden können in Kürze bezeichnet werden als radiographische, fluoroskopische und elektrische Methoden.

Der radiographischen Methode hat sich Becquerel bei seinen Untersuchungen über die Verbindungen des Urans bedient, die ihn zur Entdeckung der Radioaktivität geführt haben. Diese Methode hat also großes historisches Interesse. Sie besteht darin, daß eine photographische Platte den von einem radioaktiven Körper ausgehenden Strahlen bei Ausschluß von Licht ausgesetzt wird. So kann man radioaktive Eigenschaften bei verschiedenen Substanzen nachweisen. Die zur Erlangung eines Abdrucks nötige Zeit ist sehr verschieden, bei Anwendung von Radium können einige Sekunden genügen, während schwach radioaktive Substanzen mehrere Tage erfordern können. Hierbei, und besonders bei lange andauernden Versuchen, sind gewisse Vorsichtsmaßregeln nötig, da die photographische Platte bekanntlich von verschiedenen Stoffen angegriffen wird, die nicht irgendwie merklich radioaktiv sind. Dahin gehören, beispielsweise, das Wachs und verschiedene Essenzen. Auch manche Metalle, wie das Zink, wirken mit der Länge der Zeit auf die Platte ein. In solchen Fällen entsteht der Abdruck durch chemische Wirkung infolge auftretender reduzierender Dämpfe oder Gase.[1]) Organische Stoffe können direkt solche Dämpfe entwickeln, die mitunter sehr energisch wirken. Metalle können, wenn sie sich in Gegenwart von Wasserdampf oxydieren, die Entstehung von Wasserstoff veranlassen. Ihre Wirkung erfolgt sehr langsam.

Trägt man Sorge, sich vor solchen Anlässen zu Irrtümern zu schützen und das Licht auszuschließen, so kann die radiographische Methode gute Dienste leisten, indem sie ermöglicht, schwache Wirkungen durch Anwendung genügender Zeit anzuhäufen. Namentlich zur Untersuchung von Mineralien auf Radioaktivität ist diese Methode sehr bequem. Man legt ein Stück des zu prüfenden Stoffes auf eine in schwarzes Papier eingewickelte photographische Platte so, daß die empfindliche Schicht nur durch eine einfache Lage Papier von der Substanz getrennt ist. Nach einiger Zeit, gewöhnlich nach einem oder mehreren Tagen, entwickelt man die Platte wie üblich. Man erhält so von aktiven Stoffen einen schwarzen Abdruck, genau da, wo der Stoff gelegen hat, dessen Umrisse die Form des letzteren wiedergeben. Ein nicht homogenes Mineral liefert ein Bild, dessen geschwärzte Stellen seinen aktiven Teilen entsprechen. Tafel I zeigt einen mit einem Stück Pechblende von Cornwallis erhaltenen Abdruck. Die aktiven Teile bilden Adern in der aus Metallsulfiden bestehenden unaktiven Masse.

Mittels der radiographischen Methode lassen sich auch, bei Verwendung geeigneter Vorrichtungen, Bilder von der Bahn von Strahlenbündeln unter verschiedenen Bedingungen erhalten. Man hat sich ihrer bei Untersuchungen über Reflexion, Refraktion und Polarisation der Strahlen bedient, wie auch zum Studium ihrer Fortpflanzung in einem magnetischen oder elektrischen Felde, um das Verhältnis e/m und die Geschwindigkeit der α- und β-Strahlen zu messen, die korpuskularer Natur sind.

Dieser Methode haftet jedoch der große Übelstand an, daß sie keine Zahlenwerte von genügender Genauigkeit bezüglich der Intensität der radioaktiven Vorgänge liefert, und sie ist darum in den meisten Fällen durch die elektrische Methode ersetzt worden.

Die fluoroskopische Methode gründet sich auf die Eigenschaft der radioaktiven Körper, durch ihre Strahlen bei verschiedenen Substanzen, wie z. B. Schwelfelzink oder Bariumplatincyanür,

[1]) Russell, Proc. Roy. Soc., 1896.

Fluoreszenz zu erregen. Nur bei sehr stark radioaktiven Substanzen ist diese Erscheinung leicht wahrzunehmen. Man kann sie zwar unter sehr günstigen Bedingungen auch mit Körpern wie Uran beobachten, indessen ist die Empfindlichkeit der Methode im allgemeinen sehr gering. Außerdem ist es auch auf diese Weise schwierig, Zahlenwerte zu erhalten, und so bleibt die Anwendbarkeit der Methode nur auf qualitative Nachweise und auf glänzende Vorführungen in Vorlesungen beschränkt.

Ein wichtiges, mit dem fluoreszierenden Schirm erhaltenes Resultat darf jedoch nicht unerwähnt bleiben. Es hat sich ergeben, daß schon ein einzelnes α-Teilchen ein Aufleuchten hervorruft, und man hat dadurch diese von radioaktiven Körpern ausgesandten Teilchen zu zählen vermocht.

Die elektrische Methode ist die in den Untersuchungen über Radioaktivität hauptsächlich angewandte und sie hat unschätzbare Dienste geleistet. Sie liefert vergleichbare Zahlenwerte. Sie ist von Becquerel begründet worden und beruht auf der Messung der in einem Gase, gewöhnlich in Luft, durch die radioaktive Substanz hervorgerufenen Leitfähigkeit. Vom Beginn unserer Untersuchungen über Radioaktivität an haben wir, P. Curie und ich, uns einer genauen elektrometrischen Methode bedient. Wir waren durch sie in den Stand gesetzt, die Radioaktivität der chemischen Elemente und ihrer Verbindungen und der Mineralien genau zu vergleichen, und diese Arbeiten haben zur Entdeckung neuer radioaktiver Substanzen, besonders des Radiums, geführt. Die Abscheidung der reinen Radiumsalze war nur mit Hilfe dieser Methode möglich, die von der äußersten Verdünnung im Mineral an, bei der das Radium durch keine analytische Methode und selbst spektroskopisch nicht nachweisbar ist, fortlaufend das Fortschreiten der Konzentrierung festzustellen gestattete.

Bei der elektrischen Methode wird ein Strom von geringer Intensität gemessen, der durch ein von der Strahlung leitend gemachtes Gas hindurchgeht.

Sei, beispielsweise eine radioaktive Substanz auf der einen Platte eines Kondensators ausgebreitet. Diese Platte B (Fig. 18) sei auf ein hohes Potential gebracht, dadurch, daß sie mit dem einen Pol einer Säule von vielen Elementen verbunden wird, deren anderer Pol geerdet ist. Die gegenüberliegende Platte A sei ebenfalls geerdet. Dann geht ein elektrischer Strom durch den von der Batterie, dem Kondensator und der Erde gebildeten Kreis und kann gemessen werden.

Fig. 18.

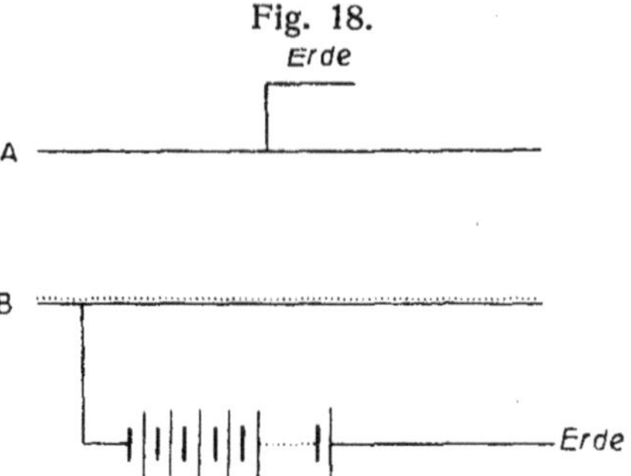

Bleibt der Strom konstant, so wird man schließen, daß die Substanz eine konstante Radioaktivität besitzt. Ist die Potentialdifferenz der Platten genügend, so nimmt der Strom einen Maximalwert an, denjenigen des Sättigungsstromes.

Die Stromstärken, die man bei radioaktiven Untersuchungen zu messen haben kann, dürfen in der Größenordnung von 10^{-12} bis 10^{-5} Ampère angenommen werden. Bei manchen sehr feinen Untersuchungen kann sich auch die Messung von Strömen bis zu 10^{-15} Ampère nötig machen. Mit einem Gramm Radium kann man in Luft einen Strom von 10^{-3} Ampère erreichen. Man sieht hieraus, daß man es immer mit schwachen, aber zwischen weiten Grenzen sich bewegenden Strömen zu tun hat. Mittels des Galvanometers kann man Ströme bis zu 10^{-6} Ampère leicht messen, meistens handelt es sich jedoch um viel schwächere Ströme, und dann ist es dienlich, elektrometrische Methoden anzuwenden.

Der Wert des unter bestimmten Bedingungen erhaltenen Sättigungsstromes gibt das bequemste und best difinerte Maß ab für die Radioaktivität einer Substanz. Man kann sich einer Anordnung wie nach Fig. 18 bedienen. Je weiter die Platten voneinander abstehen und je aktiver die Substanz ist, desto schwerer ist es, den Sättigungsstrom zu erhalten. Steht das Gas im Kondensator unter atmosphärischem Druck und ist es nicht zu stark ionisiert, so kann der Sättigungsstrom bei einem Plattenabstand von einigen Zentimetern annähernd erreicht werden, ohne daß sich disruptive Entladung oder Ionisiation durch Ionenstoß einstellt.

Als Meßapparat kann sowohl ein Elektroskop als auch ein Quadrantelektrometer verwendet werden. Im ersteren Falle vermeidet man gewöhnlich die Benutzung einer Batterie zur Hilfsladung, im letzteren ist eine solche unumgänglich.

24. **Elektroskope.** — Die Gold- oder Aluminiumblattelektroskope, deren man sich bei radioaktiven Untersuchungen bedient, sind von verschiedener Einrichtung. Am häufigsten besteht der Apparat aus zwei Abteilungen, dem eigentlichen Gehäuse und der Ionisationskammer.

Nachfolgende Abbildungen zeigen verschiedene gebräuchliche Anordnungen. Fig. 19 stellt das Modell eines von P. Curie zur

Fig. 19.

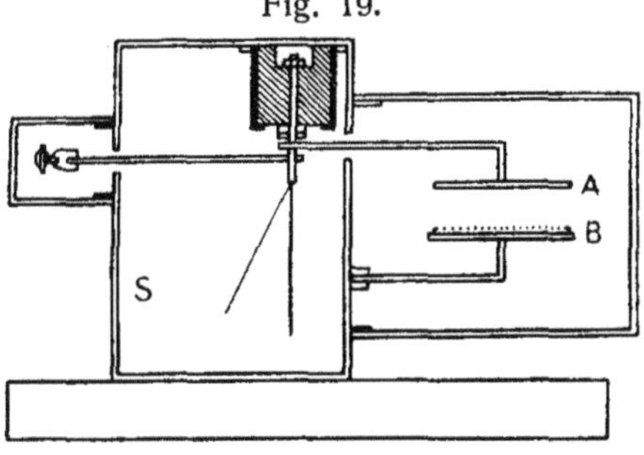

Messung der Radioaktivität angegebenen Elektroskops dar. Es besteht aus einem festen vertikalen Metallstreifen, an dem das leichte, bewegliche Blatt befestigt ist. Der Streifen wird von einem Stabe getragen, der durch einen isolierenden Stopfen in der Decke des mit der Erde leitend verbundenen Metallgehäuses S geführt ist. An seinem äußeren Ende trägt der Stab einen durch einen Metalldeckel geschützten Ladungsknopf. Ein rechtwinklig an diesem Stabe befestigter zweiter Stab geht durch die Seitenwand des Gehäuses in die Ionisationskammer, einen Metallzylinder, der auf einer vom Gehäuse getragenen Randleiste aufsitzt. In dieser Kammer befinden sich die Kondensatorplatten, von denen die Platte A mit dem Stabe des Elektroskops, die Platte B, die die radioaktive Substanz trägt, mit dem Gehäuse verbunden ist. Sobald das Elektroskop geladen ist, entsteht ein Feld zwischen A und B, und ist die Luft daselbst durch die Gegenwart einer radioaktiven Substanz leitend geworden, so entladet sich das Elektroskop nach und nach, und das bewegliche Blatt nähert sich dem festen Metallstreifen. Man beobachtet die Bewegung des Blattes mit einem schwach vergrößernden, mit Okularmikrometer versehenen Mikroskop, und kann aus der Geschwindigkeit der Entladung den Wert des Stromes in relativem Maße bestimmen. Ein Elektroskop von der gewöhnlichen Empfindlichkeit wird in der Regel auf eine Potentialdifferenz von einigen hundert Volt gebracht, was im allgemeinen zur Erreichung des Sättigungsstromes genügt. Die Stromstärke ist jedoch nicht der Geschwindigkeit der Bewegung des Blattes proportional, selbst wenn das Potential stark genug bleibt, um den Sättigungsstrom zu erreichen. Das rührt daher, daß die Kapazität und die Empfindlichkeit des Elektroskops von der Stellung des Blattes abhängen. Sei q die Ladung und V das Potential des Elektroskops, so wird $q = CV$, wenn C die Kapazität für die jeweilige Stellung des Blattes bezeichnet. Mißt man die für die Bewegung des Blattes von einem gegebenen Teilstrich zu einem zweiten nötige Zeit t, so ist der Ladungsverlust des Elektroskops während der Zeit t bei jedem Versuche der gleiche, der Mittelwert des Entladungsstromes innerhalb dieser Zeit ist also in jedem Fall umgekehrt proportional mit t. Die Versuche sind also vergleichbar.

Bei dem Modell Fig. 20 sitzt die Ionisationskammer direkt auf dem Gehäuse des Elektroskops und enthält nur eine, mit dem

Fig. 20.

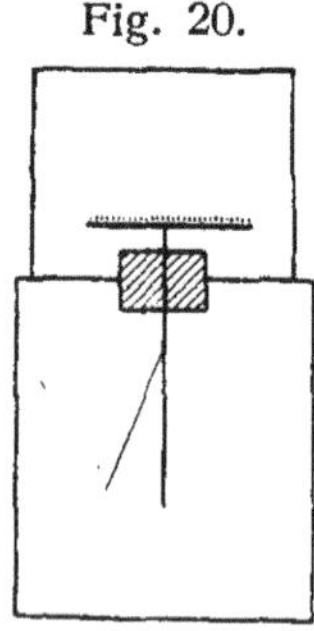

Elektroskop verbundene Platte, die die aktive Substanz aufnimmt. Die Entladung geht von dieser Platte zur Wand der Kammer. Bei Modell Fig. 21 ist umgekehrt das Gehäuse über der Ionisationskammer angebracht, die als isolierte Elektrode einen Stab, der mit dem festen Streifen des Elektroskops verbunden ist, enthält. Dieses Modell ist zur Messung der Radioaktivität eines Gases geeignet, das man in die Ionisationskammer einleitet.

Fig. 21.

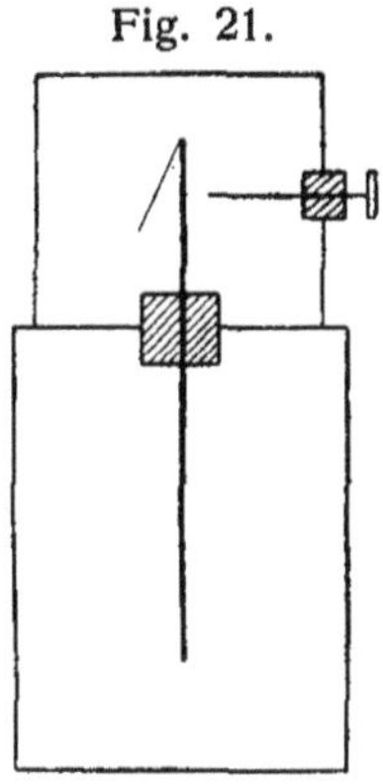

Je geringer die Kapazität eines Elektroskops ist, desto empfindlicher ist es für die Abnahme seiner Ladung. Man kann die Kapazität dadurch herabsetzen, daß man die außerhalb des Gehäuses angeordnete Ionisationskammer und Elektrode wegläßt. Eine derartige Einrichtung zeigt Fig. 22. Der Stab B geht durch

Fig. 22.

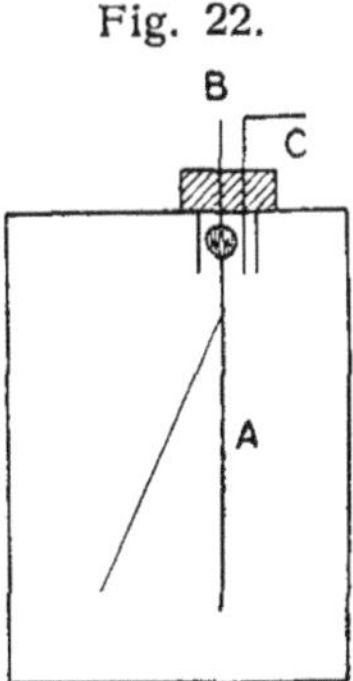

einen isolierenden Stopfen in das Gehäuse und trägt mittels eines isolierenden Verbindungsstücks den Metallstreifen A, an dem das Goldblatt befestigt ist. Durch einen zweiten, gebogenen, ebenfalls isoliert eingeführten Metallstab, den man durch Drehung mit A in Berührung bringen kann, ladet man das Elektroskop. Das Gehäuse ist gleichzeitig Ionisierungskammer.

Die radioaktive Substanz befindet sich in der Regel außerhalb des Gehäuses und wirkt durch die die Metallwand durchdringenden Strahlen auf das im Gehäuse eingeschlossene Gas. Die Stelle der Wand, durch die die Strahlen eindringen, wird dann meistens aus ganz dünnem Aluminiumblech gemacht, das das für die Strahlen durchlässigste Metall ist. Diese Art Elektroskop ist von C. T. R. Wilson bei seinen Untersuchungen über die spontane Ionisation der Luft angewandt worden. Um den Fehler ungenügender Isolation zu verringern, hält man den Stab B auf gleichem Potential wie das Goldblatt.

Folgendes Beispiel mag einen Begriff von der Wirkungsweise eines solchen Apparates geben.[1]) Die Kapazität des Elektroskops betrug ungefähr eine elektrostat. Einheit. Stäbchen und Goldblatt waren etwa 4 cm lang; das Gehäuse faßte 1 Liter. Der Ladungsverlust durch die spontane Ionisation der Luft entsprach einem Potentialfall von 6 Volt in der Stunde. Die mittlere Stromstärke war daher

$$i = \frac{CV}{t} = \frac{1 \times 6}{3600 \times 300} \text{ elektrostat. Einh.} = 1{,}9 \times 10^{-15} \text{ Ampère.}$$

Dieser Strom war aber auch gleich Nve, worin N die Anzahl der im cm Gas erzeugten Ionen beider Art, v das Volumen des Gehäuses und e die Ladung eines Ions bezeichnen. Setzt man den Wert von $e =$ ungefähr 4×10^{-10} elektrostat. Einheiten, so ergibt sich in dem zitierten Beispiel N zu etwa 15, d. h. daß in jedem Kubikzentimeter und jeder Sekunde 15 Ionen erzeugt worden waren.

Mit sehr feinen Apparaten kann selbst die Bildung einiger weniger Ionen pro cm und Sekunde nachgewiesen werden.

Ein im Prinzip etwas abgeändertes Elektroskop hat C. T. R. Wilson[2]) konstruiert. Dasselbe, Fig. 23, besteht aus einem Gehäuse mit einer ganz nahe an einer seiner Wände angebrachten, aber von dieser isolierten Metallplatte P. Diese Platte kann mit einer aus einer großen Zahl von Elementen bestehenden Batterie auf ein hohes Potential gebracht werden. An der gegenüberliegenden Wand ist ein gekrümmter Stab durch einen isolierenden Stopfen eingeführt, an dem das Blättchen aufgehängt ist. Das Gehäuse liegt, wie in der Abbildung angedeutet, schräg. Unter

[1]) Rutherford, Radioativität, Deutsche Ausg. S. 00.
[2]) Wilson, Proc. Camb. Phil. Soc., 1903.

der gleichzeitigen Wirkung der Schwerkraft und der von der Platte ausgeübten Anziehung nimmt das Blättchen eine bestimmte Lage an, und ladet man nun auch das Blättchen, so weicht es von dieser Gleichgewichtslage ab, und der Apparat kann so reguliert werden, daß er auf sehr schwache Ladungen reagiert. Man benutzt dieses Elektroskop zur Messung äußerst schwacher Ströme, die das Blätt-

Fig. 23.

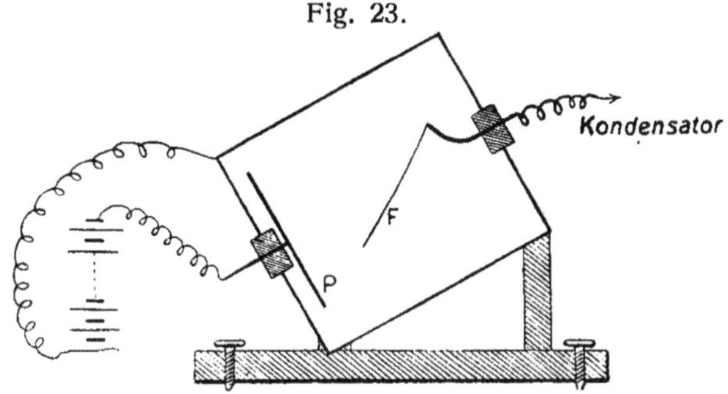

chen ganz langsam laden. Solche Ströme erhält man z. B., wenn man das Blättchen mit einer isolierten Elektrode verbindet, die in einen auf hohes Potential geladenen Metallbehälter hineinragt und das Gas in diesem Behälter schwach ionisiert. Die Empfindlichkeit des Apparates hängt von dem Ladungspotential der Platte P und der Neigung des Gehäuses ab.

Fig. 24.

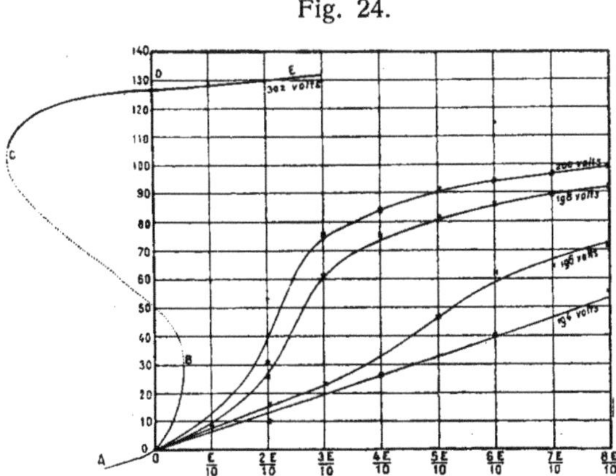

Die Kurven Fig. 24 zeigen die Ausschläge des Goldblatts als Funktion seines Potentials v bei verschiedenen Potentialen V der Platte P. Für jeden Wert von V ist dem Apparat eine solche Neigung

Fig. 25.

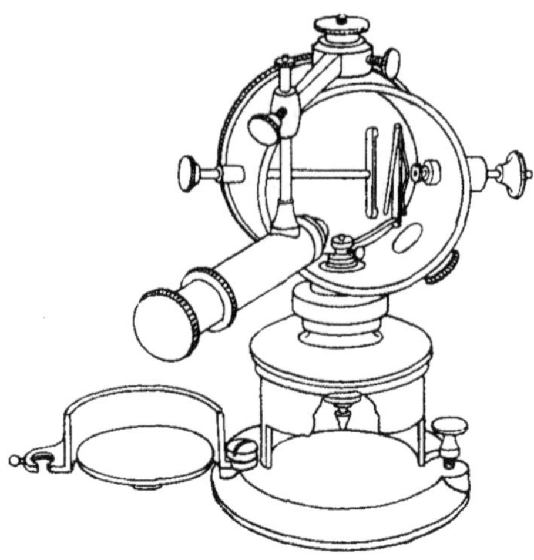

Fig. 26.

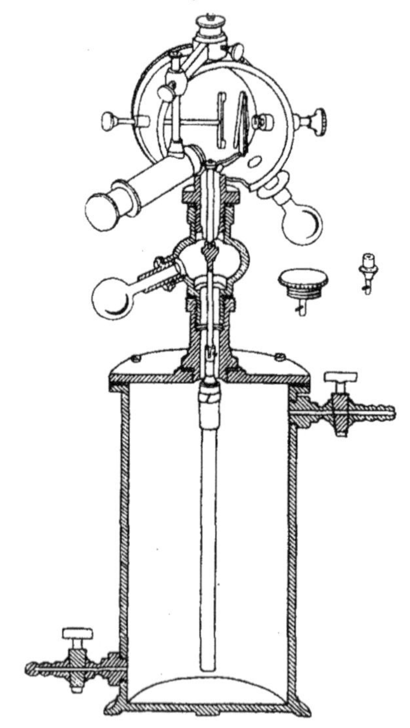

gegeben worden, daß die Empfindlichkeit ihr Maximum erreichte bei v ungefähr $= 0$[1]). Das Potential v, des gleichen Vorzeichens mit V, ist in Bruchteilen der elektromotorischen Kraft eines Elementes der benutzten Batterie angegeben. Man sieht, daß die Kurve bei einem bestimmten Wert von V (202 Volt) einen Inflexionspunkt mit vertikaler Tangente zeigt. An diesem Punkte wird die Empfindlichkeit unendlich. Bei einem unter diesem kritischen Werte liegenden Werte von v kann das Blättchen zwei stabile Gleichgewichtslagen haben. Bei der Messung sehr schwacher Ströme muß man sich so weit als möglich der instabilen Gleichgewichtslage nähern.

Fig. 25 und 26 zeigen ein Elektroskop vom Typus der Fig. 21, das zur Messung der Aktivität fester Substanzen oder von Gasen eingerichtet ist. Die unten angeordneten Ionisationskammern sind diesen Zwecken entsprechend verschieden gestaltet. Die Isolation ist Bernstein. Zur Ablesung dient ein Mikroskop mit Okularmikrometer.[2])

25. Elektrometer. Messung mittels der Ausschlagsgeschwindigkeit. — Das für den Laboratoriumsgebrauch in sehr vielen Fällen geeignetste Instrument zur Messung der Radioaktivität ist das Quadrantelektrometer. Es ist empfindlicher für Spannung, aber dafür wegen seiner größern Kapazität weniger empfindlich für Ladung als ein feines Elektroskop. Das Prinzip der Konstruktion stammt von Lord Kelvin. Durch vielfache Verbesserungen ist es sehr handlich geworden.[3])

Wie mit dem Quadrantelektrometer ein schwacher Strom, wie er unter Wirkung einer radioaktiven Substanz sich ergibt, gemessen wird, möge hier angedeutet werden.

A und B, Fig. 27, seien die beiden Platten eines Kondensators. B trägt die radioaktive Substanz und ist auf ein hohes Potential

---

[1]) Bruhat, Le Radium, 1909.

[2]) Chéneveau et Laborde, Journ. de Phys. 1909.

[3]) P. Curie, Oeuvres, Paris 1908. — Dolezalek, Instrumentenkunde, 1901. — Die gebräuchlichsten Modelle sind das von Curie und das von Dolezalek. Die Konstruktion des Curieschen Elektrometers ist schon recht alt. Ein Modell desselben, von Bourbouze gebaut, war 1885 auf der Elektrizitätsausstellung in Paris. Der Apparat ist von Ledeboer in La Lumière electrique, 1886 beschrieben worden.

gebracht. Die Platte A ist mit dem Quadrantenpaar 1 verbunden, das beliebig zur Erde abgeleitet oder isoliert werden kann. Das Quadrantenpaar 2 ist ständig geerdet. Die Nadel, die an einem Faden mit einiger Torsion hängt, erhält ein hohes Potential. Wir nehmen an, daß dieses Potential konstant $= V$ bleibt. Sind beide Quadrantenpaare zur Erde abgeleitet, so befindet sich die geladene Nadel in einer Gleichgewichtslage symmetrisch zu den Sektoren. Isoliert man den Sektor 1, so lädt er sich durch den Strom, der durch den Kondensator übergeht, und die Nadel geht aus der Gleichgewichtslage heraus. Das Potential, das das isolierte Quadrantenpaar in einem gegebenen Moment annimmt, wollen wir

Fig. 27.

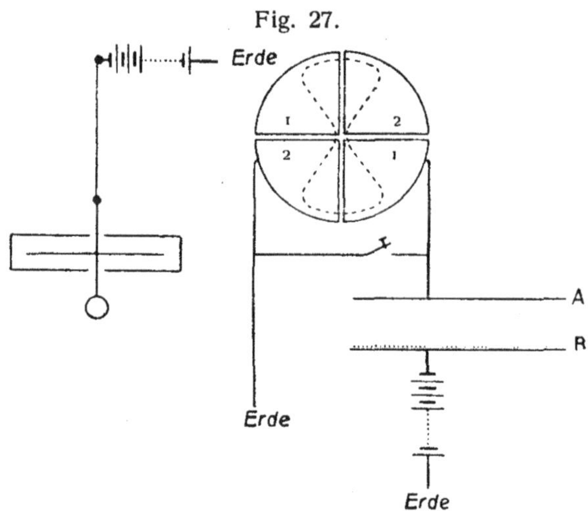

mit v bezeichnen. Setzen wir, um eine bestimmte Annahme zu machen, $V > o$ und $v > o$, so bewegt sich die Nadel im Sinne des Uhrzeigers.

Nach der elementaren Theorie des Quadrantelektrometers ist das Drehungsmoment der elektrischen Kräfte gleich AVv, worin A eine Konstante des Instruments ist, die die Veränderung der Kapazität der Nadel in bezug auf eins der Quadrantenpaare pro Einheit des Ausschlagswinkels angibt. Unterbricht man die Zuleitung des Stromes zum isolierten Quadrantenpaar, so nimmt die Nadel eine solche Gleichgewichtslage an, daß das dem Ausschlagswinkel α proportionale Torsionsmoment des Aufhängefadens das elektrische Moment kompensiert. Man hat dann, wenn B die Direktionskraft der Torsion pro Einheit des Ausschlagswinkels ist,

$$AVv = B\alpha.$$

Die Empfindlichkeit des Elektrometers für Spannung wird durch das Verhältnis $\frac{\alpha}{v}$ ausgedrückt, das wir mit K bezeichnen wollen. Es folgt also

$$K = \frac{\alpha}{v} = \frac{AV}{B}.$$

Die Empfindlichkeit nimmt zu mit der Länge der Nadel und hängt nicht von ihrer Breite ab; sie ist um so größer, je geringer der Abstand zwischen der Nadel und den Sektoren ist, und nach obiger Formel ist sie proportional dem Potential der Nadel. Diese Formel ist indessen nicht absolut genau. Sie ist durch eine elementare Ableitung erhalten worden, bei der wohl Rücksicht auf die Kapazität der Nadel in bezug auf die Quadranten genommen, aber die Änderung der reziproken Kapazität der letzteren während der Verschiebung der Nadel vernachlässigt worden ist. Die Theorie des Quadrantelektrometers ist von Hopkinson und von Gouy[1]) vervollständigt worden. Die Rechnung zeigt, daß die Empfindlichkeit für Potential bei einem bestimmten, in der Regel ziemlich hohen Wert von V ein Maximum haben kann.[2]) Ich werde hier nur die elementare Theorie anwenden, da die Form der Resultate durch diese Vereinfachung nicht geändert wird.

Zur Messung des in das isolierte Quadrantenpaar eintretenden Ladungsstroms können verschiedene Methoden angewandt werden. Am einfachsten ist es, die Geschwindigkeit zu beobachten, mit der die Nadel sich bewegt, und sich dazu der gewöhnlichen optischen Vorrichtung zu bedienen. Man befestigt an dem Stiel, der die Nadel trägt, einen konkaven Spiegel, der auf eine in einiger Entfernung horizontal angebrachte Skala den Schein einer geeigneten Lichtquelle wirft. Schlägt die Nadel aus, so beobachtet man die Bewegung des Lichtscheins, die um so rascher vor sich geht, als der Strom stärker ist. Man nennt diese Methode die Methode der Ausschlagsgeschwindigkeit.

---

[1]) Hopkinson, Phil. Mag. 1885. — Gouy, Journal de Phys. 1888.

[2]) Eine sehr vollständige theoretische und praktische Untersuchung der Wirkung des Quadrantelektrometers ist von Moulin veröffentlicht worden (Le Radium, 1907).

Das Potential des isolierten Quadrantenpaars bleibt, soweit das Gebiet der Beobachtung reicht, immer sehr niedrig. Ist daher mittelst einer Anordnung, wie in Fig. 27, das Potential der Platte B so hoch, daß der Sättigungsstrom erreicht wird, so kann man annehmen, daß dieser Strom i sich nicht ändert, wenn das Potential der Platte A und des isolierten Quadrantenpaars von 0 auf v steigt. Wir dürfen also i als konstant betrachten, solange die aktive Substanz selbst eine konstante Strahlung entwickelt. Das ist unsere Voraussetzung für die Rechnung.

Es sei q_0 die Ladung des aus dem Quadrantenpaar 1 und der Platte A bestehenden Systems, während es geerdet ist, und q sei die Ladung desselben Systems, nachdem es isoliert worden ist und das Potential V angenommen hat. Wir haben dann

$$q - q_0 = it,$$

worin t die Zeit bezeichnet, während welcher der Ladungsstrom durchgeflossen ist. Es setzt sich andererseits die Ladung q_0 zusammen aus derjenigen, die der Kapazität der Quadranten in bezug auf die Nadel, und derjenigen, die der Kapazität der Platte A in bezug auf die Platte B entspricht, die das als positiv angenommene Potential V′ hat. Wir haben daher

$$q_0 = -c_1 \mathrm{V} - c_2 \mathrm{V}',$$

worin c_1 die Kapazität der Quadranten in bezug auf die Nadel bezeichnet, während diese in der Gleichgewichtslage ist, und c_2 die Kapazität der Platte A in bezug auf die Platte B. Sei ferner c_3 die Kapazität der Quadranten und des Leitungsdrahtes, der sie mit der Platte A verbindet, in bezug auf die mit der Erde verbundenen als Schutzhülle wirkenden Leiter und c'_1 die Kapazität der Quadranten in bezug auf die Nadel, wenn diese um den Winkel α aus ihrer Gleichgewichtslage abgewichen ist, so erhält man

$$q = -c'_1 (\mathrm{V} - v) - c_2 (\mathrm{V}' - v) + c_3 v$$

und folglich

$$q - q_0 = -(c'_1 - c_1)\mathrm{V} + c'_1 v + (c_2 + c_3) v.$$

Wir haben mit A eine Konstante bezeichnet, die durch die Beziehung

$$c'_1 - c_1 = -\mathrm{A}\alpha$$

gegeben ist, daher

$$q - q_0 = \mathrm{A}\alpha (\mathrm{V} - v) + (c_2 + c_3 + c'_1) v.$$

Vernachlässigt man das Glied $A\alpha v$ gegenüber den anderen und setzt man

$$c_1 + c_2 + c_3 = c,$$

so erhält man

$$q - q_0 = A\alpha V + cv = it,$$

woraus

$$v = \frac{it}{c} - \frac{AV}{c}\alpha;$$

und weil $\frac{\alpha}{v} = K$ ist, so ergibt sich auch

$$v = \frac{it}{c + KAV},$$

$$\frac{\alpha}{it} = \frac{K}{c + KAV}.$$

Der Quotient $\frac{\alpha}{it}$ ergibt das Maß der Ladungsempfindlichkeit des Elektrometers. Man erkennt, daß zur Kapazität c des isolierten Systems eine weitere Kapazität sich hinzugesellt, die mit dem Potential der Nadel wächst. Diese Kapazität entspricht der Änderung, die das Potential des isolierten Quadrantenpaars bei einer Bewegung der geladenen Nadel erfährt. Es ist leicht ersichtlich, daß die Ladungsempfindlichkeit ihr Maximum erreicht, wenn das Potential der Nadel so ist, daß die ständige Kapazität c und die hinzukommende einander gleich werden.

Angenommen, die Bewegung der Nadel sei gleichförmig, d. h., daß der Ausschlag proportional mit der Zeit zunimmt, dann kann man das bewegende Drehungsmoment gleich dem der Bewegung entgegenwirkenden Moment setzen. Sei $\omega = \frac{d\alpha}{dt}$ die Winkelgeschwindigkeit des Ausschlages. Außer dem bewegenden Moment AVv und dem Torsionsmoment $B\alpha$, das jenem entgegengerichtet ist, haben wir noch ein dämpfendes Moment, von der Reibung herrührend, welches gleich ist $\varepsilon\omega$, worin ε den Koeffizienten der Dämpfung bezeichnet. Ist ω konstant, so ist

$$AVv = B\alpha + \varepsilon\omega,$$

woraus

$$AV\frac{dv}{dt} = B\,\omega = \frac{AVi}{c} - \frac{A^2V^2}{c}\omega$$

und
$$\omega = \frac{A V i}{B c + A^2 V^2}.$$

Ist also die Geschwindigkeit des Ausschlages konstant, so ist sie der Stromstärke proportional und kann zur Messung derselben dienen.

Wir haben ferner gesehen, daß die Potentialempfindlichkeit K des Elektrometers gleich ist $\frac{AV}{B}$. Eliminiert man also B aus der Gleichung zwischen ω und i, so wird
$$i = \left(\frac{c}{K} + A V\right) \omega.$$

Will man aus der beobachteten Geschwindigkeit des Ausschlags die Stromstärke in absolutem Maße berechnen, so muß man auch die Größe A eleminieren, die nicht mit Genauigkeit zu messen ist. Zu diesem Zwecke kann man dem isolierten System eine bekannte Kapazität C hinzufügen. Bleibt sich der Ladungsstrom gleich, so wird die Ausschlagsgeschwindigkeit verringert werden zu ω', und man hat
$$i = \left(\frac{c + C}{K} + A V\right) \omega',$$
woraus
$$i \left(\frac{1}{\omega'} - \frac{1}{\omega}\right) = \frac{C}{K}.$$

Die Bestimmung von i in absolutem Maß verlangt also die Messung von ω und ω', sowie die einer Kapazität und der Potentialempfindlichkeit des Elektrometers. Hat man einmal eine solche Bestimmung ausgeführt, so ist der Apparat geeicht. Eine solche Eichung gilt aber nur für ein und denselben stromliefernden Apparat, außerdem muß die Empfindlichkeit des Elektrometers unveränderlich sein. Ist ω in Teilstrichen pro Sekunde, K in Teilstrichen pro Volt und C in Farad gemessen, so ergibt sich i in Ampère.

Durch Änderung der Kapazität kann man die Empfindlichkeit des Apparates regulieren. Man vermindert die Empfindlichkeit, indem man eine Kapazität hinzufügt.

Wir wollen nun zusehen, ob eine konstante Ausschlagsgeschwindigkeit, wie eine solche zur Messung des Stromes erforderlich ist, wirklich erreicht werden kann, und unter welchen Bedingungen dies möglich ist. Um sich hierüber klar zu werden, muß man untersuchen, welchem Gesetz die Bewegung des Elektrometers unterliegt. Schreiben wir die Bewegungsgleichung der Nadel, indem wir mit $\mathfrak{J}$ das Trägheitsmoment um die Drehungsachse bezeichnen und denselben positiven Sinn für den Ausschlagswinkel, die Winkelgeschwindigkeit und die Winkelbeschleunigung annehmen. Die Gleichung ist dann

$$\mathfrak{J}\frac{d^2\alpha}{dt^2} = -\mathrm{B}\,\alpha - \varepsilon\frac{d\alpha}{dt} + \mathrm{A\,V}\,v,$$

und indem wir v durch seinen Wert als Funktion von i ersetzen

$$\mathfrak{J}\frac{d^2\alpha}{dt} + \varepsilon\frac{d\alpha}{dt} + \left(\mathrm{B} + \frac{\mathrm{A}^2\,\mathrm{V}^2}{c}\right)\alpha = \frac{\mathrm{A\,V}\,it}{c}.$$

Diese Gleichung zeigt, daß sich zu dem Torsionsmoment ein elektrisches Drehungsmoment, das dem Ausschlagswinkel proportional ist, hinzugesellt. Dieses Moment rührt von der Potentialänderung des ioslierten Quadrantenpaars her, die es infolge der Bewegung der Nadel erleidet, und sucht diese wieder in ihre Gleichgewichtslage zurück zu bringen. Ist das Potential der Nadel derart, daß die Ladungsempfindlichkeit maximal ist, so ist das elektrische Drehmoment gleich dem Torsionsmoment.

Setzt man

$$\frac{\varepsilon}{\mathfrak{J}} = 2\,a, \quad \frac{1}{\mathfrak{J}}\left(\mathrm{B} + \frac{\mathrm{A}^2\,\mathrm{V}^2}{c}\right) = b^2,$$

so erfolgt

$$\frac{d^2\alpha}{dt^2} + 2\,a\frac{d\alpha}{dt} + b^2\alpha = \frac{\mathrm{AV}i}{\mathfrak{J}c}\,t,$$

und die Gleichung ist auf die klassische Form zurückgeführt.

Die Gleichung ohne das von α unabhängige Glied ist eine sehr bekannte Differentialgleichung mit konstanten Koeffizenten, die eine gedämpfte Bewegung darstellt, mit einem Moment, das dem Ausschlagswinkel proportional ist und das System in die Gleichgewichtslage zurückzuführen sucht. Eine solche Bewegung ist zum Beispiel die Rotationsbewegung eines Körpers, der an einem Faden mit einer gewissen Torsionskraft aufgehängt ist und von dem umgebenden Medium einen der Geschwindigkeit proportionalen Widerstand erfährt. Die Form der Lösung hängt wesentlich von dem Wert der Konstanten a und b ab. Die Lösung sei α_1.

Für $a^2 > b^2$ ist

$$\alpha_1 = e^{-at}(\mathrm{M}e^{\sqrt{a^2-b^2}\,t} + \mathrm{N}e^{-\sqrt{a^2-b^2}\,t});$$

für $a^2 < b^2$

$$\alpha_1 = \mathrm{M}e^{-at}(\sin\sqrt{b^2 - a^2}\,t - \mathrm{N});$$

für $a^2 = b^2$

$$\alpha_1 = e^{-at}(\mathrm{M}t + \mathrm{N}).$$

In allen Fällen sind M und N zwei willkürliche Konstanten, die man aus den Anfangsbedingungen ermittelt.

Um die Lösung der Gleichung zu erhalten, wenn sie auf der rechten Seite den Ausdruck $\frac{\mathrm{AV}it}{c}$ besitzt, genügt es, der Lösung der homogenen Gleichung eine partikulare Lösung der vollständigen Gleichung hinzuzufügen. Eine solche Lösung α_2 kann man offenbar erhalten, indem man setzt

$$\alpha_2 = \omega t + \varphi,$$

wo ω und φ zwei zu bestimmende Konstanten sind. Man findet

$$\alpha_2 = \frac{\mathrm{AV}i}{\mathrm{B}c + \mathrm{A}^2\mathrm{V}^2}\left(t - \frac{2a}{b^2}\right).$$

Die vollständige Lösung ist in allen Fällen

$$\alpha = \alpha_1 + \alpha_2,$$

und man hat die Konstanten M und N aus den Anfangsbedingungen zu bestimmen, die in dem vorliegenden Falle lauten, daß für $t = 0$ $\alpha = 0$ und $\frac{d\alpha}{dt} = 0$ wird.

Bei weiterer Diskussion dieser Lösung finden wir, daß der Winkel α in allen Fällen konstant mit der Zeit wächst, und daß auch die Bewegung immer das Bestreben hat, gleichförmig zu werden und sich so zu gestalten, wie die Lösung α_2 verlangt. Diese partikulare Lösung stellt gleichzeitig ein Endstadium dar, zu welchem die Bewegungsform hinstrebt, während der Teil α_1 der vollständigen Lösung eine Größe darstellt, die nach und nach verschwindet. Indessen kann die Grenze, die theoretisch erst in unendlicher Zeit erreicht wird, praktisch in großer Annäherung nach kürzerer oder längerer Zeit erreicht werden, und die Art, wie sich die gleichförmige Bewegung herstellt, hängt wesentlich von der Form der Lösung α_1 ab. Ist $a^2 > b^2$, so steigt die Geschwindigkeit progressiv gegen den Endwert. Ist $a^2 < b^2$, so zeigt die Geschwindigkeit schwingungsartige Wechsel von Zunahme und Abnahme um einen mittlern Wert, der schließlich erreicht wird. Fig. 28 zeigt das Gesetz, nach welchem α in diesen beiden Fällen sich ändert.

Um sich der Ausschlagsgeschwindigkeit als Maß der Stromstärke bedienen zu können, ist es offenbar erforderlich, daß die konstante Endgeschwindigkeit sehr schnell, und noch während der Ausschlag sehr klein ist, erreicht werde. Es ist auch vorteilhaft, daß dieser Endzustand nicht stoßweise sich einstelle, wie in Fig. 28 II,

Fig. 28.

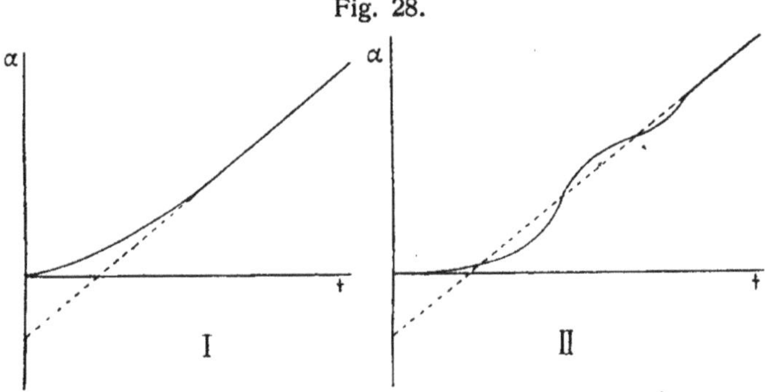

sondern kontinuierlich, wie in Fig. 28 I. Man erzielt dies durch eine passende Wahl der experimentellen Bedingungen. Die Dämpfung muß genügen, Schwankungen in der Geschwindigkeit zu verhindern, doch darf die Bewegung nicht zu langsam sein. Es ist also nicht ratsam, die Dämpfung stärker zu machen als nötig ist, eine annähernd aperiodische Bewegung herzustellen, und man muß überhaupt darauf bedacht sein, ein möglichst leichtes bewegliches System zu erlangen, unter Berücksichtigung der für den vorliegenden Zweck unumgänglich nötigen großen Empfindlichkeit.

26. **Messung mittels des konstanten Ausschlags.** — Anstatt mit dem Elektrometer in angegebener Weise zu arbeiten, kann man auch suchen, mittels eines permanenten Ausschlags an diesem Apparat einen konstanten Strom zu messen. Man nennt die hierzu angewandte Methode die Methode des konstanten Ausschlags. Sie ist von Bronson[1]) ausgearbeitet worden. Von den Quadranten des Elektrometers ist das eine Paar permanent geerdet, während das andere mit der Platte A, Fig. 29, eines Konden-

[1]) Bronson, Amer. Journ. Sc., 1905.

sators AB verbunden ist, der die Substanz enthält, deren Aktivität man messen will. Das System aus Quadrant und Kondensatorplatte ist mittels einer Verzweigung, die einen großen Widerstand R enthält, ebenfalls geerdet. Dieser Widerstand sei derart, daß die Stärke des durch ihn gehenden Stromes von der Klemmenspannung nach dem Ohmschen Gesetz wie bei einem metallischen Leiter abhängt. Unterbricht man die Leitung bei D, so beginnt der Quadrant sich durch den durch den Kondensator gehenden Strom zu laden, gleichzeitig aber auch Ladung durch den Widerstand R nach der Erde zu verlieren, bis schließlich das System ein konstantes Potential v annimmt, so daß Ladungsstrom und Verlust

Fig. 29.

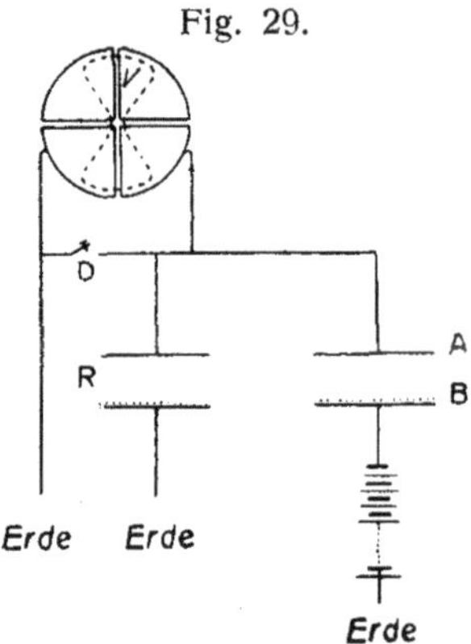

sich kompensieren. Man hat dann $i = \frac{v}{R}$ und kann so i messen. Um i absolut zu ermitteln, muß man R und die Potentialempfindlichkeit des Elektrometers kennen.

Die Schwierigkeit bei dieser Methode liegt in der Wahl des Widerstands R. Dieser muß sehr groß sein, weil man sehr schwache Ströme zu messen hat. Man hat versucht, Widerstände aus schlecht leitenden Flüssigkeiten, wie z. B. Xylol, anzuwenden, aber diese Widerstände zeigen kein gleichmäßiges Verhalten und ändern ihre Leitfähigkeit während des Stromdurchgangs. In neuerer Zeit ist durch eine radioaktive Substanz leitend gemachte Luft als Widerstand benutzt worden. So ein Widerstand kann beispielsweise aus einem Plattenkondensator bestehen, dessen untere, mit radioaktiver Substanz belegte Platte geerdet, und dessen obere Platte mit dem Elektrometer verbunden wird. Damit der Strom, der durch den

Kondensator geht, der Potentialdifferenz der Platten proportional werde, muß die Ionisation stark genug und der Abstand der Elektroden groß genug sein. Da das Potential des isolierten Systems immer schwach bleibt (gewöhnlich unter 1 Volt), so kann die Proportionalität erreicht werden. Immerhin ist es nötig, auch die Kontaktspannung, die immer wegen der stofflichen Verschiedenheit der Platten zwischen ihren Oberflächen besteht, soviel als möglich zu unterdrücken. In Gegenwart einer radioaktiven Substanz, die die Luft leitend macht, wird durch diese Kontaktspannung ein Strom erzeugt, der das Elektrometer auf ein konstantes Potential zu bringen strebt, das eben ein Maß dieser elektromotorischen Kraft ist. Diese Komplikation läßt sich dadurch vermeiden, daß man die beiden Platten mit gleichen aus demselben ganz dünnen Aluminiumblech geschnittenen Schirmen bedeckt. Die Strahlen der radioaktiven Substanz durchdringen das Aluminium in genügender Weise, wenn dieses nicht zu dick ist. Man kann das Aluminium auch durch Metallgaze ersetzen. Auch die Wahl der radioaktiven Substanz ist nicht gleichgiltig. Man muß jede Abgabe von radioaktiver Emanation im Kondensator vermeiden. Ferner ist es günstig, eine stark aktive Substanz, die so wenig durchdringende Strahlen als möglich ausgibt, zu verwenden, da letztere außerhalb des Kondensators wirken und die Isolierung des Apparates beeinträchtigen könnten. Am besten erfüllt diese Bedingungen das Polonium, das auch in einer Schicht von ganz minimaler Dicke auf eine Metallscheibe niedergeschlagen werden kann. Indessen verliert das Polonium mit der Zeit an Aktivität. Allerdings geht dieser Verlust nur langsam vor sich und zwar nach einem bekannten Gesetz: die Aktivität verringert sich auf die Hälfte in ungefähr 140 Tagen, doch ist es immerhin eine missliche Sache, sich bei einer Serie von Messungen eines Widerstandes zu bedienen, der nicht konstant ist. Das Radium hat eine konstante Aktivität und gibt keine Emanation nach außen ab, wenn es in eine zugeschmolzene Glasröhre eingeschlossen ist; aber seine Strahlung ist sehr durchdringend, und es ist darum schwer, ihre Wirksamkeit auf ein bestimmtes Feld zu begrenzen. Das Ionium könnte eher mit Vorteil verwendet werden, denn es hat eine konstante Aktivität, gibt keine Emanation, und seine Strahlen sind wenig durchdringend.

Bei der Messung mittels des konstanten Ausschlags kann leicht eine sehr große Empfindlichkeit erreicht werden. Man braucht nur einen Widerstand von genügender Größe und ein für Potential sehr empfindliches Elektrometer. Indem man den Widerstand vermehrt, vergrößert man das Potential, das einem gegebenen Strom entspricht, doch stellt sich der Ausschlag dann langsamer ein, und die Isolierung muß unbedingt möglichst vollkommen sein.

Anstatt die Empfindlichkeit des Elektrometers und die Konstanz des Widerstandes zu kontrollieren, kann man von Zeit zu Zeit den Ausschlag beobachten, den eine radioaktive Normalsubstanz, wie Uranoxyd, dessen Aktivität konstant ist, hervorruft. Man fertigt sich zu diesem Behuf eine mit einer ganz dünnen gleichförmigen Schicht Uranoxyd überzogene Scheibe an, die man vor Beschädigungen sorgfältig verwahrt.

27. **Kompensationsmethoden. Piezoelektrischer Quarz.** — Beide bis jetzt beschriebenen Meßmethoden bedienen sich des Ausschlags am Elektrometer. Es ist indessen von offenbarem großem Vorteil, über eine Nullmethode oder Kompensationsmethode zu verfügen, die uns der Kontrolle der Empfindlichkeit des Elektrometers enthebt.

Eine solche Methode, Ströme von geringer Intensität zu messen, ist von P. und J. Curie gelegentlich ihrer Untersuchungen über die Piezoelektrizität des Quarzes 1881 begründet worden. Eine vollständige Beschreibung der Methode hat J. Curie in seiner Doktordissertation 1889 gegeben. Von Beginn unserer Untersuchungen über die Radioaktivität an, haben wir P. Curie und ich, uns dieser Methode bedient, die fortlaufend in unserem Laboratorium im Gebrauch geblieben und daselbst von großem Nutzen gewesen ist. Sie besteht in der Verbindung des Elektrometers mit einem Apparat, der zum Kompensieren des Stromes dient und piezoelektrischer Quarz genannt wird.

Der wesentliche Bestandteil dieses Apparates ist eine rechtwinklig parallelepipedische Quarzplatte von etwa 10 cm Länge, 1,5 cm Breite und 0,5 mm Dicke (Fig. 30) die aus einem guten Quarzkristall nach einer bestimmten Orientierung geschnitten ist. Die Ebene der Platte ist normal zu einer der drei binären Achsen des Kristalls. Die ternäre oder optische Achse liegt in der Ebene der Platte parallel zu ihrer Breite. In der Figur gibt Ox die

Richtung dieser Achse an, Oy diejenige einer der binären Achsen. Die Enden der Platte sitzen in metallenen Fassungen, an deren Haken die Platte so aufgehängt werden kann, daß Oz vertikal wird.

Wird auf einen solchen Quarz ein Zug in der Richtung Oz, normal zur ternären und gleichzeitig zu einer der binären Achsen ausgeübt, so tritt die piezoelektrische Eigenschaft des Quarzes zutage, die Platte ist elektrisch polarisiert, gleiche Mengen von Elektrizität entgegengesetzten Vorzeichens, die dem ausgeübten Zug proportional sind, erscheinen an den beiden zur binären Achse normalen Flächen. Das Vorzeichen der Ladung einer jeden Fläche hängt von der Richtung der binären Achse ab, deren Enden, kristallographisch betrachtet, nicht äquivalent sind. Die Flächen der Platte sind versilbert oder mit ganz dünner Zinnfolie belegt. Um diesen

Fig. 30.

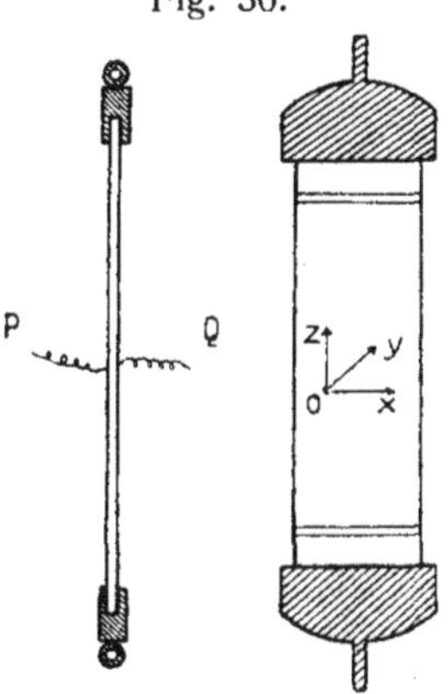

metallischen Belag zu isolieren, werden neben den Enden der Platte auf jeder Fläche zwei Nuten über die Breite derselben eingearbeitet, über denen der Belag entfernt wird. Diese Nuten stehen sich diesseits und jenseits der Platte genau gegenüber; sie grenzen einen Kondensator ab, dessen Belegungen P und Q aus der Versilberung oder der Zinnfolie bestehen und dessen Dielektrikum der Quarz ist, der in der zur optischen Achse normalen Richtung sehr gut isoliert. Wenn sich die Platte durch den Zug polarisiert, so wid ein gewisses Quantum Elektrizität an jeder Belegung frei. Dieses Elektrizitätsquantum ist nach Größe und Vorzeichen gleich der betreffenden Polarisationsladung.

Um einen Zug in der Richtung Oz auf die Platte auszuüben,

wird diese an einem der Haken aufgehängt und an dem unteren Haken mit einer Art Wagschale versehen, auf welche Gewichte gelegt werden. Ist nun die eine Belegung, z. B. Q, geerdet, so sammelt sich an der isolierten Belegung P eine ganz bestimmte Elektrizitätsmenge q. Entfernt man die Gewichte, so wird eine gleiche Menge Elektrizität entgegengesetzten Vorzeichens, $-q$, an der Belegung P frei.

Wir bezeichnen mit F das Dehnungsgewicht in Kilogramm, mit l die Länge, mit e die Dicke der Platte. Aus den Arbeiten von P. und J. Curie ist bekannt, daß die Elektrizitätsmenge in elektrostatischen Einheiten gegeben ist durch die Gleichung

$$q = K \frac{l}{e} F.$$

In dieser Formel ist K der wichtigere der beiden Moduln, die die piezoelektrischen Eigenschaften des Quarzes charakterisieren. Der Wert dieses Moduls ist nach den neuesten Bestimmungen von J. Curie:

$K = 0{,}0677$ el.-st. Einheiten, wenn F in Kilogramm ausgedrückt ist,

$K = 6{,}90 \times 10^{-8}$ el.-st. Einheiten, wenn F in Dynen ausgedrückt ist.

Die Größe q ist dem Dehnungsgewicht und der Länge der Platte direkt, der Dicke derselben umgekehrt proportional; sie hängt von ihrer Breite nicht ab.

q ist unabhängig von der Temperatur, soweit Versuche darüber gemacht worden sind.

Der rein und gut kristallisierte Quarz ist übrigens eine wohl definierte Substanz, die sich mit der Zeit nicht verändert. Eine in der angegebenen Weise hergerichtete Platte, ein piezoelektrischer Quarz, bildet also ein absolut unveränderliches und aus diesem Grunde äußerst wertvolles Maßetalon für kleine Elektrizitätsmengen.

Der Quarz ist an der Oberfläche ein wenig hygroskopisch, und man muß daher den Raum innerhalb der metallischen Schutzhülle, die die Platte umgibt, sorgfältig trocken halten, damit die Belegungen gut isoliert bleiben. Ein neueres Modell eines piezoelektrischen Quarzes ist in Fig. 31 dargestellt.

In folgender Weise werden mittels des piezoelektrischen

Quarzes die von einer radioaktiven Substanz erzeugten schwachen Ströme gemessen.

Fig. 31.

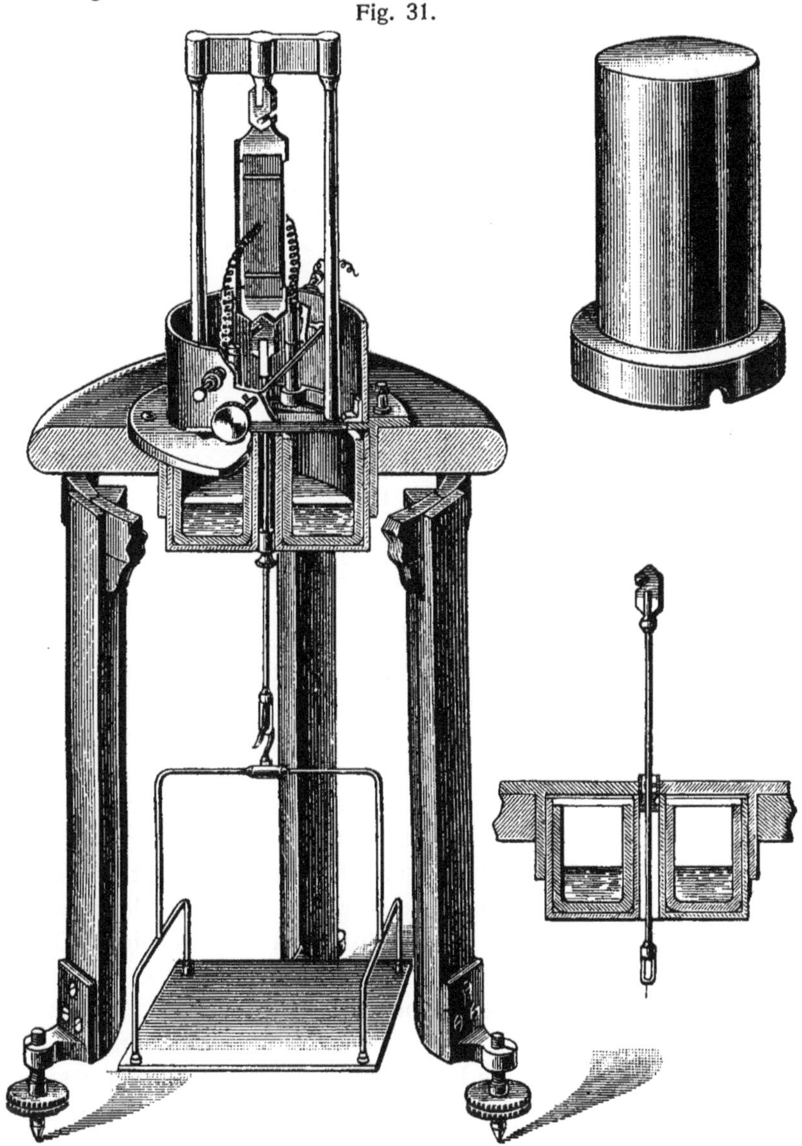

Die Anordnung, Fig. 32, besteht aus dem Elektrometer, dem piezoelektrischen Quarz und dem Apparat, in welchem man die

Ionisation messen will, z. B. einem Kondensator AB, in welchem sich eine radioaktive Substanz befindet. Der Elektrometernadel wird ein hohes Potential erteilt, das eine Quadrantenpaar ist konstant geerdet, das andere mit der Kondensatorplatte A und mit der Belegung P des Quarzes verbunden, dessen andere Belegung Q geerdet ist. Die Kondensatorplatte B, die die radioaktive Substanz trägt, ist auf ein hohes Potential gebracht, damit die Sättigung erzielt werde. Unterbricht man die Verbindung mit der Erde bei D,

Fig. 32.

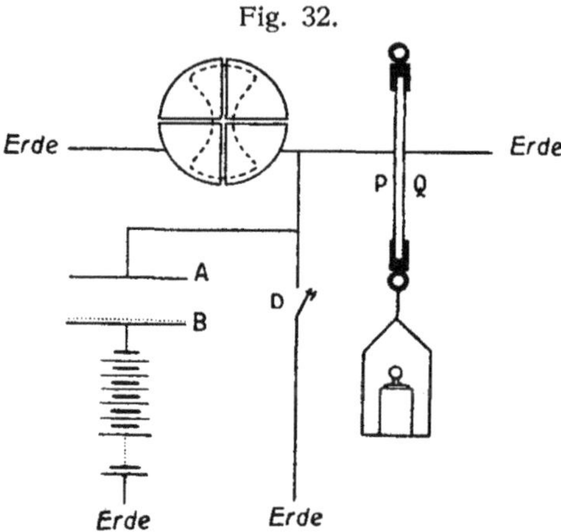

so beginnt das nun isolierte System sich zu laden und die Elektrometernadel fängt an auszuschlagen. Man verhindert nun diese Ablenkung, indem man vom Quarz aus fortwährend soviel entgegengesetzter Elektrizität zuführt, daß der zu messende Strom kompensiert wird. Diesen gleichmäßigen und kontinuierlichen Zufluß erreicht man dadurch, daß man auf die am Quarz hängende Wagschale einen Becher setzt, in den man Quecksilber in gut reguliertem Strom einlaufen läßt, und so die Belegung P zur Quelle eines konstanten Stromes macht, dessen Intensität durch die Zuflußgeschwindigkeit des Quecksilbers so eingestellt werden kann, daß der zu messende Strom gerade kompensiert wird. Das Bild im Elektrometerspiegel verharrt also auf 0. Man arbeitet nicht immer auf diese Weise, denn man kann die Kompensation noch einfacher erreichen. Man braucht nur das Gewicht mit der Hand zu stützen und nur nach und nach soviel nachzugeben, daß das Spiegelbild beständig auf 0 bleibt. Mit etwas Übung bringt man es bald dahin, diese Operation ganz leicht und sicher auszuführen. Noch vorteilhafter ist es, das Gewicht allmählich wegzunehmen, besonders wenn es schwer ist. Mit einem Chronometer bestimmt man die Zeit, welche bei beständiger Kompensation notwendig ist, das Gewicht F zu entfernen. Die Stromstärke i ist dann in relativem Maße gleich dem Verhältnis $\frac{F}{t}$ und absolut gleich $\frac{q}{t}$, wenn q die dem Gewichte F nach der oben gegebenen Gleichung entsprechende Elektrizitätsmenge ist. Man hat folglich

$$i = K \frac{l}{e} \frac{F}{t}.$$

Den Wert i erhält man in absoluten el.-st. Einheiten, wenn die Dimensionen der Quarzplatte in Centimetern, die Zeit in Sekunden, das Dehnungsgewicht in Kilogramm gegeben sind, und wenn man für den Koeffizienten K den Wert einsetzt, der diesen Einheiten entspricht, nämlich $K = 0{,}0677$. Um i in Ampere zu erhalten, dividiert man die Zahl der absoluten el.-st. Einheiten durch 3×10^9.

Diese Messungen sind von der Empfindlichkeit des Elektrometers unabhängig, da dieses nur als Potentialindikator dient. Sie sind in gleicher Weise unabhängig von der Kapazität der benutzten Anordnung. Dadurch wird die Bestimmung von Kapazitäten umgangen, was jedenfalls ein großer Vorteil ist. Alle mit demselben Quarz ausgeführten Messungen sind direkt vergleichbar. Eine Vermehrung der Kapazität des Systems hat nur eine Herabsetzung der Empfindlichkeit des Elektrometers zur Folge, und man hat Sorge zu tragen, daß diese genügend groß bleibt.

Die Konstante eines Quarzes, d. h. die für die Gewichtseinheit von ihm frei werdende Elektrizitätsmenge, kann nach der theoretischen Gleichung aus den Dimensionen der Platte berechnet werden. Die Berechnung hat zur Voraussetzung, daß der Schnitt der Platte absolut richtig ist, der Kristall tadellos war und der Koeffizient K genau bekannt ist. Die Platten werden aus schönen, fehlerfreien Quarzkristallen geschnitten.[1]) Der Kristall bildet ein gerades hexagonales Prisma (mineralogische Bezeichnung m $(10\bar{1}0)$, das auf seinen Grundflächen von zwei Pyramiden überragt wird. Die Kanten des Prismas sind von zweierlei Art und unterscheiden sich voneinander durch das Auftreten hemiëdrischer Flächen an den

[1]) Die Platten werden von Werlein in Paris geschnitten.

Enden von dreien, die an den drei anderen fehlen. Durch zwei gerade Schnitte, die um die Breite der Streifen voneinander abstehen, wird eine hexagonale Scheibe normal zur ternären Achse aus dem Prisma herausgearbeitet. Figur 33 zeigt den Kristall und

Fig. 33.

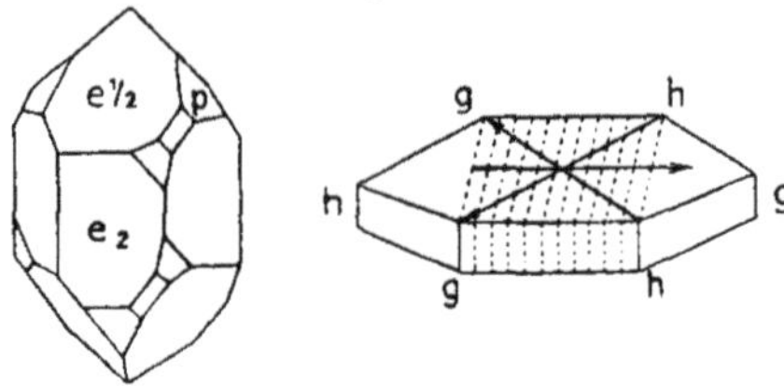

die aus ihm herausgeschnittene Scheibe. Die drei binären Achsen liegen in der Ebene der Scheibe. Die durch hemidrische Flächen abgestumpften Kanten sind mit *h* bezeichnet und die anderen mit *g*. Aus dieser Scheibe werden die Streifen normal zu den Grundflächen und zu einer der binären Achsen durch sehr nahe aneinander gelegte Schnitte herausgearbeitet. Es ist verhältnismäßig leicht, die genaue Orientierung der senkrecht zur optischen Achse durch den Kristall zu legenden Schnitte zu erzielen, da sie durch das optische Verhalten angezeigt wird; schwieriger ist die Orientierung normal zu einer der binären Achsen, die man aus ihrer Lage zu den Seiten des Sechsecks zu finden hat. Bei Ausübung eines Zuges auf einen Quarzstreifen polarisiert sich dieser derart, daß dasjenige Ende der binären Achse, das der nicht hermiedrisch abgestumpften Kante zugekehrt ist, positiv wird. Ist ein Kristall nicht einheitlich, d. h. ist er ein Gemenge von Rechts- und Links-Quarz, so wirken diese beiden Bestandteile einander entgegen und Streifen daraus liefern dann nicht die theoretisch berechnete Elektrizitätsmenge.

An einer Anzahl in Gebrauch gewesener Quarze ist vor kurzem durch J. Curie eine Aichung vorgenommen worden, um die auf experimentellem Wege erhaltenen Konstanten mit den von der Theorie verlangten zu vergleichen. Die Methode, deren sich J. Curie hierbei bediente, beruht auf einer Vergleichung der von einem Quarzstreifen bei bekannter Belastung abgegebenen Elektrizitätsmenge mit derjenigen, durch welche ein Normalkondensator mit Normalelementen auf ein bestimmtes Potential gebracht wird. Fig. 34 gibt eine schematische Darstellung der benutzten Apparatur. Man verwendet ein Quadrantelektrometer, bei dem ein Quadrantenpaar permanent geerdet, während das andere mit der Belegung P des zu prüfenden Quarzes und mit dem mittleren Teil A der von einem Schutzring umgebenen Platte eines Normalkondensators verbunden ist. Dieser Schutzring und ebenso die andere Belegung Q des Quarzes sind zur Erde abgeleitet. Die Platte B des Kondensators kann entweder mit der Erde oder mit dem einen Pol der aus einigen Normalelementen gebildeten Batterie verbunden werden, deren zweiter Pol geerdet ist. Mittelst einer mechanischen Vorrichtung kann man den Zug des Gewichtes auf den Quarz plötzlich einsetzen lassen oder aufheben. Der Versuch hat nun folgenden Gang: Ist die Platte B mit der Batterie bei G verbunden und der Quarz dem Zuge F ausgesetzt, so unterbricht man bei D die Verbindung des Elektrometers mit der Erde. Einen Augenblick später hebt man den Zug F auf und verbindet gleichzeitig die Platte B bei M mit der Erdleitung. Dieser doppelte Griff wird durch einen geeigneten Kommutator bewirkt. Sein Zweck ist, auf der einen Seite eine gewisse Elektrizitätsmenge q an der Belegung P und auf der anderen Seite eine elektrische Ladung q' auf der Platte A in Freiheit zu

Fig. 34.

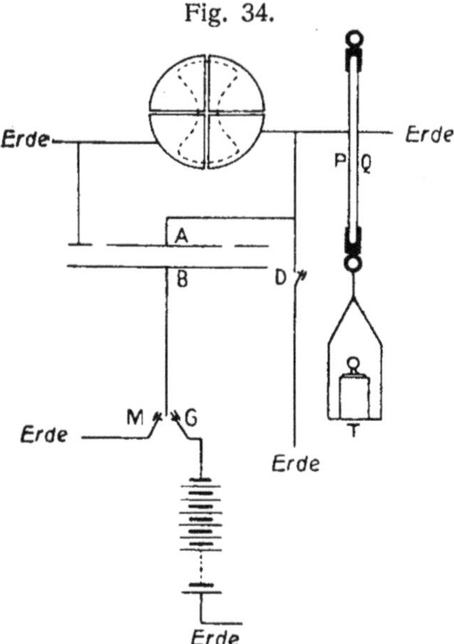

setzen. Das Vorzeichen dieser Ladung hängt von dem isolierten Pol der Batterie ab und wird so gewählt, daß die freiwerdenden Ladungen auf der Platte A und der Belegung P einander entgegengesetzt sind. Der Zug F kann nun so reguliert werden, daß beide Ladungen sich vollständig aufheben, und daß, wenn beide gleichzeitig in Freiheit gesetzt werden, das Elektrometer auf 0 stehen bleibt. Die absoluten Werte beider Ladungen sind dann gleich, es ist

$$q = q'.$$

Die Ladung q' ist leicht zu berechnen. Bezeichnet man mit S die Oberfläche der Platte A in Quadratzentimetern, mit e den Abstand der Platten in Zentimetern und mit V die elektromotorische Kraft der Ladungsbatterie in Volt, dann ist bekanntlich

$$q' = \frac{S\,V}{4\,\pi\,e \times 300} \text{ elektrostat. Einh.}$$

Anstatt die Anordnung nach Fig. 34 zu kombinieren, kann man auch so vorgehen: die Platte A zur Erde ableiten oder mit der Batterie verbinden, die Platte B mit dem Elektrometer und den Schutzring mit der Erde verbinden. Obwohl unter diesen Bedingungen das Feld zwischen den Platten nicht mehr homogen und die Gestalt der Kraftlinien kompliziert ist, so kann man doch zeigen, daß die Ladung, die die Platte B aufnimmt, wenn sie zur Erde abgeleitet ist und die Platte A das Potential V hat, dieselbe ist, die die Platte A im vorhergehenden Versuch angenommen hatte, wenn sie mit der Erde verbunden war und die Platte B das Potential V hatte[1]). Die Elektrizitätsmenge, die auf der Platte B frei wird, während A geerdet ist, kann also nach derselben Formel wie vorhin berechnet werden. Der Vorteil dieser abgeänderten Kombination besteht darin, daß die Isolierung der Platte B im allgemeinen besser ist als die der Platte A.

Die Messungen sind mit einem Plattenkondensator gemacht worden, der eine nutzbare Fläche von 314 cm^2 (20 cm Durchmesser) hatte. Die Platten bestanden aus sorgfältig justierten versilberten Glasflächen und wurden von Quarzkeilen, deren Stärke genau gemessen war, anseinander gehalten. Die Batterie bestand aus zehn Westonelementen, deren vom Verfertiger angegebene Spannung an der École d'Électricité in Paris kontrolliert worden ist.

Mittelst dieser Messungen wurden mehrere Quarzplatten, die

---

[1]) P. Curie, Oeuvres, p. 224.

sich als sehr gut geschnitten erwiesen, in absolutem Maße und vollständig unabhängig von jeder Hypothese, geaicht. Ihre Länge l und Dicke e wurden sorgfältig gemessen und auf diese Weise gleichzeitig der Wert des piezoelektrischen Moduls von neuem festgestellt. Die älteren Messungen von P. und J. Curie hatten, für F in Kilogramm und q in elektrostatischen Einheiten, ergeben

$$K = 0{,}063.$$

Von Voigt ausgeführte Messungen stimmten damit sehr nahe überein. Die neuesten von J. Curie mit zwölf Quarzstreifen ausgeführten Bestimmungen führten zu der höheren Zahl

$$K = 0{,}0677.$$

Diese, wahrscheinlich genaueste Zahl, entspricht $K = 6{,}90 \times 10^{-8}$ absoluten Einheiten. Eine Quarzplatte von gebräuchlicher Form kann ohne Schaden ein Gewicht von 5 kg tragen. Mit einem Elektrometer von gewöhnlicher Empfindlichkeit (0,5 cm Ausschlag für 1 Volt bei 1 m Abstand der Skala) gibt 1 g Belastung einen Ausschlag von ungefähr 5 mm. Die von einer Platte von 10 cm Länge und 0,5 mm Dicke pro Kilogramm abgegebene Elektrizitätsmenge ist ungefähr gleich 12 el.-st. Einheiten. Mit einer solchen Platte sind Ströme zwischen 10^{-9} und 10^{-13} Ampère meßbar. Diese Grenzen könnten noch erweitert werden, da der Messung sehr schwacher Ströme hauptsächlich durch Isolationsverluste eine Grenze gesetzt ist. Ist die Kapazität des stromerzeugenden Apparates klein, so kann die Empfindlichkeit der Meßvorrichtung durch Anwendung eines empfindlichen Elektroskops und eines kurzen und dicken Quarzes bedeutend gesteigert werden.

Die Anwendung der beschriebenen Nullmethode ist in Laboratorien, in denen stark aktive Substanzen häufig gehandhabt werden, besonders wertvoll. Die große Schwierigkeit, in diesen Laboratorien eine Isolierung der Apparate aufrecht zu erhalten, ist schon seit längerem bekannt[1]). Diese Schwierigkeit entsteht durch Verstreuung aktiven Staubes, Abgabe von radioaktiven Emanationen und die durch diese hervorgerufene induzierte Radioaktivität, von der manche Formen schnell wieder verschwinden, andere, zwar weniger aktive, dagegen jahrelang bestehen bleiben. Alle Gegenstände in einem Laboratorium für Radioaktivität besitzen

---

[1]) P. u. M. Curie, Rapports au Congrès de Physique, Paris 1900.

eine abnorme Aktivität. Man teilt zweckmäßig ein solches Laboratorium in zwei Abteilungen, oder noch besser, bedient sich zweier gesonderter Gebäude, von denen das eine ausschließlich zur Handhabung stark radioaktiver, nicht in Glasröhren eingeschlossener Substanzen dient, das andere zu elektrometrischen Operationen und zu Arbeiten mit sehr schwach aktiven Körpern, die keine Emanation abgeben, benutzt wird. In dieses letztere Gebäude darf man niemals eine stark aktive Substanz oder auch Kleidungsstücke oder Gegenstände aus dem ersteren, dem „aktiven", bringen. Auch sind die Arbeitssäle energisch zu lüften, wenn man den Verdacht hat daß etwas Emanation sich verbreitet habe. Alle diese Vorsichtsmaßregeln haben aber nur einen beschränkten Wert. Die zunehmende Verunreinigung der Laboratorien mit Radioaktivität kann nicht ganz verhindert werden[1]). So wird die Wahl einer Nullmethode für die Messungen zu einer Notwendigkeit. Bei der von uns angewandten Methode ist eine vollkommene Isolierung nicht unumgänglich erforderlich, weil der Fehler durch eine selbst mittelmäßige Isolierung im allgemeinen sehr gering wird, wenn das Elektrometer auf einem Potential nahe an Null gehalten wird.

Sehr feine elektrometrische Bestimmungen können nur in einem neuen Gebäude gemacht werden, das noch nie mit radioaktiven Substanzen und mit Personen, die sich mit solchen beschäftigen, in Berührung gekommen und das so weit wie möglich von einem Laboratorium für Radioaktivität entfernt ist.

28. **Kompensation durch den Ladungsstrom eines Kondensators.** — Man kann einen schwachen Strom durch den Ladungs- oder Entladungsstrom eines Kondensators von bekannter Kapazität

---

[1]) Hier ein Beispiel davon. An der École de Physique et de Chimie de la Ville de Paris, wo unsere Arbeiten zur Auffindung neuer radioaktiver Substanzen ausgeführt worden sind und wo ich die Konzentrierung des Radiums bis zum reinen Satze durchgeführt habe, befand sich ein Speisesaal für die Studierenden. Dieser Saal hatte keinerlei Kommunikation mit unseren Arbeitsräumen und lag sogar abseits von diesen. Wir haben ihn nie betreten, und kein Gegenstand, dessen wir uns bedient hatten, ist dort hingebracht worden. Als aber einige Jahre, nachdem wir die École de Physique verlassen hatten, dieser Saal für Elektrometrie eingerichtet wurde, stellte es sich heraus, daß die Luft in ihm eine zwanzig mal so große Leitfähigkeit hatte als normale Luft.

kompensieren, zwischen dessen Belegungen man eine bekannte Potentialdifferenz progressiv herstellt oder wieder wegnimmt[1]). Figur 35 zeigt die experimentelle Anordnung hierzu. In dieser

Fig. 35.

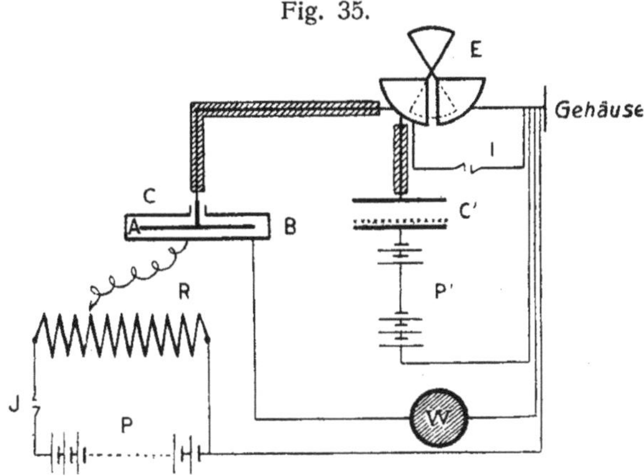

Figur ist C der Normalkondensator, dessen Belegung A mit dem Elektrometer verbunden ist, während die Belegung B mittelst der Batterie P auf ein variables Potential gebracht werden kann. Der eine Pol dieser Batterie wird zur Erde abgeleitet und der andere mit einem Rheostaten R (Fig. 36) verbunden, der am anderen Ende

Fig. 36.

geerdet ist. Ein über den Rheostaten hingleitender beweglicher Kontakt gestattet das Potential der Belegung B kontinuierlich zu variieren. Dieses Potential wird mittelst des Voltmeters W ge-

---

[1]) Diese Messungsmethode ist von Lattès beschrieben worden, Le Radium, 1909.

messen. Die Ionisierungskammer, in welcher der Strom gemessen wird, ist in der Figur durch den Kondensator C′ angedeutet, zwischen dessen Platten mit Hilfe der Säule P′ ein hohes Potential hergestellt wird. Isoliert man das mit der Belegung A verbundene System, so beginnt infolge des Ionisationsstroms die Abweichung der Elektrometernadel; indem man den Kontakt am Rheostaten entsprechend verschiebt, hält man sie auf 0. Sei C die Kapazität des Normalkondensators, V die benutzte Potentialdifferenz und t die zur Kompensation verwendete Zeit, so wird die Stromstärke gegeben durch die Gleichung $i = \frac{CV}{t}$. Kennt man die Kapazität des Kondensators und den Wert von V, so erhält man i in absolutem Maß.

Durch Abänderung der Kapazität des Normalkondensators oder der Potentialdifferenz V läßt sich die Empfindlichkeit der Methode steigern.

Eine andere Nullmethode ist in manchen Arbeiten angewandt worden[1]). Sie besteht in der Kompensation des zu messenden Stromes mit einem entgegengesetzt gerichteten Strom, den man durch eine konstante radioaktive Substanz, etwa Uran, in einem geeigneten Kondensator erzeugt, zwischen dessen Belegungen man eine für den Sättigungsstrom genügende Potentialdifferenz herstellt. Dieser Kompensationsstrom läßt sich durch Änderung der Oberfläche der betreffenden radioaktiven Substanz abändern. Man schiebt über die aktive Platte einen Deckel, dessen Verschiebung man auf einer Teilung ablesen kann. Die Intensität des Kompensationsstromes muß durch eine vorhergehende Aichung in ihrer Abhängigkeit von der Lage des Deckels bestimmt werden. Ein derartiges Verfahren kann von Nutzen sein, es eignet sich jedoch weniger zu genauen und absoluten Messungen als die vorher beschriebenen Methoden.

29. **Korrektion der Messungen.** — Welcher Art nun auch die angewandte Methode der elektrischen Messung sein möge, so erfordert diese letztere im allgemeinen infolge der Aktivität des Apparates noch eine Korrektion. Wie ich schon oben bemerkt

---

[1]) Allen, Phil. Mag. 1907.

habe, sind alle Gegenstände in einem Laboratorium für Radioaktivität mehr oder weniger aktiv, und die Luft in einem solchen Laboratorium besitzt immer eine höhere Leitfähigkeit als Luft in normalem Zustand. Ein schwacher Effekt dieser Art ist oft am Elektrometer selbst zu beobachten. Isoliert man ein Quadrantenpaar, während das andere geerdet ist und ladet die Nadel, so sieht man oft das Elektrometer langsam ausschlagen, ein Zeichen, daß Elektrizität von der Nadel zum isolierten Quadrantenpaar übergeht. Dieser Ausschlag erfolgt sehr langsam, wenn das Instrument in gutem Zustand ist und keine radioaktive Substanz in der Nähe des Gehäuses durchdringende Strahlen hineinsenden kann. Man schwächt diesen Effekt dadurch, daß man den freien Luftraum im Elektrometer möglichst beschränkt, oder, was noch besser ist, es in einen luftleeren Raum stellt.

Von den zu den Messungen benutzten Apparaten werden die Kondensatoren am schnellsten aktiv, weil sie oft radioaktive Substanzen aufnehmen. Ein aktiver Kondensator gibt Anlaß zu einem Strom im Meßapparat, selbst wenn gar keine radioaktive Substanz in ihm vorhanden ist. Der hierbei eintretende Elektrometerausschlag ist im allgemeinen größer als derjenige, der durch eine Ionisation im Elektrometer selbst verursacht wird. Findet man den Kondensator sehr aktiv, so muß er vollständig gereinigt werden. Die Aktivität ist an die Oberflächen gebunden und kann durch Reiben mit Schmirgelpapier und Waschen mit verdünnten Säuren entfernt werden.

Manchmal werden auch Abweichungen am Elektrometer wahrgenommen, die von lokalen elektromotorischen Kräften herrühren. Wenn ein zum isolierten System gehöriges Metallstück durch einen festen Isolator von einem andern, zur Erde abgeleiteten Metallstück getrennt wird, kann die Kontaktspannung, sobald die Oberfläche des Isolators nicht vollkommen trocken und rein ist, einen Strom verursachen. Das System verhält sich dann wie ein Element, das durch die Leitfähigkeit der Oberfläche des Isolators wirksam wird. Daher sind solche Oberflächen rein und trocken zu halten.

Diese erwähnten Effekte bewirken gemeinsam das, was man den spontanen Ausschlag des Apparates nennt. Dieser Ausschlag ist vor der Einführung der radioaktiven Substanz zu messen und bei der Berechnung des Resultates in Anschlag zu bringen.

30. **Experimentelle Vorkehrungen.** — Wie wichtig das Elektrometer bei der Messung der Radioaktivität ist, haben wir gesehen. Einige Bemerkungen über dessen Gebrauch mögen hier hinzugefügt werden. Bei den Messungen durch Beobachtung des konstanten Ausschlags oder bei denen mittelst des piezoelektrischen Quarzes spielt die Art, wie sich die Nadel bewegt, keine so große Rolle wie bei den Messungen, denen die Geschwindigkeit des Nadelausschlags zugrunde liegt. Trotzdem ist stets darauf zu sehen, daß die Schwingungsperiode des beweglichen Systems des Elektrometers nicht zu groß und die Bewegung passend gedämpft sei. Das kann unter Wahrung der Empfindlichkeit nur durch eine sehr leichte Aufhängung erreicht werden. Kommt es nicht auf die Beobachtung der Ausschlagsgeschwindigkeit an, so ist eine Dämpfung, die sich der kritischen Dämpfung nähert, und noch eine oder zwei Schwingungen zuläßt, am günstigsten. Je kleiner das Trägheitsmoment des beweglichen Systems und je schwächer das Drehmoment ist, desto leichter ist es, die Dämpfung herzustellen. Bei den Curieschen Elektrometern wird meistens ein Platindraht von 50 cm Länge und 0,02 mm Durchmesser oder ein ganz dünnes Bronzeband zur Aufhängung benutzt. Die Aluminiumnadel ist sehr leicht und gewöhnlich aus Blattaluminium gemacht, das nicht stärker ist als 0,01 mm. Ist das Blattaluminium noch dünner, so wird es in der Mitte durch ein etwas stärkeres Blättchen gestützt. Liegen die Quadranten nahe genug, so wird die Bewegung der Nadel durch den Widerstand der Luft genügend gedämpft. Bei manchen Curieschen Modellen wird die Dämpfung durch Foucaultsche Ströme bewirkt. Die Quadranten bestehen dann aus Stahl und sind magnetisiert oder es sind auch Magnete passend neben den Quadranten angeordnet. Dadurch läßt sich die gewünschte Dämpfung sehr genau herstellen, doch muß das Aluminium der Nadel absolut frei von Eisen sein, einer Verunreinigung, die gerade oft genug darin vorkommt.

Man kann anstatt einer metallischen Aufhängung auch einen ganz kurzen und sehr dünnen Quarzfaden verwenden und dadurch die lange metallene Säule vermeiden, die das Gehäuse überragt. Indessen entsteht hierbei eine andere Schwierigkeit; der Quarz ist kein Leiter und läßt sich darum nicht wie ein Metallfaden dazu verwenden, das Potential der Nadel konstant zu erhalten. Man ist daher gezwungen, mit konstanter Ladung der Nadel zu arbeiten, ohne selbst bei sehr vollkommener Isolierung auf eine ganz konstante Empfindlichkeit rechnen zu können. Die vorgeschlagenen Methoden, den Quarzfaden an seiner Oberfläche leitend zu machen, haben sich nicht bewährt, die erzielte Wirkung ist nicht gleichmäßig genug, so daß ein Metallfaden immer noch vorzuziehen ist. Man kann ganz außerordentlich dünne Metallfäden von 0,01 mm Durchmesser und von sehr mäßiger Länge anwenden. Eine Empfindlichkeit, die einem Ausschlag von 0,75 m pro Volt an einer 1 m vom Elektrometer entfernten Skala entspricht, ist für gewöhnlich reichlich genügend und braucht nur im Notfall erhöht zn werden. Man erreicht eine solche Empfindlichkeit leicht mit dem gewöhnlichen Modell des Curieschen Elektrometers bei Verwendung eines Aufhängefadens von 0,02 mm Durchmesser und 40—50 cm Länge.

Die Isolation durch die Stützen muß bei den Quadranten so vollkommen als möglich sein. Für die Nadel ist sie nicht so wichtig, wenn diese mit Hilfe einer Batterie, die einen schwachen Strom abgibt, auf einem konstanten Potential gehalten wird. Die besten festen Isolatoren sind Schwefel, Bernstein und Ebonit im Zustande größter Reinheit. Die beiden ersteren Substanzen sind nicht hygroskopisch und isolieren selbst in feuchter Luft. Der Ebonit isoliert nur in trockener Luft gut und erfordert daher die Anwendung von Trockenmitteln, wie z. B. von im Gehäuse des Apparates aufgestellter Gefäße mit konzentrierter Schwefelsäure. Ein zur Erde abgeleitetes metallenes Gehäuse ist notwendig wegen des elektrostatischen Schutzes des Apparates, und auch um den Luftzug von den beweglichen Teilen abzuhalten.

Um die Nadel auf einem konstanten Potential zu erhalten, verbindet man sie unter Benutzung des Aufhängefadens mit dem einen Pol einer aus vielen Elementen bestehenden Batterie, deren anderer Pol zur Erde abgeleitet ist. In der Regel wendet man ein Potential von 50—100 Volt an. Anstatt der früher hierzu gebräuchlich gewesenen Batterien aus kleinen Elementen hat man jetzt solche aus kleinen Akkumulatoren, mit denen man auch die zur Messung dienenden Kondensatoren auf die für den Sättigungsstrom nötige Potentialdifferenz bringt[1]).

---

[1]) Diese kleinen Akkumulatoren erfordern wenig Platz. Eine Batterie von 20 Kasten zu je 44 Zellen gibt, wenn alle Zellen hinter einander ge-

Die zur Messung der Radioaktivität dienenden Kondensatoren können je nach dem Zwecke, zu dem sie bestimmt sind, verschieden gestaltet sein. Die gebräuchlichsten Formen sind folgende.

Der in Fig. 37 abgebildete Kondensator dient zur Messung der Radioaktivität fester Substanzen. Die mit der Batterie verbundene Platte B nimmt die Substanz auf. Platte A ist mit dem Elektro-

Fig. 37.

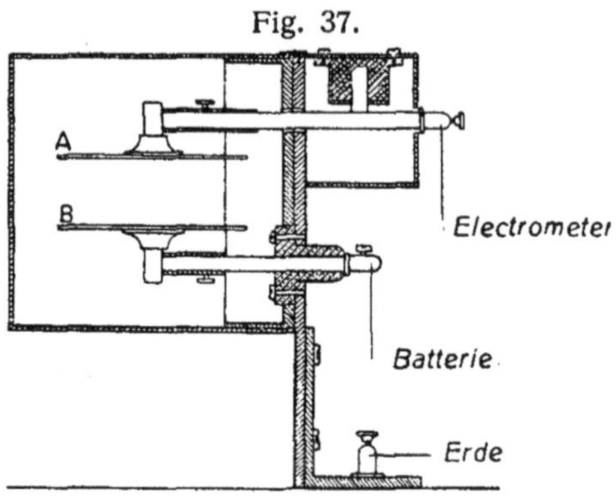

meter verbunden. Der isolierende Stiel, der diese letztere trägt, ist durch eine von dem Gehäuse des Kondensators völlig getrennte und abgeschlossene Kammer durchgeführt. Durch diese Vorsichtsmaßregel schützt man die Isolierung vor der Wirkung radioaktiven Staubes.

Der in Fig. 38 dargestellte Kondensator ist zur Messung von Strömen eingerichtet, die durch radioaktive Gase oder Emanationen verursacht werden. Er besteht aus der mit der Batterie verbundenen Metallbüchse B, in die eine mit dem Elektrometer verbundene Elektrode A durch die Metallhülse T vermittelst eines isolierenden Bernsteinstopfens eingeführt ist. Die Hülse T ist zur Erde ab-

---

schaltet sind, ein Potential von ungefähr 1800 Volt und braucht einen Schrank von 1,3 m $\times$ 90 cm $\times$ 60 cm. Unser Laboratorium besitzt mehrere solcher Batterien, von denen drei hintereinander geschaltet 5400 Volt geben können. Sie sind von Butaud gebaut und funktionieren sehr gut. Sie können einen Strom von 0,01 Ampère liefern und haben eine Kapazität von 1,5 Ampèrestunden pr. Zelle. Für sehr gute Isolierung muss gesorgt sein. Es ist gut, zwischen dem isolierten Pol und den Apparaten vorsichtshalber einen grossen Widerstand, etwa eine Säule destillierten Wassers in einem U-Rohr, einzuschalten.

geleitet und wird ihrerseits durch einen genau passenden isolierenden Ring in einer kreisförmigen, mit einem Rand versehenen Öffnung der oberen Wand der Büchse B befestigt. Dadurch wird vermieden, daß infolge der Potentialdifferenz zwischen der Elektrode A und der Büchse B ein Strom zwischen diesen beiden Elektroden auftritt, falls an der Oberfläche der Isolation Leitfähigkeit vorhanden ist. Die Hülse T funktioniert also wie ein Schutzring. Ein derartiger Schutz ist unumgänglich nötig bei allen Apparaten, bei denen die mit dem Elektrometer verbundene Elektrode durch einen festen Isolator von einem Metallteil getrennt ist, der mit dem isolierten Pol der Batterie in Verbindung steht.

Die Büchse B ist mit einem oder mit zwei Glashähnen versehen, durch die man Gas einleiten oder Vakuum erzeugen kann. Die Hähne und die isolierenden Teile sind vollkommen luftdicht einzufügen. Eine zweite Metallbüchse D, die mit der Erde leitend verbunden ist, umhüllt die Büchse B gänzlich unter guter Isolierung von derselben.

Fig. 38.

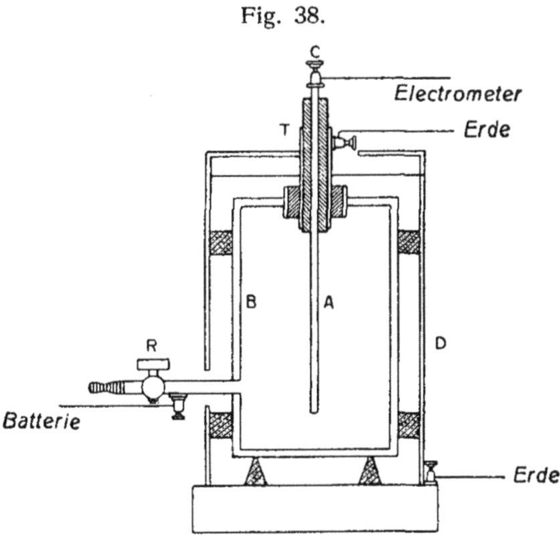

Fig. 39 zeigt einen Kondensator zur Messung der Strahlen von größerem Durchdringungsvermögen allein (der β- und γ-Strahlen), nicht der gesamten Strahlung. Dieser Kondensator hat eine zum Elektrometer führende Elektrode A in Gestalt einer Platte und eine zylindrische Elektrode B, die wie in der Figur angeordnet und mit der Batterie verbunden ist. Der Boden L dieses Zylinders besteht aus dünner Aluminiumfolie, durch welche die Strahlen der in variabler Entfernung vom Apparat darunter gelegten aktiven Substanz dringen. Die mit der Erde verbundene Haube D bildet

Fig. 39.

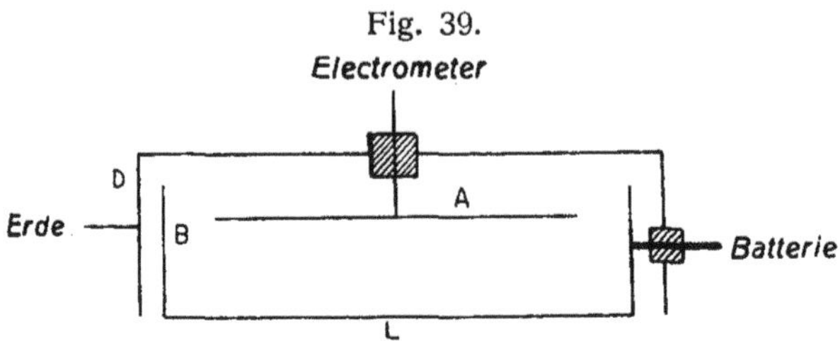

den elektrostatischen Schutz. Der Stiel, der die Elektrode A trägt, ist isoliert durch die Haube geführt. Ein Schutzring ist folglich nicht nötig. Die Aluminiumfolie kann durch ein Metallgewebe ersetzt werden.

Zu den Verbindungen zwischen den verschiedenen Teilen des isolierten Systems müssen Drähte verwendet werden, die durch eine zur Erde abgeleitete metallene Umhüllung elektrisch geschützt sind. Der Zwischenraum zwischen Draht und Umhüllung muß jedoch mit einem festen Isolator, wie z. B. Paraffin oder Ebonit, ausgefüllt werden, denn es besteht zwischen dem Draht und der Ummantelung eine Kontaktspannung, und Luft im Zwischenraum, die im normalen Zustand sehr wenig leitend ist, würde in einem Laboratorium für Radioaktivität und ganz besonders in der Nähe von radioaktiven Substanzen, die durchdringende Strahlen aussenden, ihre Leitfähigkeit ganz bedeutend steigern. Dadurch würde ein Strom zwischen Draht und Mantel entstehen, der aber fast gänzlich unterdrückt wird, wenn man die Luft durch ein festes Isoliermaterial ersetzt. Man verwendet durchbohrte Ebonitstäbe, in deren Achse der Draht durchgeführt ist, und die genau in ein zur Erde abgeleitetes Metallrohr passen. Gießt man das Metallrohr mit Paraffin aus, so muß an den Enden Ebonit oder Bernstein eingesetzt werden, die besser als Paraffin die Isolierung im Stande erhalten.

Es empfiehlt sich, Ausschalter in die Leitungen einzusetzen, mit deren Hilfe man die Verbindung des Elektrometers mit der Erde unterbrechen kann, ohne eine elektrostatische Störung herbeizuführen. Sie können am Elektrometer oder am piezoelektrischen Quarz angebracht werden. Die beste Form des Kontaktes besteht aus einer Platinspitze, die eine kleine Platinscheibe berührt. Die Ausschalter können von Hand oder mittels eines Elektromagneten betätigt werden.

31. **Radioaktive Maßplatten.** — Bei den radioaktiven Messungen bedient man sich oft radioaktiver Platten, teils zur Kontrolle der Empfindlichkeit des Meßapparates, teils als Vergleichsobjekte bei vergleichenden Bestimmungen. Man kann sie auch zur Kompensation des Stromes bei der beschriebenen Nullmethode verwenden. Sie werden gewöhnlich aus Uranoxyd hergestellt, einer Substanz von unveränderlicher Radioaktivität, die auch den Vorteil hat, keine besonders merkbare Menge durchdringender Strahlen auszusenden.

Sowohl das grüne Uranoxyd U_3O_8 wie auch das schwarze U_2O_5 ist verwendbar. Sie sind sehr fein zu pulverisieren. Die Metallscheiben, die mit dem Oxyd belegt werden sollen, erhalten einen ganz niedrigen Rand (0,5 mm). Um das Oxyd als homogene und festhaftende Schicht zu erhalten, schlämmt man es mit Chloroform oder einer anderen flüchtigen organischen Flüssigkeit auf, dekantiert die feine Aufschlämmung von den gröberen Partikelchen und gießt sie auf die Scheiben. Die Flüssigkeit verdunstet und hinterläßt die aktive Substanz als anhaftende Haut.[1]) Die fertigen Normalplatten werden sorgfältig in einem gut verschlossenen Gefäße aufbewahrt.

Wir messen den Strom, den man mit einer solchen Uranoxydplatte in einem bestimmten Kondensator erhält, nacheinander mit mehreren in absolutem Maße geeichten piezoelektrischen Quarzen. Es sei q die pro Kilogramm von einem Quarz in Freiheit gesetzte Elektrizitätsmenge in absoluten el.-st. Einh., p die in Gramm-Sekunden ausgedrückte Variation des Zuges, der man den Quarzstreifen aussetzen muß, um einen Strom zu erzeugen, der genau den von der Maßplatte erhaltenen kompensiert. Dann kann man schreiben

$$i = \frac{pq}{1000},$$

worin i diesen letztern Strom bedeutet.

[1]) Mac Coy, Phil. Mag, 1906.

Da nun i in allen Fällen für dieselbe Meßplatte sich gleich bleibt, so muß auch das Produkt $p\,q$ denselben Wert für alle Quarzstreifen haben, wie es auch aus folgender Tabelle hervorgeht:

Nummer des Quarzstreifens	q	p	pq
1	6.43	14.40	926
2	6.93	13.29	921
3	7.87	11.65	917
4	8.49	10.87	922
5	8.43	10.83	913
6	8.79	10.46	919
7	6.11	14.94	914

Die Übereinstimmung ist im allgemeinen gut, wie man sieht, und es läßt sich daher eine mit einem Normalquarze gemessene Messplatte zur genauen Vergleichung anderer Quarze mit diesem Normalstreifen benutzen. Um diese Vergleichung möglichst genau auszuführen, muß man bei denselben Bedingungen von Druck und Temperatur arbeiten, wenn der mit der Messplatte versehene Kondensator, wie es oft vorkommt, nicht unter absolut dichtem Verschluß steht.

32. **Einfluß des Elektrodenabstandes, des Druckes und der Temperatur auf das Resultat der Messungen.** — Bei der Messung des Sättigungsstromes mit einer radioaktiven Substanz, die sich auf der Platte B eines Kondensators, wie Fig. 37, befindet, zeigt es sich, daß der Strom sich mit dem Abstand der Platten voneinander ändert. Verwendet man z. B. eine auf Platte B gleichmäßig ausgebreitete Schicht von Uranoxyd, so wächst der Strom mit der Zunahme des Plattenabstandes, aber dieses Anwachsen erfolgt in sich stetig verminderndem Maße, bis der Strom bei einem Plattenabstand von ungefähr 4 cm praktisch einen Grenzwert erreicht. Man sagt alsdann, die Strahlung des Uranoxyds werde von einer Luftschicht von 4 cm praktisch vollständig absorbiert, so daß die Luft darüber hinaus nicht mehr merklich ionisiert ist. So kann aus der räumlichen Verteilung der Ionisation und ihrer Abhängigkeit vom Abstande von der aktiven Substanz auf die Art der Absorption der von letzterer ausgesandten Strahlen in Luft ge-

schlossen werden. Es hat sich nun weiter gezeigt, daß die so bestimmte Absorption der Dichte der Luft oder eines anderen in Betracht kommenden Gases proportional ist, d. h., daß sie in geradem Verhältnis zum Druck und im umgekehrten zur absoluten Temperatur steht. Es kann folglich der mit einer radioaktiven Substanz erhaltene Sättigungsstrom auch von der Gasmenge abhängig sein, die pro Oberflächeneinheit zwischen den Elektroden enthalten ist. Genügt diese Menge zur vollständigen Absorption der Strahlung, so wird der Sättigungsstrom unabhängig vom Abstand der Elektroden sowie von Temperatur und Druck des Gases.

In dieser Hinsicht sind die von den radioaktiven Substanzen ausgehenden Strahlen sehr verschieden. So durchdringen die Strahlen der α-Gruppe, welche meistens den Hauptanteil der ionisierenden Strahlung ausmachen, in Luft eine begrenzte Strecke, deren Länge in umgekehrtem Verhältnis zur Dichte der Luft steht. Diese Strecke beträgt oft nur wenige Zentimeter, und es ist dann leicht, die Ionisation auf ihrer ganzen Länge auszunutzen, wenn man über eine Batterie verfügt, die eine für die Sättigung genügende Spannung liefert. Beim Polonium ist die ionisierende Wirkung in Luft unter normalem Druck und bei gewöhnlicher Temperatur 4 cm von der Substanz vollständig erschöpft. Es existieren aber noch andere Gruppen von Strahlen (β- und γ-Strahlen), die weniger stark von der Luft absorbiert werden, und deren ionisierende Wirkung im allgemeinen nicht erschöpft werden kann. Die Stromstärke nimmt dann kontinuierlich mit dem Abstand der Elektroden voneinander und mit der Dichte der Luft zu, vorausgesetzt, daß die Sättigung aufrecht erhalten wird und daß der Abstand der Elektroden klein bleibt im Verhältnis zu ihrem Durchmesser.

Wir wollen die einfache Annahme machen, die Änderung der Ionisation mit dem Abstande von der aktiven Substanz erfolge nach einem Exponentialgesetz. Diese Voraussetzung ist in gewissen Fällen annähernd erfüllt. Es sei n die Konzentration der Ionen im Abstand x von der Substanz und d der Plattenabstand. Nach Voraussetzung ist

$$n = n_0 e^{-\lambda x},$$

wo n_0 die Konzentration der Ionen an der Oberfläche der Substanz und λ ein konstanter Koeffizient, der Absorptionskoeffizient, ist.

Die Gesamtzahl Q der zwischen den Platten pro Flächeneinheit gebildeten Ionen genügt der Gleichung

$$Q = \int_0^d n\,dx = \frac{n_0}{\lambda}(1 - e^{-\lambda d}).$$

Ist λ sehr klein, so ist näherungsweise $Q = n_0 d$; die Ionisation ist dann zwischen den Platten homogen und der Sättigungsstrom ist proportional dem Plattenabstande. Dieser Fall kann mit Röntgenstrahlen und mit den sehr durchdringenden Strahlen der radioaktiven Substanzen realisiert werden, wenn man von der Entstehung einer absorbierbaren Sekundärstrahlung an dem Metall der Elektroden absieht. Ist λ größer, so wächst Q immer weniger schnell mit zunehmendem Plattenabstand. Der Grenzwert von Q, gleich $\frac{n_0}{\lambda}$, wird theoretisch erst bei unendlich großem d erreicht, jedoch kann man ihm, wenn λ groß genug ist, schon bei einem experimentell möglichen Plattenabstand recht nahe kommen.

Da die ionisierende Wirkung der Strahlen dem Drucke p des Gases proportional ist, solange die Absorption schwach ist, kann man annehmen, daß n_0 proportional p ist. Wie der Versuch zeigt, ist auch der Koeffizient λ, definiert durch die Gleichung $n = n_0\, e^{-\lambda x}$, proportional dem Drucke. Man kann also schreiben

$$n_0 = n_0'\, p, \qquad \lambda = \lambda'\, p,$$

wo n_0' und λ' von p unabhängige Konstanten sind. Man hat dann

$$Q = \frac{n_0'}{\lambda'}(1 - e^{-\lambda' p d}),$$

woraus ersichtlich ist, daß Q bei genügend großen Werten des Produktes pd einem Grenzwert $\frac{n_0'}{\lambda'}$ zustrebt, wobei beide Variabeln dieselbe Rolle spielen.

Kommt die in dem Kondensator wirksame Strahlung von einer aktiven Substanz, die sich außerhalb des Kondensators im Abstand d_1 resp. d_2 von seinen beiden Platten befindet, so berechnet sich Q aus der Formel

$$Q = \int_{d_1}^{d_2} n\,dx = \frac{n_0}{\lambda}(e^{-\lambda d_1} - e^{-\lambda d_2}) = \frac{n_0'}{\lambda'}(e^{-\lambda' p d_1} - e^{-\lambda' p d_2}).$$

Wie man sieht, kann Q in diesem Falle ein Maximum bei einem bestimmten Werte von p haben, der sich aus folgender Gleichung ergibt:

$$\frac{dQ}{dp} = n_0' \left(d_2 e^{-\lambda' p d_2} - d_1 e^{-\lambda' p d_1}\right) = 0$$

oder

$$e^{-\lambda' p (d_2 - d_1)} = \frac{d_1}{d_2}.$$

Die von radioaktiven Stoffen bewirkte Ionisation ist im allgemeinen nicht homogen in dem die Substanz umgebenden Raume, aber sie ist ebensowenig auf eine sehr dünne Schicht an der Oberfläche der Substanz beschränkt. Untersucht man in einem Plattenkondensator die Ionisation, die auf einer Länge von einigen Zentimetern in mehr oder weniger unmittelbarer Nachbarschaft der Substanz von dieser erzeugt wird, so ist diese weder ganz homogen, noch eine ausgesprochene Oberflächenionisation; jedoch kann sie sich einem dieser beiden Typen mehr oder weniger nähern, und die Kurve, die die Beziehung zwischen der Stromstärke i und der Potentialdifferenz V der Platten darstellt, nimmt Formen an, die den für die beiden Typen charakteristischen ähnlich sind.

So erhält man eine Kurve wie die in Fig. 3 gezeichnete bei Verwendung eines Kondensators mit 3 cm Plattenabstand, wenn man die Ionisation durch eine gleichförmige, dünne Uranoxydschicht auf der unteren Kondensatorplatte hervorbringt. Beträgt dagegen der Plattenabstand 10 cm, so liegt die Form der Kurve $i = f(V)$ in der Mitte zwischen den in Fig. 3 und Fig. 7 gezeichneten. Man erhält eine Kurve, die ziemlich genau wie die in Fig. 7 aussieht, wenn man in einem Kondensator von 10 cm Plattenabstand die Luft in der Nähe einer der Platten mittelst eines Bündels von Poloniumstrahlen energisch ionisiert, wobei diese annähernd parallel zu der Platte verlaufen und auf eine dünne Schicht an der Oberfläche derselben beschränkt bleiben müssen. Das gleiche Resultat erreicht man auch, wenn man das Polonium in 3 cm Abstand unter die untere Platte bringt, wobei diese aus Drahtnetz hergestellt sein muß; unter diesen Bedingungen dringen die Poloniumstrahlen nur weniger als einen Zentimeter weit in den Kondensator ein.

III. Kapitel.

Die Radioaktivität des Urans und des Thoriums. Radioaktive Mineralien.

33. **Die Entdeckung der Radioaktivität.** — Die Radioaktivität ist eine von Henri Becquerel im Jahre 1896 entdeckte neue Eigenschaft der Materie. Im nachfolgenden geben wir die Geschichte dieser Entdeckung, die für die Entwicklung der modernen Physik von großer Bedeutung war.

Becquerels Arbeiten knüpfen in ihren Anfängen an die Untersuchungen an, die nach der Entdeckung der Röntgenstrahlen über die photographische Wirkung phosphoreszierender und fluoreszierender Substanzen angestellt wurden.

Die ersten Röntgenröhren hatten keine metallene Antikathode. Die Röntgenstrahlen entstanden an der von den Kathodenstrahlen getroffenen Glaswand, die dabei lebhaft fluoreszierte. Man konnte sich daher fragen, ob nicht die Emission von Röntgenstrahlen eine notwendige Begleiterscheinung der Fluoreszenz sei, welche Ursache dieser auch zugrunde liegen möge. Es war Henri Poincaré,[1]) der zuerst diese Vermutung ausgesprochen hatte.

Bald darauf teilten verschiedene Experimentatoren mit, daß es möglich wäre, photographische Abdrücke durch schwarzes Papier hindurch mit Hilfe von phosphoreszierendem Zinksulfid, von belichtet gewesenem Calciumsulfid und von Sidotblende[2]) zu erhalten. Diese Versuche wurden vielfach wiederholt, aber die angeführten Wirkungen konnten nicht wieder erzielt werden. Man kann es daher auf keine Weise als bewiesen ansehen, daß

---

[1]) Poincaré, Revue générale des Sciences, 30. Jan. 1896.

[2]) Henry, Comptes rend. 122, 314. — Niewenglowski, Comptes rend. 122, 385. — Troost, Comptes rend. 122, 564. 1896.

Zink- und Calciumsulfid die Eigenschaft haben, unter der Wirkung des Lichtes unsichtbare Strahlen zu geben, die schwarzes Papier durchdringen und auf die photographische Platte einwirken.

H. Becquerel stellte ähnliche Versuche mit Uransalzen an, von denen einige fluoreszieren.[1]) Er erhielt photographische Abdrücke durch schwarzes Papier hindurch mit Kalium-Uranylsulfat und vermutete zunächst, daß dieses Salz, das fluoreszierend ist, sich so verhielte wie Zink- und Calciumsulfid in den erwähnten Versuchen. Aber die Folge seiner Versuche zeigte, daß die photographische Wirkung durchaus nicht mit der Fluoreszenz zusammenhing. Das Salz brauchte nicht belichtet gewesen zu sein. Noch mehr, Uran und alle seine Verbindungen, ob fluoreszierend oder nicht, wirken in gleicher Weise, und das Uranmetall selbst am allerstärksten. Becquerel fand darauf, daß Uranverbindungen, bei vollständigem Lichtausschluß gehalten, jahrelang die photographische Platte durch schwarzes Papier hindurch anzugreifen vermögen. Er kam zu dem Schluß, daß das Uran und seine Verbindungen besondere Strahlen aussenden: die Uranstrahlen. Er zeigte, daß diese Strahlen dünne Metallschirme durchdringen können, und daß sie elektrisch geladene Körper entladen. Nach seinen Versuchen schloß er auch, daß die Uranstrahlen Reflexion, Refraktion und Polarisation erlitten.

Die Arbeiten anderer Physiker (Elster und Geitel, Lord Kelvin, Schmidt, Rutherford, Beattie und Smoluchowski) haben Becquerels Resultate bestätigt und erweitert, mit Ausnahme der Angaben über Reflexion, Refraktion und Polarisation der Uranstrahlen, die sich in dieser Hinsicht nicht wie das Licht verhalten, wie Rutherford und bald darauf Becquerel selbst gefunden haben.

34. **Uranstrahlen.** — Die fundamentalen Eigenschaften der Uranstrahlen sind also folgende: sie wirken, auch bei Ausschluß von Licht, auf die photographische Platte; sie durchdringen dünne Schichten aller festen, flüssigen und gasförmigen Stoffe; beim Durchgang durch ein Gas machen sie dasselbe schwach leitend.

Diese Wirkung des Urans und seiner Verbindungen wird

---

[1]) Becquerel, Comptes rend. 122, S. 420, 501, 559, 762, 1086. 1896.

von keiner bekannten Ursache hervorgerufen. Die Strahlung scheint spontan zu erfolgen; ihre Intensität wird nicht vermindert, wenn man die Uranverbindungen jahrelang in vollständiger Finsternis aufbewahrt; es handelt sich daher um keine durch Licht hervorgerufene besondere Phosphoreszenz.

Das Spontane und Anhaltende der Uranstrahlung bot sich als eine ganz ungewöhnliche physikalische Erscheinung dar. Becquerel hat ein Stück Uran mehrere Jahre im Finstern gehalten und es nach Ablauf dieser Zeit unverändert wirksam auf die photographische Platte gefunden. Elster und Geitel haben einen ähnlichen Versuch gemacht und ebenfalls die Wirkung konstant gefunden.[1])

Ich habe die Intensität der Uranstrahlung mit Hife der Leitfähigkeit gemessen, die sie der Luft erteilt. Die Versuchsanordnung war, wie durch Fig. 32 angedeutet. Eine mit einer Lage von gepulvertem Uran bedeckte Metallplatte wurde auf Platte B des Meßkondensators gelegt und mit einem Elektrometer, in Verbindung mit einem piezoelektrischen Quarz, wurde der zwischen den Platten herstellbare Sättigungsstrom gemessen. Die mit Uran belegte Scheibe war nicht im Dunkeln aufbewahrt gewesen, was nach dem oben Gesagten nicht wesentlich war. Die erhaltenen Zahlen beweisen innerhalb der Versuchsfehler die Konstanz der Strahlung in einem Zeitraum von einigen Jahren. Analoge Messungen sind mit größerer Genauigkeit seit mehr als zwei Jahren mit einer Normal-Uranscheibe, die mit besonderer Sorgfalt aufbewahrt wird, durchgeführt worden. Die Aktivität dieser Scheibe ist bis auf weniger als 1 Prozent seit August 1907 konstant geblieben.

Bei diesen Messungen wird die gesamte Strahlung der aktiven Substanz ausgenutzt. Der Plattenabstand am verwendeten Kondensator beträgt 3 cm. Die Distanz, auf welche die wichtigste Strahlengruppe des Urans (α-Gruppe) sich in Luft verbreitet, erstreckt sich auf 3—4 cm, und es wäre darum richtiger gewesen, mit einem Kondensator mit 4 cm Plattenabstand zu arbeiten, um die gesamte α-Strahlung auszunutzen. Indessen ist schon unter den vorhanden gewesenen Versuchsbedingungen die Strahlung soweit ausgenutzt worden, daß Druck und Temperatur der Luft im Kon-

---

[1]) Becquerel, Comptes rend. 128, 771 1899. — Elster und Geitel, Beibl. zu Wied. Ann. 21, 455. 1897.

densator keinen merklichen Einfluß auf die Stromstärke ausgeübt haben.

Die Wirkung der Uranverbindungen geht, wie die Erfahrung gezeigt hat, durch Schirme verschiedener Art, vorausgesetzt, daß diese dünn genug sind. Der Durchgang durch alle Art Materie schwächt die Intensität der Strahlung. Diese Reduktion oder Absorption hängt in erster Annäherung nur von der Dichte der durchdrungenen Materie ab und wächst mit derselben. Die Uranstrahlen werden von einer Luftschicht von 3—4 cm oder einer Aluminiumfolie von ungefähr 0,02 mm zum größten Teil absorbiert. Eine Aluminiumfolie von 0,01 mm läßt noch, wie die Messungen nach der elektrischen Methode ergeben haben, etwa 20 Proz. der totalen Strahlung hindurch.

Nähern sich demnach die Uranstrahlen in ihrer photographischen Wirkung und ihrer ionisierenden Kraft den Röntgenstrahlen, so ist andererseits ihre Durchdringungskraft durch Materie ganz anders und viel schwächer als die der Röntgenstrahlen, die sich in Luft auf eine Entfernung von etwa 1 m verbreiten und einen Aluminiumschirm von 1 mm Stärke durchdringen können.

Die von den Uranverbindungen ausgehende Wirkung stellt sich wenigstens zunächst als Strahlung dar, insofern diese Wirkung von undurchlässigen Schirmen aufgehalten wird und sie dieselben nicht umgeht. Wirft doch ein zwischen die Strahlenquelle und die photographische Platte gestellter Schirm einen Schatten, selbst wenn er die Platte nicht unmittelbar berührt. Indessen ist es schwer, die geradlinige Ausbreitung der Uranstrahlung nachzuweisen, weil diese zu schwach ist, um die Anwendung einer in genügender Entfernung von der Platte angebrachten Strahlenquelle von ganz kleinen Dimensionen zu gestatten. Die mit stark radioaktiven Substanzen (siehe § 102) angestellten Versuche erbringen den Beweis, daß die von ihnen ausgesandten Strahlen sich geradlinig verbreiten.

Nachstehende Versuche Rutherfords[1]) zeigen, daß die Uranstrahlen, entgegen der zu Anfang von H. Becquerel ausgesprochenen Ansicht, weder reguläre Reflexion, noch Polarisation erleiden.

---

[1]) Rutherford, Phil. Mag., 1899.

Die aktive Substanz, Uranoxyd, wurde mit einer dicken, mit einem engen Spalt versehenen Bleiplatte bedeckt und das von den Rändern des Spaltes begrenzte flache Strahlenbündel ging durch ein Prisma, dessen brechende Kante parallel zum Spalt angeordnet war. Über das Prisma kam die empfindliche Platte mit der Schichtseite nach unten, in nur 5 mm Abstand vom Spalt. Nach achttägiger Exposition wurde die Platte entwickelt und ergab das Bild des Spaltes als schwarzes Band, genau diesem gegenüber, ohne jedes Anzeichen einer Ablenkung.

Bei einem zweiten Versuch kam das Uranoxyd in eine ausgehöhlte Vertiefung einer Bleiplatte A. Darüber wurde eine ganz dünne Turmalinscheibe gelegt, deren Flächen parallel zur optischen Achse waren, und auf diese wurden zwei weitere ebensolche Turmalinplatten so nebeneinander gelegt, daß die Achse der einen dieselbe Richtung hatte, wie die der unteren, während die andere sie im rechten Winkel kreuzte. So ging die Hälfte der Strahlung durch zwei gleichgerichtete Turmaline, die andere Hälfte durch zwei im rechten Winkel gekreuzte. Darüber kam die photographische Platte mit der empfindlichen Schicht nach unten. Auf dem nach einigen Tagen enthaltenen Bilde war kein Unterschied zwischen den beiden Hälften zu sehen, die den beiden oberen Turmalinen entsprachen.

Ähnliche Versuche von H. Becquerel mit Uran und später mit Radium haben dasselbe Resultat ergeben. Versuche mit Konkavspiegeln gaben kein Anzeichen regulärer Reflexion. Bei allen derartigen Versuchen muß die Wirkung der Lichtstrahlen, die manche radioaktive Substanzen aussenden, mit größter Sorgfalt ausgeschlossen werden.

35. **Ionisation durch Uranstrahlen.** — In einer umfassenden Arbeit hat Rutherford[1]) gezeigt, daß die elektrische Leitfähigkeit von Luft, die den Uranstrahlen ausgesetzt ist, derselben Art ist, wie die durch Röntgenstrahlen in Luft bewirkte, und daß man daher annehmen kann, daß die Uranstrahlen die Luft ionisieren, durch die sie gehen, und er hat weiter nachgewiesen, daß die Beweglichkeit der durch Uranstrahlen in Luft erzeugten Ionen annähernd dieselbe ist, wie die Beweglichkeit der durch Röntgenstrahlen produzierten

[1]) Rutherford, Phil. Mag. 1899.

Ionen. Die Messungen hat er mit Hilfe eines Gasstromes ausgeführt, nach demselben Prinzip, dessen sich Zeleny später bedient hat, und das in § 7 beschrieben worden ist. Später ausgeführte Messungen der Beweglichkeit von Ionen, die durch Polonium- oder Radiumstrahlen erzeugt werden, haben es außer Zweifel gesetzt, daß diese die Luft in derselben Weise ionisieren, wie Röntgenstrahlen, und ein weiterer Beweis dafür ist durch die Untersuchungen von Townsend gegeben, nach denen der Diffusionskoeffizient der Ionen in dem Gase, in dem sie enthalten sind, in beiden Fällen gleich ist (siehe § 10). Die Ionen, um die es sich hier handelt, sind die gewöhnlichen kleinen Gasionen.

Wenden wir uns zu der in Fig. 32 wiedergegebenen experimentellen Anordnung. Die ionisierende Substanz ist eine auf einer Metallplatte in gleichförmiger Schicht ausgebreitete, fein gepulverte Uranverbindung. Die Metallplatte hat denselben Durchmesser wie die Platte B, auf welche sie gelegt wird. Die Platte A besteht aus einem zentralen Hauptteil, der allein benutzt wird, und einem ringförmigen, geerdeten Teile, der als Schutzring wirkt. Diese Anordnung sichert die Homogenität des Feldes und ebenso die gleichförmige Ausnutzung der Strahlung in dem benutzten Gebiete, sofern der Abstand der Platten klein genug ist im Verhältnis zu ihrem Durchmesser. Die Intensität des Stromes durch den zentralen Teil der Platte A wird für verschiedene Werte der Potentialdifferenz zwischen den Platten mit einem Elektrometer gemessen, das mit einem piezoelektrischen Quarz kombiniert ist.

Macht man eine Anzahl derartiger Messungen, so gewinnt man die Überzeugung, daß die Radioaktivität mit großer Genauigkeit gemessen werden kann. Sie wird weder von den Schwankungen der Temperatur, noch durch Belichtung der aktiven Substanz beeinflußt. Die Intensität des durch den Kondensator gehenden Stromes wächst mit der Oberfläche der Platten und bleibt ihr proportional, solange die Entfernung der Platten von einander nicht zu groß ist. Sie nimmt auch mit der Entfernung der Platten bis zu einer gewissen Grenze zu; von einem gegenseitigen Abstand der Platten im Betrage von 3—4 cm ab variiert der Strom in keiner merkbaren Weise mehr, wenn der Abstand noch weiter vergrößert wird.

Nachstehende Kurven mögen dies erläutern. Sie stellen die

Intensität des Stromes als Funktion der mittleren Feldstärke zwischen den Platten bei zwei verschiedenen Abständen dar. Wie

Fig. 40.

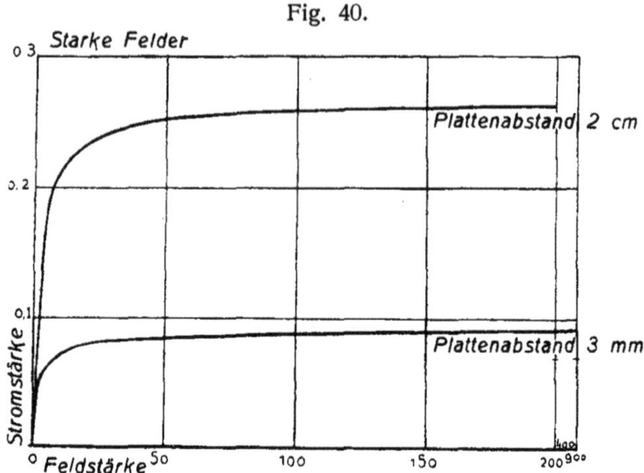

Fig. 40 zeigt, wird die Intensität des Stromes bei hohen Werten des Feldes konstant. Fig. 41 gibt dieselbe Kurve nach einem

Fig. 41.

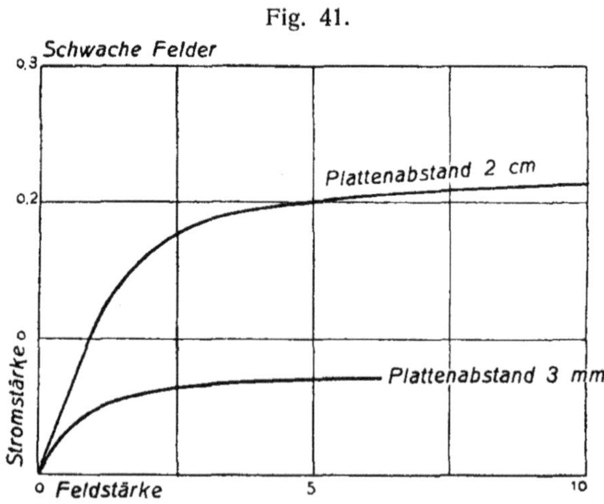

anderen Maßstab und umfaßt nur die auf schwache Potentialdifferenzen bezüglichen Resultate. Zu Anfang ist die Kurve geradlinig. Der Quotient der Stromstärke durch die Potentialdifferenz ist für schwache Spannungen konstant und repräsentiert die anfängliche Leitfähigkeit zwischen den Platten. Man kann also zwei charakteristische Konstanten bei diesem Vorgang unterscheiden: 1. die anfängliche Leitfähigkeit bei schwachen Potentialdifferenzen; 2. den Grenzwert der Stromstärke bei starken Potentialdifferenzen. Dieser Grenzwert oder Sättigungsstrom ist es, der als Maß der Radioaktivität angenommen worden ist, zuerst in meinen Untersuchungen und dann in den meisten anderseitigen Arbeiten auf demselben Gebiete. Dieser Strom kann mit Uranverbindungen oder Substanzen von analoger Aktivität bei einer Spannung von 400—500 Volt und bei einem Plattenabstand von 3 cm erhalten werden.

Neben der Potentialdifferenz, die zwischen den Platten hergestellt wird, existiert noch zwischen diesen eine Kontaktspannung, und diese beiden Ursachen für den Strom machen sich gleichzeitig geltend. Darum ändert sich der absolute Wert der Stromstärke mit dem Vorzeichen der angelegten Potentialdifferenz. Ist diese gleich null, so entsteht nichtsdestoweniger ein Strom, und erhält man das Elektrometer nicht auf null, so stellt es sich auf einen bestimmten Punkt ein, bei welchem der Strom gleich null wird und der die Kontaktspannung zwischen den Platten angibt. Man darf annehmen, daß die Intensität des Stromes, den man bei schwachem Felde durch die Wirkung der angelegten Potentialdifferenz allein erhalten würde, das Mittel ist aus den Intensitäten, die man bei beiden Richtungen des Feldes beobachtet. Der danach berechnete Strom ist der Konstruktion der beiden Kurven zugrunde gelegt worden. Wird die angelegte Potentialdifferenz groß genug, so kann die Kontaktspannung, die 1 Volt nicht überschreitet, vernachlässigt werden, und die Intensität des Stromes bleibt unverändert, wie auch die Richtung des Feldes zwischen den Platten sein mag.

Man erkennt, daß die Kurve $i = f(V)$ unter den Versuchsbedingungen eine Gestalt annimmt, die einer Ionenproduktion im ganzen Volumen entspricht, die einer gleichförmigen Verteilung ziemlich nahekommt. Dennoch ist es gewiß, daß die Ionisation unter diesen Bedingungen in der Nähe der aktiven Platte besonders intensiv ist. Bei größerem Abstand der Platten kann man Kurven erhalten, die dies sehr deutlich zeigen. In schwachen Feldern wächst dann der Strom schneller als die Potentialdifferenz zwischen den Platten, und seine Intensität hängt derart von der Richtung des Feldes ab, daß sie, solange man weit von der Sättigung entfernt ist, bei einer negativen Ladung der aktiven Platte größer ist als im entgegengesetzten Falle. Diese Dissymmetrie rührt von der ungleichen Beweglichkeit der positiven und negativen Ionen her.

Die Uranstrahlung ist, wie bereits bemerkt, innerhalb der Grenzen der Versuchsfehler konstant, wenigstens während der Zeit, über welche die bisherigen Beobachtungen sich erstrecken. Die Genauigkeit der Versuche kann anfänglich während mehrerer Jahre schätzungsweise nur 2—3 Proz. betragen haben, die der neueren Versuche, die sich erst über zwei und einhalb Jahre erstrecken, beträgt 1 Proz. Die Konstanz der Uranstrahlung hat die Physiker, die sich zuerst für die Entdeckung Becquerels interessierten, in das größte Erstaunen versetzt. Sie erscheint in der Tat überraschend. Die Strahlung scheint sich nicht von selbst mit der Zeit zu verändern, noch wird sie durch wechselnde äußere Bedingungen, wie Belichtung und Temperatur, beeinflußt. H. Becquerel hat gezeigt, daß eine mit einem Elektroskop verbundene Urankugel, die innerhalb einer mit der Erde leitend verbundenen und von Wasser mit wechselnder Temperatur umgebenen Umhüllung aufgehängt war, bei 7° sich ebenso schnell entladet wie bei 83°. Bei diesem Versuche wurden die Uranstrahlen fast gänzlich von der Luft absorbiert. Versuche bei der Temperatur der flüssigen Luft können nicht so unmittelbar gedeutet werden. Sie werden weiter unten beschrieben werden (§ 147). Sie lassen die Strahlung als in sehr weiten Grenzen unabhängig von der Temperatur betrachten. Mehrere Beobachter haben gefunden, daß die Intensität der Strahlung nicht geändert wird, wenn man die Uranverbindungen mit gewöhnlichem oder mit ultraviolettem Licht intensiv bestrahlt. So lag also die Frage nach der Ursache nahe, durch welche die Strahlung dauernd unterhalten wird.

Die Uranstrahlen gleichen in ihren Eigenschaften gewissen anderen bekannten Strahlungen. Man konnte sie den Kathodenstrahlen an die Seite stellen, wie auch den positiven Strahlen, den Röntgenstrahlen oder den sekundären Strahlen, welche entstehen, wenn Metalle von Röntgenstrahlen getroffen werden. Hierüber konnte nur ein eingehendes Studium Aufschluß bringen, aber die Schwäche der Strahlung erwies sich dabei als erschwerend, wenn nicht ganz und gar hinderlich. Jetzt weiß man, daß alle diese Analogien bei der Strahlung radioaktiver Körper vorkommen. Wären die Uranstrahlen sekundäre Strahlen, hervorgerufen von einer sehr durchdringenden, durch den Raum gehenden Strahlung, die vom Uran absorbiert und transformiert werden kann, so könnte man vielleicht den Ursprung dieser erregenden Strahlung in der Sonne suchen und sich vorstellen, daß sie, wie groß auch ihr Durchdringungsvermögen sein mag, beim Durchgang durch die ganze Erde ganz oder zum Teil absorbiert werden könnte. Von dieser Idee ausgehend, hat P. Curie die Intensität der Strahlung am Mittag und in der Mitternacht gemessen; er hat aber keinen Unterschied hierbei gefunden. Elster und Geitel haben, denselben Gedanken verfolgend, die Intensität der Uranstrahlung in der vollen Sonne und in einem 850 m tiefen Schacht gemessen, aber in beiden Fällen dasselbe Resultat erhalten.

36. **Untersuchung der Uranverbindungen.** — Im Jahre 1897 begann ich eine Arbeit in der Absicht, festzustellen, ob die merkwürdigen Eigenschaften des Urans sich auch bei anderen Körpern wiederfänden. Ich bediente mich des in Fig. 32 dargestellten Apparates. Die verschiedenen, fein gepulverten Substanzen wurden in gleichförmiger Schicht auf Metallscheiben von demselben Durchmesser wie die Platte B ausgebreitet und so auf diese letztere gebracht. Der Sättigungsstrom im Kondensator AB wurde mit Hilfe des piezoelektrischen Quarzes gemessen. Der Abstand der Platten war 3 cm, ihr Durchmesser 8 cm.

Zunächst habe ich verschiedene Uranverbindungen untersucht. H. Becquerel hatte schon gefunden, daß alle Uranverbindungen aktiv sind, und daraus geschlossen, daß ihre Aktivität von der Gegenwart des Elementes Uran herrührt. Er hat auch gezeigt, daß das Uran aktiver ist als seine Verbindungen. Seine Versuche waren alle nach der radiographischen Methode gemacht worden und gestatteten keine Messungen. Ich nahm diese Versuche nach der erwähnten elektrischen Methode wieder auf und gebe hier die Zahlen, die ich mit verschiedenen Uranverbindungen erhielt. Ich bezeichne die Stromstärke in Ampère mit i.

	$i \times 10^{11}$
Uranmetall (kohlenstoffhaltig)	2,3
Schwarzes Uranoxyd U_2O_5	2,6
Grünes Uranoxyd U_3O_8	1,8
Uransäurehydrat	0,6
Natriumuranat	1,2
Kaliumuranat	1,2
Ammoniumuranat	1,3
Kaliumuranylsulfat	0,7
Uranosulfat	0,7
Uranylnitrat	0,7
Kupferuranylphosphat	0,9
Uranylsulfid	1,2

Wenn die Schicht kontinuierlich ist, so hat ihre Stärke wenig Einfluß, wie nachstehende Daten zeigen:

	Dicke der Schicht	$i \times 10^{11}$
Uranoxyd	0,5 mm	2,7
,,	3,0 ,,	3,0
Ammoniumuranat	0,5 ,,	1,3
,,	3,0 ,,	1,4

Daraus kann geschlossen werden, daß die Absorption der Uranstrahlen durch die sie aussendende Substanz sehr stark ist, da die aus der Tiefe der Schicht kommenden Strahlen keine merkliche Wirkung ausüben. Man sieht auch, daß die Anwendung von Schichten in einer Stärke von etwa 0,5 mm zur annähernden Vergleichung der Aktivität verschiedener Verbindungen genügt. In einem Kondensator von den angegebenen Dimensionen kann man nach obigem mit dem schwarzen Uranoxyd, U_2O_5, einen Sättigungsstrom von der Größenordnung 10^{-11} Ampere erhalten.

Vergleicht man die Zahlen der betreffenden Uranverbindungen, so sieht man, daß im allgemeinen die Aktivität mit dem Urangehalt zunimmt. Auch haben verschiedene Proben derselben Verbindung eine nahezu gleiche Aktivität.

37. Die Radioaktivität des Thoriums. — Es war von großem Interesse, Substanzen außer den Uranverindungen zu suchen, die den Uranstrahlen analoge Strahlen auszusenden vermögen. Einerseits von Schmidt, andererseits von mir selbst, sind solche Untersuchungen vorgenommen worden. Es wurde festgestellt, daß die verschiedenen reinen Körper, Metalle, Oxyde, Salze im großen und ganzen sich inaktiv verhalten. Es existiert jedoch eine Körperklasse, deren Aktivität mit derjenigen der Uranverbindungen vergleichbar ist; das sind die Thoriumverbindungen. Schmidt[1]) hat dieses Resultat zuerst veröffentlicht. Ich habe denselben Gegenstand sehr ausführlich bearbeitet und dabei dieselben Resultate erhalten wie Schmidt, dessen Arbeit ich noch nicht kannte.[2])

Aus diesen Untersuchungen geht hervor, daß die Thoriumverbindungen Strahlen aussenden, die die Gase ionisieren, auf die photographische Platte einwirken und eine sehr dünne Schicht einer festen Substanz zu durchdringen vermögen. Die Emission gleicht in vielen Beziehungen der Uranemission. Ebenso wie diese scheint sie spontan und permanent und an ein bestimmtes Element, das Thorium, gebunden zu sein.

Es stellte sich nun die Notwendigkeit heraus, einen Namen zur Bezeichnung der neuen Eigenschaft der Materie zu finden, die von Becquerel an den Uranverbindungen entdeckt wurde, aber nicht ausschließlich diesen Verbindungen angehört. Man kann die von den Uran- und Thoriumverbindungen emittierten Strahlen Becquerelstrahlen nennen. Ich habe die Substanzen, die derartige Emissionen geben, radioaktiv genannt, und die neue, von diesen Substanzen offenbarte Eigenschaft der Materie benannte ich Radioaktivität. Dieser Name ist zum ersten Male in den Veröffentlichungen über die Entdeckung des Poloniums[3]) gebraucht und nachher allgemein angenommen worden.

Die Größenordnung der mit den Thoriumverbindungen erhaltenen Ströme ist dieselbe wie die der mit den Uranverbindungen erhaltenen. Indessen ist die Erscheinung beim Thorium in ihrer Art nicht so einfach wie bei dem Uran.

---

[1]) Schmidt, Wied. Ann. 64, 720. 1898.

[2]) Mme. Curie, Comptes rend. 126, 1101. April 1898.

[3]) Comptes rend. 127, 175. Juli 1898.

Die von mir mit den Thoriumverbindungen erhaltenen Zahlen ließen mich feststellen, daß

1. die Dicke der Schicht einen großen Einfluß hat, ganz besonders beim Thoriumoxyd,

2. der Vorgang nur bei Anwendung einer dünnen Schicht (von beispielsweise 0,25 mm) regelmäßig verläuft. Wendet man eine dicke Schicht von Substanz an — 6 mm — so erhält man Zahlen, die sich zwischen weiten Grenzen bewegen, was sich namentlich beim Oxyd zeigt.

	Schichtdicke	$i \times 10^{11}$	
Thoriumoxyd	0,25 mm	2,2	
,,	0,5 ,,	2,5	
,,	2,5 ,,	4,7	
,,	3,0 ,,	5,5	im Mittel
,,	6,0 ,,	5,5	,, ,,
Thoriumsulfat	0,25 ,,	0,8	

Es zeigt sich hier eine Unregelmäßigkeit, die bei den Uranverbindungen nicht vorkommt. Die für eine 6 mm starke Oxydschicht erhaltenen Zahlen schwanken zwischen 3,7 und 7,3.

Die Thoriumstrahlen sind, in ihrer Gesamtheit betrachtet, durchdringender als die Uranstrahlen, und die vom Thoriumoxyd in dicker Schicht emittierten Strahlen sind durchdringender als die in dünner Schicht abgegebenen. Beispielsweise lasse ich hier die Zahlen für den Bruchteil der Strahlung folgen, der durch Aluminiumfolie von 0,01 mm Stärke hindurchgeht:

Strahlende Substanz	Durch die Folie durchgelassener Bruchteil der Strahlung
Uran	0,18
Uranoxyd U_2O_5	0,20
Ammoniumuranat	0,20
Kupferuranphosphat	0,21
Thoriumoxyd in einer Schicht von 0,25 mm .	0,38
,, ,, ,, ,, ,, 0,5 ,, .	0,47
,, ,, ,, ,, ,, 3,0 ,, .	0,70
,, ,, ,, ,, ,, 6,0 ,, .	0,70
Thoriumsulfat ,, ,, ,, ,, 0,25 ,, .	0,38

Bei den Uranverbindungen bleibt sich die Absorption gleich, welche Verbindung man auch anwenden möge, und das deutet darauf hin, daß die von den verschiedenen Verbindungen emittierten Strahlen gleicher Art sind.

Über die Eigentümlichkeiten der Thoriumstrahlung ist sehr ausführlich berichtet worden. Owens[1]) hat gezeigt, daß man in einem geschlossenen Apparat die Konstanz des Stromes erst nach Ablauf einer ziemlich langen Zeit erhält und daß die Intensität des Stromes durch einen Luftstrom stark reduziert wird (was bei den Uranverbindungen nicht der Fall ist). Rutherford hat analoge Versuche gemacht und eine Erklärung derselben in der Annahme gefunden, daß das Thorium und seine Verbindungen nicht bloß Strahlen, sondern auch eine Emanation ausgeben, deren außerordentlich feine Partikeln noch einige Zeit nach ihrer Emission aktiv bleiben und von einem Luftstrom weggeführt werden können.[2]) Die Emanation verhält sich also wie ein radioaktives Gas, das beständig von den Thoriumverbindungen emittiert wird.

Diese Annahme erklärt die Unregelmäßigkeiten, die man beobachtet, wenn man mit einem nicht vollkommen geschlossenen Apparat arbeitet. Die unvermeidlichen Luftströmungen genügen, die zwischen den Platten angesammelte Emanation wegzuführen und dadurch eine Veränderung der Intensität der im Apparat zur Wirkung kommenden Strahlung zu bewirken.

Ist die Schicht der radioaktiven Substanz — des Thoriumoxyds — dünn, so machen sich die Unregelmäßigkeiten wenig bemerkbar, und daraus können wir schließen, daß die Emanation in der ganzen aktiven Masse sich entwickelt, während die Strahlung hauptsächlich von der Oberfläche der Schicht ausgeht. Durch Verstärkung der Schicht steigert man daher die Bedeutung der von der Emanation ausgehenden im Verhältnis zu der aus der festen Masse kommenden Strahlung.

Die von den Thoriumverbindungen abgegebene Emanation besteht nicht unendlich lange. Sie verschwindet spontan mit der Zeit, und zwar derart, daß die Intensität der von ihr ausgehenden Strahlung in einer Minute auf die Hälfte sinkt. Die Emanation kann sich in Gasen durch Diffusion verbreiten, sie kann auch poröse Substanzen durchdringen, wie z. B. Papier, aber sie

[1]) Owens, Phil. Mag., October 1899.

[2]) Rutherford, Phil. Mag., Januar 1900.

geht nicht durch Glas oder Glimmer, selbst wenn diese sehr dünn sind.

Die Uranverbindungen scheinen keine Emanation, wie die Thoriumverbindungen, auszugeben. Die Intensität ihrer Strahlung zwischen den Platten wird von einem Luftstrom nicht beeinflußt. Tatsächlich verschwindet die Leitfähigkeit eines über eine Uranverbindung wegströmenden Gases nicht augenblicklich, aber sie erlischt mit derselben Geschwindigkeit wie bei einem durch Röntgenstrahlen ionisiertem Gase, nämlich mit der Wiedervereinigungsgeschwindigkeit der im Gase enthaltenen Ionen. Dagegen besitzen Gase, die über Thoriumverbindungen gestrichen sind, eine Leitfähigkeit, die viel länger, ungefähr 10 Minuten lang, anhält, und man muß annehmen, daß zu den vom Gasstrom mitgeführten Ionen dauernd neue hinzukommen, die in dem Gase selbst entstehen, und daß die Geschwindigkeit dieser Neubildung von Ionen mit der Zeit nach einem Exponentialgesetz abnimmt, so daß sie dem Werte Null zustrebt.

Die Abgabe von Emanation durch die Thoriumverbindungen ist eine mit der induzierten Radioaktivität eng verbundene Erscheinung. Es ist festgestellt, daß alle Körper, die mit Emanation in Berührung gebracht worden sind, eine von ihrer Natur unabhängige, zeitweilige Radioaktivität erhalten, die induzierte Radioaktivität. Diese induzierte Radioaktivität verschwindet, wenn die Substanz der Emanation entzogen wird, mit der Zeit nach einem bestimmten Gesetz. Die ausführliche Besprechung der Emanation des Thoriums und der von ihr erzeugten induzierten Radioaktivität folgt in Kap. VI und VII.

Die Radioaktivität der Thoriumverbindungen ist permanent. Weiter unten wird jedoch gezeigt werden, daß die Aktivität der Thoriumsalze im Laufe der Jahre sehr allmähliche Veränderungen erleidet.

38. **Die Radioaktivität ist eine Eigenschaft des Atoms. Ist sie eine allgemein verbreitete Erscheinung?** — Die Radioaktivität der Uran- und Thoriumverbindungen stellt sich als eine Eigenschaft des Atoms dieser Elemente dar. Ich habe sehr viele Messungen der Aktivität dieser Verbindungen unter verschiedenen Bedingungen gemacht. Die Aktivität bleibt immer an die Gegenwart

der Elemente Uran und Thorium gebunden und wird nicht durch Änderung des physikalischen Zustandes oder durch chemische Umwandlung vernichtet. Die uran- und thoriumhaltigen chemischen Verbindungen und Gemenge sind um so aktiver, je größer ihr Gehalt an diesen Metallen ist. Ihre gesamte übrige Materie ist inaktiv und wirkt ihrerseits absorbierend auf die Strahlung. Wir werden weiter unten sehen, daß man gewisse chemische Operationen vornehmen kann, die eine temporäre Modifikation der Radioaktivität einer Uran- oder Thoriumverbindung zur Folge haben; aber diese Modifikationen sind nicht bleibend, und die Substanz gewinnt nach und nach ihre ursprünglichen Eigenschaften wieder. Es soll auch daselbst die wahrscheinlichste Erklärung dieser Veränderungen der Aktivität gegeben werden.

Ich wollte sehen, ob es außer den Uran- und Thoriumverbindungen noch andere radioaktive Substanzen gebe, und habe die Arbeit in der Überzeugung unternommen, daß es sehr unwahrscheinlich wäre, daß die Radioaktivität, als eine Eigenschaft von Atomen betrachtet, nur einer Art Materie unter Ausschluß aller übrigen angehören sollte. Aus meinen Messungen durfte ich folgern, daß die Verbindungen der gegenwärtig bekannten chemischen Elemente, einschließlich der seltensten und hypothetischsten, die ich untersucht habe, in meinem Apparat sich immer wenigstens hundertmal weniger aktiv zeigten als das metallische Uran. Von verbreiteten Elementen habe ich mehrere Verbindungen untersucht, von den seltenen diejenigen, die ich mir verschaffen konnte. Ich gebe hier das Verzeichnis der Substanzen, die ich als Elemente oder in einer Verbindung geprüft habe.

1. Alle Metalle und Metalloide, die leicht erhältlich sind, und einige seltenere in reinem Zustand aus der Sammlung der École de Physique et de Chimie industrielles de la Ville de Paris.

2. Folgende seltene Körper: Gallium, Germanium, Neodym, Praseodym, Niob, Skandium, Gadolinium, Erbium, Samarium und Rubidium (von Demarçay geliehene Präparate); Yttrium, Ytterbium und Neoerbium (von Urbain geliehen).

3. Eine große Anzahl von Gesteinen und Mineralien.

Die Apparatur, deren ich mich bediente, war die bei früheren Untersuchungen von mir gebrauchte. Da man voraussichtlich schwächere Ströme zu messen haben konnte, als solche, wie man sie mit Uran- und Thoriumverbindungen erhält, so wurde der Effekt bei Abwesenheit jeder aktiven Substanz sorgfältig geprüft. Dieser Effekt war nahezu gleich null, weil zu jener Zeit sowohl die Apparate, wie auch die Luft im Laboratorium noch nicht aktiv waren und die Messapparate nicht empfindlich genug, um die spontane Ionisation der Luft im normalen Zustand anzuzeigen.

Innerhalb der Empfindlichkeitsgrenze meines Apparates habe ich außer Uran und Thorium kein mit Radioaktivität des Atoms begabtes Element gefunden.

Bei dieser Gelegenheit möge eingeschaltet werden, daß eine bedauerliche Verwirrung im Gebrauch des Wortes Radioaktivität in verschiedenen Publikationen eingerissen ist. Man hätte diesem Worte von Anfang an seine klare Bedeutung belassen können, wenn man verschiedene Erscheinungen, die mit den an den Uran- und Thoriumverbindungen beobachteten keine Verwandschaft haben, nicht mit hineinbezogen hätte.[1]) Folgende Erscheinungen dürfen mit der Radioaktivität nicht vermengt werden.

Zunächst einige mit Phosphor gewöhnlich angestellte Versuche. Legt man weißen Phosphor, feucht oder trocken, zwischen die Platten des Kondensators, so wird die Luft daselbst leitend.[2])

Trotzdem darf man deshalb den Phosphor nicht als radioaktiv betrachten, wie das Uran oder Thorium. Der Phosphor oxydiert sich und sendet dabei Lichtstrahlen aus, während die Uran- und Thoriumverbindungen rdioaktiv sind, ohne eine durch unsere Hilfsmittel nachweisbare chemische Veränderung zu erleiden. Außerdem ist der Phosphor weder in seiner roten Modifikation, noch in seinen Verbindungen aktiv. Die von ihm verursachte Leitfähigkeit hat also nicht den fundamentalen Charakter, eine atomistische Eigenschaft des Elementes Phosphor zu sein.

Das Verhalten des Phosphors ist von vielen Physikern untersucht worden. Eine sehr ausführliche Arbeit ist von Bloch[3]) veröffentlicht worden. Aus diesen Untersuchungen geht hervor, daß der Phosphor, indem er sich an der Luft oxydiert, eine Produktion sehr wenig beweglicher Ionen veranlaßt, die die Luft leitend machen und die Kondensation des gesättigten Wasserdampfes leicht be-

[1]) Mme. Curie, Revue générale de Sciences, 1899.

[2]) Elster und Geitel, Wied. Ann. 1890.

[3]) Bloch, Thèse présentée à la Faculté des Sciences de Paris.

wirken. Diese Ionen besitzen eine viel bedeutendere Masse als die durch Röntgen- oder Becquerelstrahlen in Gasen erzeugten kleinen Ionen, und sie können im starken elektrischen Bogenlicht sichtbar gemacht werden. Ihre Beweglichkeit ist ungefähr tausendmal kleiner als die der kleinen Ionen, und ebenso viel ist ihr Wiedervereinigungskoeffizient kleiner als der der letzteren. In feuchter Luft bilden diese Ionen noch größere Anhäufungen und veranlassen einen sichtbaren Rauch. Die Ionenbildung ist an die Oxydation gebunden, sie ist also eine Begleiterscheinung einer wohlbekannten chemischen Reaktion.

Die Oxydation des Phosphors ist nicht die einzige chemische Reaktion, bei der Ionenbildung stattfindet. Noch andere Fälle dieser Art sind bekannt. So bewirkt erwärmtes Chininsulfat während seiner Abkühlung die Entladung in seiner Nähe befindlicher elektrisch geladener Körper,[1]) während es gleichzeitig Wasser aufnimmt und Licht emittiert. Auch während der Erwärmung macht diese Substanz die Luft in ihrer Nähe leitend. Die Ionenbildung ist hier mit der chemischen Reaktion der Hydratation und Dehydratation des Chininsulfats verknüpft und ist keine Folge einer Atom-Eigenschaft irgend einer seiner elementaren Bestandteile.

Auch bei der Elektrolyse werden Ionen produziert. Die bei der Elektrolyse sich entbindenden Gase sind schwach leitend. Sie enthalten Ionen von geringer Beweglichkeit, große Ionen, die den durch Phosphor erzeugten in ihrer Beweglichkeit, ihrem Wiedervereinigungskoeffizienten und in ihrer Eigenschaft, die Kondensation des Wasserdampfes herbeizuführen, analog sind.[2])

In keinem untersuchten Falle von Ionenproduktion im Gefolge einer chemischen Reaktion hat man eine Emission von Strahlen nachweisen können, die mit einem ähnlichen Durchdringungsvermögen begabt gewesen wären wie die Becquerelstrahlen. Die ionisierende Wirkung des Phosphors oder des Chininsulfats dringt durch keine noch so dünne Schicht fester Substanz. Sie wird schon von einem Aluminiumschirm von nur 0,003 mm gehemmt. Diese Körper greifen auch die durch schwarzes Papier vor ihrer Lichtwirkung geschützte photographische Platte nicht an.

---

[1]) Le Bon, Comptes rend., 1900. Fanny Cook Gates, Phys. Rev. 1904.

[2]) Townsend, Ions, électrons, corpuscules.

Um daher eine Substanz als radioaktiv bezeichnen zu können, genügt es nicht, festzustellen, daß die Leitfähigkeit der Luft in ihrer Nähe erhöht wird, auch nicht dann, wenn keine chemische Reaktion im Zusammenhang mit der Ionisation nachgewiesen werden kann. So geben gewisse Substanzen, wie Zink, Flußspath, negative Ionen bei der Bestrahlung mit ultraviolettem Licht. Es ist ja auch bekannt, daß heiße Körper positive und negative Ionen erzeugen. Endlich können glühende Körper auch ultraviolette Strahlen von sehr kurzer Wellenlänge aussenden, die von der Luft stark absorbiert werden und ihr eine gewisse Ionisation mitteilen. In allen diesen Fällen ist die Ionenproduktion in der Nähe des betreffenden Körpers nicht spontan, sondern von einer erregenden Ursache, wie von der Wirkung des Lichtes oder erhöhter Temperatur hervorgerufen. Außerdem ist die Wirkung der Substanz eng mit einem gewissen molekularen Zustand verbunden. Ein Metall, das unter der Einwirkung ultravioletter Strahlen negative Ionen ausgibt, verliert diese Eigenschaft, sobald es eine Verbindung eingeht, und die Erscheinung ist so empfindlich, daß die Emission ganz wesentlich von dem Zustand der Oberfläche abhängt und schon durch eine unmerkliche Oxydation derselben beeinträchtigt wird.

Die vom molekularen Zustand abhängige Ionenproduktion wird im allgemeinen von der Temperatur beeinflußt.

Die Fähigkeit, die photographische Platte anzugreifen, kann an sich ebenfalls nicht als ein Kriterium für die Radioaktivität einer Substanz dienen. Man kennt bereits eine große Anzahl von Substanzen, die nach längerer oder kürzerer Zeit bei Ausschluß des Lichtes auf die photographische Platte einwirken. Dazu gehören z. B. gewisse Metalle: Zink, Aluminium, und mehrere organische Körper, wie Harze und Essenzen.[1]) Es ist schwer zu sagen, was die wahre Natur dieser oft außerordentlich schwachen Wirkung ist. Man hat versucht, sie auf reduzierende Gase und Dämpfe zurückzuführen. Wie dem aber auch sei, sicher ist, daß man es hier mit einer Erscheinung zu tun hat, die von dem molekularen Zustand der Substanzen und von der Temperatur abhängt und nicht atomistischen Charakters ist.

Die Substanzen, welche als radioaktiv bezeichnet worden sind, sind diejenigen, die

[1]) Russell, Proc. Roy. Soc., 1897.

spontan Becquerelstrahlen emittieren und bei denen die Emission von einer bestimten Art von Atomen ausgeht. Das Spontane der Emission und ihr atomistischer Charakter sind also die wesentlichen Kennzeichen der Radioaktivität.

Die Radioaktivität der Uran- und der Thoriumverbindungen scheint permanent zu sein. Man kennt jedoch Substanzen, die, obwohl nach obiger Definition zur Kategorie der radioaktiven Körper gehörig, doch keine permanente Radioaktivität zu besitzen scheinen. Eine solche Substanz ist das Polonium, das noch nicht hat isoliert werden können und bis jetzt mit inaktiven Stoffen vermengt erhalten worden ist. Die Radioaktivität dieser Gemenge verschwindet langsam mit der Zeit. Wir dürfen also die Beständigkeit der Strahlung nicht als unumgängliches Anzeichen für die Gegenwart einer radioaktiven Substanz betrachten. Nach der modernen Theorie der Radioaktivität muß man jedoch annehmen, daß die Radioaktivität tatsächlich eine von der damit begabten Substanz untrennbare Eigenschaft ist und daß, wenn die Radioaktivität verschwindet, mit ihr auch die Substanz verschwindet. Nach dieser Theorie bestehen die radioaktiven Elemente aus unbeständigen Atomen, die unter Abgabe von Becquerelstrahlen in Atome von geringerem Gewicht zerfallen. Je geringer die Zerfallsgeschwindigkeit ist, je beständiger ist die Radioaktivität.

Wir haben mit dem Namen Becquerelstrahlen die Gesamtheit der von bestimmten Atomen spontan emittierten Strahlen, namentlich die Uran- und Thoriumstrahlen, bezeichnet. Wir wissen aber nun, daß dies nicht Strahlen einer einzigen Art sind, sondern drei verschiedenen Typen angehören können, deren jeder einem der drei früher bekannten Strahlentypen analog ist: den Kathodenstrahlen, den Kanalstrahlen und den Röntgenstrahlen. Die Strahlen der beiden ersten Gattungen sind korpuskularer Natur. Die Kathodenstrahlen bestehen aus negativen Elektronen von großer Geschwindigkeit, und die positiven Strahlen aus positiv geladenen Korpuskeln von ebenfalls großer Geschwindigkeit. Das Uran und das Thorium emittieren, wie wir später sehen werden, alle drei Arten von Strahlen. Es scheint jedoch, daß dies kein fundamentaler Charakter der Emission ist und daß in gewissen Fällen negative Strahlen allein emittiert werden können. Das Polonium emittiert, wie hier gleich bemerkt werden soll, wenn man nur die ionisierenden Strahlen in Betracht zieht, scheinbar nur positive Strahlen, aber eingehendere Untersuchungen haben gezeigt, daß es auch negative Ionen aussendet, deren Geschwindigkeit jedoch nicht genügt, eine Ionisation herbeizuführen.

Wenn die radioaktiven Körper einer Transformation unterliegen, so kann diese nicht gewöhnlicher chemischer Natur sein, sondern geht im Atom selbst vor sich, da die Radioaktivität eine dem Atom innewohnende Eigenschaft ist. Wir haben hier zum ersten Male eine Umwandlung der innern Struktur des Atoms vor Augen, dessen Bau unvergleichlich fester ist, als der des Moleküls, so fest, daß man es als unveränderlich im gegenwärtigen Zustand des Universums betrachten konnte. Von diesem Gesichtspunkt aus gelangen wir zu einer Basis für die Definition des radioaktiven Körpers: Radioaktivität besteht, wo eine mit einer spontanen Transformation der Atome einhergehende Emission von Becquerelstrahlen besteht. Man kann sich auch vorstellen, daß eine Transformation von Atomen ohne gleichzeitige Emission von Becquerelstrahlen, d. h. ohne Radioaktivität, stattfinden kann.

Manche neuere Untersuchungen haben zu der Annahme geführt, daß die Radioaktivität allen Stoffen in ganz geringem Maße eigen sei. Diese Annahme hat an sich nichts unwahrscheinliches, wenn man bedenkt, daß wir gegenwärtig Körper kennen, wie das Radium, dessen Aktivität bei gleicher Gewichtsmenge mehr als millionenmal größer ist als die des Urans. Es ist auch bekannt, welche großen Unterschiede sich bei den magnetischen Eigenschaften der Körper zeigen, wie zwischen dem Eisen einerseits und den schwach magnetischen Metallen, wie dem Kupfer, andrerseits. Doch ist die Identität der an verschiedenen Substanzen beobachteten Erscheinungen mit der Radioaktivität der Atome noch nicht mit Sicherheit festgestellt (siehe § 231). Der Nachweis ist um so schwieriger, als nach unserer gegenwärtigen Kenntnis gewisse radioaktive Substanzen und besonders Radium und Thorium sehr verbreitet in der Erde, und die radioaktiven Emanationen derselben auch stetig in der Luft enthalten sind.

Neuere Untersuchungen lassen indessen dem Kalium eine vom Atom ausgehende Radioaktivität zuschreiben, die ungefähr 1000 mal schwächer ist als die des Urans. Das Gleiche ist für das Rubidium konstatiert worden.

Uran und Thorium sind die einzigen beiden Elemente, die als radioaktiv erkannt wurden, bevor die neuen radioaktiven Körper von P. und M. Curie entdeckt worden sind. Sie sind die Elemente mit dem höchsten Atomgewicht (240 und 232). Sie kommen oft in denselben Mineralien vor.

39. **Radioaktive Mineralien.** — Ich habe mit meinem Apparat eine Reihe von Mineralien untersucht. Manche darunter haben sich radioaktiv gezeigt, unter anderen Pechblende, Chalkolith, Autunit, Monazit, Thorit, Orangit, Fergusonit, Cleveït usw. Folgende Tabelle gibt die Intensität des mit metallischem Uran und mit verschiedenen Mineralien erhaltenen Stromes i in Ampère:

	$i \times 10^{11}$
Uran	2,3
Pechblende von Johanngeorgenstadt	8,3
„ „ Joachimstal	7,0
„ „ Pribram	6,5
„ „ Cornwallis	1,6
Cleveït	1,4
Chalkolith	5,2
Autunit	2,7
Thorit, verschieden	0,1 0,3 0,7 1,3 1,4
Orangit	2,0
Monazit	0,5
Xenotim	0,03
Äschynit	0,7
Fergusonit, 2 verschiedene	0,4 0,1
Samarskit	1,1
Niobit, 2 Muster	0,1 0,3
Tantalit	0,02
Carnotit	6,2
Thorianit	5,0

Der mit dem Orangit (einem Thoriumoxydmineral) erhaltene Strom variierte stark mit der Stärke der Schicht. Verstärkte man diese von 0,25 mm bis auf 6 mm, so wuchs der Strom von 1,8 bis 2,3.

Sämtliche Mineralien, die sich als radioaktiv erwiesen haben, enthalten Uran oder Thorium, ihre Radioaktivität war daher nicht verwunderlich, aber die Intensität derselben bei einigen von ihnen war ganz wider Erwarten. So findet man Pechblenden (Uranoxydmineralien), die viermal so aktiv sind als das Metall Uran. Der Chalkolith (kristallisiertes Kupfer-Uranphosphat) ist zweimal so aktiv als Uran. Der Autunit (Calciumuranphosphat) ist ebenso aktiv wie Uran. Das stimmte nicht mit den Ergebnissen über die Aktivität des Elementes und diejenige seiner Verbindungen; danach durfte kein Mineral aktiver sein als Uran oder Thorium.

Um diesen Punkt aufzuklären, stellte ich Chalkolith künstlich nach dem Verfahren von Debray dar,[1]) wobei ich von reinen Substanzen ausging. Nach diesem Verfahren wird eine Lösung von Uranylnitrat mit einer Lösung von Kupferphosphat in Phosphorsäure versetzt und auf 50—60° erhitzt. Nach einiger Zeit scheidet sich der Chalkolith in Kristallen aus. Der so erhaltene Chalkolith hat eine ganz normale Aktivität, wie es seiner Zusammensetzung entspricht. Sie ist zweieinhalbmal schwächer als die des Urans.

Es wurde daher sehr wahrscheinlich, daß die Pechblende, der Chalkolith und der Autunit stärker aktiv sind als das Uran, weil sie eine geringe Menge einer stark aktiven Materie enthalten, die verschieden ist vom Uran, vom Thorium und den bereits bekannten Elementen, und ich hoffte diese Substanz auf den gewöhnlichen analytischen Wegen aus dem Mineral abscheiden zu können.

Da die Analysen der Mineralien übrigens schon mit einer Genauigkeit von annähernd 1—2 % gemacht waren, so konnte man nicht erwarten, daß man mehr als ungefähr so viel von einem neuen Element in einem der Mineralien finden würde. Dafür durfte man aber hoffen, daß die neue Substanz durch ihre hohe Radioaktivität besonders interessant sein würde, da sie trotz ihrer geringen Menge eine größere Wirkung hervorbrächte als das in der Pechblende enthaltene Uranoxyd. Die Erfahrung hat gezeigt, daß unsere Voraussicht von der Wirklichkeit weit übertroffen wurde. Im Beginn unserer

[1]) Debray, Ann. de Chim. et de Phys. 3. Serie, 61, 445.

Untersuchungen konnten wir, P. Curie und ich, nicht ahnen, daß es sich um eine solche Verdünnung des hypothetischen Elementes und um eine solche wunderbar mächtige Radioaktivität handeln würde, und mehrere Jahre waren erforderlich, das gesteckte Ziel zu erreichen und auf unbestreitbare Weise darzutun, daß die Uranmineralien mindestens einen stark aktiven Körper enthalten, der ein neues Element in dem von der Chemie dieser Bezeichnung beigelegten Sinne ist.

IV. Kapitel.

Die neuen radioaktiven Substanzen.

40. **Neue, auf die Radioaktivität gegründete Untersuchungsmethode chemischer Elemente.** — Die Resultate unseres im vorhergehenden Kapitel dargelegten Studiums radioaktiver Mineralien haben uns, P. Curie und mich, veranlaßt, die Extraktion einer neuen radioaktiven Substanz aus der Pechblende zu versuchen. Unsere Untersuchungsmethode konnte sich nur auf die Radioaktivität gründen, weil wir keine andere Eigenschaft der hypothetischen Substanz kannten. Die Erfahrung hat nachher bewiesen, daß die so geschaffene neue Untersuchungsmethode auch die einzige war, die im vorliegenden Falle zu einem Resultat führen konnte. Die bekannten Methoden waren ganz ungeeignet, eine in so großer Verdünnung vorkommende Substanz, deren Existenz wir haben nachweisen können, zu fassen.

Der Gang der Untersuchung ist in solchen Fällen folgender: Man mißt die Radioaktivität der Substanz, bewirkt dann eine chemische Scheidung und mißt die Radioaktivität aller sich ergebenden Produkte. Aus diesen letzteren Messungen ersieht man, ob die Radioaktivität gänzlich bei einem dieser Produkte geblieben, oder ob sie sich in einem gewissen Verhältnis unter sie verteilt hat. Die ersten chemischen Operationen, die wir ausführten, haben uns unmittelbar gezeigt, daß, so wie wir gehofft hatten, eine Anreicherung an aktiver Materie ausführbar war.

Die Aktivität wurde an den festen und gut getrockneten Substanzen gemessen, die als feines Pulver auf Metallscheiben ausgebreitet waren, wie bei den früheren Untersuchungen. Die Dicke der Schicht muß so bemessen werden, daß der Strom nicht mehr stark mit der Schichtstärke schwankt. Das wird im allgemeinen mit einer Schicht unter 1 mm erreicht.

Um einen Überblick über die Verteilung der aktiven Materie unter die aus einer Operation hervorgehenden Produkte zu gewinnen, haben wir uns einer von uns Produkt der Radioaktivität genannten Zahl bedient; es ist dies das Produkt aus der nach willkürlicher Einheit gemessenen Aktivität und dem Gewicht der Substanz. Hat man diese Produkte für alle Teile, in die die ursprüngliche Substanz zerlegt worden ist, bestimmt, so muß ihre Summe gleich sein dem ursprünglichen Produkte der angewandten Substanz. Wir haben diese Berechnung beständig bei der ersten orientierenden Arbeit angewandt, was uns von außerordentlichem Nutzen gewesen ist. Wir haben in der Regel das Produkt der gesamten Radioaktivität wiedergefunden und konnten uns so überzeugen, daß wir keine aktive Substanz verloren hatten; zeigte sich ein Verlust daran, so konnte dessen Ursache festgestellt werden. Außerdem erhielten wir dadurch wertvolle Hinweise auf die relative Wichtigkeit der nach jeder Scheidung erhaltenen verschiedenen Produkte. Solche Rechnungen sind, wie man jetzt weiß, Irrtümern unterworfen, und die gesuchte Substanz ist nicht immer die am stärksten radioaktive in dem Zeitpunkt, in dem die Messung ausgeführt wird. Bei mancher Behandlungsart werden sehr aktive Substanzen abgeschieden, deren Aktivität nach und nach verschwindet, während die übrig gebliebene wenig aktive Substanz allmählich eine dauernde Radioaktivität annimmt. Wir werden in der Folge noch solchen Beispielen begegnen. Trotzdem leistet diese Methode große Dienste bei der allgemeinen Behandlung von Mineralien und bei speziellen, eine einzelne Substanz, wie z. B. das Radium, betreffenden Operationen. Man muß nur die von der Natur der betreffenden Substanz angezeigten Vorsichtsmaßregeln beachten. Handelt es sich um eine unbekannte radioaktive Substanz, deren Gegenwart man vermutet, so muß man alle bei der Behandlung des Ausgangsmaterials sich ergebenden Portionen, wie auch ihre anfängliche Radioaktivität sein mag, aufbewahren und den Wert dieser Aktivität eine genügend lange Zeit hindurch verfolgen, um sich einer etwaigen wichtigen Veränderung derselben zu vergewissern.

Die angegebene Untersuchungsmethode führt zu Nachweisen, die in gewissem Maße mit denjenigen der Spektralanalyse vergleichbar sind. Man wäre geneigt, von vornherein anzunehmen, daß man auf diese Weise wohl einen radioaktiven Körper entdecken, ihn aber nicht von anderen radioaktiven Körpern unterscheiden könnte. Die Entwicklung der radioaktiven Forschung hat aber im Gegenteil gezeigt, daß eine Unterscheidung wohl möglich ist, und zwar, weil die radioaktiven Substanzen sich durch die Natur ihrer Aktivität voneinander unterscheiden und durch eine Zusammenfassung richtig ausgewählter Messungen unzweideutig charakterisiert werden können. So ist das Radium gekennzeichnet durch seine radioaktive Emanation und durch das Gesetz, nach dem diese mit der Zeit verschwindet, sowie auch durch die induzierte Radioaktivität in seiner Umgebung und deren Entwicklungsgesetz, und außerdem noch durch die Natur der von ihm ausgesandten Strahlen.

Unsere Arbeiten haben dahin geführt, Substanzen darzustellen, die beträchtlich aktiver waren, als das Ausgangsmaterial. Für diese hoch aktiven Stoffe ist die ursprüngliche Meßvorrichtung nicht mehr anwendbar, und es müssen verschiedene Vorkehrungen getroffen werden, um ihre Empfindlichkeit herabzusetzen. Man beginnt damit, die Oberfläche der aktiven Substanz zu verkleinern. Um diese Reduktion in Rechnung zu ziehen, multipliziert man die gemessene Aktivität mit einem mittels einer passenden Substanz experimentell bestimmten Koeffizienten. Genügt das nicht, so kann man anders verfahren. Man bedeckt die auf einer Platte ausgebreitete Substanz mit einem Schirm von genügender Stärke, in den ein Loch gebohrt ist. Dem Durchmesser dieses Loches entsprechend geht nur ein kleiner Teil der Strahlung hindurch. So kann man selbst die Aktivität von Substanzen, wie den reinen Radiumsalzen, messen. Zur Umrechnung der mit einem solchen Schirm erhaltenen Messungsresultate auf eine gegebene aktive Oberfläche dient ein experimentell zu bestimmender Koeffizient.

Die Teile eines Meßapparates, der einige Zeit in Gebrauch gewesen ist, haben immer eine gewisse Aktivität. Besonders der Plattenkondensator, der die aktive Substanz aufnimmt (Fig. 32), ist immer mehr oder weniger aktiv. Die Wände seines Gehäuses und die Platten müssen oft gereinigt werden. Vor der Messung muß die Aktivität des Kondensators bestimmt werden. Der dabei erhaltene Strom ist von dem mit der Substanz erhaltenen abzuziehen. Alle Vorsichtsmaßregeln müssen getroffen werden, um diese Korrektion auf ein Minimum zu bringen.

41. Untersuchung der Pechblende. Entdeckung des Poloniums und Radiums. Aktinium. Radioaktives Blei. Thorianit und Radiothorium. Ionium. — Das Mineral, daß P. Curie und ich zur ersten Bearbeitung gewählt haben, führt den Namen Pechblende (Pechuran oder Uranit). Es ist ein Uranoxydmineral, das man sich in genügenden Mengen verschaffen kann, und aus diesem Grunde, und weil manche Pechblenden eine hohe Aktivität besitzen, die diejenige des Urans um das drei- bis fünffache übertrifft, haben wir es gewählt. Wegen seiner sehr komplizierten Zusammensetzung bot die Behandlung dieses Minerals doch große Schwierigkeiten. Die ungefähre Zusammensetzung einer Pechblende, wie sie die chemische Analyse ergibt, zeigt folgende Tabelle:

U_3O_8	75
PbS	5
SiO_2	3
CaO	5
FeO	3
MgO	2
Zusammen	93

Der Rest besteht aus sehr verschiedenen Körpern: seltenen Erden, Wismut, Antimon, Arsen, Kupfer, Zink, Aluminium, Nickel, Kobalt, Vanadium, Silber, Niob, Tantal, Thallium, Barium. Die Pechblende enthält auch immer Gase, und man hat in ihr die Edelgase Argon und Helium nachgewiesen.

Nachdem die Zerlegung der Pechblende unter Kontrollierung mittelst der oben beschriebenen Methode bewirkt worden war, erkannten wir, daß die Behandlung eine Konzentration der Aktivität nach zwei Seiten hin herbeigeführt hatte. Auf der einen Seite zeigte das aus der Pechblende extrahierte Wismut eine erhöhte Aktivität, während das käufliche Wismut selbst, das aus inaktiven Erzen stammt, inaktiv ist. Auf der andern Seite bestand eine Anhäufung der Aktivität bei dem erhaltenen Bariumsulfat, während die käuflichen Bariumsalze keine Aktivität zeigen.

Wir betrachteten diese Konzentrierung der Aktivität, die unabänderlich in derselben Weise eintrat, als einen Beweis für die Richtigkeit der Annahme, von der wir ausgegangen waren, und dafür, daß wir zwei neue radioaktive Elemente vor uns hatten. Wir nannten den das Wismut begleitenden aktiven Körper Polonium und den Körper, der das Barium begleitete, nannten wir Radium, und wir vermuteten, daß diese beiden Elemente nach ihrem chemischen Verhalten den beiden Elementen analog seien, denen sie sich im Verlaufe der Behandlung anschlossen. Die Veröffentlichung unserer Entdeckung des Poloniums und des Radiums erfolgte im Jahre 1898. Der erste Teil der Arbeit betraf das Polonium, der zweite, unter Mitarbeit von Bémont vollendete, das Radium. [1])

Die Annahme von der Existenz zweier neuer Elemente wurde durch sehr wichtige Gründe gestützt. Wir haben bewiesen, daß die Aktivität sich nicht allein im Gange der Analyse einerseits bei dem Wismut und andererseits bei dem Barium, die beide keine aktiven Elemente sind, konzentriert, sondern daß man auch durch ein passendes Verfahren die Konzentrierung derart weiter treiben kann, daß man von dem aktiven Wismut und dem aktiven Barium einen Anteil nahezu inaktiven Wismuts und inaktiven Bariums abscheiden, und so Produkte von viel höherer Aktivität erhalten kann, als man vorher hatte. Das angewandte Verfahren bestand nicht in einer vollständigen chemischen Trennung, die, wie wir sehen werden, wegen der vorliegenden äußersten Verdünnung der aktiven Substanz nicht ausführbar war, aber wir haben gezeigt, daß verschiedene Fraktionierungsmethoden für den beabsichtigten Zweck erfolgreich sind. So erhält man ein an Polonium immer reicher werdendes Wismut nach einem der folgenden Fraktionierungsverfahren:

1. Sublimation des Sulfids im Vakuum. Das aktive Sulfid ist viel flüchtiger als das Wismutsulfid.

2. Fällung der salpetersauren Lösung mit Wasser. Das ausfallende Subnitrat ist viel aktiver als der gelöst bleibende Anteil.

3. Fällung mit Schwefelwasserstoff in sehr stark salzsaurer Lösung. Die ausfallenden Schwefelverbindungen sind beträchtlich aktiver als die gelöst bleibenden Salze.

Ebenso kann man das Barium immer mehr an Radium angereichert erhalten, indem man das Gemenge der Chloride einer fraktionierten Kristallisation aus Wasser oder aus verdünnter Salzsäure unterwirft. Oder man fällt die Lösung der Chloride fraktioniert mit

---

[1]) P. Curie und Mme. Curie, Comptes rend., Juli 1898. P. Curie, Mme. Curie und G. Bémont, Comptes rend., Dezember 1898.

Alkohol. In beiden Fällen zeigt sich das Radiumchlorid weniger löslich als das Bariumchlorid.

Endlich brachte die Spektralanalyse den schlagenden Beweis für die Existenz neuer radioaktiver Elemente. Die spektroskopische Untersuchung der von uns erhaltenen Produkte hat Damarçay ausgeführt und sich dabei der sehr präzisen Methode der photographischen Aufnahme der Funkenspektren bedient. Eins der ersten Präparate von aktivem Bariumchlorid, das ungefähr 60 mal so aktiv war als Uranoxyd, gab zwar das Bariumspektrum, aber im Ultraviolett entdeckte Demarçay noch eine neue Linie von der Wellenlänge $\lambda = 381{,}47\ \mu\mu$. Mit den später gewonnenen aktiveren Präparaten, deren Aktivität den 900 fachen Wert von der des Uranoxyds erreichte, erschien die Linie $381{,}47\ \mu\mu$ verstärkt, und zwei weitere neue Linien traten gleichzeitig auf.[1]) Wir hatten so die Bestätigung der Annahme, daß das Radium ein neues Element sei. Aber die Untersuchung der aktiven Wismutpräparate ergab keine anderen, als die für das Wismut charakteristischen Linien.

Die in diesen Vorarbeiten gewonnenen poloniumhaltigen Wismut- und radiumhaltigen Bariumsalze hatten eine Aktivität von 400—900 mal Uranoxydaktivität. Mit diesen Präparaten haben wir die durch Becquerelstrahlen am Bariumplatincyanür hervorgerufene Fluoreszenz entdeckt.

Indessen wurde es zur Gewißheit, daß die von uns dargestellten Produkte fast gänzlich aus inaktiver Substanz bestanden, und Polonium und Radium in ihnen nur in sehr geringem Betrage enthalten waren, und wir sahen nun voraus, dass man Hunderte oder Tausende von Kilogrammen des Minerals würde verarbeiten müssen, um diese Substanzen zu isolieren. Gleichzeitig wuchs das Interesse, die Reindarstellung von Körpern durchzuführen, deren Radioaktivität beträchtlich größer sein mußte als die der Präparate, die wir zu Anfang erhalten hatten.

Das Polonium sendet nur Becquerelstrahlen aus, das Radium Becquerelstrahlen und eine radioaktive Emanation, die verschieden ist von der des Thoriums.

Eine dritte, stark aktive Substanz ist von Debierne entdeckt und von ihm Aktinium genannt worden.[2]) Das Aktinium begleitet

[1]) Demarçay, Comptes rend. Dezemb. 1898.

[2]) Debierne, Comptes rend. Octob. 1899 u. April 1900.

gewisse in der Pechblende vorkommende Elemente der Eisengruppe. Es scheint entweder das Thorium oder das Cer oder das Lanthan zu begleiten. Seine Abscheidung ist sehr schwierig, weil die Trennungen im allgemeinen unvollständig sind. Einige zu seiner Gewinnung benutzte Fraktionierungsverfahren werden weiter unten beschrieben werden. Das Aktinium emittiert Becquerelstrahlen und eine radioaktive Emanation, die sich charakteristisch von der Thorium- und der Radiumemanation unterscheidet.

Alle diese drei neuen radioaktiven Substanzen finden sich in der Pechblende in unendlich kleiner Menge. Um sie zu konzentrieren, waren wir genötigt, mehrere Tonnen von Rückständen der Uranerze zu verarbeiten. Die rohe Arbeit geschieht in einer Fabrik. Darauf folgt eine Reinigungs- und Konzentrierungsarbeit. Auf diese Weise gelangt man dahin, aus diesen Tausenden von Kilogrammen des Ausgangsmaterials einige Dezigramm von Produkten zu extrahieren, die eine erstaunliche Aktivität besitzen im Vergleich mit dem Erz, aus dem sie stammen. Es ist klar, daß alle diese Arbeiten langwierig, mühselig und kostspielig sind. Ich habe mich besonders mit der Isolierung des Radiums und Poloniums befaßt. Nach langer Arbeit gelang es mir, das Radium in der Form eines reinen Salzes und in genügender Menge zu erhalten, um sein Atomgewicht bestimmen und ihm seine Stellung in der Reihe der Elemente anweisen zu können.

Diese Arbeit hat die vollkommene Bestätigung der von P. Curie und mir zu Beginn unserer Untersuchungen ausgesprochenen Ansicht erbracht, daß die Radioaktivität eine Eigenschaft des Atoms sei und daher als Grundlage einer chemisch-analytischen Methode dienen könne. Die von Rutherford und Soddy aufgestellte Zerfallstheorie der radioaktiven Elemente kann als Erweiterung unserer ursprünglichen Theorie betrachtet werden, die zur Auffindung neuer radioaktiver Substanzen geführt hat. Denn die Zerfallstheorie nimmt an, daß, da die Radioaktivität eine Eigenschaft bestimmter Atome ist, das Auftreten oder Verschwinden von Radioaktivität mit der Neubildung oder Zerstörung derjenigen Atome einhergeht, denen diese Radioaktivität eigen ist. Vielfache Beispiele derartiger Erscheinungen werden in diesem Buche angeführt werden. Die Theorie nimmt übrigens an, daß es keine permanente Radioaktivität gibt, und daß die Radioaktivität solcher Substanzen, wie

Uran oder Radium, nach einer sehr langen Zeit mit diesen Elementen selbst verschwinden wird.

Die Pechblende ist ein teures Mineral, und wir haben darauf verzichtet, große Mengen davon zu verarbeiten. In Europa wird sie in Joachimsthal in Böhmen verhüttet. Das zerkleinerte Erz wird mit Soda geröstet, dann mit heißem Wasser und darauf mit verdünnter Schwefelsäure ausgelaugt. In der Lösung befindet sich dann das Uran, der wertvolle Bestandteil der Pechblende. Der unlösliche Rückstand wurde beseitigt. Dieser Rückstand, der radioaktive Substanzen enthält und dessen Aktivität 3—5 mal so groß ist als die des Uranoxyds, bildete unser Ausgangsmaterial. Er hat jetzt einen sehr hohen Wert.

Zu derselben Zeit, als wir angefangen hatten, große Mengen von Material zu verarbeiten, haben auch mehrere andere Forscher Untersuchungen über die neuen radioaktiven Stoffe begonnen. In Deutschland beschäftigte sich Giesel mit der industriellen Erzeugung von Radium. Bei der Verarbeitung des Erzes gelangte er zu einer radioaktiven Substanz, die er Emanium nannte. Dieser Körper hat sich später als identisch mit Aktinium erwiesen. Marckwald erhielt aus einem von einer großen Quantität Pechblende stammendem Produkte eine außerordentlich aktive Substanz, die er Radiotellur nannte und die sich als identisch mit Polonium herausstellte.

Das aus der Pechblende abgeschiedene Blei ist radioaktiv. Hofmann und Strauß, die es untersucht haben, glaubten darin eine neue radioaktive Substanz gefunden zu haben, doch konnte dieselbe zu jener Zeit nicht genügend charakterisiert werden, und die wahre Natur des radioaktiven Bleies ist erst von Rutherford in einer schönen Arbeit aufgeklärt worden, deren Resultate durch die Arbeiten von Meyer und v. Schweidler erweitert und bestätigt worden sind.

Die Entdeckung eines neuen Minerals, des Thorianits, war die Veranlassung zu einer wichtigen Untersuchung, die Hahn in Ramsays Laboratorium ausgeführt hat und bei der eine neue radioaktive Substanz, das Radiothorium, aufgefunden wurde.

Rutherfords und Boltwoods Arbeiten machen auch die Existenz einer radioaktiven Substanz in der Gruppe der Edelerden wahrscheinlich, die von Boltwood den Namen Ionium erhalten hat. Sie findet sich in Gemeinschaft mit Aktinium in den aus Uranerzen abgeschiedenen seltenen Erden. Sie ist noch wenig erforscht, bietet aber wegen ihrer nahen Beziehungen zum Radium, von denen noch die Rede sein wird, großes Interesse.

Auf Grund der Theorie der Radioaktivität hält man gegenwärtig die Existenz einer großen Anzahl distinkter radioaktiver Substanzen für wahrscheinlich, doch sind es nur wenige, die vom Standpunkt des Chemikers als chemische Individuen betrachtet werden können und deren Abscheidung und Isolierung als erreichbar erscheinen. Außer dem Radium ist keine radioaktive Substanz als reines Salz erhalten und durch ihr Spektrum und ihr Atomgewicht als Element charakterisiert worden.

42. **Abscheidung der neuen radioaktiven Stoffe. Behandlung des Erzes.** — Die Verarbeitung der Uranerze beginnt mit der Trennung des radiumhaltigen Bariums, des poloniumhaltigen Wismuts und der das Aktinium enthaltenden seltenen Erden.

Hat man diese drei ersten Produkte erhalten, so sucht man von einem jeden derselben die neue radioaktive Substanz abzuscheiden.

Diese zweite Operation besteht in einer Fraktionierung. Bekanntlich ist es schwer, ganz vollkommene Trennungsmethoden für einander sehr nahe stehende Elemente zu finden. Darum ist das Fraktionieren hier am Platze. Selbst wenn es eine vollkommene Trennungsmethode gäbe, wäre ihre Anwendung in dem Falle, daß es sich um einen in Spuren beigemengten Stoff handelt, ausgeschlossen, da man Gefahr liefe, diese Spuren im Verlaufe der Operationen zu verlieren.

Das verarbeitete Material war der Rückstand von der Urangewinnung aus der Pechblende in Joachimsthal. Dessen fabriksmäßige Behandlung ist von D e b i e r n e nach vorhergegangenen orientierenden Studien organisiert worden. Das Wichtigste bei dem angewandten Verfahren war die Umwandlung der Sulfate in Karbonate durch eine siedende konzentrierte Sodalösung, wodurch das Schmelzen mit Soda vermieden wurde.

Der genannte Rückstand enthält hauptsächlich Blei- und Calciumsulfat und Kieselsäure, Tonerde und Eisenoxyd. Außerdem finden sich darin größere oder geringere Mengen von fast allen Metallen (Kupfer, Wismut, Zink, Kobalt, Mangan, Nickel, Vanadium, Antimon, Thallium, seltene Erden, Niob, Tantal, Arsen, Barium usw.).

Das Radium ist in dieser Mischung als Sulfat enthalten, das das am wenigsten lösliche von den vorhandenen Sulfaten ist. Um es in Lösung bringen zu können, muß die Schwefelsäure vorher so weit als möglich entfernt werden.

Man beginnt also damit, den Uranrückstand mit einer kochenden, konzentrierten Sodalösung zu behandeln. Die mit dem Blei, dem Aluminium und dem Calcium verbundene Schwefelsäure geht zum großen Teil als Natriumsulfat in Lösung und wird mit Wasser weggewaschen. In die alkalische Lösung gehen auch gleichzeitig Blei, Kieselsäure und Tonerde. Das gelöste Blei kann wieder als Sulfat gefällt werden; es ist dies das radioaktive Blei. Der mit Wasser gewaschene, ungelöst gebliebene Anteil wird mit Salzsäure behandelt. Dadurch wird er vollständig zersetzt und zum großen Teil in Lösung gebracht. Polonium und Aktinium werden aus dieser Lösung abgeschieden, ersteres durch Fällen mittels Schwefelwasserstoff, letzteres mit den Hydroxyden, die aus dem von Schwefelwasserstoff befreiten Filtrat mittels Ammoniak gefällt werden. Das Radium bleibt in dem in Salzsäure unlöslichen Teil.

Dieser Anteil wird mit Wasser gewaschen und dann wieder mit einer kochenden konzentrierten Sodalösung behandelt. Dadurch soll der geringe Rest noch unverändert gebliebener Sulfate aufgeschlossen werden. Die Umsetzung bleibt jedoch im allgemeinen unvollständig. Man wäscht den Rückstand wieder vollständig mit Wasser aus und bringt ihn in verdünnte schwefelsäurefreie Salzsäure. Die entstehende Lösung enthält das Radium und auch Polonium und Aktinium. Man filtriert, fällt das Filtrat mit Schwefelsäure und erhält so das rohe Sulfat des radiumhaltigen Bariums, verunreinigt mit Calcium, Blei, Eisen und mit etwas mitgerissenem Aktinium. Im Filtrat ist noch etwas Aktinium und Polonium enthalten, die daraus, wie aus der ersten salzsauren Lösung, gewonnen werden können.

Aus einer Tonne Rückständen erhält man 10—20 kg roher Sulfate, die 30—60 mal so aktiv sind als Uranmetall. Zu ihrer Reinigung kocht man sie wieder mit Soda und führt sie in Chloride über, leitet in die Lösung Schwefelwasserstoff, filtriert von der kleinen Menge aktiver, poloniumhaltiger Sulfide ab, zerstört den Schwefelwasserstoff durch Chlor und fällt mit reinem Ammoniak. Die hierbei ausfallenden Oxyde sind wegen ihres Aktiniumgehaltes sehr aktiv.

Aus dem nun erhaltenen Filtrat werden die Erdalkalien durch Soda als Karbonate gefällt und abermals in Chloride übergeführt.

Die Lösung der letzteren wird zur Trockne eingedampft und mit reiner konzentrierter Salzsäure gewaschen. Das Calciumchlorid geht dabei fast vollständig in Lösung, während das radiumhaltige Bariumchlorid ungelöst zurückbleibt. Von einer Tonne ursprünglich in Arbeit genommenen Materials erhält man so ungefähr 8 kg radiumhaltiges Bariumchlorid, dessen Aktivität etwa 60 mal so groß ist als die des Uranmetalls. Dieses Chlorid ist nun fertig zur Fraktionierung.

Es existieren Radiummineralien, deren Verarbeitung viel einfacher ist, als die eben beschriebene. Dazu gehören der Carnotit, ein in verdünnter Salpetersäure lösliches Uranmineral, bei dem das Radium mit in die Lösung geht; dann der radiumhaltige Pyromorphit, ein von D a n n e in Issy-l'Evêque entdecktes uranfreies Bleichlorophosphat, das in Salzsäure ebenfalls mitsamt dem Radium löslich ist, und der Autunit, der sich ebenso verhält.

43. **Darstellung der reinen Radiumsalze.** — Zur Scheidung des reinen Radiumchlorids vom radiumhaltigen Bariumchlorid habe ich die gemischten Chloride einer fraktionierten Kristallisation, zuerst aus reinem und dann aus mit Salzsäure angesäuertem Wasser unterworfen. Es gründet sich dieses Verfahren auf die schwerere Löslichkeit des Radiumchlorids gegenüber dem Bariumchlorid.

Die Chloride werden in reinem destilliertem Wasser bis zur Sättigung bei Siedetemperatur gelöst und in einem bedeckten Gefäße zur Kristallisation hingestellt. Nach dem Erkalten sitzen am Boden fest anhaftende, schöne Kristalle, von denen die überstehende Lösung leicht abgegossen werden kann. Untersucht man eine zur Trockne eingedampfte Probe dieser Mutterlauge, so findet man das Chlorid etwa fünfmal weniger aktiv, als den auskristallisierten Teil. Die Chloride sind nun in zwei Teile A und B zerlegt, von denen A viel aktiver ist als B. Man wiederholt nun mit einem jeden Teil dieselbe Operation und zerlegt sie so wiederum in je zwei Teile. Hiervon vereinigt man den weniger aktiven Teil von A mit dem aktivern Teil von B, die beide annähernd dieselbe Aktivität besitzen, und hat nun drei Portionen, die man wiederum in obiger Weise umkristallisiert.

Man läßt die Anzahl der Portionen nicht fortwährend anwachsen, denn je größer ihre Zahl wird, desto geringer wird die Aktivität des löslichen Anteils. Wird diese unbedeutend, so scheidet man den betreffenden Anteil von der Weiterfraktionierung aus. Nach einer passenden Anzahl von Fraktionierungen wird auch der schwerst lösliche, der radiumreichste, Anteil von der Weiterbehandlung ausgeschieden.

Man hält eine konstante Anzahl von Fraktionen ein. Nach jeder Serie von Kristallisationen wird die gesättigte Lösung einer Fraktion mit den Kristallen aus der nächstfolgenden vereinigt. Wird aber nach einer Serie die leichtest lösliche Fraktion beseitigt, so wird in der darauf folgenden eine neue leicht lösliche Fraktion gebildet, und die aktivste Kristallisation ausgeschieden. Durch Einhaltung dieser beiden Maßregeln erhält man einen sehr regelmäßigen Mechanismus der Fraktionierung, wobei die Anzahl der Fraktionen und die Aktivität einer jeden konstant bleibt, indem eine jede etwa fünfmal so aktiv ist als die folgende. Man entfernt auf der einen Seite — am Ende — ein beinahe inaktives Produkt, und sammelt auf der andern Seite — beim Beginn der Kette — ein an Radium angereichertes Chlorid. Die Gesamtmenge der Substanz vermindert sich fortschreitend und die verschiedenen Fraktionen werden um so kleiner, je aktiver sie werden. Man beginnt mit sechs Fraktionen, und die Aktivität des am Ende der Kette entfernten Chlorids beträgt nur 0,1 von derjenigen des Urans.

Das Schema einer solchen Fraktionierung ist in Fig. 42 wiedergegeben. Jeder Punkt bedeutet eine Kristallisation aus der Portion, deren Nummer an seiner Seite steht. Die beiden von einem Punkte ausgehenden Pfeile bedeuten die beiden Produkte — Kristalle und Mutterlauge — die aus jeder Kristallisation resultieren, z. B. links Kristalle, rechts Mutterlauge. Wo zwei Pfeile in einem Punkte zusammentreffen, wird die Vereinigung der aus einer Portion abgeschiedenen Kristalle in der von der vorhergehenden Portion bereiteten Lösung angedeutet. Die nach außen gerichteten Pfeile zeigen an, daß letzte Produkte aus der Fraktionierung entfernt worden sind.

Hat man auf diese Weise einen großen Teil der inaktiven Substanz entfernt und sind die Mengen infolgedessen kleiner geworden, so lohnt es sich nicht mehr, die Portionen bei so schwacher Aktivität auszuscheiden. Man entfernt dann die letzten Portionen in der Reihe und ersetzt sie zu oberst durch vorher angesammeltes aktives Chlorid, wodurch ein radiumreicheres Chlorid fällt als zuerst. So wird fortgefahren, bis die Kristallisationen am Beginn der Reihe reines Radiumchlorid repräsentieren. Ist die Fraktionierung ganz vollkommen durchgeführt worden, so bleiben nur sehr geringe Mengen von Zwischenprodukten übrig.

Sind beim Fortschreiten der Fraktionierung die Substanzmengen in den einzelnen Fraktionen klein geworden, so wird die

Fig. 42.

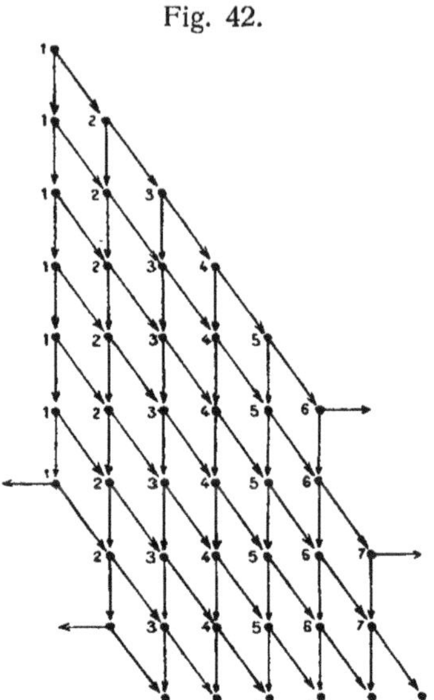

Scheidung durch Kristallisation weniger wirksam, weil die Lösungen zu schnell erkalten und das Volumen der zu dekantierenden Mutterlaugen zu gering wird. Es ist dann vorteilhaft, dem Lösungswasser eine bestimmte Menge Salzsäure zuzusetzen, die man in dem Maße vermehrt, als die Fraktionierung fortschreitet. Dieser Zusatz wirkt vorteilhaft dadurch, daß er das Volumen der Lösung vermehrt, da die Chloride in verdünnter Salzsäure schwerer löslich sind, als in reinem Wasser. Aber auch die Fraktionierung wird durchgreifender, der Unterschied zwischen den aus derselben Substanz stammenden Fraktionen wird ganz beträchtlich. Verwendet man einen starken Säurezusatz, so erhält man vorzügliche Scheidungen, und man kann die Fraktionen auf drei oder vier beschränken. Es ist daher von großem Vorteil, mit diesem Salzsäurezusatz so bald zu beginnen, als es die verringerte Substanzmenge ohne Unbequemlichkeit zuläßt.

Die aus sehr saurer Lösung ausgeschiedenen Kristalle sind nadelförmig, lang, sind beim Radiumchlorid wie beim Bariumchlorid von genau gleichem Aussehen und in beiden Fällen doppelbrechend. Die Kristalle des radiumhaltigen Bariumchlorids sind farblos; steigt aber der Radiumgehalt bis zu einer gewissen Grenze, so nehmen sie nach einigen Stunden eine gelbe, ins Orange spielende Farbe an, manchmal auch eine schöne rosenrote Färbung. Diese Farbe verschwindet beim Auflösen. Die Kristalle des reinen Radiumchlorids färben sich nicht, oder wenigstens nicht so schnell, so daß die Färbung von der gleichzeitigen Gegenwart von Radium und Barium herzurühren scheint. Das Maximum der Färbung tritt bei einem bestimmten Gehalt an Radium ein, und man kann danach den Fortgang der Fraktionierung kontrollieren. Solange die aktivste Fraktion sich färbt, enthält sie noch eine beträchtliche Menge Barium; färbt sie sich nicht mehr und beginnen die folgenden Fraktionen sich zu färben, so ist die erstere annähernd reines Radiumchlorid.

Mitunter habe ich Kristallisationen beobachtet, die aus sich färbenden und farblos bleibenden Kristallen bestanden. Man hätte sie möglicherweise durch Auslesen trennen können, aber das ist nicht versucht worden.

Gegen Ende der Fraktionierung steht die Aktivität der aufeinanderfolgenden Fraktionen nicht im gleichen Verhältnis, noch ist dies so regelmäßig wie zu Anfang, indessen wird hierdurch keine ernstliche Störung im Gange des Fraktionierens verursacht.

Verarbeitet man einige Kilogramm der aus einer oder mehreren Tonnen der Rohmaterialsrückstände gewonnenen Chloride, so machen sich einige Änderungen im Gange der Arbeit erforderlich. Die erste Fraktionierung wird dann in der Fabrik vorgenommen, damit nach Abscheidung von 90°/₀ des Bariumsalzes ein an Radium reicheres Produkt geliefert werden kann. Diese erste Fraktionierung erfordert verhältnismäßig große Volumina der gesättigten Lösungen und wird in gußeisernen Kesseln ausgeführt. Anstatt destillierten Wassers wird möglichst salzarmes Regen- oder Flußwasser angewandt, aus dem alle Schwefelsäure sorgfältig mit Bariumchlorid in geringem Überschuß ausgefällt wird.

Durch fraktionierte Fällung einer wässerigen Lösung von radiumhaltigem Bariumchlorid mit Alkohol ist die Abscheidung des Radiums, das dabei zuerst ausfällt, ebenfalls ausführbar. Ich habe mich dieser

Methode zu Anfang bedient, sie aber später gegen die eben beschriebene, die eine größere Gleichmäßigkeit gewährleistet, aufgegeben. Zuweilen habe ich jedoch die Fällung mit Alkohol angewandt, um Radiumchlorid, das wenig Bariumchlorid beigemengt enthält, zu reinigen. Letzteres bleibt in dem schwach verdünnten Alkohol gelöst und kann so entfernt werden.

Giesel, der sich seit der Veröffentlichung unserer ersten Untersuchungen mit der Darstellung radioaktiver Körper beschäftigt hat, empfiehlt zur Scheidung von Barium und Radium die fraktionierte Kristallisation der gemischten Bromide aus Wasser. Ich habe feststellen können, daß dieser Weg namentlich beim Beginn des Fraktionierens sehr vorteilhaft ist. Indessen ist dies nur der Fall, wenn man keine zu große Menge von Salzen zu fraktionieren hat. Handelt es sich um mehrere Kilogramm, so ist die Verwendung einer entsprechenden Menge Bromwasserstoffsäure unangenehm wegen ihres hohen Preises, und auch weil die gußeisernen Kessel von den Bromiden leichter angegriffen werden als von den Chloriden. Immerhin ist es von Vorteil, die aus der ersten Fraktionierung von der Fabrik erhaltenen Chloride, deren Gewicht schon bedeutend verkleinert ist, in Bromide überzuführen. Man gelangt dadurch zu einer schnelleren Fraktionierung, solange das Quantum der Substanz nicht zu klein geworden ist. Hat man aber nur noch sehr wenig Salz, so arbeitet es sich mit den Bromiden nicht so gut wie mit den Chloriden, weil die ersteren einerseits viel löslicher und andrerseits viel veränderlicher sind, als die letzteren. Eine an Radium sehr reiche wässerige oder mit Bromwasserstoff angesäuerte Lösung des Bromids verändert sich sehr schnell unter Freiwerden von Brom. Darum halte ich es für zweckmäßig, die sehr radiumreichen Salze zur Gewinnung eines reinen und haltbaren Radiumsalzes immer in Chloride umzuwandeln. Im trocknen Zustand ist das Chlorid besser definiert und beständiger als das Bromid, und seine freiwillige Veränderung ist ganz unbedeutend.

Welchen Verfahrens der Fraktionierung man sich auch bedienen mag, immer ist es von Nutzen, es durch die Messung der Aktivität zu kontrollieren.

Es muß betont werden, daß eine aus einer Lösung durch Kristallisation oder Fällung in den festen Zustand übergeführte Radiumverbindung nicht gleich von Anfang an eine unveränderliche Aktivität besitzt. Die Aktivität steigt während eines Monats ungefähr bis zu einer sich stets gleichbleibenden Grenze. Diese Endaktivität ist fünf- bis sechsmal so hoch als die Anfangsaktivität. Diese Änderungen, auf die ich noch zurückkommen werde, müssen bei den Messungen der Aktivität berücksichtigt werden. Die Endaktivität ist besser definiert, aber im Laufe einer chemischen Behandlung von Radiumsalzen ist es praktischer, die Anfangsaktivität des festen Produktes zu messen.

Ist auch das der Fraktionierung unterworfene Salz immer schon einer vorhergehenden Reinigung unterworfen gewesen, so findet man sich doch oft veranlaßt, ein sehr radiumreiches Salz nochmals zu reinigen. Die Fraktionierung an sich bildet ja schon einen Reinigungsprozeß, bei dem die Spuren der in angesäuertem Wasser sehr leicht löslichen Salze (wie die Calcium-, Eisen-, Magnesiumsalze usw.) entfernt werden. Aber dafür häufen sich die Spuren von Bleichlorid oder -bromid mit dem Radiumsalz in dem schwerer löslichen Teile an. Darum ist es im allgemeinen nötig, die sehr radiumreichen Salze vor der definitiven Entfernung des Bariums mit Schwefelwasserstoff zu behandeln.

44. **Das Spektrum des Radiums.** — Das Spektrum des Radiums ist zuerst von Demarçay beobachtet worden, der in dem Funkenspektrum radiumhaltiger Bariumsalze Linien festgestellt hat, die keinem bekannten Elemente angehören und deren Intensität in dem Maße zunahm, als die untersuchten Präparate aktiver waren. Ihm verdankt man auch das erste Studium des Radiumspektrums und die Bestimmung der wichtigsten Linien in dem Teile des Spektrums zwischen 500 $\mu\mu$ und 350 $\mu\mu$.[1]) Die Untersuchung des Funkenspektrums des Radiums ist fortgesetzt und ergänzt worden durch die Arbeiten von Runge und Precht, Exner und Haschek und Crookes, so daß es jetzt sehr gut bekannt ist.[2]) Es gleicht im grossen und ganzen den Spektren der Erdalkalimetalle. Es zeigt starke und scharfe Linien und einige Banden. Die wichtigsten Linien sind:

---

[1]) Demarçay, Comptes rend. Dezemb. 1898, Novemb. 1899, Juli 1900.

[2]) Runge und Precht, Ann. de Chim. et de Phys. 1904.

Gegend des Spektrums	Wellenlänge in $\mu\mu$	Intensität
Grün	482,61	mittel
Blau	468,23	sehr stark
Ultraviolett	453,33	mittel
	443,65	,,
	434,08	stark
	381,46	die stärkste Linie
	364,97	stark
	281,40	,,
	270,86	,,

Nachstehende Tabelle gibt die Wellenlängen des Radiumspektrums nach den Messungen von Runge und Precht. Es wurde mittels eines konkaven Rowlandschen Gitters von 1 m Krümmungshalbmesser erzeugt und photographisch aufgenommen. Die photographische Platte war für Rot empfindlich gemacht.

Wellenlänge in $\mu\mu$	Intensität
644,63	8
633,72	6
620,06	10
616,74	8
595,84	10
581,38	15
566,08	10
561,67	8
560,17	8
555,62	6
555,38	6
550,21	8
548,88	6
548,21	6
540,68	8
540,03	8
531,97	6
528,34	6
526,46	6
520,60	6
508,12	6
504,15	6
498,21	6
497,19	6
485,62	8

Wellenlänge in $\mu\mu$	Intensität
482,61	20
468,24	50
453,33	10
443,65	20
434,08	50
430,50	7
417,80	6
401,05	6
381,46	100
364,97	50
281,38	10
270,90	8

Es sind zwei starke Banden vorhanden, deren Intensitätsmaxima den Wellenlängen 462,75 $\mu\mu$ und 445,52 $\mu\mu$ entsprechen.

Das Flammenspektrum des Radiums ist ebenso charakteristisch. Es ist zum ersten Male von Giesel beobachtet worden, der auch gleichzeitig die schöne karminrote Färbung der Flamme durch Radiumsalze wahrnahm. Die von ihm beobachteten Wellenlängen der Linien des Flammenspektrums sind:

665,3	rot
660,0	rot (Bande)
630,0	orange (Bande)
482,6	grün.

Die Spektralreaktion des Radiums ist sehr empfindlich. Sie gestattet die Entdeckung von Radiumspuren in Bariumsalzen, die zu gering sind, als daß man sie durch die Bestimmung des Atomgewichtes nachweisen könnte. Vergleicht man die Aktivität eines reinen Radiumsalzes mit derjenigen eines radiumhaltigen Bariumsalzes, das die stärkste Linie im Radiumspektrum gibt, so erkennt man, daß man durch Spektralanalyse noch einen Radiumgehalt von 0,01 $^0/_0$ finden kann.

Hierzu mag noch bemerkt werden, daß die Methode, die uns zur Entdeckung des Radiums durch seine radioaktiven Eigenschaften geführt hat, in dieser Beziehung bedeutend empfindlicher ist als die Spektralanalyse. Man kann die Radiumlinie 381,5 $\mu\mu$ mit einem radiumhaltigen Bariumsalze erhalten, das 50 mal so aktiv ist als das Uran. Man kann aber auch ohne Schwierigkeit die Radioaktivität eines Salzes konstatieren, die 100 mal schwächer ist als die des Urans. Die auf die Radioaktivität gegründete Methode ist also im vorliegenden Falle ungefähr 5000 mal so empfindlich als die spektralanalytische Methode und gestattet den Nachweis des Radiums, selbst wenn es in unendlich kleiner Menge vorhanden ist. Gleichwohl ist es wahrscheinlich, daß die Empfindlichkeit der neuen Methode noch viel weiter geht, denn wir haben allen Grund anzunehmen, daß es Substanzen gibt, deren Aktivität bei gleichem Gewicht noch bedeutend größer ist, als die des Radiums.

Auf Tafel II ist das mit reinem Radiumchlorid erhaltene Funkenspektrum nach der Photographie wiedergegeben.

45. **Das Atomgewicht des Radiums.** — Die Bestimmung des Atomgewichtes des Radiums war von großer Wichtigkeit, weil sie den endgültigen Beweis erbrachte, daß das Radium ein Element und die Radioaktivität eine Eigenschaft des Atoms ist.

Im Verlaufe meiner Arbeit habe ich mehrmals die Bestimmung des Atomgewichtes des Metalles, das in Präparaten von radiumhaltigem Bariumchlorid enthalten war, vorgenommen.[1]) Jedesmal, wenn ich einen neuen Vorrat von radiumhaltigem Bariumchlorid aus einer neuen Darstellung erhalten hatte, trieb ich die Konzentrierung soweit als möglich, so daß ich 0,1 bis 0,5 g Substanz gewann, die fast die ganze Aktivität der Mischung enthielt. Diese Substanz wurde zunächst spektralanalytisch untersucht und dann zur Atomgewichtsbestimmung verwandt.

Ich bediente mich der klassischen Methode, die in der Wägung des in einem bekannten Gewicht des wasserfreien Chlorids enthaltenen Chlors als Silberchlorid besteht. Zur Kontrolle habe ich das Atomgewicht des Bariums auf dieselbe Weise und mit derselben Menge — mit 0,5 g anfänglich und zuletzt nur mit 0,1 g — bestimmt. Die gefundenen Werte lagen immer zwischen 137 und 138, und ich überzeugte mich so, daß diese Methode selbst bei Anwendung so geringer Substanzmengen befriedigende Resultate liefert.

Die beiden ersten Bestimmungen sind mit Chloriden gemacht worden, deren eines 230 mal und das andere 600 mal aktiver war

---

[1]) Mme. Curie, Comptes rend. 1899, 1900, 1902, 1907.

als Uran. Diese beiden Versuche ergaben innerhalb der Versuchsfehler dieselben Zahlen, wie die mit reinem Bariumchlorid. Man konnte daher nur bei Anwendung eines viel aktiveren Produktes eine Differenz erwarten. Der nächstfolgende Versuch wurde mit einem Chlorid gemacht, das ungefähr 3500 mal so aktiv war als Uran. Dieser Versuch ließ zum ersten Male einen kleinen, aber sicheren Unterschied erkennen; ich fand als mittleres Atomgewicht des im Chlorid enthaltenen Metalles den Wert 140, der darauf hindeutete, daß das Atomgewicht des Radiums höher sein muß als das des Bariums. Bei Anwendung immer aktiverer Produkte, die das Radiumspektrum mit steigender Intensität gaben, stellte ich fest, daß die erhaltenen Zahlen ebenfalls anstiegen, wie nachstehende Tabelle zeigt. (A bedeutet die Aktivität des Chlorids, diejenige des Urans als Einheit angenommen, P das gefundene Atomgewicht.)

A	P	
3500	140	Radiumspektrum sehr schwach.
4700	141	
7500	145,8	Radiumspektrum stark, aber das des Bariums stark vorherrschend.
Größenordnung 10^6	173,8	Beide Spektren ziemlich gleich ausgeprägt.
	223	Die 3 stärksten Bariumlinien in beträchtlicher Intensität allein sichtbar.
	225,3	Dieselben 3 Linien sehr schwach (Versuch mit 0,1 g Chlorid).
	226,45	Die stärkste Bariumlinie, 455,42 $\mu\mu$, ist sehr schwach (Versuch mit ungefähr 0,4 g Chlorid).

Die Zahlen der Kolumne A sind nur als eine allgemeine Angabe zu betrachten. Die Schätzung sehr hoher Aktivitäten ist aus verschiedenen, später noch anzuführenden Gründen schwierig.

Die drei Versuche, die die letzten drei Zahlen in Kolumne P geliefert haben, sind diejenigen, auf die es ganz besonders bei der Feststellung des Atomgewichtes des Radiums ankam. Sie sollen hier ausführlich beschrieben werden.

Im Jahre 1902 habe ich nach einer Reindarstellung 0,12 g eines nahezu reinen Radiumchlorids erhalten. Das Spektrum dieses Salzes zeigte noch die drei hauptsächlichsten Bariumlinien in beachtenswerter Stärke, aber bei der Empfindlichkeit der Spektralreaktion des Bariums durfte man annehmen, daß davon nur sehr geringe Mengen vorlagen. Mit diesem Chlorid habe ich vier Bestimmungen gemacht, die folgende Zahlen ergaben:

220,9; 223,2; 223,0; 223,3.

Darauf reinigte ich dieses Chlorid aufs neue und erhielt eine viel reinere Substanz, in deren Spektrum die beiden stärksten Bariumlinien sehr schwach erschienen. Nach Demarçays Ansicht konnte dieses gereinigte Chlorid nur minimale Spuren von Barium enthalten, die in keiner nennenswerten Weise das Atomgewicht zu beeinflussen vermochten. Mit diesem sehr reinen Radiumchlorid, wovon ich nur 0,09 g besaß, führte ich drei Bestimmungen aus und erhielt:

Wasserfreies Radiumchlorid	P
0,0919	225,5
0,08935	226,0
0,0884	224,2

Das Mittel aus diesen Zahlen ist: P = 225,2. Bei dieser Übereinstimmung der Versuchsergebnisse glaubte ich, diese Zahlen als bis auf eine Einheit genau annehmen zu dürfen. Die bei diesen Versuchen angewandte Menge Radium ist sehr klein, und es erschien daher wünschenswert, eine neue Reihe von Bestimmungen mit größeren Mengen reinen Salzes zu machen. Dies konnte ich im Jahre 1907 ausführen, da ich 0,4 g sorgfältig gereinigtes Radiumchlorid zu meiner Verfügung hatte. Die Reinigung geschah wie folgt:

Das Chlorid wurde in mit Salzsäure versetztem Wasser gelöst. Die auf dem Wasserbade eingedampfte Lösung gab schöne nadelförmige Kristalle. Die Verdampfung wurde soweit getrieben, daß fast alles Salz ausgeschieden wurde und nach dem Erkalten nur einige Kubikcentimeter Mutterlauge mit einem Gehalte von 1—2 mg abgegossen wurden. Aus einer großen Anzahl solcher Operationen vereinigte ich die ausgeschiedenen Anteile und erhielt so das Salz in zwei Teile zerlegt, einen schwerer und einen leichter löslichen.

Der Fortgang der Fraktionierung wurde durch Photographie des Funkenspektrums kontrolliert. Besonders geeignet hierzu ist die Vergleichung der sich sehr nahestehenden und sehr scharfen Linien einerseits des Bariums 455,42 und andererseits des Radiums 453,33. Die Linie 455,42 ist die stärkste des Bariumspektrums, die Radiumlinie 453,33 ist nur von mittlerer Intensität.

Nach einer gewissen Anzahl von Operationen scheint die Grenze der Leistungsfähigkeit dieser Methode erreicht zu sein; die Intensität der Bariumlinie 455,42 vermindert sich nicht weiter. Ich griff daher von neuem zur Fällung mit Alkohol, deren ich mich schon früher bedient hatte. Der Alkohol wird tropfenweise der sehr konzentrierten und beständig umgerührten wässerigen Lösung zugefügt, bis das Salz fast ganz ausgefällt ist. Die Flüssigkeit wird dann abgegossen und dem leichter löslichen Anteil hinzugefügt.

Nach einer Reihe solcher Fällungen gelangte ich zu einer bedeutenden Verbesserung. Die Linie 455,42 wurde außerordentlich schwach, verschwand aber nicht vollständig. Hingegen wurde sie im Spektrum des leichter löslichen Teils offenbar kräftiger als die benachbarte Radiumlinie 453,33.

Als mit der Fortsetzung der Reinigung aufgehört wurde, war die kräftigste Bariumlinie noch sehr schwach neben ihrer Nachbarin sichtbar. Ihre gänzliche Beseitigung schien schwierig, bei der geringen Substanzmenge, die mir zur Verfügung stand. Wir werden aber sehen, daß das Salz trotzdem von großer Reinheit war.

Bei drei Versuchen mit diesem Chlorid wurden folgende Zahlen erhalten:

Wasserfreies Radiumchlorid	P
0,4052	226,62
0,4020	226,31
0,39335	226,42

Das Mittel aus diesen sehr nahe übereinstimmenden Versuchen ergibt für das Atomgewicht des Radiums

Ra 226,45

Die Werte dieses Atomgewichtes P sind aus den verschiedenen Versuchen unter der Annahme, daß das Radium ein zweiwertiges Metall ist und daß das Atomgewicht des Silbers gleich 107,93 und das des Chlors gleich 35,45 ist, berechnet worden.

Im Laufe der auf die Reinigung des Radiumchlorids hinzielenden Arbeiten haben sich verschiedene Schwierigkeiten eingestellt. Verdampft man eine klare Lösung von Radiumsalz in einer Porzellan- oder einer Glasschale, so ist das resultierende trockene Salz gewöhnlich nicht mehr klar löslich in destilliertem Wasser, sondern hinterläßt einen Rückstand. Ich habe mich überzeugt, daß dieser Rückstand hauptsächlich aus Sulfat besteht.

Das Radiumsulfat ist außerordentlich schwer löslich. Destilliertes Wasser und die reinen käuflichen Säuren enthalten Spuren von Schwefelsäure, die genügen, Radium zu fällen. Das Vorhandensein solcher Spuren von Schwefelsäure kann nicht direkt mit Bariumchlorid nachgewiesen werden, aber der Rückstand einer hinreichend großen Menge verdampften destillierten Wassers oder reiner käuflicher Säuren gibt mit Bariumchlorid einen Niederschlag.

All diese Reagentien sind infolgedessen besonders bereitet worden. Das Wasser wurde zuerst aus Glasgefäßen destilliert, aber das erwies sich als ungenügend — vielleicht wegen des Vorhandenseins von Sulfaten im Glase — und es wurde deshalb mit einem Platinapparat destilliert, was ein gutes Resultat gab. Mit diesem Wasser ist die Salzsäure bereitet worden, die in einer Platinflasche aufbewahrt wurde. Auch der Alkohol ist umdestilliert worden.

Diese Vorsichtsmaßregeln haben wohl den Erfolg gehabt, die Bildung eines unlöslichen Rückstandes bedeutend zu verringern, aber gänzlich haben sie sie nicht verhindert. Die jetzt noch entstehenden sehr geringen unlöslichen Rückstände konnten nur darauf zurückgeführt werden, daß die Porzellan- und Glasschalen vom Radiumchlorid angegriffen wurden. Ich habe den Versuch gemacht, eine saure Lösung von Radiumchlorid in einer Platinschale einzudampfen, aber das Platin wurde bald angegriffen und löste sich in beträchtlicher Menge.

Die Schalen scheinen hauptsächlich angegriffen zu werden, während die noch feuchten Kristalle mit ihrer Wandung in Berührung sind. Eine Lösung von Radiumchlorid kann sich lange Zeit klar erhalten und nach der Verdampfung nur einen relativ geringen unlöslichen Rückstand geben. Auch in einer Flasche eingeschlossenes oder in einer Schale befindliches trockenes Salz wird niemals, selbst nicht nach einem Jahre oder noch länger, in höherem

Maße unlöslich. Die unlösliche Substanz bildet sich nach und nach bei oft wiederholtem Eindampfen einer Salzlösung. Möglicherweise ist es ein Silikat, aber ich habe mich darüber nicht vergewissert.

Dampft man eine klare, salzsäurehaltige Lösung von Radiumchlorid auf dem Wasserbade rasch zur Trockne ein, so lösen sich die bei 150° getrockneten Kristalle in reinem Wasser ohne Rückstand und können daher zur Bestimmung des Atomgewichts verwendet werden.

Die Atomgewichtsbestimmungen wurden in nachstehend beschriebener Weise ausgeführt.

Die eben aus einer klaren Lösung ausgeschiedenen Kristalle von Radiumchlorid werden auf dem Wasserbade getrocknet und in einem vorher gewogenen Platintiegel im Trockenschrank eine halbe Stunde lang bei 150° getrocknet. Das Chlorid verliert dabei das gesamte Kristallwasser und nimmt ein konstantes Gewicht an, das man bestimmt, indem man den Tiegel in einem Exsiccator über Phosphorpentoxyd erkalten läßt und ihn dann so rasch als möglich wägt, um die Anziehung von Wasser während des Wägens zu vermeiden. Ich habe mich überzeugt, daß das Gewicht des Salzes nach einer wiederholten Erwärmung auf 150° sich nicht ändert, und daß tatsächlich schon bei 120° oder 130° das Kristallwasser bei der angewandten Gewichtsmenge in einer halben Stunde ausgetrieben wird. Man kann das Salz hinterher auf 200° erhitzen, ohne daß das Gewicht sich verändert. Das Salz ist also vollkommen definiert, und es wird angenommen, daß es der Formel $Ra\,Cl_2$ entspricht.

Das gewogene Salz wird in einem Becherglase in Wasser gelöst und in der Wärme mit einer heißen, schwach salpetersauren Lösung von durch Umkristallisieren gereinigtem Silbernitrat versetzt. Das Silberchlorid setzt sich beim Umrühren und mäßigem Erwärmen ab. Ist die Flüssigkeit klar geworden, so filtriert man es ab und wäscht es mit warmem, leicht mit Salpetersäure angesäuertem Wasser. Man trocknet den Niederschlag, löst ihn vom Filter und verbrennt letzteres im Tiegel. Die Filterasche wird mit einem Tropfen Salpetersäure und dann mit einem Tropfen Salzsäure abgedampft. Der Rückstand im Tiegel muß im Verhältnis zum gesamten Niederschlag sehr unbedeutend sein. Letzterer wird nun in den Tiegel getan und nur soweit erhitzt, daß er gerade schmilzt. Man läßt den Tiegel im Exsiccator erkalten und wägt ihn dann.

Die Wägung wurde mit einer Curieschen aperiodischen Wage gemacht, an der die Gewichte unter 0,1 direkt mit dem Mikroskop abgelesen werden. Diese Wage, eine Schnellwage, ist auf $^1/_{10}$ mg genau, man kann auch $^1/_{20}$ erhalten. Die angewandten Gewichte waren Präzisionsgewichte. Eine Wägung dauert nur kurze Zeit, da die Wage sich in ungefähr 10 Sekunden nach Aufhebung der Arretierung ins Gleichgewicht stellt. Die Wägung des Radiumchlorids ist schwieriger als die des Silberchlorids, weil das erstere Wasser absorbiert, selbst wenn in der Wage Trockenmittel sich befinden, während das letztere keine merkliche Absorption zeigt. Man kann daher das Silberchlorid mehrere Male hintereinander wägen, während die Wägung des Radiumchlorids in einem Zug gemacht werden muß und nicht wiederholt werden kann, wenn das Salz nicht aufs neue in den Trockenschrank gebracht wird. Die Schnelligkeit der Wägung ist also hier wesentlich für die Genauigkeit. Die Ablesung mit dem Mikroskop ist sehr vorteilhaft; jede schnelle Veränderung des Gewichtes wird sofort wahrgenommen. Nach jeder Bestimmung wurde die silberhaltige Lösung des Radiumnitrats mit Salzsäure versetzt, vom ausgeschiedenen Silberchlorid abfiltriert und die Salpetersäure durch wiederholtes Eindampfen nach Zusatz eines Überschusses von Salzsäure beseitigt. Solange noch Salpetersäure anwesend ist, färben die Kristalle sich rötlich. Die so gefärbte Radiumverbindung ist wahrscheinlich ein komplexes Salz, vielleicht ein Nitrosochlorid.

Das Silberchlorid aus den Bestimmungen war immer radioaktiv und leuchtend. Um sicher zu sein, daß es keine wägbare Menge Radium mitgerissen hatte, wurde sein Silbergehalt bestimmt. Zu diesem Zwecke wurde das im Tiegel enthaltene geschmolzene Silberchlorid durch den bei der Einwirkung von verdünnter Salzsäure auf Zink sich entbindenden Wasserstoff reduziert und nach dem Auswaschen das erhaltene Silber gewogen.

Es ist außerdem bei einigen Versuchen festgestellt worden, daß das Gewicht des regenerierten Radiumchlorids unverändert dasselbe geblieben war, wie vor der Fällung des Chlors. Bei anderen Versuchen ist mit dem Beginn einer neuen Bestimmung nicht gewartet worden, bis alles Waschwasser verdampft war.

Die von dem Silberchlorid zurückgehaltene Radiummenge wurde endlich mit Hilfe der vom geschmolzenen Silberchlorid ausgegebenen Emanation bestimmt (§ 70). Es ergab sich, daß die mitgerissene Radiummenge vernachlässigt werden konnte.

Vergleicht man die von mir 1902 und 1907 erhaltenen Zahlen für das Atomgewicht des Radiums miteinander, so sieht man, daß der Unterschied beider Mittel, 225,2 und 226,45, kaum eine Einheit überschreitet. Im Spektrum des 1902 analysierten Chlorides tritt das Barium etwas stärker hervor als im Spektrum des 1907 analysierten. In den beiden Spektren ist die Bariumlinie 455,42 sehr schwach neben der Radiumlinie 453,33 sichtbar. Eine kleine Differenz in der Reinheit konnte jedoch zugunsten des zuletzt dargestellten Salzes konstatiert werden. Durch einen direkten Versuch habe ich mich indessen überzeugt, daß die Abweichung um eine Einheit in den Atomgewichten nicht von dieser Differenz herrühren kann, sondern der geringeren Genauigkeit der 1902 ausgeführten Versuche zugeschrieben werden muss. Ich habe daraufhin einer Lösung von einigen mg des Radiumchlorids von 1907 soviel von einer titrierten Lösung von Bariumchlorid zugesetzt, daß ich ein Gemenge mit 0,61 Proz. von letzterem erhielt. In dem Spektrum dieses Präparats haben die Bariumlinien bedeutend an Intensität zugenommen. Die Linie 455,42 ist der Radiumlinie 453,33 fast gleich geworden, und auch andere Bariumlinien, besonders die Linien 389,28 und 413,08 treten deutlich hervor. Das aus diesem Präparat mit dem obigen bekannten Zusatz von Bariumchlorid berechnete Atomgewicht ergibt sich aber noch nicht um eine Einheit — nur um 0,7 — zu klein, und es ist darum klar, daß die Differenz zwischen den Zahlen von 1902 und 1907 nur eine Folge der späteren größeren Genauigkeit der Versuche ist.

Dieser Versuch mit dem Zusatz von Bariumchlorid zeigt auch, wie sehr empfindlich die Spektralreaktion des Bariums in Gegenwart von Radium ist, und daß das zur Analyse verwandte Radiumchlorid, in dessen Spektrum die stärkste Bariumlinie nur ganz schwach erscheint, von außerordentlicher Reinheit sein muß. Ich schätze den Gehalt an Bariumchlorid darin auf weniger als 0,06 Proz. Dadurch könnte das Atomgewicht des Radiums nur um weniger als $^1/_{10}$ einer Einheit beeinflußt werden.

Um die stärkste Bariumlinie im Radiumspektrum gänzlich

verschwinden zu lassen, müßte man mit einem großen Quantum an Material arbeiten. Diese Linie ist, wie noch bemerkt werden mag, schwächer als die Calciumlinien H und K (396,86 und 393,38). Calcium kann jedoch nicht in wägbarer Menge vorhanden gewesen sein.

Das Spektrum des reinen Radiumchlorids und dasjenige des mit 0,61 Proz. Bariumchlorid versetzten sind auf Tafel II dargestellt. Die wichtigsten Linien sind angegeben.[1])

Nach dem Gesamtergebnis meiner Arbeit läßt sich auf der oben angegebenen Grundlage das Atomgewicht des Radiums gleich 226,45 festsetzen. Bei der Übereinstimmung der Analysen und nach den ausgeführten Kontrollversuchen glaube ich, daß diese Zahl auf eine halbe Einheit genau ist. Es ist sehr bemerkenswert, daß man eine Methode von solcher Vollkommenheit besitzt, um ein so hohes Atomgewicht bei Anwendung so geringer Substanzmengen mit diesem Grade von Genauigkeit bestimmen zu können. Die Substanz ist außerdem so kostbar, daß man sich nicht den Verlusten an derselben auszusetzen vermag, die durch zahlreiche Wiederholungen der ganzen Reihe für die Atomgewichtsbestimmungen nötiger Operationen eintreten müßten.

Man darf ein Chlorid, in dessen Spektrum die Bariumlinie 455,42 und die Radiumlinie 453,33 die gleiche Intensität haben, als einem mittleren Atomgewicht von 223 oder 224 entsprechend betrachten.

Eine Reihe von Atomgewichtsbestimmungen ist von Thorpe[2]) mit 0,06—0,08 g Radiumchlorid ausgeführt worden. Thorpe hat das Salz nach M. Curies Methode dargestellt und es auch in derselben Weise analysiert. Die Reinheit des Salzes ist durch Beobachtung des Funkenspektrums kontrolliert worden. Die in drei aufeinander folgenden Versuchen erhaltenen Zahlen sind 226,8, 225,7 und 227,7, wenn Ag = 107,93 und Cl = 35,45 ist. Das Mittel aus den drei Zahlen ist 226,7. Dieses Mittel weicht nur um 0,25 von der aus M. Curies Versuchen abgeleiteten Zahl

---

[1]) Es muß hervorgehoben werden, daß auf dieser Reproduktion die schwächsten Linien im Verhältnis zu den intensivsten stärker hervorgehoben sind als auf der direkten photographischen Aufnahme. Auch die Bariumlinie 455,42 ist hier viel stärker als auf der Photographie.

[2]) Thorpe, Proc. Roy. Soc., 1908.

226,45 ab. Diese Übereinstimmung der von verschiedenen Experimentatoren mit unabhängig voneinander in Frankreich und in England dargestellten Salzen erhaltenen Resultate ist sehr beachtenswert und bildet eine feste Gewähr für die Genauigkeit der für das Atomgewicht des Radiums gefundenen Zahl. Es erscheint übrigens gerechtfertigt, den von M. Curie festgestellten Wert 226,45 für dieses Atomgewicht anzunehmen, da ihre Versuche mit einer fünfmal so großen Substanzmenge gemacht worden sind, als Thorpe zur Verfügung stand, und unter sich sehr nahe übereinstimmen.

Der Wert, den ich 1902 für das Atomgewicht des Radiums veröffentlicht hatte, wurde damals von Runge und Precht[1]) bestritten. Diese Forscher haben die Spektren der Erdalkalimetalle einschließlich desjenigen des Radiums einer vergleichenden Untersuchung unterworfen und glaubten schließen zu dürfen, daß das Atomgewicht des Radiums gleich 258 sei. Wäre dies der Fall, so müßte das von mir für rein gehaltene Salz eine große Menge Barium — etwa 20% — enthalten haben. Diese Annahme erscheint gänzlich unzulässig. Meine Versuche von 1907 sowie Thorpes Versuche aus derselben Zeit lassen es außer Zweifel, daß das Atomgewicht des Radiums nahe an 226 ist. Der Kontrollversuch durch Zusatz von Bariumchlorid zum Radiumchlorid zeigt außerdem, daß die Spektralreaktion des Bariums sehr empfindlich ist, wie man erwarten konnte, und daß folglich die Prüfung mittels des Spektrums eine genügende Gewähr bietet für die Reinheit des Radiumsalzes. Andererseits hat Watts[2]) gezeigt, daß man bei eingehenderer Untersuchung der Spektren zu einem Resultat gelangt, das dem von uns durch direkte Versuche gewonnenen nahe ist.

46. **Die Eigenschaften der Radiumsalze.** — Der chemische Charakter der Radiumsalze ist im allgemeinen dem der Bariumsalze analog. Wir haben gesehen, daß die Chloride und Bromide dieser beiden Elemente in jedem Verhältnis zusammen kristallisieren. Es sind isomorphe Salze, die sich voneinander durch ihre Löslichkeit unterscheiden: die Radiumsalze sind schwerer löslich als die

---

[1]) Runge und Precht, Phys. Zeitschr. 4, 285, 1903.

[2]) Watts, Phil. Mag., 1909.

Bariumsalze. Der Isomorphismus der Bromide des Bariums und Radiums ist durch kristallographische Messungen beider Salze nachgewiesen worden. Sie sind monoklin[1]). Danach ist es wahrscheinlich, daß das Radiumbromid wie das Bariumbromid mit 2 Mol. Wasser kristallisiert, was jedenfalls auch für das Chlorid angenommen werden darf. Das Radiumchlorid und das Bromid sind unlöslich in konzentrierten Säuren und in absolutem Alkohol.

Das Radiumnitrat ist in Wasser löslich. Aus einer Lösung, die Radium- und Bariumnitrat gleichzeitig enthält, läßt sich ersteres durch Fraktionierung nicht konzentrieren. Die Löslichkeit dieser beiden Salze scheint also ziemlich gleich zu sein.

Das Radiumsulfat ist in Wasser und in konzentrierten wie in verdünnten Säuren unlöslich. Das Karbonat ist in Wasser unlöslich. Das Radium wird weder durch Schwefelwasserstoff in saurer, noch durch Schwefelammonium in verdünnter alkalischer Lösung gefällt.

Eine metallische Abscheidung wird bei der Elektrolyse von Radiumnitrat mit Platinelektroden nicht gebildet.

Die magnetischen Eigenschaften des Metalles sind nicht bekannt. Das reine Chlorid ist paramagnetisch, während das Bariumchlorid diamagnetisch ist. Der spezifische Magnetisierungskoeffizient K (das Verhältnis des magnetischen Moments der Masseneinheit zur Intensität des Feldes) ist von P. Curie und C. Chéneveau mittelst eines von diesen beiden Physikern konstruierten Apparates gemessen worden[2]). Die Messung dieses Koeffizienten geschah durch Vergleichung mit dem des Wassers und ist bezüglich der Wirkung des Magnetismus der Luft korrigiert worden. Es wurde gefunden für Radiumchlorid:

$$K = 1,05 \times 10^{-6}$$

und für Bariumchlorid:

$$K = -0,40 \times 10^{-6}.$$

In Übereinstimmung mit diesen Befunden ergab sich, daß ein gegen 17% Radiumchlorid enthaltendes Bariumchlorid diama-

---

[1]) Rinne, Jahrbuch d. Rad., 1906, 239.

[2]) Curie und Chéneveau, Soc. de Physique, 1903.

gnetisch ist und einen spezifischen Koeffizienten

$$K = -0{,}20 \times 10^{-6}$$ [1])

besitzt.

Aus den chemischen Eigenschaften des Radiums und aus der Beschaffenheit seines Spektrums ergibt sich seine Stellung in der Gruppe der Erdalkalien und zwar unter dem Barium.

Nach seinem Atomgewicht stellt sich das Radium im periodischen System unter das Barium in die Gruppe der Erdalkalimetalle und in die Horizontalreihe, die bereits das Uran und das Thorium enthält. (Siehe umstehende Tabelle.)

Stellt sich auch das Radium vom chemischen Standpunkt in jeder Beziehung als ein Erdalkalimetall dar, so unterscheidet es sich doch wesentlich von den Elementen dieser Gruppe durch seine radioaktiven Eigenschaften. Sein Charakter als radioaktives Element wird wie folgt gekennzeichnet:

Das Radium besitzt eine permanente Radioaktivität. Es sendet absorbierbare und durchdringende Strahlen aus. Die Aktivität seiner Salze wächst von dem Augenblick an, in dem sie feste Form annehmen, und erreicht in ungefähr einem Monat einen konstanten Grenzwert.

Die Radiumsalze sind der Sitz einer bedeutenden spontanen und kontinuierlichen Wärmeentwicklung, die ihre Temperatur über derjenigen der Umgebung hält. Sie sind spontan leuchtend, besonders die Haloïdsalze, die lebhaftes Licht ausstrahlen. Sie erleiden eine allmähliche Veränderung, die sich in der spontanen Färbung der ursprünglich farblosen Salze kundgibt. Das Chlorid entwickelt Oxyde des Chlors, das Bromid entbindet Brom. In der Nähe von Radiumsalzen ist Ozonbildung nachzuweisen. Die Lösungen dieser Salze geben fortwährend Gas aus, das größtenteils Knallgas ist. Diese kontinuierlich fortgehende Reaktion bildet einen sehr auffallenden chemischen Vorgang. Aber eine noch merkwürdigere Tatsache besteht, und das ist die in Gegenwart

---

[1]) 1899 hat St. Meyer angegeben, das radiumhaltige Bariumkarbonat sei paramagnetisch (Wied. Ann. 68). Er hat jedoch mit einer sehr radiumarmen Substanz gearbeitet, die wahrscheinlich nicht mehr als $^1/_{1000}$ Radiumsalz enthielt. Diese Substanz hätte sich als diamagnetisch erweisen müssen. Möglicherweise ist sie ein wenig durch Eisen verunreinigt gewesen.

	I.	II.	III.	IV.	V.	VI.	VII.	VIII.
He... 4	Li 7,03	Be 9,1	B 11	C 12,0	N 14,01	O 16,0	F 19	
Ne... 20	Na 23,05	Mg 24,36	Al 27,1	Si 28,4	P 31,0	S 32,06	Cl 35,45	
Ar... 39,9	K 39,15	Ca 40,1	Sc 44,1	Ti 48,1	V 51,2	Cr 52,1	Mn 55,0	Fe 56,0 Co 59 Ni 58,7
	Cu 63,6	Zn 65,4	Ga 70	Ge 72,5	As 75	Se 79,2	Br 79,96	
Kr... 81,8	Rb 85,4	Sr 87,6	Y 89	Zr 90,6	Nb 94	Mo 96,0	?	Ru 101,7 Rh 103,0 Pd 106,5
	Ag 107,93	Cd 112,4	In 115	Sn 119	Sb 120,2	Te 127,6	J 126,85	
Xe... 128	Cs 133	Ba 137,4	La 138,9	Ce 140				
			Yb 173		Ta 181	W 184		Os 191 Ir 193,0 Pt 194,8
		Hg 200	Tl 204,1	Pb 206,9	Bi 208,0			
		Ra 226,5		Th 232,5		U 238,5		

von Radiumsalzen kontinuierlich stattfindende Bildung von Helium. Alle diese Tatsachen werden im Verlaufe dieses Buches ausführlich erörtert werden. Es genüge, hier darauf hinzuweisen, wie groß der Unterschied zwischen dem Radium und der Gruppe von Elementen ist, zu der es gehört, namentlich zwischen Radium und Barium.

Die Radiumverbindungen geben kontinuierlich eine radioaktive Emanation ab, die durch das Gesetz ihres spontanen Zerfalls mit der Zeit charakterisiert ist. Die Aktivität einer gewissen Menge dieser Emanation vermindert sich um die Hälfte in nahezu vier Tagen. Die Radiumemanation verhält sich wie ein mit Radioaktivität begabtes materielles Gas. Sie wird gegenwärtig als ein Gas aufgefaßt, das einer regelmäßigen spontanen Zerstörung unterliegt und sich dabei in Materie anderer Art verwandelt. Die Radiumemanation teilt Körpern, die mit ihr in Berührung sind, eine vorübergehende Aktivität mit. Diese, induziert genannte Aktivität verschwindet nach und nach, sobald die aktivierte Substanz der Wirkung der Emanation entzogen wird. Das Verschwinden der induzierten Aktivität wird durch ein wohl definiertes Gesetz charakterisiert: einige Stunden nach Beginn der Entaktivierung vermindert diese sich um die Hälfte in jeder Periode von ungefähr 28 Minuten.

47. **Polonium. Darstellung und Eigenschaften.** — Das Polonium findet sich in den aus einer sauren Lösung der Uranerze ausgefällten Sulfiden. Man kann sich ein gewisses Quantum Poloniumsulfid auf kürzestem Wege auf folgende Art verschaffen. Man behandelt die Uranrückstände mit verdünnter Salzsäure in der Wärme, dekantiert die klare saure Lösung und behandelt sie mit Schwefelwasserstoff. Man erhält so einen ersten Anteil poloniumhaltiger aktiver Sulfide. Arbeitet man dann die Rückstände nach dem früher genannten Verfahren vollständig auf und leitet in die verschiedenen dabei erhaltenen sauren Lösungen abermals Schwefelwasserstoff, so fallen weitere Anteile von poloniumhaltigen Sulfiden aus. Die bei der vollständigen Aufarbeitung fallenden Sulfide enthalten hauptsächlich Wismut, etwas Kupfer und Blei, von letzterem nur wenig, weil dessen größte Menge bei der Behandlung mit Soda entfernt worden ist und weil sein Chlorid schwer

löslich ist. Antimon und Arsen sind von der Soda größtenteils gelöst worden und daher nur in minimalen Mengen vorhanden. Die salzsauren Lösungen werden bei einem großen Überschuß an Säure mit Schwefelwasserstoff gefällt. Die dabei ausfallenden Sulfide sind sehr aktiv und dienen zur Darstellung des Poloniums. In der Lösung verbleiben die in stark saurer Lösung durch Schwefelwasserstoff unvollständig fällbaren Metalle — Wismut, Blei, Antimon. Man verdünnt sie mit Wasser und leitet abermals Schwefelwasserstoff ein und erhält so eine zweite Fällung von Sulfiden, die weniger aktiv sind als die vorigen und darum gewöhnlich nicht weiter verarbeitet werden. Zur weiteren Reinigung werden die Sulfide mit Schwefelammon gewaschen, das die übrig gebliebenen Spuren von Arsen und Antimon entfernt, dann wäscht man mit ammonnitrathaltigem Wasser und löst in verdünnter Salpetersäure. Die Niederschläge lösen sich nie vollständig, es hinterbleibt immer ein mehr oder minder bedeutender Rückstand, den man, wenn man es für erforderlich hält, nochmals mit Säure behandelt. Die Lösungen werden auf ein kleines Volumen gebracht und mit Ammoniak oder durch viel Wasser gefällt. Das Kupfer bleibt in beiden Fällen in Lösung, im letzteren Falle bleiben darin außerdem Blei und ein wenig kaum aktives Wismut.

Die aus dem ersten Salzsäureauszug des Erzes resultierenden rohen Sulfide enthalten viel Antimon und Arsen, die man mit Schwefelammon herauswäscht oder durch Kochen mit Soda entfernt. Das Polonium bleibt beim Wismut als unlösliches Sulfid oder Oxyd, während Arsen und Antimon in Lösung gehen.

Auf diese Weise habe ich schon bei meinen anfänglichen Untersuchungen gearbeitet.

Zur Darstellung des Poloniums in konzentrierterer Form habe ich mich der bereits (§ 41) angedeuteten Fraktionierung bedient:

1. Sublimation der Sulfide im Vakuum. Das aktive Sulfid verflüchtigt sich zuerst.

2. Fraktionierte Fällung der stark salzsauren Lösung mit Schwefelwasserstoff. Das aktive Sulfid ist das weniger lösliche.

3. Fällung der salpetersauren Lösung mit Wasser. Das zuerst ausfallende Subnitrat ist das aktivere.

Dieses letztere Verfahren ist mehrfach zur Konzentrierung des Poloniums angewandt worden. Der Niederschlag von Oxyden oder von Subnitraten wurde in folgender Weise behandelt. Die salpetersaure Lösung wurde solange mit Wasser versetzt, bis eine genügende Menge des Niederschlags gebildet worden war. Dabei ist zu beachten, daß der Niederschlag sich manchmal erst nach einiger Zeit bildet. Dann wurde die überstehende Lösung vom Niederschlag abgegossen und letzterer wieder in Salpetersäure gelöst. Die so erhaltenen beiden Lösungen wurden wieder mit Wasser gefällt und so fort, indem man die erhaltenen Fraktionen nach dem Grade ihrer Aktivität vereinigte und so die Konzentrierung soweit als möglich trieb. Ich habe so ganz kleine Mengen einer Substanz erhalten, deren Aktivität an die der reinen Radiumsalze herankam, welche aber trotzdem im Spektroskop nur die Wismutlinien gab.

Bei diesem Verfahren vollzieht sich auch eine Reinigung der Substanz von den beigemengten Spuren Kupfer und Blei, da die Nitrate dieser Elemente vollständig in der Lösung verbleiben. Es entstehen jedoch bei dieser Methode große Schwierigkeiten dadurch, daß oft Niederschläge entstehen, die in verdünnten oder konzentrierten Säuren absolut unlöslich sind. Sie können auf keine andere Weise wieder löslich gemacht werden, als dadurch, daß man sie zu Metall reduziert — etwa durch Schmelzen mit Cyankalium. Bei der großen Anzahl der dazu nötigen Operationen verursacht dies enorme Schwierigkeiten in der Fraktionierung. Und diese Störung ist um so ernster, als das Polonium eine Substanz ist, die, einmal aus der Pechblende abgesondert, an Aktivität abnimmt. Die Verminderung geht allerdings langsam vor sich, sie sinkt auf die Hälfte der ursprünglichen in ungefähr 140 Tagen.

Das Radium bietet keine derartigen Schwierigkeiten; die Anreicherung vollzieht sich bei diesem sehr regelmäßig, und der Fortschritt derselben kann überdies von Anfang an spektralanalytisch kontrolliert werden.

Als die Erscheinungen der induzierten Aktivität erkannt wurden, zog man die Existenz des Poloniums als eines neuen Elementes in Zweifel und vermutete, daß das aus der Pechblende gewonnene Wismut durch das in diesem Mineral gleichzeitig vorhandene Radium temporär aktiviert worden sei. Diese Annahme ist mit der Entwicklung der Kenntnis von der induzierten Aktivität modifiziert worden. Man erklärt gegenwärtig diese Erscheinung so, daß die Aktivität des in der Pechblende enthaltenen Wismuts wohl von dem Radium herrührt, daß aber das aktive Element nicht das Wismut selbst ist, sondern ein neues, durch die Anwesenheit des Radiums gebildetes Element, das bei der Analyse des Minerals mit dem Wismut geht, dem es chemisch vielfach analog ist. Es ist als ein unstabiles Element zu betrachten, das mit der Zeit von selbst zerfällt.

Die vom Polonium ausgesendeten Strahlen sind sehr absorbierbar. Emission von durchdringenden Strahlen hat man nicht nachweisen können. Diese wichtige Eigenschaft der Poloniumstrahlung ist gleich festgestellt worden, als man anfing, die Zusammensetzung der Strahlung radioaktiver Körper zu untersuchen. Ich habe damals gezeigt, daß die Poloniumstrahlen eine Art Hülle um dasselbe bilden, die sich ungefähr auf 4 cm von der aktiven Substanz in der Luft erstreckt.[1]) Das Polonium gibt keine Emanation und erzeugt keine induzierte Aktivität in seiner Nähe.

Während Demarçay in dem Spektrum eines sehr aktiven Polonium-Wismuts, das ich dargestellt hatte, keine neue Linie feststellen konnte, fand Crookes eine solche im Ultraviolett und Berndt deren eine große Anzahl ebenfalls in demselben Teile des Spektrums.[2]) Das bei diesen Versuchen angewandte Polonium war sicherlich viel weniger aktiv als das, welches Demarçay zu Gebote stand, und besonders das Polonium Berndts war nur 300 mal so aktiv als Uran. Es ist darum wahrscheinlich, daß die beobachteten Linien nicht dem Polonium angehörten.

Man verdankt Marckwald eine wichtige Arbeit über die aktive Substanz in dem aus der Pechblende abgeschiedenen Wismut.[3]) Sein Rohmaterial waren 6 kg Wismutoxychlorid, die in einer Fabrik aus 2 Tonnen Pechblende dargestellt worden waren. Er verfuhr bei der Anreicherung in folgender Weise:

1. Fällung in salzsaurer Lösung mit Zinnchlorür. Eine salzsaure Lösung von Zinnchlorür wird nach und nach zu einer salzsauren Lösung des aktiven Wismuts hinzugefügt. Es scheiden sich sofort oder nach einiger Zeit schwarze Flocken aus, die man sammelt und die die aktive Substanz in konzentriertem Zustand enthalten,

---

[1]) Mme. Curie, Comptes rend. Jan. 1900.

[2]) Crookes, Proc. Roy. Soc. 1900. Berndt, Phys. Zeitschr. 1900.

[3]) Marckwald, Ber. d. Deutsch. Chem. Ges. 1902 u. 1903.

während der in Lösung verbliebene Teil weniger aktiv ist als das angewandte Material.

2. Niederschlag der aktiven Substanz auf Metallen. In die salzsaure Lösung des aktiven Wismuts wird ein Plättchen oder ein Stäbchen von Kupfer, Silber oder Wismut eingetaucht. Die aktive Substanz setzt sich auf diesen ab, die dadurch stark aktiv werden. Durch wiederholtes Eintauchen von solchen Stäbchen kann man der Lösung die gesamte aktive Substanz entziehen.

Marckwald folgerte aus seinen Versuchen, daß die aktive Substanz vom Wismut verschieden sei und dem Tellur gliche, mit dem zusammen sie durch das Zinnchlorür gefällt wurde. Er glaubte auch, daß die Substanz eine konstante Aktivität besäße, und er beschrieb sie daher unter dem neuen Namen Radiotellur. Es war jedoch von Anfang an sehr wahrscheinlich, daß dieses Radiotellur mit Polonium identisch sei. Tatsächlich waren diese beiden Körper vom Wismut abgeschieden worden, das bei der Verarbeitung der Pechblende gewonnen worden war, und beide waren durch die Emission einer sehr wenig durchdringenden Strahlung charakterisiert, die sich in Luft nur auf eine geringe Entfernung verbreitet und keinen, oder wenigstens nur einen sehr dünnen Metallschirm durchdringen kann.

Im weiteren Verlaufe von Marckwalds Untersuchungen zeigte es sich, daß das Radiotellur seine Aktivität mit der Zeit verliert, und daß man die aktive Substanz vom Tellur trennen kann, wenn man der salzsauren Lösung des aktiven Materials Hydrazinchlorid zusetzt. Die Aktivität verbleibt dann in der Lösung. Durch Fällung dieser Lösung mit Zinnchlorür erhielt Marckwald 4 mg einer sehr aktiven Substanz. Tauchte man einen Kupferstreifen in die Lösung dieser letzteren und ließ man nur eine geringe Menge sich darauf niederschlagen, so wurde der Streifen außerordentlich aktiv und brachte auf einem phosphoreszierenden Zinksulfidschirm ein Leuchten hervor, das stark genug war, um von einem großen Auditorium wahrgenommen werden zu können.

Die Identität des Radiotellurs mit dem Polonium ist durch die genaue Feststellung des Gesetzes, nach dem die Aktivität dieser beiden Substanzen abnimmt, endgültig bewiesen worden. Die Versuche sind von Marckwald mit seinem eigenen Präparat sowie von mir mit nach meiner ursprünglichen Methode gewonnener Substanz und auch mit solcher, die nach Marckwalds Verfahren (durch Niederschlag auf Metallen) dargestellt war, gemacht worden[1]). Danach geht bei beiden die Aktivität in 140 Tagen auf die Hälfte zurück. Diese Zahl von ungefähr 140 Tagen, die für Radiotellur und Polonium nahezu gleich ist, bildet eine für diese Substanzen charakteristische und die Identität beider beweisende Zeitkonstante. Für das Radiotellur und das Polonium wurde die genaue Untersuchung der Variation ihrer Aktivität durchgeführt, als man erkannt hatte, wie wichtig diese Konstante für die radioaktiven Stoffe ist, und daß man sie zur Unterscheidung derselben an Stelle der chemischen Analyse und oft besser als diese anwenden könne.

Aus der Theorie der radioaktiven Transformationen läßt sich voraussehen, daß in den radioaktiven Mineralien nur sehr wenig Polonium vorhanden sein kann, und daß z. B. eine reiche Pechblende nicht mehr als ungefähr 0,05 mg Polonium in der Tonne enthalten mag. Das Interesse, Polonium in möglichst angereichertem Zustand zu erhalten, ist jedoch groß. Nach der gegenwärtigen Theorie bildet dieses Element nämlich die letzte radioaktive Stufe in der Reihe der Abkömmlinge des Radiums, und es läßt sich darum erhoffen, daß man die Entstehung eines inaktiven Elementes aus dem Polonium wird nachweisen können.

Ich habe nun jüngst in Gemeinschaft mit Debierne aufs neue die Verarbeitung von einigen Tonnen Uranrückständen begonnen, um ein möglichst reiches Polonium zu erhalten[2]).

Wir behandelten die Rückstände mit heißer, ziemlich konzentrierter Salzsäure, wodurch fast alles Polonium herausgelöst wurde. Anstatt die großen Flüssigkeitsmengen mit Schwefelwasserstoff zu fällen, wurden die Metalle (Cu, Pb, Bi, As, Sb usw.) auf Eisenblechstreifen niedergeschlagen. Der Niederschlag enthielt das Polonium und wurde wiederum in Salzsäure gelöst. Aus dieser Lösung erhielten wir auf eingetragenen Kupferstreifen einen viel geringeren Niederschlag als vorhin, der aber noch die ganze Aktivität besaß. Auch dieser wurde wieder in Lösung gebracht, dann mit viel Wasser gefällt und die aus dem so erhaltenen aktiven Niederschlag her-

[1]) Marckwald, Jahrb. d. Rad., 1905. Mme. Curie, Comptes rend., 1906.

[2]) M. Curie und Debierne, Comptes rend., 1910.

gestellte Lösung mit Zinnchlorür versetzt, wodurch eine sehr wirksame Konzentrierung der aktiven Materie erzielt wurde. Aus dieser Behandlung gingen 200 g Substanz hervor, deren Aktivität ungefähr 3 500 mal so groß war als die des Urans, und die hauptsächlich Kupfer, Zinn, Blei, Uran, Arsen und Antimon enthielt.

Weitere zahlreiche Reinigungsoperationen, denen diese aktive Substanz unterworfen wurde, wie Fällung mit Ammoniak, Kochen mit Sodalösung, Digestion mit einer heißen Lösung von Ammonkarbonat, Fällung mit Schwefelwasserstoff, Waschen der Sulfide mit Natriumsulfid, Fällung mit Zinnchlorür, reduzierten die Menge auf wenige Milligramm, aber es war nicht möglich, sie weiter zu konzentrieren, ohne die Aktivität wieder zu verzetteln. Die Operationen, welche die Aktivität vollkommen abzusondern ermöglichen, solange die Substanz noch arm ist, versagen, wenn die Menge derselben stark reduziert ist. So ging bei einem Versuche, das Blei durch eine Behandlung mit Kaliumhydroxyd abzuscheiden, das Polonium zum großen Teil in die Lösung, während dieselbe Behandlung ohne jeden Schaden angewandt werden konnte, solange noch Stoffe vorhanden waren, die unter diesen Bedingungen unlöslich sind. Aus der alkalischen Lösung konnte das Polonium nur durch Schwefelalkali wieder gefällt werden. Die einzigen immer zuverlässigen Operationen sind: Fällung als Sulfid aus saurer oder alkalischer Lösung und Fällung durch Zinnchlorür.

Elektrolytisch scheidet sich das Polonium sehr leicht und vollkommen ab, aber gleichzeitig schlagen sich auch andere Metalle, wie Gold, Platin, Quecksilber nieder.

Die Aktivität der erhaltenen wenigen Milligramm Substanz war sehr groß, beinahe gleich derjenigen von 0,1 g metallischen Radiums im Maximum der Aktivität. Theoretisch ließ sich jedoch berechnen, daß nur etwa 0,1 mg Polonium in der Substanz enthalten war, was einigen Prozenten der letzteren entspräche. Es wurden mehrere Funkenspektren mit dieser Substanz erzeugt und photographiert. Es ließen sich dabei viele Metalle nachweisen: Gold, Platin, Quecksilber, Palladium, Rhodium, Iridium, aus den Gefäßen stammende Erdalkalimetalle. Einige Linien lassen sich jedoch mit einiger Wahrscheinlichkeit dem Polonium zuschreiben. Ihre Wellenlängen sind: 4642,0 (schwach), 4170,5 (deutlich), 3913,6 (schwach), 3652,1 (sehr schwach).

Mit dieser so erhaltenen Substanz hat Debierne eine kontinuierliche Bildung von Helium nachweisen können.

Nach allem Vorhergehenden nähert sich das Polonium in seinen chemischen Eigenschaften den elektrolytisch oder durch Reduktion der Salze leicht im metallischen Zustand abscheidbaren Elementen. Bei der Aufarbeitung des Rohmaterials begleitet es ständig das Wismut in allen Reaktionen, unterscheidet sich aber von diesem dadurch, daß es leichter von Metallen und von Zinnchlorür gefällt wird. Unter den Metallen, die die gleiche Eigenschaft besitzen, scheint das Quecksilber dem Polonium näher zu stehen als das Wismut. Erst wenn das Polonium im reinen Zustand oder wenigstens in daran sehr reicher Substanz erhalten werden wird, wird man imstande sein, seine chemischen Eigenschaften definitiv festzustellen.

Man weiß jetzt, daß das radioaktive Blei, das man aus Uranmineralien und besonders aus der Pechblende gewinnt, eine permanente Quelle von Polonium ist. Dieses Blei wird poloniumhaltig, wenn es nach seiner Abscheidung einige Zeit sich selbst überlassen bleibt. Taucht man in die salzsaure Lösung alten radioaktiven Bleies einen Metallstreifen, so erhält man auf demselben einen aktiven Niederschlag von denselben Eigenschaften, wie der, welcher sich auf einem in eine Lösung von poloniumhaltigem Wismut auf einem Metallstreifen ansetzt. Kühlt man eine heiße salzsaure Lösung von aktivem Bleichlorid ab, so ist das auskristallisierende Chlorid inaktiv und in der Mutterlauge findet sich Polonium. Doch regeneriert sich die Aktivität des auf diese Weise vom Polonium getrennten Bleichlorids nach und nach und das vom Polonium befreite radioaktive Blei enthält nach einiger Zeit wieder Polonium, das von neuem abgeschieden werden kann.

48. **Aktinium.** — Das Aktinium ist von Debierne in den Oxyden der Eisengruppe aus der Pechblende entdeckt worden.[1]) Es scheint, daß es unter die Elemente der seltenen Erden eingereiht werden muß. Die Schwierigkeiten, die die Chemie der seltenen Erden bietet, und die Mühseligkeit der Scheidung der Elemente dieser Gruppe sind bekannt. Alle diese Schwierigkeiten treten bei

[1]) Debierne, Comptes rend. 1899 u. 1900.

der Darstellung des Aktiniums ein. Die chemischen Reaktionen, die angewandt wurden, diesen Körper zu konzentrieren, erwiesen sich unzureichend. Die aktive Substanz wird hierbei verstreut, wodurch die Förderung der Konzentrierung sehr mühsam wird. Das Aktinium kann das Titan, das Thorium, Didym oder Lanthan begleiten, und es ist zurzeit noch schwer, sich eine bestimmte Ansicht von seiner chemischen Natur zu bilden. Indessen kann man wohl mit Recht annehmen, daß es der Gruppe der seltenen Erden zugehörig sei.

Gleich zu Beginn seiner Untersuchungen über das Aktinium hat Debierne konstatiert, daß dieser Körper sehr leicht mit dem Eisen und den seltenen Erden von einer Fällung von Bariumsulfat mitgerissen wird. Wird eine aus Uranrückständen hergestellte Lösung mit Schwefelsäure gefällt, so enthält das sich absetzende radiumhaltige Bariumsulfat aktive Körper aus der Eisengruppe, deren Aktivität vom Aktinium herrührt. Um diesen Körper abzuscheiden, führt man die Sulfate in Chloride über, oxydiert die Lösung und fällt mit Ammoniak. Die zu Anfang bei der Verarbeitung der Rückstände erhaltenen rohen Sulfate sind daher die wichtigste Aktiniumquelle. Aber das Aktinium findet sich auch in den folgenden salzsauren Lösungen. Diese werden mit Schwefelwasserstoff behandelt, von den ausgeschiedenen Sulfiden abfiltriert, oxydiert und mit Ammoniak gefällt. Die gesamten auf diese Weise erhaltenen verschiedenen Oxydhydrate bilden das Ausgangsmaterial für die Abscheidung des Aktiniums.

Debierne verfuhr in folgender Weise, um das Aktinium zu konzentrieren und zu reinigen: die mit Ammoniak frisch gefällten Oxydhydrate werden mit verdünnter Fluorwasserstoffsäure behandelt. Die unlöslichen Fluoride sind die aktiveren, sie enthalten das Aktinium neben Lanthan, Didym, Cer, Thorium. Die Fluoride werden in Chloride übergeführt und deren Lösung mit Oxalsäure gefällt. Die Oxalate werden in Oxyde und dann in Nitrate umgewandelt und aus diesen die Doppelsalze mit Magnesium- oder Mangannitrat dargestellt. Diese Doppelsalze werden fraktioniert umkristallisiert. Das Aktinium konzentriert sich in den Mutterlaugen mit Samarium und Neodym. (Methode zur Scheidung der seltenen Erden von Demarçay.)

Zu Anfang versuchte Debierne, das Aktinium durch

Natriumthiosulfat in warmer salzsaurer Lösung zu fällen. Die ausfallende Substanz war aktiv. Nach Boltwood fällt kein Aktinium unter diesen Bedingungen aus, und die Reaktion gehört dem Ionium an, einem von Rutherford und Boltwood entdeckten radioaktiven Element. Es ist aber, wie später noch dargelegt werden wird, nicht wahrscheinlich, daß Debiernes Substanz viel Ionium enthält, vielmehr wird der durch Natriumthiosulfat ausgefällte Körper hauptsächlich Radioaktinium sein, dessen Aktivität monatelang besteht und das damals noch nicht bekannt gewesen ist. Späterhin ist diese Reaktion nicht mehr zur Darstellung des Aktiniums benutzt worden.

Das Aktinium besitzt eine permanente Aktivität. Die spektroskopische Untersuchung eines sehr aktiven Präparates durch Demarçay hat keine neue Linie ergeben. In späteren, mittelst fraktionierter Kristallisation der Doppelnitrate gewonnenen Präparaten findet sich das Aktinium in Gemeinschaft mit den Ceriterden[1]).

Debierne hat gefunden, daß das Aktinium absorbierbare und durchdringende Strahlen emittiert, deren letztere zum Teil kathodenstrahlenartig sind. Er hat auch beobachtet, daß es induzierte Aktivität in seiner Umgebung hervorruft und daß diese nach einem bestimmten, von dem der induzierten Aktivität des Radiums verschiedenen Gesetz verschwindet[2]). Die vom Aktinium hervorgerufene induzierte Aktivität hängt mit einer von demselben abgegebenen radioaktiven Emanation zusammen. Man kann diese Ausströmung sehr leicht an den festen Salzen beobachten, deren Aktivität gegen Luftbewegung außerordentlich empfindlich ist und durch einen über sie hinstreichenden Luftstrom bedeutend vermindert werden kann.

Giesel, der sich mit der Darstellung radioaktiver Substanzen aus Uranmineralien beschäftigte, beobachtete 1902 an gewissen von ihm erhaltenen Produkten eine auffallende Abgabe radioaktiver Emanation, die schöne leuchtende Effekte auf einem phosphoreszierenden Zinksulfidschirm hervorrief. Es genügt, einen Luftstrom, der über die die Emanation ausgebende Substanz streicht, gegen den Schirm zu richten, um ein lebhaftes Leuchten

---

[1]) Debierne, Comptes rendus, 1904.

[2]) Debierne, Comptes rendus, 1900 u. 1903.

desselben hervorzurufen. Das Leuchten wandert mit der Richtung des Luftstromes. Giesel glaubte, daß die Substanz, von der diese Erscheinung ausging, einen neuen radioaktiven Körper enthielte, den er Emanium nannte[1]). Er versuchte, die Substanz zu isolieren, und fand, daß sie die seltenen Erden der Cergruppe begleite, mit denen sie gemeinschaftlich ausfällt. Die Aktivität der Substanz wuchs von dem Moment an, in dem sie in festem Zustand abgeschieden war, und erreichte ein Maximum nach ungefähr einem Monat. Die aktive Substanz war zusammen mit Lanthan und etwas Cerium abgeschieden worden. Runge und Pecht konnten keine neue Linie im Spektrum dieser aktiven Erden entdecken. Später fand Giesel, daß das Emanium vom Lanthan durch fraktionierte Kristallisation der salpetersauren Doppelsalze der aktiven Erden mit Magnesium getrennt werden kann. Auch dadurch, daß man die Substanzen von einer Fällung von Bariumsulfat mitreißen läßt, gelangt man nach ihm zu emaniumreichen seltenen Erden[2]). Diese beiden Verfahren waren früher zur Darstellung des Aktiniums angewandt worden.

Es war sehr wahrscheinlich, daß Giesels Substanz mit Aktinium identisch sei. Die Erscheinungen der Phosphoreszenz, die am Emanium beobachtet worden waren, konnten alsbald mit dem Aktinium reproduziert werden. Das Aktinium und das Emanium zeigten also sehr ähnliche chemische und radioaktive Eigenschaften. Die Identität beider wurde durch das Studium ihrer Emanation und der von ihnen erregten induzierten Aktivität definitiv bewiesen. Die Emanation ist von nur kurzer Dauer. Ihre Aktivität vermindert sich um die Hälfte in ungefähr vier Sekunden. Die induzierte Aktivität verschwindet nach und nach von den aktivierten Körpern, und zwar geschieht dies langsamer als bei der vom Radium induzierten; sie geht in 36 Minuten auf die Hälfte zurück[3]).

Durch seine chemischen Eigenschaften und seine charakteristische Emanation von kurzer Dauer stellt sich uns das Aktinium als eine neue, vom Radium und Polonium wesentlich verschiedene

[1]) Giesel, Ber. d. Deutsch. chem. Ges., 1902 u. 1903.

[2]) Ibid. 1905.

[3]) Debierne, Comptes rend., 1903 u. 1904. — Giesel, Ber. Ch. Ges., 1904. — Hahn u. Sackur, Ber. Ch. Ges., 1905.

radioaktive Substanz dar. Sie ist wegen der Permanenz ihrer Aktivität von großer Wichtigkeit. Das Aktinium hat bis jetzt nicht isoliert werden können, und sein Spektrum ist noch unbekannt. Im reinen Zustande dürfte es eine bedeutende Aktivität besitzen, da schon sehr aktive Präparate (etwa 100 000 mal so aktiv als Uran) wahrscheinlich nur einen schwachen Gehalt daran haben.

Debierne[1]) hat gezeigt, daß das Aktinium fortgesetzt Helium produziert. Einige Aktinium enthaltende Salze (wasserfreie Chloride und Bromide) seltener Erden leuchten spontan.

49. **Radioaktives Blei.** — Das aus den Uranmineralien abgeschiedene Blei zeigt gewöhnlich eine gewisse Aktivität. Dieselbe ist an dem Blei, das wir bei den ersten Analysen der Pechblende erhalten haben, von P. Curie und mir oft beobachtet worden. Aber da wir damals ihre weitere Untersuchung nicht aufnehmen konnten, so haben wir nichts darüber veröffentlicht. Das Blei besitzt einige Jahre nach seiner Gewinnung aus dem Radiummaterial, den Uranrückständen, eine anscheinend permanente Aktivität, die ungefähr zweimal so groß ist als die des Urans.

Hofmann und Strauß haben zuerst die Aufmerksamkeit auf die radioaktiven Eigenschaften des in der Pechblende enthaltenen Bleies gelenkt. Sie nannten es Radioblei und hielten es für verschieden vom gewöhnlichen Blei[2]). Weitere Arbeiten hierüber hat Giesel publiziert[3]). Die erreichten Resultate entbehrten jedoch der Klarheit, und die Aktivität, der Substanz war nach verschiedener Behandlung bald nahezu konstant, bald veränderlich.

Später hat Debierne gezeigt, daß die Aktivität eines vor mehreren Jahren aus dem Mineral gewonnenen radioaktiven Bleies hauptsächlich vom Polonium herstammt, das sich darin findet und das durch Kristallisation des Chlorids aus heißer Lösung ausgezogen werden kann. Das Polonium bleibt in der Mutterlauge und das auskristallisierte Bleichlorid ist fast inaktiv.

Aus neueren Untersuchungen, namentlich von Hofmann,

---

[1]) Debierne, Comptes rend., 1905.

[2]) Hofmann u. Strauss, Berichte Ch. Ges., 1901.

[3]) Giesel, ibid., 1901.

Gonder und Wölfl[1]) geht jedoch hervor, daß das Polonium nicht der einzige radioaktive Bestandteil des radioaktiven Bleies ist. Rutherford hat auf Grundlage seiner Studien über die vom Radium hervorgerufene induzierte Radioaktivität eine sehr interessante Theorie über das Radioblei aufgestellt (§ 185), die durch die Arbeiten von Meyer und v. Schweidler und anderen Forschern vollauf bestätigt worden ist.

Nach dieser Theorie ist der primäre Bestandteil des radioaktiven Bleies ein vom Radium produzierter und vom Blei mitgerissener Körper, der an sich keine nennenswerte Aktivität besitzt, aber ein radioaktives Element erzeugt, das durchdringende Strahlen emittiert. Dieses Element transformiert sich seinerseits in ein radioaktives Element, das absorbierbare Strahlen aussendet und nichts anderes ist als Polonium. Die Aktivität der Substanz erhält sich also dadurch, daß von dem primären Element fortwährend aktive Körper erzeugt werden. Die Theorie führt zu der Annahme, daß die Aktivität des Radiobleies nach einer langen Reihe von Jahren verschwinden muß, nachdem es aus dem Uranmineral abgeschieden worden ist.

50. **Radiothorium. Mesothorium.** — Nachdem neue Stoffe mit sehr großer Aktivität entdeckt worden waren, konnte man fragen, ob die verhältnismäßig geringe Aktivität des Urans und des Thoriums sich nicht durch die Anwesenheit von Spuren solcher stark radioaktiver Substanzen in denselben, die sich vermöge ihrer Eigenschaften bei ihrer Abscheidung von ihnen nicht trennen, erklären läßt. Da weiterhin die Aktivität des Urans und die des Thoriums verschiedenen Charakters sind, so müßte man verschiedene stark radioaktive Substanzen in ihnen annehmen. Nach dieser Richtung hin sind von verschiedenen Forschern Untersuchungen angestellt worden. Die hierbei betreffs des Urans erzielten Resultate werden weiter unten angegeben werden; vom Thorium gaben Hofmann und Zerban an, daß es nicht aktiv wäre, wenn es aus uranfreien Mineralien stammte[2]). Baskerville und Zerban fanden das aus einem gewissen brasilianischen Mineral

[1]) Ann. d. Phys., 15, 615. 1904.

[2]) Hofmann u. Zerban, Berichte Ch. Ges., 1903.

gewonnene Thorium inaktiv[1]). Diese Angaben bedürfen noch der Bestätigung; aber man weiß jetzt, daß die Aktivität des Thoriums mit derjenigen einer stark aktiven Substanz verknüpft ist, die von Hahn[2]) entdeckt worden ist und den Namen Radiothorium erhalten hat.

Das Radiothorium ist aus einem Thorianit genannten Mineral erhalten worden, das kürzlich auf Ceylon gefunden worden ist und in Gestalt ziemlich regelmäßig gestalteter kubischer Kristalle vorkommt. Es besteht aus 70—80% Thoroxyd und 10—15% Uranoxyd und enthält noch Eisen, Blei und seltene Erden. Endlich ist dieses merkwürdige Mineral auch sehr reich an Helium, von dem es 9 ccm pro Gramm enthält. Ein bedeutendes Quantum Thorianit — 250 kg — ist von Ramsay erworben und verarbeitet worden. Eine gewisse Menge daraus gewonnenen radiumhaltigen Bariumbromids ist von Hahn der fraktionierten Kristallisation unterworfen worden, um Radium abzuscheiden. Während dieser Fraktionierung wurde beobachtet, daß die Aktivität sich nicht nur wie sonst in den weniger löslichen Kristallen anhäufte, sondern auch in den löslichsten Salzen anwuchs. Die aktive Substanz in diesen letzteren war aber nicht Radium, sondern sie zeigte alle Eigentümlichkeiten der Thoraktivität in sehr gesteigertem Maße bei gleicher Gewichtsmenge. Sie gab besonders eine Emanation von kurzem Bestand ab, die mit der Thoremanation indentifiziert werden konnte. Die neue Substanz haftete am Thorium und dem Eisen, die Fällungen sind im allgemeinen unvollständig und daher die Anreicherung schwierig. Es gelang jedoch Hahn, 11 mg einer Substanz zu erhalten, die 500 000 mal soviel Emanation abgab als ein gleiches Gewicht Thorium. Diese Substanz wird durch Ammoniak gefällt und gehört also in die Eisengruppe. Diesem von ihm nachgewiesenen hoch radioaktiven Element hat Hahn den Namen Radiothorium beigelegt. Blanc hat dieselbe Substanz in den Absätzen der Quellen von Échaillon und Salins-Moutiers gefunden und gezeigt, daß sie mit dem Thorium gemeinsam ausfällt. Auch aus dem käuflichen Thornitrat hat er Radiothorium gewonnen, indem er einer Lösung desselben etwas Barium-

[1]) Baskerville u. Zerban, Amer. Chem. Soc., 1904.

[2]) Hahn, Jahrbuch der Rad., 1905.

salz zusetzte und dann mit Schwefelsäure heiß fällte. Das Bariumsulfat reißt Thorium und Radiothorium mit nieder. Die Sulfate werden in Chloride übergeführt und mit Ammoniak gefällt. Die so erhaltenen Niederschläge geben im frischen Zustande keine Thoriumemanation aus, aber nach und nach beginnt die Produktion derselben anzusteigen und sie erreicht einen konstanten Grenzwert in ungefähr einem Monat. Blanc hat auf diese Weise Oxydhydrate erhalten, die 5000 mal soviel Emanation ausgaben als eine gleiche Menge Thoriumhydroxyd[1]).

Elster und Geitel[2]) haben Radiothorium in den Absätzen der Quellen in Baden gefunden und haben es auch aus den Thoriumsalzen des Handels dargestellt.

Die Arbeiten Blancs und Elster und Geitels beweisen, daß, so wie man voraussetzen konnte, die Aktivität der käuflichen Thorsalze, wenn auch nicht gänzlich, so doch zum großen Teil von dem in ihnen enthaltenen Radiothorium herrührt.

Aus allen diesen Arbeiten geht hervor, daß das Radiothorium eine wahrscheinlich dem Thorium nahestehende stark aktive Substanz ist. Ihre Aktivität ist sehr andauernd, jedoch nicht konstant, und es läßt sich ein langsames Sinken derselben von dem Zeitpunkt der Darstellung an beobachten. Nach Blanc ist das Gesetz der Verminderung derart, daß die Aktivität in einer Periode von 737 Tagen, also in etwa zwei Jahren, bis zur Hälfte herabgeht[3]).

Die Radioaktivität des Radiothoriums ist gleichen Charakters mit der des Thoriums, nur besteht der wichtige Unterschied, daß die Aktivität des Radiothoriums sich beständig nach einem bestimmten Gesetz vermindert, während diejenige der käuflichen Thoriumsalze kompliziertere Schwankungen zeigt. Das Studium dieser Schwankungen hat zur Entdeckung einer neuen Substanz, des Mesothoriums, geführt, das sehr langsam zerfällt, indem es das Radiothorium erzeugt[4]). Dieses letztere wird als ein Derivat des Thoriums betrachtet und kann sowohl aus den Thor-

---

[1]) Blanc, Phys. Zeitschr., 1906.
[2]) Elster u. Geitel, ibid. 1906.
[3]) Blanc, Phys. Zeitschr., 1907.
[4]) Hahn, Phys. Zeitschr., 1907.

mineralien wie aus den Thoriumsalzen erhalten werden. Es scheidet sich namentlich bei der Fällung mit Ammoniak vom Thorium[1]).

51. **Ionium.** — Eine neue stark radioaktive Substanz ist von Rutherford und Boltwood in den Uranmineralien entdeckt und von letzterem Ionium benannt worden[2]). Sie gehört wahrscheinlich zur Gruppe der Edelerden, und man hat Grund, anzunehmen, daß sie eine permanente Aktivität besitzt, d. h. eine Aktivität von sehr langer Dauer. Nach Boltwood steht das Ionium dem Thorium nahe und fällt mit diesem gleichzeitig aus einer Lösung von Chloriden der Edelerden auf Zusatz eines Überschusses von Natriumthiosulfat aus. Das besondere Interesse, das sich an das Ionium knüpft, beruht darin, daß dieser Körper kontinuierlich Radium zu produzieren scheint und daher nach der gegenwärtig üblichen Ausdrucksweise der direkte Vorfahr des Radiums ist. Wir werden später sehen, wie diese Annahme entstanden ist.

* * *

Es ist nicht ohne Nutzen, sich die Schwierigkeiten zu vergegenwärtigen, die sich der chemischen Charakterisierung einer neuen radioaktiven Substanz entgegenstellen. Es ist eine oft gemachte Beobachtung, daß Substanzen, die sich in außerordentlich geringer Menge in Mischung mit anderen befinden, in ihrem chemischen Verhalten von den in größerer Menge mit anwesenden Bestandteilen der Mischung beeinflußt werden. Stark radioaktive Substanzen, wie das Radium oder Polonium, finden sich in den aus den Erzen gewonnenen Lösungen in solchem Zustand der Verdünnung, daß sie durch kein Reagenz für sich allein niedergeschlagen werden könnten. Alle Salze besitzen doch eine, wenn auch noch so geringe Löslichkeit, und gerade in diesem Falle dürfte diese Löslichkeit genügen, die Fällung zu verhindern. Tritt eine solche ein, so geschieht dies nur infolge der Anwesenheit einer genügenden Menge anderer Substanz in der Lösung, die durch das angewandte Reagenz niedergeschlagen wird und die Fähigkeit hat,

---

[1]) Boltwood, Phys. Zeitschr., 1907.

[2]) Rutherford, Phil. Mag., 1907. — Boltwood, Amer. Journ. of Science, 1908.

die aktive Substanz mit sich niederzureißen. Dieses Mitreißen wird oft dadurch bedingt, daß zwischen den beiden Substanzen eine chemische Verwandtschaft besteht und daß sie infolge von Isomorphie in jedem Verhältnis zusammen kristallisieren können. Dies ist der Fall bei Radium und Barium. In den radiumhaltigen Lösungen, die zunächst aus dem Ausgangsmaterial erhalten werden, ist das Radium in solcher Verdünnung enthalten, daß seine Fällung unmöglich erscheint. Ist aber etwas Barium mit anwesend, so wird es durch alle Mittel ausgefällt, durch die das Barium niedergeschlagen wird.

Ist das regelmäßige Mitausfallen mit einer gewissen Substanz ein wichtiger Hinweis auf eine bestehende chemische Verwandtschaft, so sind doch auch Fälle bekannt, in denen Substanzen von anderen mit niedergerissen werden, die nicht zur gleichen Gruppe gehören. So ist es z. B. bekannt, mit welcher Leichtigkeit das Bariumsulfat einen Teil des Eisens mit sich reißt, das in der Lösung enthalten ist, aus der es ausfällt. Führt man solches Sulfat in das Chlorid über, so läßt sich das Eisen, nachdem es in Ferrichlorid umgewandelt worden ist, durch Ammoniak vom Barium trennen.

Auch gelatinöse Niederschläge haben die Eigenschaft, gewisse Stoffe mitzureißen. So hält z. B. Tonerdehydrat Alkalihydrat zurück.

Endlich können auch unlösliche Substanzen infolge von Adsorption oder Agglutination andere Substanzen aus Lösungen an sich reißen. So wirkt z. B. der Ruß, der gewisse radioaktive Stoffe (Uran X) aus deren siedenden Lösungen absorbiert.

Man sieht, daß die chemischen Eigenschaften von in großer Verdünnung befindlichen Stoffen nur dann ohne Gefahr von Irrtum beurteilt werden können, wenn man aus der Gesamtheit der Versuche ihr Verhalten in Gegenwart verschiedener anderer bekannter Substanzen ermittelt hat. Handelt es sich um einander nahestehende Elemente, die einer Gruppe mit sehr ausgesprochenen Eigenschaften angehören, wie dies bei Barium und Radium der Fall ist, so kann eine derartige Feststellung leicht und unzweideutig erfolgen. Kommen aber Substanzen in Betracht, die sich mit Vorliebe an Elemente anschließen, die zu Gruppen von verwickelterem Verhalten gehören, so wird die Deutung der experimentellen Resultate schwer, da die chemischen Reaktionen nicht scharf und eindeutig genug sind (Aktinium, Radioaktinium usw.).

Ich habe in diesem Kapitel nur die radioaktiven Substanzen beschrieben oder wenigstens angedeutet, die mit einer Radioaktivität von genügender Permanenz begabt sind, um sich durch einen Zeitraum von einigen Jahren erhalten zu können. Von solchen Substanzen kann man hoffen, daß es gelingen werde, sie in Form reiner Salze zu gewinnen, wie dies beim Radium geschehen ist.

Aber die gegenwärtige Theorie der Radioaktivität läßt uns die Existenz einer großen Anzahl anderer radioaktiver Substanzen voraussehen, die nur ein ephemeres Dasein haben und die in den sie enthaltenden Stoffen derart verdünnt sind, daß man schwerlich hoffen kann, sie je in wägbarer Menge zu erhalten. Diese Stoffe sind sowohl gasförmig als auch fest. Im ersteren Falle nennt man sie Emanationen. Die Radiumemanation hat man in größerer Menge erhalten und ihr Spektrum und Volumen bestimmen können.

Diese Substanzen werden durch die von ihnen emittierten Strahlen charakterisiert. Wir werden diese in dem Kapitel über die Strahlung näher betrachten. Es sind drei Hauptgruppen von Strahlen, die zunächst nach ihrem Durchdringungsvermögen unterschieden werden können, und denen man nach Rutherford die Bezeichnung α-, β- und γ-Strahlen beigelegt hat.

Die α- oder positiven Strahlen werden aus positiv geladenen und mit großer Geschwindigkeit begabten Partikeln gebildet. Sie können Aluminium von 0,1 mm Stärke nicht durchdringen.

Die β- oder negativen Strahlen werden von negativ geladenen Partikeln von großer Geschwindigkeit gebildet. Sie können Metallschichten bis zu mehreren Millimetern Dicke durchdringen.

Die sehr durchdringenden γ-Strahlen gehen durch Metall von mehreren Zentimetern Dicke. Sie tragen keine elektrische Ladung.

Die α-Strahlen werden als den positiven und die β-Strahlen als den Kathodenstrahlen in den Crookesschen Röhren entsprechend angesehen. Den γ-Strahlen schreibt man keine korpuskulare Natur zu.

Die β- und γ-Strahlen bezeichnet man zusammen als die d u r c h d r i n g e n d e n S t r a h l e n.

Die α-Strahlung bildet immer, wo sie anwesend ist, den wichtigsten Teil der Strahlung radioaktiver Körper, wenn letztere nach ihrem Ionisierungsvermögen gemessen wird. Der durch die gesamte Strahlung erhaltene Wert der Ionisierung weicht im allgemeinen nur wenig von dem Wert ab, den man bei der Verwendung der α-Strahlen allein erhält, und kann öfters durch diesen letzteren — wenigstens in erster Annäherung — ersetzt werden.

V. Kapitel.

Radioaktivität von beschränkter Dauer. — Induzierte Radioaktivität. — Emanationen. — Chemische Abscheidung von Substanzen mit kurz dauernder Aktivität.

52. **Permanente und ephemere Radioaktivität.** — Das Uran, die erstbekannte radioaktive Substanz, besitzt eine permanente Aktivität, die sich außerdem mit großer Annäherung als konstant während mehrerer Jahre erwiesen hat. Gerade diese Permanenz der Strahlung war es, die dieser Erscheinung etwas besonders Geheimnisvolles verliehen und das Interesse der Physiker aufs lebhafteste erregt hat. Und sie ist gerade dadurch eine der wirksamsten Ursachen des raschen Fortschrittes auf dem neu eröffneten Forschungsgebiete gewesen. Trotzdem ist die Permanenz der Strahlung nicht das wesentliche Charakteristikum der Radioaktivität.

Die Entdeckung der Radioaktivität des Thoriums und die ersten Resultate mit den neuen radioaktiven Substanzen haben den Begriff der Permanenz fortbestehen lassen. Die Aktivität des Thoriums, obwohl weniger gleichmäßig, erschien doch konstant, wie die des Urans. Jetzt weiß man zwar, daß die Thoriumsalze des Handels einer sehr langsamen Veränderung der Aktivität unterliegen, die nur im Laufe von Jahren festgestellt werden kann, aber die Erfahrung gibt keine Veranlassung zu der Annahme, daß die Aktivität dieser Salze in einer gar nicht so fernen Zukunft verschwinden könne. Nach der 1898 erfolgten Entdeckung der neuen radioaktiven Substanzen, des Radiums und Poloniums, gewann das Radium sogleich die größere Wichtigkeit wegen seiner anscheinend leichteren Gewinnung und dadurch, daß die Spektralanalyse eine charakteristische Linie dieses Körpers ergeben hatte. Nun ist die Aktivität des Radiums permanent und konstant, während die langsame Veränderlichkeit der Aktivität des Poloniums eine Zeit langder Aufmerksamkeit entgangen war. Im Jahre 1900 hat Giesel zum ersten Male auf sie aufmerksam gemacht, und erst einige Zeit nachher ist sie mit Bestimmtheit erkannt worden. Gegenwärtig ist es bekannt, daß die Radioaktivität des Poloniums zwei bis drei Jahre währt.

Aber schon während unserer ersten Versuche mit der Pechblende im Jahre 1898 haben wir, P. Curie und ich, eine merkwürdige Erscheinung temporärer Aktivität beobachtet. Wir hatten die Pechblende im Vakuum erhitzt und die dabei entweichenden gasförmigen Produkte gesammelt. Das in eine Glasröhre eingeschlossene Gas wirkte nach außen wie ein beträchtlich radioaktiver Körper. Während eines Monats gab die von diesem Gase emittierte Strahlung photographische Abdrücke und bewirkte die Entladung elektrisch geladener Körper; aber die Aktivität verminderte sich nach und nach und verschwand endlich ganz. Im Spektroskop gab das aktive Gas die Linien des Kohlenoxyds. Die Pechblende enthält außerdem noch Argon und Helium. Wir haben uns überzeugt, daß weder Kohlenoxyd, noch Argon oder Helium radioaktiv sind. Dazumal konnte die Natur dieses radioaktiven Gases nicht festgestellt werden, die Beobachtung blieb vereinzelt und ist erst im Jahre 1900[1]) publiziert worden. Gegenwärtig weiß man, daß das von uns gewonnene Gas Radiumemanation enthalten mußte.

Dieses erste Beispiel einer temporären Aktivität wurde angesichts der großen Anforderungen, welche die zur Gewinnung neuer radioaktiver Substanzen unternommene Arbeit an uns stellte, damals nicht weiter verfolgt, und der Begriff der permanenten Radioaktivität blieb in seiner Bedeutung beibehalten, bis im Jahre 1899 eine Entdeckung von großer Wichtigkeit gemacht wurde, nämlich die Entdeckung der induzierten Aktivität. Hierdurch lernten wir, daß es wesentlich temporäre Formen der Radioaktivität gibt, deren Dauer einige Stunden nicht übersteigt. Auf die Entdeckung der induzierten Aktivität folgte bald diejenige der radioaktiven Emanationen, die wiederum Beispiele sind von Formen der Radioaktivität mit einer Dauer zwischen einem Monat und

---

[1]) Rapport au Congrès de Physique.

einer Minute. Endlich haben die Untersuchungen über die Radioaktivität des Urans und Thoriums bewiesen, daß die chemisch analytischen Verfahren in gewissen Fällen zur Abscheidung von Stoffen führen, die alle Kennzeichen radioaktiver Körper besitzen, deren Aktivität aber nicht über einige Monate anhält (Uran X und Thorium X).

53. **Induzierte Radioaktivität.**— Die induzierte Radioaktivität ist im Jahre 1899 von P. und M. Curie entdeckt worden.

Während unserer Untersuchungen über radioaktive Substanzen haben wir, P. Curie und ich, beobachtet, daß alle Gegenstände, die sich einige Zeit in der Nähe eines radiumhaltigen Salzes befinden, selbst radioaktiv werden[1]).

Wir haben uns alsbald vergewissert, daß die von ursprünglich inaktiven Substanzen so erworbene Radioaktivität nicht von übertragenem radioaktivem Staub verursacht wird, der sich auf ihnen absetzt. Diese gegenwärtig unzweifelhafte Tatsache ist zur vollkommenen Evidenz durch die Gesetzmäßigkeit erwiesen worden, mit der die an ursprünglich inaktiven Körpern hervorgerufene Radioaktivität verschwindet, wenn man diese Körper der Wirkung des Radiums entzieht.

Diese neue Erscheinung haben wir induzierte Radioaktivität genannt.

Zu gleicher Zeit haben wir den wesentlichen Charakter dieser Erscheinung gekennzeichnet. Scheiben verschiedener Stoffe wurden durch die Wirkung fester radiumhaltiger Salze aktiviert, dann wurde die Radioaktivität dieser Scheiben nach der elektrischen Methode untersucht. So haben wir festgestellt, daß alle Stoffe sich in derselben Weise aktivieren und daß die von ihnen angenommene induzierte Radioaktivität nicht unendlich andauert. Wird eine solche durch die Einwirkung von Radium aktivierte Scheibe dieser Wirkung entzogen, so nimmt ihre Aktivität nach und nach ab und erlischt nach noch nicht einem Tage.

Kurze Zeit darauf veröffentlichte Rutherford eine Arbeit, aus der hervorging, daß auch Thoriumverbindungen die Erscheinung der induzierten Radioaktivität hervorzubringen ver-

---

[1]) P. u. M. Curie, Comptes rend., 6. Nov. 1899.

mögen[1]). Er fand auch, daß negativ elektrisch geladene Körper sich energischer aktivieren als andere. Dies ist genau so der Fall bei der Aktivierung durch Radium. Die vom Thorium herrührende induzierte Radioaktivität unterscheidet sich durch ihren viel längeren Bestand von der durch Radium erzeugten. Zu ihrem fast gänzlichen Verschwinden sind ungefähr drei Tage von dem Augenblick an erforderlich, in dem der aktivierte Körper der aktivierenden Wirkung des Thoriums entzogen worden ist.

Debierne hat gezeigt, daß das Aktinium sehr leicht induzierte Radioaktivität hervorruft, die etwas langsamer als die durch Radium, aber viel schneller als die durch Thorium induzierte verschwindet. Sie konzentriert sich ebenfalls auf negativ elektrisch geladenen Körpern[2]).

54. **Radioaktive Emanationen. Beziehungen zwischen den Emanationen und den induzierten Radioaktivitäten.** — Die Entdeckung der radioaktiven Emanationen ist der der induzierten Radioaktivität sehr bald gefolgt. Sie ist eine Frucht der Untersuchungen über die Aktivität der Thoriumverbindungen. Wir haben § 37 erwähnt, daß Rutherford bei der Beobachtung des Einflusses, den ein Luftstrom auf die Aktivität des Thoriums ausübt, zu der Annahme gelangt ist, daß die Thoriumverbindungen eine einem Gase gleichende radioaktive Emanation ausgeben, die sich in der Umgebung der aktiven Substanz verbreiten kann. Diese Emanation hat eine Lebensdauer von ungefähr zehn Minuten, wie man zeigen kann, wenn man sie in einen von aktiven Stoffen freien Rezipienten leitet.

Dorn hat gezeigt, daß man mit einem radiumhaltigen Bariumsalze dasselbe erreichen kann, da dieses ebenfalls eine radioaktive Emanation ausgibt, und daß die Ausgabe der letzteren bedeutender wird, wenn das Salz stark erhitzt wird[3]).

Endlich gibt auch das Aktinium eine beträchtliche Menge einer radioaktiven Emanation aus. Die Wirkung eines Luftstromes auf die Aktivität des Aktiniums ist, wie Debierne gezeigt hat, ganz bedeutend. Auch Giesel hat, wie wir gesehen haben, bei

[1]) Rutherford, Phil. Mag., Januar u. Febr. 1900.

[2]) Debierne, Comptes rend., Juli 1900 u. Febr. 1903.

[3]) Dorn, Abh. Naturf. Ges. Halle. 1900.

der Darstellung der radioaktiven Substanz, die sich später als identisch mit Aktinium erwiesen hat, die Bildung einer radioaktiven Emanation beobachtet, die sehr leicht von der Substanz abgegeben wird. Dieser Umstand war es, der ihn veranlaßt hat, die Substanz Emanium zu nennen[1]).

Man kennt bis jetzt keine anderen außer den genannten radioaktiven Emanationen des Radiums, Thoriums und Aktiniums. Diese drei Emanationen sind ungleicher Natur und unterscheiden sich von einander durch ihre verschiedene Beständigkeit. Während die Aktivität der Thoriumemanation in zehn Minuten auf unter 1 % herabgeht, tritt dieselbe Verminderung bei der Radiumemanation erst in einem Monat ein, bei der Aktiniumemanation aber schon nach einer halben Minute.

Die Emanationen können durch keine noch so dünne Schicht fester Substanz dringen.

Zwischen den Emanationen und den induzierten Radioaktivitäten besteht eine Beziehung. Die Substanzen, die induzierte Radioaktivität erzeugen, geben auch Emanation aus. Aus allen Untersuchungen über die Erzeugung der induzierten Radioaktivität geht hervor, daß diese nur dann auf festen Körpern entsteht, wenn dieselben mit der Emanation in Kontakt sind. Man kann daher die Emanation als die erzeugende Ursache der induzierten Radioaktivität betrachten.

Das Wort Emanation, das die Vorstellung von einem Gase erweckt, ist von Rutherford schon im Jahre 1900 vorgeschlagen worden. Er hat damit die Ursache der Radioaktivität des Gases bezeichnet, das den aktiven Körper umgibt. Diese Bezeichnung hat sich nicht sofort eingebürgert, weil es an jeder Kenntnis von der Natur der Erscheinung gebrach. Aber es war doch eine sehr glückliche Eingebung Rutherfords, die Emanationen als in sehr geringer Menge von den aktiven Substanzen ausgegebene materielle Gase aufzufassen. Erst durch Arbeiten von 1903 an ist diese Annahme auf verschiedene Weise bestätigt und das Wort Emanation definitiv angenommen worden. Jetzt kann die materielle Natur der Radiumemanation durch die Beobachtung eines charakteristischen Spektrums und durch Volummessung als festgestellt betrachtet werden.

---

[1]) Giesel, Ber. d. Deutsch. Chem. Ges., 1902.

Über die Art, wie die induzierte Radioaktivität durch Radium und Radiumlösungen in einem geschlossenen Raume hervorgebracht wird, ist von Pierre Curie und Debierne[1]) eine Reihe wichtiger Versuche gemacht worden. Das Ergebnis dieser Versuche war, daß die in einem solchen Raume sich als im Volum verbreitete (Emanation) und als die Wandungen überziehende (induzierte Radioaktivität) sich äußernde radioaktive Energie direkt vom Radium hergegeben wird, dessen Aktivität sich entsprechend vermindert.

Gibt das Radium einen Teil seiner Aktivität als Emanation und als induzierte Radioaktivität nach außen ab, so wird seine eigene Aktivität geschwächt und ist gewissermaßen ausgewandert. Diese vom Radium abgetrennte Aktivität ist jedoch nicht stabil und vergeht mit der Zeit. Andererseits regeneriert sie sich spontan in dem Radiumsalze, wenn dasselbe gegen Verlust vom Emanation und induzierter Radioaktivität geschützt ist. Das Salz nimmt nach und nach seine ursprüngliche Aktivität wieder an, die sich einstellt, sobald die kontinuierliche und konstante Produktion von Emanation und induzierter Radioaktivität des Radiums den spontanen Zerfall dieser Formen von Aktivität gerade kompensiert.

55. **Chemische Darstellung radioaktiver Substanzen, deren Aktivität von begrenzter Dauer ist.** — Den ersten hierauf bezüglichen Versuch verdanken wir Debierne, der die induzierte Radioaktivität zu erhalten suchte, indem er Bariumsalze zusammen mit sehr aktivem Aktinium in Lösung brachte[2]) und diese dann mit Ammoniak fällte, um das Aktinium abzuscheiden. In anderen Versuchen schlug er aus den Aktinium und Barium enthaltenden Lösungen letzteres mit Schwefelsäure nieder. Das Bariumsulfat riß das Aktinium mit nieder. Diese gemischten Sulfate wurden lange Zeit sich selbst überlassen, dann in Chloride übergeführt und aus deren Lösung das Aktinium mit Ammoniak gefällt. Man erhielt so ein aktives Bariumsalz, das man wie radiumhaltiges Barium fraktionieren konnte, indem die Aktivität sich in dem minder löslichen Teil anhäufte. Debierne erhielt so ein Bariumchlorid, das 1000 mal so aktiv war als Uran. Dieses Chlorid leuchtete

---

[1]) Curie u. Debierne, Comptes rendus, 1901 (mehrere Mitteilungen).
[2]) Debierne, Comptes rendus, Juli 1900.

spontan. Damals fragte man sich, ob nicht das Barium bei diesem Versuche partiell in Radium verwandelt worden wäre, doch gab dieses aktivierte Barium nicht das Radiumspektrum und seine Aktivität verminderte sich außerdem mit der Zeit und verschwand nach Ablauf einiger Monate. Jetzt weiß man, daß der Zusatz von Barium überflüssig ist, und daß bei der Fällung einer Aktiniumlösung mit Ammoniak eine im letzteren lösliche aktive Substanz davon getrennt wird, deren Aktivität von beschränkter Dauer ist. Diese Substanz hat den Namen Aktinium X erhalten, nach Analogie mit den Substanzen, die man auf ähnliche Weise aus Uran und Thorium erhält.

Crookes hat folgenden wichtigen Versuch gemacht. Die Lösung eines Uransalzes wurde mit Ammoniumkarbonat im Überschuß versetzt. Der zu Anfang entstehende Niederschlag löste sich mit Hinterlassung eines geringen Rückstandes, der im überschüssigen Ammoniumkarbonat unlöslich ist. Dieser enthielt fast die ganze ursprüngliche Aktivität des Urans. Die Aktivität wurde nach der radiographischen Methode geschätzt. Beim Ausschütteln einer konzentrierten wässerigen Lösung von Urannitrat mit Äther fand Crookes, daß sich die ebenfalls nach der radiographischen Methode geschätzte Aktivität im wässerigen Anteil konzentrierte, während der ätherische Anteil, der das Uran enthielt, nach der Verdampfung nur eine sehr geringe Wirkung hervorbrachte. Daraus folgerte Crookes, daß die Aktivität einer vom Uran verschiedenen Substanz zuzuschreiben ist, die er Uran X nannte[1]).

Auch Becquerel hat Versuche in dieser Richtung angestellt. Er versetzte eine Uranlösung mit ein wenig Bariumchlorid und fällte mit Schwefelsäure. Nach öfterer Wiederholung dieser Operationen erhielt er das Uran, radiographisch beurteilt, fast inaktiv, aber nach einem Jahre hatte, wie Becquerel fand, das Uran seine ursprüngliche Radioaktivität vollständig wiedergewonnen, während das mit dem Bariumsulfat niedergeschlagene Uran X vollkommen inaktiv geworden war[2]).

---

[1]) Crookes, Proc. Roy. Soc., 1900.

[2]) Becquerel, Comptes rendus, 1900 u. 1901.

Bei diesen Versuchen ist die Aktivität des Urans nach der radiographischen Wirkung beurteilt worden, die gänzlich von den durchdringenden Strahlen ausgeübt wird. Bestimmt man die Aktivität nach der elektrischen Methode, so findet man, daß das Uran bei diesen chemischen Prozessen, bei denen das Uran X abgeschieden wird, keinen wesentlichen Verlust an Aktivität erleidet.

Der Zweck dieser Versuche war, festzustellen, ob das Uran an sich oder infolge einer Beimengung von einem fremden Stoff aktiv ist. Sie haben den Beweis erbracht, daß der Verlust an durchdringenden Strahlen, den das Uran erleiden kann, vorübergehend ist und daß die abtrennbare Aktivität eine begrenzte Dauer hat.

Rutherford und Soddy haben mit Thoriumsalzen analoge Versuche gemacht. Aus einer Lösung von Thoriumsalz erhielten sie auf Zusatz von Ammoniak eine Thoriumfällung, die mehr als die Hälfte ihrer ursprünglichen Aktivität verloren hatte. Diese verlorene Aktivität war in der Lösung verblieben. Nachdem sie letztere zur Trockne verdampft und die Ammoniaksalze in der Hitze verjagt hatten, ergab sich ein Rückstand, der mehrere tausend Male aktiver war als das Thorium, von welchem er herstammte. Auch hier, wie in den vorhergehenden Fällen, erlangte die Aktivität des Thoriums ihren ursprünglichen Wert nach einiger Zeit — etwa nach einem Monat — wieder, während die Aktivität der vom Thorium abgeschiedenen Substanz nach und nach geringer wurde und in ungefähr derselben Zeit verschwand. Diese aus dem Thorium durch Fällung desselben mit Ammoniak abgeschiedene Substanz, die einen großen Teil der Aktivität des Thoriums an sich bindet, ist Thorium X, nach Analogie mit dem Uran X von Crookes, genannt worden[1]). Das Verhältnis zwischen Thorium und Thorium X ist von Rutherford und Soddy sehr gründlich untersucht worden. Sie haben gezeigt, daß Thorium X in den Thoriumsalzen in kontinuierlicher und gleichförmiger Weise produziert wird und sich in denselben bis zu dem Grade ansammelt, bei welchem die Geschwindigkeit der Neubildung diejenige der spontanen Zerstörung kompensiert.

56. **Produktion und Zerfall radioaktiver Stoffe.** — Wir haben gesehen, daß man auf verschiedenen Wegen dazu gelangt ist, fest-

---

[1]) Rutherford u. Soddy, Phil. Mag., 1902.

zustellen, daß es radioaktive Formen von offenbar beschränkter und außerdem sehr verschiedener Dauer gibt. In allen diesen Fällen entstammt die mehr oder weniger ephemere Form der Radioaktivität einer Substanz von permanenter Aktivität, von der sie abgesondert werden kann und die die Fähigkeit besitzt, die abgegebene Radioaktivität in kontinuierlicher Neuproduktion zu regenerieren. Die konstante Aktivität der primären Substanz muß also aufgefaßt werden als das Produkt eines Gleichgewichtszustandes. Die primäre Substanz erzeugt kontinuierlich eine radioaktive Form, die spontan zerfällt. Die Geschwindigkeit des Zerfalls wächst mit der erreichten Intensität. Das Gleichgewicht ist erreicht, wenn Produktion und spontaner Zerfall einander kompensieren. So produziert das Radium kontinuierlich Emanation und induzierte Aktivität; das Uran produziert Uran X, das Thorium Thorium X und das Aktinium erzeugt Aktinium X. Wir werden sehen, daß die Gesetze, nach denen Produktion und Zerfall vor sich gehen, einfach sind oder sich auf einfache zurückführen lassen. Die Untersuchungen über die Produktion und den Zerfall bestimmter Formen von Radioaktivität und der Gesetze, nach denen diese vor sich gehen, sind die Grundlage der gegenwärtigen Radioaktivitätstheorie, nach welcher angenommen wird, daß Produktion oder Zerfall einer gewissen Form von Radioaktivität immer mit der Produktion oder der Zerstörung einer Art materieller Atome verknüpft ist. Die Hypothese einer Transmutation von Atomen ist von P. und M. Curie vom Beginn ihrer Untersuchungen über radioaktive Substanzen an ins Auge gefaßt worden, aber sie verdankt ihre Befestigung und Entwicklung den Arbeiten von Rutherford und Soddy. Der von diesen Forschern vorgeschlagene präzise Mechanismus hat als Führer bei experimentellen Untersuchungen große Dienste geleistet. Die Terminologie, die sich auf die Annahme stützt, daß eine jede in einem distinkten Zustand abscheidbare Form von Radioaktivität (wie eine Emanation oder eine induzierte Aktivität) materieller Natur ist, hat sich als besonders bequem im Gebrauch erwiesen und wird in den folgenden Kapiteln dieses Buches fortlaufend angewendet werden.

VI. Kapitel.

Radioaktive Gase oder Emanationen.

57. **Radioaktive Emanationen.** — Die Gase, die sich in einem Gefäß befinden, welches Radium, Aktinium oder Thorium enthält, sind radioaktiv. Diese Radioaktivität bleibt bestehen, wenn man die Gase abpumpt und von der aktiven Substanz trennt. Die so isolierten Gase verlieren nach und nach ihre Aktivität und werden schließlich völlig inaktiv. Die zur Entaktivierung erforderliche Zeit ist sehr verschieden, je nachdem, ob man Radium, Aktinium oder Thorium angewandt hatte. Bei Gasen, die in Berührung mit Radium gewesen sind, ist man ungefähr einen Monat lang imstande, Aktivität nachzuweisen, bei solchen, die mit Thorium in Berührung gewesen sind, 10 Minuten lang, und nur eine Minute lang bei solchen, die mit Aktinium in Berührung gewesen sind.

Ist ein Gas in Berührung mit Radium, Thorium oder Aktinium aktiv geworden, so sagt man, es enthalte eine *radioaktive Emanation*, die von einem dieser Körper herstammt. Das Wort „Emanation" ruft die Vorstellung von einem Gase hervor; die radioaktiven Emanationen haben sich auch wirklich in allen Punkten materiellen Gasen analog erwiesen.

Die radioaktiven Emanationen durchdringen keine Metall-, Glas- oder Glimmerwände, selbst wenn diese sehr dünn sind, aber sie können poröse Körper durchdringen.

Die Wandungen der Gefäße, die radioaktive Emanationen enthalten, werden selbst radioaktiv, da sich auf ihnen induzierte Radioaktivität entwickelt. Jeder der drei Emanationen entspricht eine besondere und charakteristische induzierte Radioaktivität.

58. **Thoriumemanation.** — Um die Wirkungen der Thoriumemanation zu beobachten, läßt man über eine Thoriumverbindung

einen Luftstrom streichen, der die Emanation in den Apparat, wo sie untersucht werden soll, mitführt. Figur 43 zeigt eine Versuchsanordnung, ähnlich derjenigen, die Rutherford bei seinen Untersuchungen über diesen Gegenstand angewandt hat.

Die aktive Substanz, Thoriumoxyd oder -hydroxyd, befindet sich in dem Rohre 0 an der Stelle T. Man läßt in das Rohr einen durch Schwefelsäure getrockneten Luftstrom eintreten. Dieser

Fig. 43.

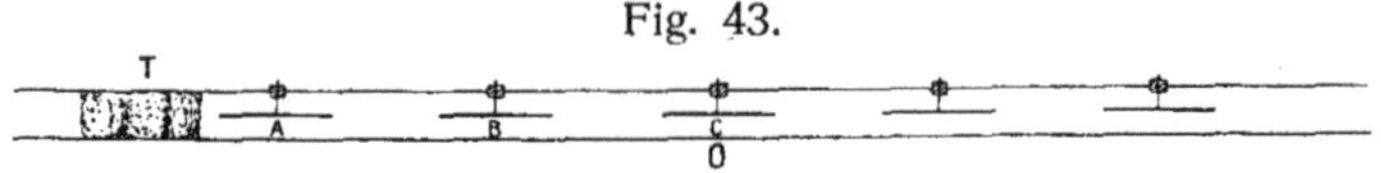

passiert zunächst einen Wattepfropfen, der mitgerissene Schwefelsäuretröpfchen zurückzuhalten bestimmt ist, und streicht dann über die Thoriumverbindung. Die mit Emanation beladene Luft wird durch einen zweiten Wattepfropfen filtriert, der den Staub und die bei T gebildeten Ionen zurückhält, und fließt dann durch das Metallrohr 0, das einen zylindrischen Kondensator mit isolierten, mit Schutzringen versehenen Elektroden (A, B, C usw.) bildet. Das Rohr 0 wird auf ein hohes Potential gebracht; jede der Elektroden kann mit einem Elektrometer verbunden werden; die unbenutzten Elektroden sowie die Schutzringe sind geerdet. Die Leitfähigkeit, die der Luft durch die darin enthaltene Emanation mitgeteilt wird, wird durch den Sättigungsstrom gemessen, den man zwischen dem Rohr und einer der Elektroden erhalten kann.

Es zeigt sich, daß die Leitfähigkeit einzig und allein von der Anwesenheit der Emanation herrührt und nicht von mitgerissenen, bei T von den Thoriumstrahlen gebildeten Ionen herkommen kann. Denn wenn man die Thoriumverbindung durch eine Uranverbindung ersetzt und im übrigen dieselbe Versuchsanordnung beibehält, so ist die in das Rohr 0 eintretende Luft nicht leitend. Wenn ein Luftstrom mit konstanter Geschwindigkeit zehn Minuten lang durch den Apparat gegangen ist, so ist ein stationärer Zustand erreicht, und der an einer jeden Elektrode zu erhaltende Sättigungsstrom bleibt konstant. Dieser Strom hat für die verschiedenen Elektroden verschiedene Werte; er ist um so schwächer, je weiter die Elektrode von der aktiven Substanz entfernt ist. Ferner ist der Abfall der Stromstärke, den man beobachtet, wenn man von einer der Elektroden, z. B. A, zur folgenden, B, übergeht, um so größer, je geringer die Geschwindigkeit des Luftstromes ist. Die Leitfähigkeit der emanationhaltigen Luft nimmt also mit der Zeit ab. Kennt man die Strömungsgeschwindigkeit der Luft, so kann man die Zeit berechnen, die sie zu dem Wege von einer Elektrode zur nächsten braucht, und man kann auf diese Weise die Verminderung der Leitfähigkeit in einer gegebenen Zeit ermitteln. Man kann auch den Luftstrom abstellen, die Mündungen des Rohres 0 verschließen und dann die allmähliche Abnahme der Leitfähigkeit der darin enthaltenen Luft an einer Elektrode beobachten.

Folgende Zahlen sind von Rutherford bei einem Versuch dieser Art erhalten worden; t bezeichnet die Zeit in Sekunden, von dem Augenblick an gerechnet, indem der Luftstrom unterbrochen wurde, i den zur Zeit t gemessenen Sättigungsstrom in willkürlichen Einheiten.

t	i
0	100
28	69
62	51
118	25
155	14
210	6,7
272	4,1
360	1,8

Konstruiert man die Kurve, die die Stromstärke als Funktion der Zeit darstellt, so zeigt sich eine einfache Zahlenbeziehung: die Stromstärke sinkt auf die Hälfte in einer Zeit von ungefähr einer Minute. Man kann annehmen, daß nach eben diesem Gesetz die Thoriumemanation verschwindet, indem man voraussetzt, daß die Stromstärke in jedem Augenblick proportional der Menge der in dem Gase vorhandenen Emanation ist.

Das Gesetz, nach dem die Thoriumemanation abnimmt, ist später von anderen Beobachtern mit größerer Genauigkeit festgestellt worden. Rossignol und Gimingham[1]) haben gefunden, daß die Aktivität in 51 Sekunden auf die Hälfte sinkt;

---

[1]) Rossignol und Gimingham, Phil. Mag., 1904.

Bronson[1]) hat dieselbe Konstante zu 54 Sekunden ermittelt; Hahn[2]) hat den Wert 53,3 Sekunden erhalten. Die benutzte Methode war im Prinzip gleich der von Rutherford.

Die Entwicklung von Emanation durch Thoriumoxyd oder -hydroxyd ist um so stärker, in je dickerer Schicht man die Substanz anwendet. Bei genügend dicker Schicht ist die im Gase verbreitete, von der Emanation herstammende Radioaktivität groß gegenüber der direkten Strahlung der Substanz. Führt man das radioaktive Gas durch einen Luftstrom fort, so sinkt die Leitfähigkeit der Luft in der Umgebung der Substanz beträchtlich, da sich die Thoriumemanation nicht mehr dort anhäufen kann.

59. **Radiumemanation.** — Die Radiumemanation kann entweder mit festen radiumhaltigen Verbindungen oder mit Lösungen von radiumhaltigen Salzen erhalten werden. Die festen Verbindungen geben bei gewöhnlicher Temperatur sehr wenig Emanation ab; wenn Luft in Berührung mit ihnen steht, so ist die darin verbreitete Radioaktivität gering im Vergleich zu der Aktivität der festen Substanz selbst; läßt man einen Luftstrom über ein festes Radiumsalz streichen, so erfährt die Leitfähigkeit der Luft in seiner Umgebung keine nennenswerte Verminderung.

Erhitzt man das feste Salz auf hohe Temperatur, so findet die Abgabe der Emanation viel leichter statt. Vorteilhafter bedient man sich aber der Lösungen von radiumhaltigen Salzen, denn in Lösung geben die Salze bei gewöhnlicher Temperatur große Mengen von Emanation ab.

Die Emanation des Radiums ist viel beständiger als die des Thoriums. Man kann die damit beladene Luft in einen Kondensator absaugen; die so vom Radium getrennte Emanation zeigt eine nach und nach abnehmende Radioaktivität, die mittels einer elektrischen Meßmethode einen Monat lang und noch länger beobachtbar ist. Man kann auch Luft, die Radiumemanation enthält, in einen Glaskolben leiten, dessen Wand mit phosphoreszierendem Zinksulfid überzogen ist. Die Radioaktivität des in dem Kolben enthaltenen Gases verrät sich durch das Leuchten des

---

[1]) Bronson, Amer. Journ. Sc., 1905.
[2]) Hahn, Jahrbuch d. Rad., 1905.

Zinksulfids, das während mehrerer Tage, selbst über einen Monat lang, wahrgenommen werden kann.

Die erste genaue Untersuchung des Gesetzes, nach dem sich die Aktivität der Radiumemanation ändert, ist von P. Curie[1]) mittels zweier verschiedener Anordnungen ausgeführt worden.

Die Emanation wurde von einer Lösung eines radiumhaltigen Bariumsalzes geliefert, die in einer geschlossenen, mit einem Hahn versehenen Flasche aufbewahrt wurde und nur einen Teil des Volumens der Flasche einnahm. Die in der Flasche befindliche Luft belud sich mit Emanation und konnte dann in ein vorher evakuiertes Gefäß abgepumpt werden.

Eine erste Versuchsreihe bestand in folgendem: man pumpte das aktive Gas in ein Glasrohr A (Fig. 44), das dann zugeschmolzen

Fig. 44.

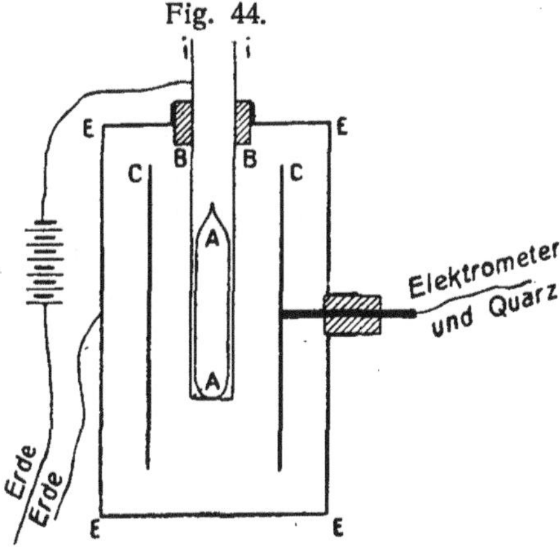

und in das Innere eines dünnwandigen Aluminiumrohres gebracht wurde; dieses bildete die innere Belegung eines zylindrischen Kondensators. Die von dem Rohr ausgesandten Strahlen durchdrangen das Aluminium und machten die Luft zwischen den Belegungen des Kondensators leitend. Die innere Belegung B wurde auf ein hohes Potential geladen, die äußere Belegung C mit dem Elektrometer verbunden. Der Sättigungsstrom, der in dem Kondensator erhalten werden konnte, wurde mit Hilfe eines piezoelektrischen Quarzes gemessen.

Die auf diese Weise gemessene Strahlung rührt ausschließlich

---

[1]) Comptes rendus, 1902.

von der Radioaktivität der Rohrwandung her und nicht von der des Gases. Denn wenn man die mit Emanation beladene Luft plötzlich aus dem Rohr auspumpt, so tritt keine plötzliche Änderung der Strahlungsintensität ein; diese hat vielmehr unmittelbar vor und nach der Entfernung des aktiven Gases annähernd denselben Wert. Indessen ändert sich das Gesetz, nach dem die Entaktivierung der Rohrwandung mit der Zeit erfolgt. Nach Entfernung der Emanation entaktiviert sich das Rohr schnell; seine Aktivität ist nach einigen Stunden annähernd gleich null. Wenn dagegen die Emanation in dem Rohr eingeschlossen bleibt, verliert dieses seine Aktivität viel langsamer; die Strahlungsintensität vermindert sich dann in ungefähr 4 Tagen um die Hälfte. Bei diesem zweiten Versuch kann man also annehmen, daß die in dem Rohr eingeschlossene Emanation die Aktivität der Wandung unterhält, und daß diese Aktivität solange bestehen bleibt, wie die Emanation selbst.

Wenn man die Emanation schnell in das Rohr eintreten läßt, dieses so rasch wie möglich verschließt und sofort Messungen der durchdringenden Strahlung beginnt, die man in angemessenen Zeitintervallen fortsetzt, so zeigt sich, daß diese Strahlung im Anfang fast gleich null ist, aber nach und nach zunimmt. Die Zunahme, zuerst schnell, wird immer langsamer, und die Strahlungsintensität strebt einem Maximum zu, das in 3 Stunden erreicht wird und sich während der beiden folgenden Stunden annähernd konstant erhält. Auf dieses Maximum folgt eine langsame, regelmäßige Abnahme, die einige Wochen lang anhält, bis zum fast völligen Verschwinden der Aktivität.

Diese Versuche beweisen, daß die Strahlung des Rohres nach außen nicht direkt von der Emanation herrührt, sondern daß sie der induzierten Aktivität zugeschrieben werden muß, die in Gegenwart der Emanation allmählich auf der Rohrwandung entsteht. Das Maximum tritt dann ein, wenn diese induzierte Aktivität einen Grenzwert erreicht, der der Menge der vorhandenen Emanation entspricht. Die Kurve, die das Wachstum der Stromstärke i als Funktion der Zeit darstellt, ist in Fig. 45 I abgebildet.

Wie P. Curie gefunden hat, erfolgt die langsame Abnahme der nach außen dringenden Strahlung des die Emanation enthaltenden Rohres nach einem sehr einfachen Gesetz. Die Strahlungsintensität $\mathfrak{J}$ drückt sich als Funktion der Zeit t durch ein Exponentialgesetz aus:

$$\mathfrak{J} = \mathfrak{J}_0 e^{-\frac{t}{\theta}} = \mathfrak{J}_0 e^{-\lambda t}.$$

In dieser Formel bedeutet $\mathfrak{J}_0$ die anfängliche Intensität, einige Stunden nach der Einbringung der Emanation gemessen; Θ ist eine Konstante, die eine Zeit darstellt. Trägt man t als Abszissen und $lg\ \mathfrak{J}$ als Ordinaten auf, so liegen die experimentell gefundenen Punkte sehr genau auf einer Geraden, die über einen Zeitraum von 20—30 Tagen verfolgt werden kann, obwohl die Strahlungsintensität in dieser Zeit auf weniger als ein Dreißigstel des Anfangswertes sinkt.

Fig. 45.

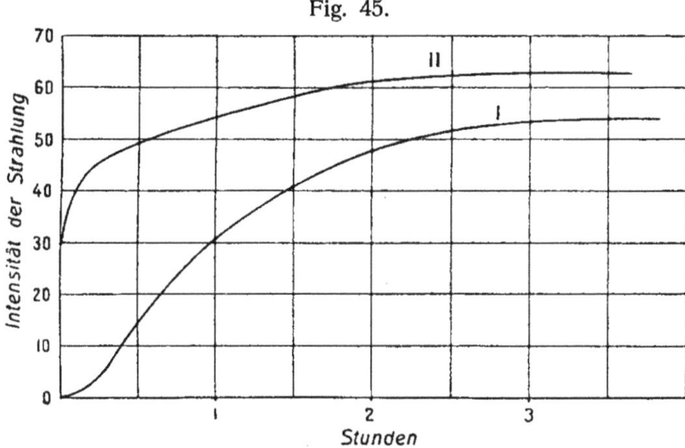

Die Versuche sind unter sehr abweichenden Bedingungen ausgeführt worden. Als Quelle der Emanation wurden Lösungen von Radiumsalzen sehr verschiedener Aktivität oder auch feste radiumhaltige Salze verwendet; die Dimensionen der Gefäße, die die Emanation enthielten, waren verschieden (zwischen 3 und 200 ccm), und ebenso ihre Form; die Dicke der Glaswand wurde verändert; die Glasgefäße wurden durch Kupfer- oder Aluminiumgefäße ersetzt; die Aktivierung der Gefäße geschah, indem man die Emanation durch ein weites kurzes Rohr eintreten ließ oder durch ein langes, kapillares; die Zeit der Aktivierung durch das Radium schwankte zwischen 15 Minuten und einem Monat; der Druck der die Emanation enthaltenden Luft variierte zwischen Atmosphärendruck und 2 cm Quecksilber, und man ließ das Rohr sich entaktivieren, nachdem es unter diesem verminderten Druck zugeschmolzen war; es wurde mit Wasserstoff oder Kohlendioxyd an Stelle von Luft gearbeitet. Trotz aller dieser Modifikationen in den Versuchsbedingungen blieb das Gesetz der Abnahme der nach außen dringenden Strahlung unverändert.

Bei einer zweiten, von P. Curie ausgeführten Versuchsreihe wurde als Maß der Aktivität die Stärke des Sättigungsstromes benutzt, der zwischen zwei Elektroden überging, die sich im Inneren des die Emanation enthaltenden Rohres befanden. Bei diesem Verfahren rührt die gemessene Leitfähigkeit sowohl von der Strahlung des Gases, wie von der der Wandung her. Denn wenn man die Emanation schnell durch einen Luftstrom verjagt und das Rohr mit inaktiver Luft füllt, so zeigt sich, daß die Leitfähigkeit der Luft zwischen den beiden Elektroden unmittelbar nach dieser Operation viel schwächer ist als vorher. Daraus geht hervor, daß man der Emanation eine eigene Strahlung zuschreiben muß, die nicht durchdringend genug ist, um durch die Rohrwandung zu gehen und außerhalb zu wirken, die aber auf die die Emanation enthaltende Luft eine energisch ionisierende Wirkung ausübt, also eine absorbierbare Strahlung. Führt man die Emanation schnell in das Rohr ein, so ist der unmittelbar darauf gemessene Strom nicht gleich null, sondern hat einen gewissen Anfangswert; die Stromstärke wächst dann mit der Zeit und erreicht nach 3 Stunden ein Maximum; auf das Maximum folgt eine langsame, regelmäßige Abnahme wie bei der Messung der durchdringenden Strahlung. Die Beziehung zwischen Strahlungsintensität und Zeit, vom Augenblick der Einführung der Emanation an gerechnet, ist in Kurve II der Figur 45 für die ersten 3 Stunden dargestellt. Die maximale Stromstärke ist ungefähr doppelt so groß wie die anfängliche. Das Anwachsen der Stromstärke erfolgt im Anfang viel schneller, als wenn man nur die durchdringenden Strahlen verwendet (Kurve I).

Bei diesen Versuchen mit Elektroden, die im Inneren des die Emanation enthaltenden Gases liegen, ist das Gesetz der Strahlungsabnahme das gleiche, wie es bei den vorher beschriebenen Versuchen mit außerhalb liegenden Elektroden gefunden wurde. Kurve I, Fig. 46 stellt die Strahlungsintensität als Funktion der Zeit während

6 Tagen dar, vom Moment des Eintritts der Emanation in den Apparat an gerechnet. Kurve II, Fig. 46 gibt für dasselbe Zeitintervall den Logarithmus der Intensität als Funktion der Zeit.

Die Arbeit von P. Curie über die Radiumemanation war die erste genaue und vollständige Untersuchung des Abklingungsgesetzes einer Radioaktivität von begrenzter Dauer. Das Ergebnis der

Fig. 46.

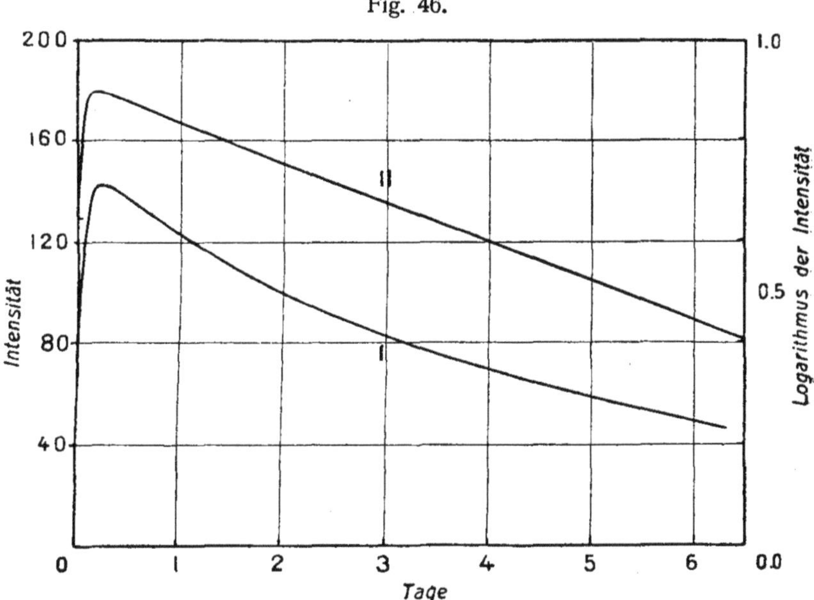

sämtlichen im Verlauf dieser Untersuchung angestellten Versuche war, daß sich das Abklingungsgesetz streng durch eine einfache Exponentialformel darstellen läßt, die durch eine einzige Zeitkonstante charakterisiert ist. P. Curie hat die Annahme gemacht, daß das beobachtete Gesetz charakteristisch für das Verschwinden der Radiumemanation ist. Die Zeitkonstante erwies sich als unabhängig von den Versuchsbedingungen, von der Natur des Gases, das das Gefäß erfüllt und von dem Material, aus dem die Wände des letztern bestehen.

P. Curie hat weiter gezeigt, daß das Gesetz, dem das Verschwinden der Emanation folgt, unabhängig von der Temperatur ist, zwischen der Temperatur der flüssigen Luft und 450°. Die zugeschmolzenen, Emanation enthaltenden Rohre wurden 3 Tage lang im elektrischen Ofen auf 450° erwärmt und dann auf gewöhnliche Temperatur abgekühlt. Ihre Aktivität wurde gemessen, und es ergab sich, daß der Totalverlust während der Erhitzungsdauer gleich dem war, den das Rohr in derselben Zeit bei gewöhnlicher Temperatur erlitten haben würde. In Fig. 47 sind die Versuchsergebnisse dargestellt; die Logarithmen der Strahlungsintensität

Fig. 47.

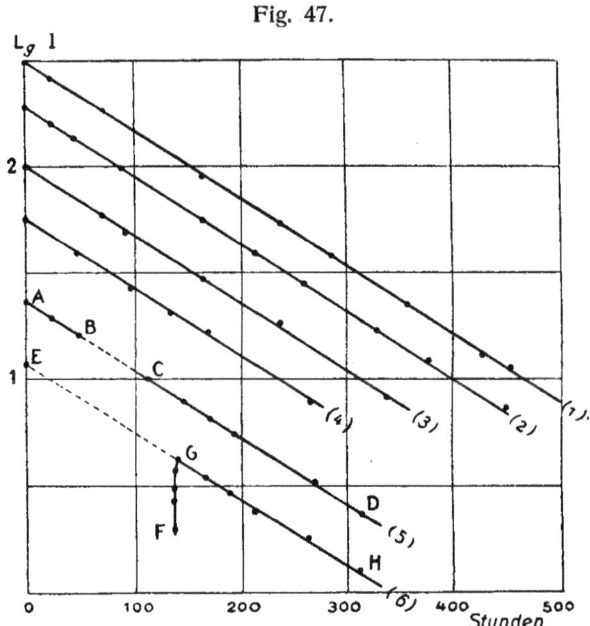

sind als Ordinaten, die Zeiten als Abszissen aufgetragen. Die parallelen Geraden 1, 2, 3 und 4 gehören zu vier bei gewöhnlicher Temperatur ausgeführten Versuchsreihen. Kurve 5 gibt das Resultat eines Versuches bei 450° wieder; die Punkte von A bis B stellen die vor dem Erhitzen angestellten Messungen dar, die Punkte zwischen C und D die Messungen nach dem Erhitzen; alle diese Punkte liegen auf ein und derselben Geraden, die parallel zu den vier ersten Geraden ist. Bei einem weiteren Versuche wurden die Rohre in flüssiger Luft auf — 180° abgekühlt. Punkt E, Kurve 6, bezieht sich auf eine erste, bei gewöhnlicher Temperatur ausgeführte Messung; nachdem dann das Rohr 6 Tage lang in flüssiger Luft geblieben war, wurden die Messungen bei gewöhnlicher Temperatur wieder begonnen. Die erste Messung, Punkt F, ausgeführt unmittelbar nachdem das Rohr sich wieder erwärmt hatte, ergab einen Wert, der nur halb so groß war, als man ihn gefunden haben würde, wenn das Rohr während der ganzen Zeit bei Zimmertemperatur geblieben wäre. Aber die Aktivität des Rohres stieg dann während ungefähr einer halben Stunde schnell an (Punkt F bis G). Die dann folgenden Messungen, G bis H, gaben dieselben Werte, die man beobachtet hätte, wenn das Rohr konstant auf gewöhnlicher Temperatur erhalten worden wäre. Die Verlängerung der Geraden GH geht durch den Punkt E und hat dieselbe Neigung wie die Geraden 1—4. Nach einer vorübergehenden Störung hatte sich also das gewöhnliche Abklingungsgesetz wieder eingestellt. Die Störung ist durch die Verdichtung der Radiumemanation bei tiefer Temperatur verursacht.

Die Zeitkonstante der Radiumemanation hat nach P. Curie folgenden numerischen Wert:

$$\theta = 138 \text{ Stunden} = 4{,}97 \,.\, 10^5 \text{ sec}$$

oder

$$\frac{1}{\theta} = \lambda = 2{,}01 \,.\, 10^{-6} \frac{1}{\text{Sec}}.$$

Man kann noch eine dritte Konstante einführen, die mit diesen beiden im Zusammenhang steht, nämlich die Zeit, die erforderlich ist, damit die Emanation zur Häfte zerfällt.

Die Formel

$$\mathfrak{J} = \mathfrak{J}_0 e^{-\lambda t} = \mathfrak{J}_0 e^{-\frac{t}{\theta}}$$

gibt die Strahlungsintensität als Funktion der Zeit von dem Zeitpunkt an, bei dem die gesetzmäßige Abnahme sich einstellt. Daraus folgt

$$\lambda = \frac{\text{Log}\,\mathfrak{J}_0 - \text{Log}\,\mathfrak{J}}{t\,\text{Log}\,e},$$

(mit Briggschen Logarithmen).

Bezeichnet man mit T die Zeit, für die $\mathfrak{J} = \frac{\mathfrak{J}_0}{2}$ wird, so ist

$$\text{T} = \frac{\text{Log}\,2}{\lambda\,\text{Log}\,e} = \frac{\text{Log}\,2}{\left(\frac{\text{Log}\,\mathfrak{J}_0 - \text{Log}\,\mathfrak{J}}{t}\right)}.$$

Der Wert von T, der sich aus dem oben gegebenen Wert für λ berechnet, ist

$$\text{T} = 3{,}99 \text{ Tage}.$$

Der Richtungskoeffizient der Geraden, die die Abnahme des Logarithmus der Strahlungsintensität darstellt, ist proportional λ.

P. Curie hat darauf hingewiesen, daß die Zeitkonstante der Radiumemanation, da sie von den Versuchsbedingungen unabhängig ist, als Charakteristikum dieser Emanation angesehen werden muß, und daß ferner dieser Konstanten eine Bedeutung allgemeiner Natur zukommen muß. Sie läßt sich mit großer Genauigkeit bestimmen. Sie könnte dazu dienen, eine Zeiteinheit zu definieren, die unabhängig ist von allen anderen physikalischen Maßeinheiten.

Analoge, auf andere Fälle von Radioaktivität begrenzter Dauer bezügliche Konstanten können in derselben Weise verwendet werden.

Wie Rutherford und Soddy bei ihren Versuchen über die Verdichtung der Thoriumemanation gezeigt haben, bleibt bei dieser die Zerfallsgeschwindigkeit bei der Temperatur der flüssigen Luft ebenfalls unverändert.

Der Zerfall der Radiumemanation ist auch von anderen Forschern untersucht worden. Rutherford und Soddy[1]) haben die mit Emanation beladene Luft in einem Glasrohr über Quecksilber aufgefangen. Von Zeit zu Zeit wurde ein bestimmtes Volumen dieser Mischung mit einer Gaspipette herausgenommen und zwischen die Belegungen eines Kondensators gebracht. Dieser bestand aus einem Messingzylinder, in dem konaxial eine zylindrische isolierte Elektrode angebracht war; alle Verbindungen waren luftdicht. Der Zylinder wurde auf ein hohes Potential geladen und die zentrale Elektrode mit einem Elektrometer verbunden, unter Nebenschluß eines Kondensators von geeigneter Kapazität. Der Sättigungsstrom im Kondensator wurde unmittelbar nach Einbringung der Emanation mittelst der Methode der Ausschlagsgeschwindigkeit gemessen; dieser Strom wurde als Maß der Aktivität der Emanation im Kondensator angenommen. Die Messungen werden erschwert durch das schnelle Anwachsen des Stromes infolge der Entwicklung induzierter Aktivität auf den Wänden des Kondensators. Sie wurden 33 Tage lang fortgesetzt. Das Resultat war, daß die Aktivität nach einem Exponential-

---

[1]) Rutherford und Soddy, Phil. Mag., 1903.

gesetz abnimmt, aber der Wert der Konstanten λ wurde etwas größer gefunden als von P. Curie. Rutherford und Soddy geben die Werte

$$\lambda = 2,16.10^{-6} \frac{1}{\text{Sec}}, \qquad T = 3,71 \text{ Tage.}$$

Obwohl diese Resultate in erster Annäherung mit denen von P. Curie übereinstimmen, überschreitet die Abweichung in den für T gefundenen Werten, 7—8%, doch die Versuchsfehler. Von anderen Experimentatoren haben Bumstead und Wheeler T = 3,88 Tage, Sackur (nach der Methode von Rutherford und Soddy) T = 3,86 Tage gefunden[1]).

Rümelin[2]) arbeitete nach folgender Methode: zwei durch ein enges Rohr kommunizierende Gefäße A und B enthalten mit Emanation beladene Luft in homogener Mischung; sie werden dann gleichzeitig einzeln zugeschmolzen. Die Aktivität der im Gefäß A enthaltenen Emanation wird nach der Zeit t_1 und die der im Gefäß B enthaltenen nach der Zeit t_2 gemessen. Zu diesem Zweck wird die die Emanation enthaltende Luft aus dem betreffenden Gefäß in eine an einem Elektroskop befindliche Ionisierungskammer übergeführt, indem sie zunächst durch einen Strom von Wasserdampf aus dem Gefäß verdrängt und in einem Gasometer über Wasser aufgefangen wird; von dort aus gelangt sie in die Ionisierungskammer. Der Sättigungsstrom wird drei Stunden nach Einbringung der Emanation gemessen, wenn das Maximum erreicht ist; er ist dann proportional der in der Kammer befindlichen Emanationsmenge. Es seien i_1 und i_2 die Stromstärken, die mit der Emanation aus dem Gefäß A bzw. B erhalten werden. Die Emanationsmengen, die am Anfang in den beiden Gefäßen vorhanden waren, waren proportional ihren Volumen v_1 und v_2 und haben sich dann vermindert, im Verhältnis $e^{-\lambda t_1}$ im Gefäß A und $e^{-\lambda t_2}$ im Gefäß B. Man hat also

$$i_1 = k v_1 e^{-\lambda t_1}, \qquad i_2 = k v_2 e^{-\lambda t_2},$$

$$\frac{i_1}{i_2} = \frac{v_1}{v_2} e^{-\lambda (t_1 - t_2)},$$

woraus sich λ berechnen läßt.

1) Bumstead und Wheeler, Amer. Journ. Sc., 1904. — Sackur Ber. d. Deutschen Chem. Ges., 1905.

2) Rümelin, Phil. Mag., 1907.

Die auf diesem Wege erhaltenen Zahlen für T schwankten zwischen 3,70 und 3,80 Tagen, mit einem Mittelwert von 3,75. Indessen hat die Methode den sehr großen Nachteil, daß die Emanation durch Wasser geleitet wird, bevor ihre Aktivität gemessen wird. Nun ist die Radiumemanation in Wasser nicht unbeträchtlich löslich; man verliert also bei diesem Verfahren notwendigerweise Emanation, und wahrscheinlich ist der Verlust nicht so klein, daß er bei Präzisionsmessungen vernachlässigt werden dürfte.

Ich habe eine Anzahl von Messungsreihen zur genauen Bestimmung der Konstanten T ausgeführt. Ich verfuhr nach der Methode von P. Curie, die darin besteht, den Sättigungsstrom zu messen, den man mit der in einem absolut dichten Gefäß eingeschlossenen Emanation erhalten kann, unter Verwendung von außerhalb oder innerhalb des Gefäßes befindlichen Elektroden. Diese Methode ist wohl die vertrauenswürdigste, denn sie vermeidet die Fehlerquellen, die mit dem Transport der Emanation von einem Gefäß in ein anderes verbunden sind. Die Verwendung des piezoelektrischen Quarzes gestattet ferner, eine Messungsreihe über 20—25 Tage auszudehnen, wobei alle Messungen absolut vergleichbar sind, ohne daß man die Empfindlichkeit des Elektrometers oder die Kapazität der Messungsapparatur zu berücksichtigen braucht.

Der Apparat, der zu den Messungen mit äußeren Elektroden verwendet wurde, ist dem in Fig. 44 abgebildeten ähnlich; der zu den Messungen mit inneren Elektroden dienende war ein Kondensator, wie der in Fig. 38 dargestellte; der äußere Zylinder B war mit zwei engen Rohren versehen, von denen das eine in ein abgekürztes Manometer von sehr kleinem Volumen mündete, während das andere als Verbindungsrohr diente. Vor der eigentlichen Messung evakuiert man den Kondensator und schmilzt das Verbindungsrohr vor der Lampe ab. Dann beobachtet man den Apparat einige Tage lang, um sich zu überzeugen, daß er absolut dicht ist. Darauf läßt man eine angemessene Menge in trockener Luft enthaltene Emanation in den Kondensator eintreten und füllt endlich mit trockener Luft nach, bis der Druck im Apparat annähernd gleich dem Atmosphärendruck ist. Nachdem das Rohr, das zum Füllen gedient hat, abgeschmolzen ist, ist der Apparat zu einer Messungsreihe fertig.

Jede Messungsreihe erstreckte sich über 20—30 Tage; im allgemeinen wurden eine oder zwei Messungen am Tage ausgeführt. Das Maximum der Stromstärke wird 3 Stunden nach Einbringung der Emanation in den Kondensator erreicht; indessen scheint sich das Exponentialgesetz der Intensitätsabnahme erst 24 Stunden später vollkommen einzustellen. Ich glaube speziell bei meinen Messungen mit inneren Elektroden festgestellt zu haben, daß die Stromstärke, nachdem sie das Maximum erreicht hat, zwischen $t = 3$ Stunden und $t = 20$ Stunden mit wachsender Geschwindigkeit abnimmt, wobei t von dem Moment der Einführung der Emanation an gerechnet ist. Von $t = 20$ Stunden an wird die Geschwindigkeit der Abnahme aber etwas kleiner und nimmt einen konstanten Endwert an, der dann mehr als 20 Tage lang bestehen bleibt. Zeichnet man also die Kurve, die den Logarithmus der Stromstärke als Funktion der Zeit darstellt, so zeigt sie einen Wendepunkt zwischen $t = 4$ und $t = 20$ Stunden. Dieser Wendepunkt, dessen Existenz theoretisch nicht vorauszusehen ist, ist wenig scharf, und es ist schwer, etwas bestimmtes über ihn auszusagen.

Bei allen Versuchen wurde der Sättigungsstrom tatsächlich erreicht; die Potentialdifferenz zwischen den beiden Kondensatorbelegungen betrug 800 Volt.

Bei den Versuchen nach der Methode der inneren Elektroden blieb die der ionisierenden Wirkung ausgesetzte Gasmenge konstant; es war also keine Korrektion wegen der Veränderung des Druckes und der Temperatur der umgebenden Luft notwendig. Bei den Versuchen mit äußeren Elektroden dagegen war die Ionisierungskammer nicht luftdicht geschlossen. Die in der Luft in dieser Kammer durch die durchdringenden, aus dem Emanationsrohr kommenden Strahlen bewirkte Ionisierung wächst mit der Dichte der Luft; sie könnte als proportional der Dichte betrachtet werden, wenn das Durchdringungsvermögen der benutzten Strahlen hinreichend groß wäre. In diesem Fall hätte man

$$\frac{i_0}{i} = \frac{d_0}{d} = \frac{p_0}{p} \frac{1 + \alpha t}{1 + \alpha t_0},$$

wenn i die bei dem Druck p und der Temperatur t gemessene, i_0 die auf den Druck p_0 und die Temperatur t_0 reduzierte Stromstärke bedeutet. Das Korrektionsglied ε, das man zu i hinzufügen muß, um i_0 zu erhalten, ist dann annähernd durch die Formel

$$\varepsilon = i\,[0{,}0013\,(760 - p) + 0{,}0037\,(t - t_0)]$$

gegeben, wo p in mm Quecksilber gemessen ist. Diese Korrektion ist wahrscheinlich etwas zu groß, denn unter den primären Strahlen und den von ihnen erzeugten sekundären gibt es wahrscheinlich verhältnismäßig leicht absorbierbare; aber es ist zu bemerken, daß im allgemeinen die Form der Kurven durch die Korrektion kaum verändert wird.

Es muß noch eine andere Korrektion erwogen werden, nämlich die auf die eigene Radioaktivität des Messungsapparates bezügliche. Diese war beim Beginn des Versuches immer sehr schwach, indem sie z. B. nur 0,1% des zu messenden Stromes betrug; in dem Maße, in dem der von der Emanation verursachte Strom schwächer wurde, nahm sie aber an Bedeutung zu und konnte 5% des zu messenden Betrages erreichen. Die Methode des piezoelektrischen Quarzes gestattet, eine Messungsreihe über ungefähr 30 Tage auszudehnen. Arbeitet man mit äußeren Elektroden, so kann man die Versuchsdauer verlängern, indem man eine große Menge Emanation anwendet und im Anfang die Strahlungsintensität mittels eines Bleischirmes abschwächt, der die aktive Röhre umgibt und den man nach 20 Tagen entfernt. Indessen zeigt sich, daß es unvorteilhaft ist, die Messungen länger als 30 Tage fortzusetzen, denn das einfache Exponentialgesetz erfährt von da ab eine Änderung, und der Rückgang der Stromstärke wird immer langsamer. Dieses Verhalten rührt von der allmählichen Entwicklung einer sehr langsam veränderlichen induzierten Radioaktivität her, verschieden von der, welche nur 3 Stunden braucht, um ein stationäres Gleichgewicht mit der Radiumemanation zu erreichen (siehe § 77). Es ist wesentlich, sich davon zu überzeugen, daß diese Radioaktivität nicht in merkbarem Maße dazu beitragen kann, den Strom im Messungsapparat zu erzeugen. Denn wenn das der Fall wäre, so würde die beobachtete Abklingung etwas langsamer sein als die für die Emanation charakteristische, wobei jedoch die Abweichung zu schwach sein könnte, um deutlich erkennen zu lassen, daß das Gesetz nicht rein exponential ist. Diese Erwägung bildet einen wichtigen Einwand gegen die Methoden, bei denen die Emanation während der Aktivitätsmessungen dauernd in demselben Gefäß

Fig. 48.

log. I
2,0
1,5
1,0
0,5
0
100
200
300
400
500 Stunden
200
400
600
800
1000 Stunden
log. I
4,0
3,5
3,0
2,5
2,0
1,5
1
0,5
I
II
III
IV
V
VI
VII
VIII
IX
X
XI
XII

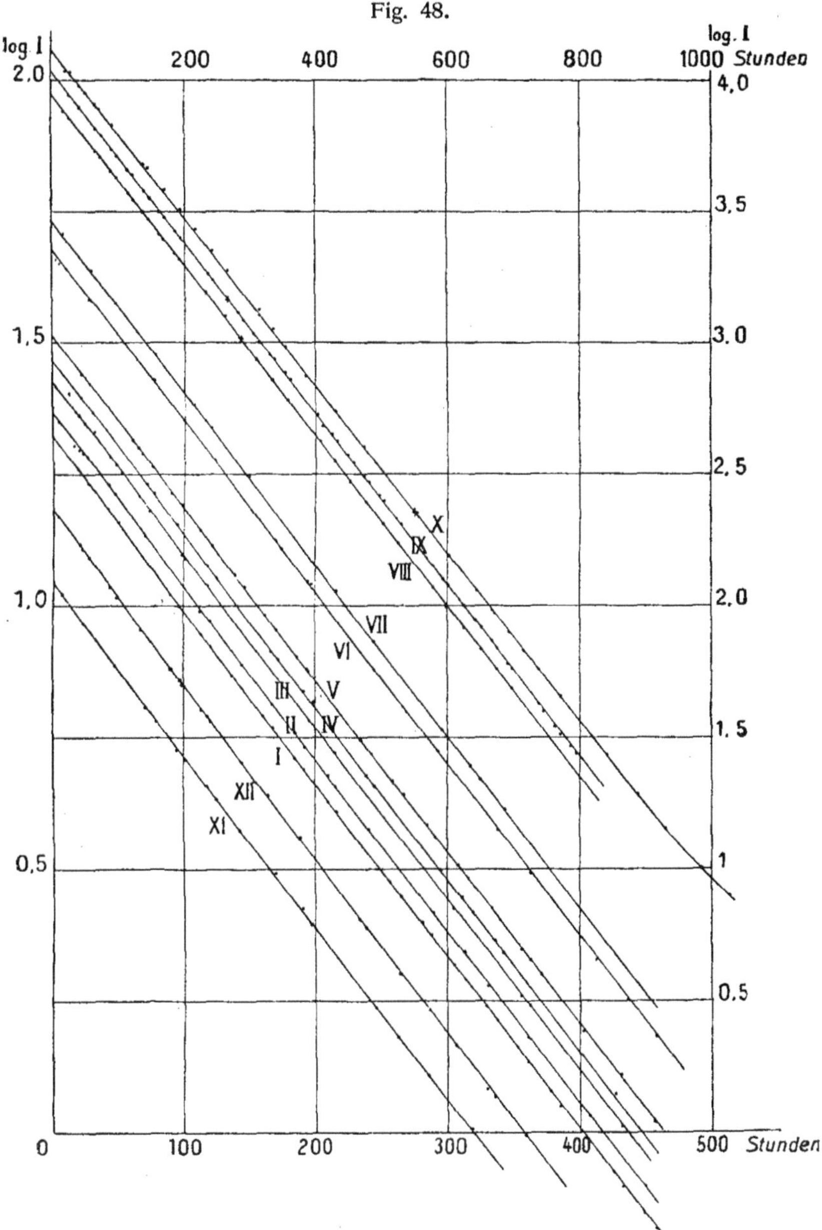

bleibt. Man kann diesen Einwand in folgender Weise beseitigen. Nach Beendigung einer Messungsreihe vertreibt man die Emanation aus dem Gefäß, das sie enthielt, und wartet dann 24 Stunden, um die induzierte Radioaktivität mit kurzer Umwandlungszeit vollständig erlöschen zu lassen; dann mißt man die Eigenstrahlung des Apparates. Sowohl bei der Verwendung innerer wie äußerer Elektroden ergibt sich, daß die auf diese Weise nach einem Versuch von 25 Tagen gefundene Aktivität sehr schwach ist und die erhaltenen Resultate nicht beeinflussen kann.

Jede Messungsreihe ist in einer Kurve dargestellt worden, wobei die Zeiten in Stunden als Abszissen und die Logarithmen der Stromstärken in willkürlichen Einheiten als Ordinaten aufgetragen sind. Die so erhaltenen Kurven (Fig. 48) sind sehr genaue gerade Linien, deren Neigungskoeffizienten a (Abnahme des Briggschen Logarithmus der Stromstärke pro Stunde) in folgender Tabelle angegeben sind.

Innere Elektroden.

	Versuchsdauer	a
I.	470 Stunden	0,003279
II.	450 „	0,003270
III.	430 „	0,003265
IV.	430 „	0,003280
V.	580 „	0,003258
	Mittelwert	0,003270

Die zu diesen Geraden gehörige Skala befindet sich in der Figur unten und links.

Äußere Elektroden.

	Versuchsdauer	a
VI.	460 Stunden	0,003255
VII.	360 „	0,003270
VIII.	700 „	0,003244
IX.	800 „	0,003255
X.	1040 „	0,003200
	Mittelwert	0,003246

Die Geraden VI und VII sind in demselben Maßstab wie die Geraden I—V gezeichnet. Die Geraden VIII—X, die sich auf

Versuche von viel längerer Dauer beziehen, sind in einem auf die Häfte verkleinerten Maßstab gezeichnet, in der Figur oben und rechts angegeben. In diesen Fällen war die Anfangskonzentration der Emanation größer, und es wurde, wie oben beschrieben, im Anfang zur Abschwächung der Strahlung ein Bleischirm verwendet, der entfernt wurde, wenn die Intensität schwach geworden war. Die Stellen, wo die mit und ohne Schirm erhaltenen Teile der Geraden zusammenstoßen, sind in der Figur durch Kreuze gekennzeichnet, und man sieht, daß an diesen Punkten keine Änderung der Richtung eintritt. Die Abweichung der Geraden X von 800 Stunden an rührt von dem Erscheinen induzierter Aktivität mit langer Lebensdauer her.

Bei den Versuchen VI—X war die Anfangskonzentration der Emanation erheblich größer als bei den Versuchen I—V; und zwar war das Verhältnis von der Größenordnung 10^5. Also kann im Laufe eines einzelnen Versuches die Konzentration in einem Verhältnis von ungefähr 1000 : 1 abnehmen, ohne daß das Exponentialgesetz versagt, und ferner ist der Koeffizient a annähernd derselbe bei allen Versuchen, wie groß auch die Anfangskonzentration innerhalb der angegebenen Grenzen gewesen sein mag. Daraus folgt, daß das Zerfallsgesetz der Emanation in sehr weiten Grenzen unabhängig von der Konzentration derselben ist. Diese Tatsache wird außerdem durch Versuche bestätigt, die mit sehr konzentrierter Emanation ausgeführt wurden (die maximale Menge Emanation aus 0,1 g Radium in einem Röhrchen von ungefähr 0,1 Kubikmillimeter Inhalt enthalten). Die Anfangskonzentration war in diesem Falle $2 . 10^{11}$ mal größer als bei den Versuchen mit inneren Elektroden, und doch zeigt sich an dem Zerfallsgesetz keine Änderung. Die Gerade XI stellt einen solchen Versuch dar: $a = 0{,}00323$.

Die Gerade XII gibt die Resultate einer Messungsreihe wieder, die in einem Apparat mit inneren Elektroden ausgeführt wurde, mit dem Rest der Emanation von einem Versuch, der vorher mit Außen-Elektroden gemacht worden war. Das Zerfallsgesetz ist auch hier annähernd das gleiche, $a = 0{,}00330$. Am Ende dieser Messungsreihe war die Emanation seit 3 Monaten vom Radium getrennt.

Man sieht hieraus, daß sich die Konstante der Emanation nach beiden angewendeten Methoden mit großer Genauigkeit bestimmen läßt. Immerhin liefert die Methode der Innenelektroden noch besser übereinstimmende und im Mittel etwas höhere Werte für a als die andere Methode (Unterschied der Mittelwerte weniger als $1^0/_0$). Die Methode der Innenelektroden, bei der die Strahlung der Emanation selbst neben der der induzierten Aktivität wirksam ist, könnte aus diesem Grunde vorteilhafter als die der Außenelektroden sein, bei der die Strahlung der induzierten Radioaktivität allein wirksam ist; dagegen ist man bei der letzteren Methode sicherer, daß keine Emanation entweichen kann. Die vollständige Theorie zeigt übrigens, daß für Zeiten von einigen Stunden aufwärts bis zu einem Monat sowohl die Abklingung der Totalstrahlung wie die der durchdringenden Strahlung beide sehr genau das Gesetz der Abnahme der Emanation wiedergeben müssen.

Ich habe bemerkt, daß die mit Außenelektroden erhaltenen Resultate durch den Feuchtigkeitszustand der die Emanation enthaltenden Luft stark beeinflußt werden. Ist diese absolut trocken, so werden die Resultate sehr unregelmäßig, in einem Grade, daß der Versuch zur Bestimmung der Konstanten unverwendbar wird. Diese Erscheinung erklärt sich durch die Bedingungen, denen die Ablagerung der induzierten Aktivität in dem Emanationsrohr unterworfen ist. Wir werden unten sehen, daß sich eine aktive Substanz in dem Gase bildet und infolge eines Diffusionsvorganges auf den Rohrwandungen absetzt; diese Diffusion wird durch Temperaturveränderungen der Umgebung stark beeinflußt, weil dadurch Strömungen in der Gasmasse entstehen. Jede Änderung in der Verteilung des aktiven Niederschlags kann eine Änderung der Ionisationsintensität in dem die Strahlen empfangenden Apparat nach sich ziehen. Man kann auf zwei Wegen den Vorgang regulieren, erstens, indem man ein sehr enges Rohr verwendet, in dem der aktive Niederschlag sehr leicht die Wand erreicht und nicht lange im Gase verweilt (einen solchen Versuch stellt die Gerade VII dar), oder zweitens durch Anwendung feuchter Luft, in der der aktive Niederschlag sich wie ein schwerer Körper verhält und schnell die untere Gefäßwand erreicht (siehe § 87); die Gerade VI gibt einen unter diesen Bedingungen ausgeführten Versuch wieder.

Man kommt zu dem Schluß, daß man unter Annahme des

Wertes 0,00326 für a die Konstante der Radiumemanation mit einem Fehler von weniger als 1 % erhält. Daraus berechnet sich

$$\lambda = 2{,}058 . 10^{-6} \frac{1}{\text{sec}} = 0{,}00751 \frac{1}{\text{Stunden}},$$

$$\Theta = 4{,}796 . 10^{5} \text{ sec} = 133{,}2 \text{ Stunden},$$

$$\mathrm{T} = 3{,}324 . 10^{5} \text{ sec} = 92{,}34 \text{ Stunden} = 3{,}85 \text{ Tage}.$$

Am Schluß dieses Bandes findet sich eine Tabelle, die den Bruchteil einer bestimmten Menge ursprünglich vorhandener Emanation zu berechnen gestattet, welcher nach einer gegebenen Zeit übrig ist; dabei ist für λ der Wert 0,0075 pro Stunde eingesetzt (Tabelle A).

60. **Aktiniumemanation.** — Die Aktiniumemanation wird von den aktiniumhaltigen seltenen Erden sehr leicht abgegeben. Läßt man einen Luftstrom über eine feste aktiniumhaltige Substanz streichen, die sich in einem zu Messungen eingerichteten Kondensator befindet, so führt er in beträchtlichem Grade Aktivität mit sich fort, und die Aktivität der Substanz erscheint stark vermindert. Diese Aktivität rührt also zu sehr großem Teile von der Emanation her, die sich zwischen den Körnern der Substanz und in ihrer unmittelbaren Nachbarschaft ansammelt. Richtet man den mit Aktiniumemanation beladenen Luftstrom gegen einen Zinksulfidschirm, so zeigt dieser an der getroffenen Stelle eine schöne Leuchterscheinung. Wird der Luftstrom fast parallel zur Oberfläche gegen den Schirm gerichtet, so erscheint eine Lichtspur ähnlich einer leuchtenden Rauchwolke, die allmählich verschwimmt, da die Aktiniumemanation sehr wenig beständig ist und schon zerfällt, während sie von dem Gasstrom mitgeführt wird. Ist die Substanz stark aktiv, so ist die Erscheinung sehr schön.

Das Zerfallsgesetz der Aktiniumemanation ist von Debierne[1]) untersucht worden, der zu diesem Zweck die in Fig. 43 dargestellte Versuchsanordnung benutzt hat. Die aktiniumhaltige Substanz wurde in gekörnter Form, frei von ganz feinem Staub, angewendet; sie befand sich zwischen zwei Wattepfropfen am Ende des Rohres O. Ein rascher Luftstrom wurde durch die Substanz geschickt und nahm die Emanation durch das Rohr hin

---

[1]) Debierne, Comptes rendus, 138, S. 411. 1904.

mit sich. Die Ausführung der Messungen geschah in der Weise, wie es bei der Thoriumemanation (siehe § 58) geschildert ist. Der zwischen einer der zentralen Elektroden und der Rohrwandung übergehende Sättigungsstrom ist proportional der Leitfähigkeit der Luft im Augenblick ihres Vorbeigehens an der betrachteten Elektrode, und es wurde angenommen, daß diese Leitfähigkeit wieder proportional der Aktivität der in der Luft enthaltenen Emanation ist. Kennt man die Geschwindigkeit des Luftstromes, so kann man die zu dem Wege von einer Elektrode zur folgenden erforderliche Zeit berechnen.

Man findet auf diese Weise, daß die Leitfähigkeit längs des Rohres sehr schnell abnimmt; und es ist nötig, einen sehr raschen Luftstrom anzuwenden (ungefähr 20 $\frac{\text{cm}}{\text{sec}}$), wenn man mehrere Elektroden hintereinander, die eine große Länge im Rohr einnehmen, zur Messung benutzen will. Das Gesetz der Abnahme ist ein einfaches Exponentialgesetz. Die Stromstärke ist durch die Formel

$$\mathfrak{J} = \mathfrak{J}_0 e^{-\lambda t},$$

oder auch

$$\mathfrak{J} = \mathfrak{J}_0 e^{-\lambda \frac{l}{V}},$$

gegeben, wenn $\mathfrak{J}_0$ die Stromstärke an einer als Ausgangspunkt gewählten Elektrode, $\mathfrak{J}$ die an einer der folgenden Elektroden im Abstand l von der Ausgangselektrode (von Mittelpunkt zu Mittelpunkt gemessen) beobachtete Stromstärke, V die Geschwindigkeit des Luftstromes und t eine Zeit gleich $\frac{l}{V}$ bedeutet. In Fig. 49 stellt die Kurve I den Logarithmus des Ionisierungsvermögens der Emanation als Funktion der Zeit dar.

Der Koeffizient λ hat den Wert 0,18. Daraus folgt, daß die Aktivität der Emanation in einer Zeit $T = 3{,}9$ sec auf den halben Betrag sinkt.

Bei dem eben beschriebenen Versuch wurde die Konzentration der Emanation direkt durch die Ionisation des Gases gemessen. Man kann eine vollständige Messungsreihe beenden, ehe das Rohr und die Elektroden eine merkliche induzierte Radioaktivität angenommen haben.

In einer anderen Versuchsreihe suchte Debierne die

Konzentration der Emanation in Höhe einer bestimmten Elektrode zu messen, und zwar durch die induzierte Radioaktivität, die nach hinreichender Zeit an den Wandungen des zylindrischen Kondensators, den diese Elektrode mit dem Rohr O bildet, zu beobachten ist. Zu diesem Zweck läßt man den die Emanation mitführenden Luftstrom mehrere Stunden lang durch das Rohr gehen; dann entfernt man die aktive Substanz, verjagt die Emanation und mißt sofort die Ionisation in jedem der aufeinander folgenen Kondensatoren. Diese Ionisation rührt ausschließlich von der induzierten

Fig. 49.

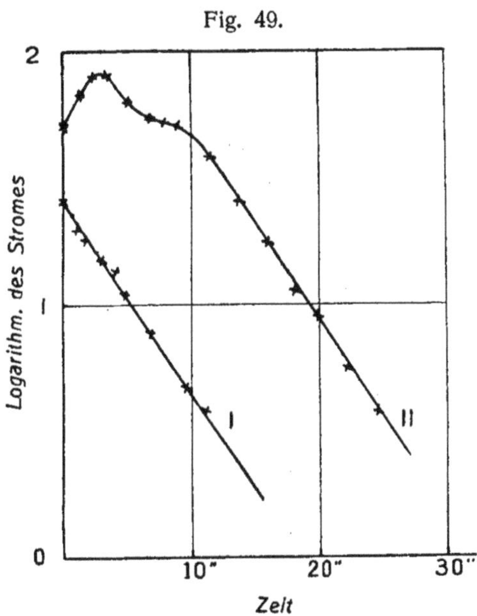

Aktivität der Wandungen her; sie nimmt regelmäßig mit der Zeit ab, in der Weise, daß die Aktivität eines Kondensators in ungefähr 36 Minuten auf die Hälfte sinkt. Durch Messungen in abwechselnder Reihenfolge kann man feststellen, wie groß im selben Moment die Aktivitäten sämtlicher Kondensatoren sind. Es zeigt sich, daß die Aktivität zuerst zunimmt, wenn man sich vom Eingang des Rohres, wo sich die radioaktive Substanz befand, entfernt; sie erreicht dann ein Maximum und beginnt darauf wieder abzunehmen; das Gesetz der Abnahme ist dann das gleiche, das man bei den Messungen des Ionisierungsvermögens der Emanation beobachtet; es is also in dem Teile des Rohres, der auf das Maximum folgt, die induzierte Radioaktivität proportional der Konzentration der Emanation, von der sie erzeugt ist, und kann dazu dienen, diese Konzentration zu messen. Kurve II der Figur 49 stellt den Logarithmus des Aktivierungsvermögens der Emanation als Funktion der Zeit dar. Die Anomalie, die in dem Teile des Rohres zwischen dem Eingang und der Stelle des Maximums beobachtet wird, ist noch nicht vollständig erklärt. Man kann sich vorstellen, daß, wie Debierne angenommen hat, die Emanation aus zwei verschiedenen gasförmigen Bestandteilen zusammengesetzt ist: eine erste Emanation, die vom Aktinium erzeugt wird, Ionisierungsvermögen besitzt und ein Abklingungsgesetz hat, das durch die Konstante $T = 3{,}9$ sec charakterisiert ist, würde sich danach in eine zweite Emanation umwandeln, die selbst inaktiv ist, aber induzierte Radioaktivität erzeugt und viel schneller zerfällt als die erste. Es würde dann eine gewisse Zeit notwendig sein, damit in dem Gas, das über das Aktinium streicht und die erste Emanation mitführt, die zweite sich bildet. Nachdem die Stelle des Maximums überschritten ist, sind die Konzentrationen der beiden Emanationen einander proportional; diese Proportionalität ist die Folge eines stationären Gleichgewichts zwischen Produktion und Zerfall der zweiten Emanation. Die induzierte Radioaktivität ist proportional der Konzentration der zweiten Emanation.

Man kann auch versuchen, dieselbe Erscheinung zu erklären, ohne die Existenz zweier Emanationen anzunehmen, indem man von der Voraussetzung ausgeht, daß der aktive Niederschlag, der sich in dem Gas bildet, eine gewisse, übrigens sehr kurze, Zeit braucht, um zu diffundieren und zur Wand des Rohres zu gelangen, wo er sich dann absetzt. Gewisse Versuche sprechen für diese Anschauungsweise, aber die Frage kann noch nicht als gelöst betrachtet werden.

Die Abnahme der Aktiniumemanation kann qualitativ mittels folgender, von Debierne benutzter Anordnung beobachtet werden. Ein Luftstrom führt die Emanation mit sich durch ein Glasrohr, in dem sich gleiche, mit Zinksulfid überzogene Schirme in gleichen Abständen befinden. Die Emanation bringt das Sulfid zum Leuchten, und die Lumeniszenz ist um so stärker, je größer die Konzentration der Emanation in der Umgebung des Schirmes ist. Von dem Moment an, in dem man den Luftstrom durchgehen läßt, sieht man die Schirme in der Reihenfolge ihres Abstandes von der aktiven Substanz nacheinander aufleuchten, in dem Maße, in dem die Ankunft der Emanation bemerkbar wird. Nachdem der stationäre Zustand sich eingestellt hat, nimmt mit zunehmendem Abstand von der Quelle die Stärke der Phosphoreszenz von Schirm zu Schirm ab, und die Entfernung, bis zu der das Leuchten reicht, wächst mit der Geschwindigkeit des Luftstromes. Unterbricht man diesen, so sieht man die Lumineszenz der Schirme nach und nach erlöschen; wenn aber der Luftstrom eine genügend lange Zeit gedauert hat, so ist das Erlöschen nicht vollständig, und jeder Schirm behält einen Rest von Lumineszenz, der um so größer ist, je stärker die Lumineszenz im stationären Zustand war. Diese zurückbleibende Lumineszenz rührt nicht von der Emanation, sondern von der auf dem Schirm niedergeschlagenen induzierten Radioaktivität her, und verschwindet gleichzeitig mit dieser im Verlauf einiger Stunden.

Die von Hahn und Sackur nach der Gasstrom-Methode ausgeführten Messungen haben den von Debierne für die Konstante der Aktiniumemanation angegebenen Wert bestätigt[1]).

Wegen ihres schnellen Zerfalls kann die Aktiniumemanation nicht von der aktiven Substanz, aus der sie entsteht, abgepumpt und zur Messung in einen Kondensator übergeführt werden.

Wie Debierne[2]) gezeigt hat, emittieren die Aktiniumpräparate außer ihrer charakteristischen Emanation in sehr geringem Betrage noch eine sehr beständige Emanation. Um sich davon zu überzeugen, braucht man nur das Gas, das sich in einem Kolben über einer Aktiniumlösung befindet, in einen Meßkondensator überzupumpen. Die Aktiniumemanation zerfällt sofort; die beständigere Emanation bleibt allein übrig, und man kann das Gesetz ihrer Veränderung mit der Zeit untersuchen. Es zeigt sich, daß diese Emanation sich wie die des Radiums verhält und als identisch mit dieser betrachtet werden muß. Die Entwicklung von Radiumemanation aus Aktiniumlösungen ist sehr gering;

---

[1]) Hahn und Sackur, Ber. d. Dtsch. Chem. Ges., 1905.

[2]) Debierne, Comptes rendus, 138, S. 414. 1904.

trotzdem scheint es nicht möglich, sie der Anwesenheit einer kleinen Menge Radium zuzuschreiben, die im Verlaufe der Darstellung beim Aktinium geblieben sein könnte. Jetzt ist es erwiesen, daß das Aktinium eine kleine Menge des radioaktiven Elementes Ionium enthält, was eine langsame Bildung von Radium zur Folge hat.

61. **Vergleichung der drei Emanationen.** — Wie wir eben gesehen haben, zerfallen die drei radioaktiven Emanationen nach Gesetzen gleicher Form, aber die Geschwindigkeit des Zerfalls ist sehr verschieden. Die Werte der für jede Emanation charakteristischen Konstanten sind folgende:

Radiumemanation . . .	$\lambda = 2{,}085 \,.\, 10^{-6} \frac{1}{\text{sec}}$	$T = 3{,}324 \,.\, 10^5$ sec
Thoriumemanation . . .	$\lambda = 0{,}013$ „	$T = 53{,}5$ sec
Aktiniumemanation . .	$\lambda = 0{,}18$ „	$T = 3{,}9$ „

Der Zerfall der Aktiniumemanation geht ungefähr 87000 mal schneller vor sich als der der Radiumemanation.

Die von den radioaktiven Körpern ausgesandten Emanationen diffundieren allmählich in die die Substanz umgebende Luft; aber da ihre Lebensdauer sehr verschieden ist, haben die resultierenden Erscheinungen nicht den gleichen Charakter.

In einem Gefäß, das eine Lösung eines radiumhaltigen Salzes enthält, ist die Radiumemanation annähernd gleichförmig verteilt, wenn das Gleichgewicht sich eingestellt hat; denn diese Emanation ist ja beständig genug, um in einem großen Gefäß diffundieren zu können, ohne in merklichem Betrag zu zerfallen.

Die Thoriumemanation dagegen kann nicht durch Diffusion in größere Entfernung von der emittierenden Substanz gelangen; dieses Verhalten ist noch deutlicher beim Aktinium, dessen Emanation sich nur im Umkreis einiger Zentimeter von der aktiven Substanz ausbreiten kann; die Konzentration der Emanation nimmt sehr schnell ab, wenn man sich vom Aktinium entfernt.

Wenn man aber, statt die aktive Substanz in einem mit Luft von Atmosphärendruck gefüllten Behälter aufzubewahren, unter vermindertem Druck arbeitet, so ändern sich die Erscheinungen. In diesem Falle können auch die Emanationen des Thoriums und

Aktiniums leicht diffundieren und sich in dem Gefäß verbreiten, wie es die Radiumemanation tun würde.

Die drei Emanationen haben die gemeinsamen Eigenschaften, die Gase zu ionisieren, in denen sie enthalten sind, die photographische Platte zu schwärzen und lumineszenzfähige Substanzen, speziell Zinksulfid, zum Leuchten zu erregen. Enthält ein Meßkondensator ein mit Emanation beladenes Gas, so wächst der darin erhaltene Sättigungsstrom mit dem Druck des Gases, wenn die Menge der Emanation konstant bleibt.

Alle drei Emanationen haben die Eigenschaft, den festen Körpern, mit denen sie in Berührung stehen, eine vorübergehende Radioaktivität mitzuteilen, diese wird als induzierte Radioaktivität bezeichnet. Jeder Emanation entspricht eine besondere und charakteristische induzierte Radioaktivität, unabhängig von der Substanz, auf der sie erscheint.

Zur Untersuchung der Emanationen kann ihre ionisierende Wirkung oder ihre Fähigkeit, Lumineszenz hervorzurufen, nutzbar gemacht werden. Als lumineszierende Substanz wird vorzugsweise Zinksulfid verwendet. Wir haben gesehen, wie ein Zinksulfidschirm dazu dienen kann, die Mitführung von Aktiniumemanation durch einen Luftstrom sichtbar zu machen. Man kann in gleicher Weise einen Zinksulfidschirm durch Radiumemanation zum Leuchten bringen, indem man diese in ein Glasgefäß pumpt, in dem sich ein solcher Schirm befindet; mit größeren Mengen von Emanation wird die Erscheinung sehr glänzend. Das Glas der Gefäßwand wird durch die Radiumemanation ebenfalls leuchtend gemacht; unter den verschiedenen Glassorten ist Jenaer Glas besonders empfindlich; jedoch ist die Leuchterscheinung immer viel schwächer als beim Zinksulfid.

Wenn Radiumemanation durch ein Kapillarrohr fließt, so kann an dem Leuchten des Glases ihre Fortbewegung verfolgt werden.

Das Leuchten von Zinksulfid in Gegenwart von Emanationen zeigt eine besondere Eigentümlichkeit, nämlich daß es aus einzelnen Szintillationen besteht. Unter der Lupe sieht man eine Menge leuchtender Punkte aufblitzen, deren jeder nur ganz kurze Zeit bestehen bleibt. Diese Erscheinung, auf die wir später zurückkommen werden, ist besonders auffallend bei der Aktiniumemanation.

62. **Die Diffusion der Emanationen.** — Eine große Zahl von Untersuchungen ist ausgeführt worden, um die Natur der radioaktiven Emanationen genau festzustellen. Sie haben zu dem Ergebnis geführt, daß sich die Emanationen in jeder Beziehung wie unbeständige, mit Radioaktivität begabte, materielle Gase verhalten. Die Arbeiten, die in der Richtung auf dieses Ziel unternommen worden sind, beziehen sich auf die Diffusion der Emanationen, auf ihre Löslichkeit und auf ihre Verdichtung bei tiefer Temperatur; hierher gehören auch die Versuche, die Radiumemanation zu isolieren, um ihr Spektrum zu bestimmen und ihr Volumen bei bekanntem Druck zu messen. Diese Untersuchungen sollen hier in der angegebenen Reihenfolge beschrieben werden.

P. Curie und Debierne[1]) haben folgenden Versuch gemacht: ein Gefäß A, in dem sich Radium befindet, kommuniziert durch ein langes Kapillarrohr mit einem anderen, zunächst inaktiven Gefäß B. Dieses letztere wird nun allmählich aktiv, infolge einer Ausbreitung der Aktivität durch das Kapillarrohr hindurch. Diese Ausbreitung entspricht einer Wanderung der Radiumemanation, die sich in dieser Hinsicht wie ein Gas verhält, das in der Luft im Kapillarrohr aus dem Gefäß A nach dem Gefäß B hin diffundiert, infolge der Differenz seiner Konzentration in den beiden Gefäßen. Nachdem das Gleichgewicht erreicht ist, zeigen beide Gefäße, falls sie gleich groß sind, nach außen die gleiche Aktivität.

P. Curie und Danne[2]) haben darauf die Verteilung der Radiumemanation zwischen zwei Reservoiren quantitativ untersucht. Die in jedem Reservoir vorhandene Emanationsmenge wurde aus der nach außen dringenden Strahlung dieses Reservoirs ermittelt; die Strahlung wurde gemessen, wenn das Gleichgewicht zwischen Emanation und induzierter Aktivität der Gefäßwände erreicht war. Ein Reservoir vom Volumen v_1 sende die Strahlung i_0 aus; man läßt es mit einem zweiten inaktiven Reservoir vom Volumen v_2 kommunizieren; darauf geht ein Teil der Emanation in das zweite Reservoir über, aber ein stationärer Zustand wird erst nach einer gewissen Zeit t erreicht. Während dieser Zeit

[1]) Curie und Debierne, Comptes rendus, 132, S. 768; 133, S. 931. 1901.

[2]) Curie und Danne, Comptes rendus, 136, S. 1314. 1903.

zerfällt ein bekannter Bruchteil der Emanation. Es sei i die Intensität der Strahlung, die das erste Reservoir nach Verlauf der Zeit t abgeben würde, wenn die Verbindung mit dem zweiten Reservoir nicht hergestellt worden wäre; und es sei i' die nach der Zeit t wirklich gemessene Strahlung. Es ergibt sich, daß

$$\frac{i'}{i} = \frac{v_1}{v_1 + v_2} \qquad \text{mit} \qquad i = i_0 e^{-\lambda t}.$$

Die Emanation hat sich also zwischen den beiden Reservoiren im Verhältnis ihres Volumens verteilt. Der Versuch gibt das gleiche Resultat bei verschieden starker Luftverdünnung.

Bei diesem Versuch hatten die beiden Reservoire gleiche Temperatur. Hält man dagegen das eine Reservoir auf gewöhnlicher Temperatur, während das andere auf 350° erwärmt wird, so zeigt sich, daß die Emanation sich zwischen den beiden Reservoiren in demselben Verhältnis verteilt, wie es ein Gas unter denselben Bedingungen tun würde, d. h. nach dem Gesetz von Boyle-Gay-Lussac. Die Strahlung des ersten Reservoirs vor dem Versuch sei i_0 und i' seine Strahlung nach der Zeit t, nachdem die Verteilung der Emanation zwischen den beiden Reservoiren vollendet und das neue Gleichgewicht hergestellt ist. v_1 und v_2 seien die Volume, T_1 und T_2 die Temperaturen der beiden Reservoire. Es ergibt sich

$$\frac{i'}{i_0 e^{-\lambda t}} = \frac{v_1(1 + \alpha T_2)}{v_1(1 + \alpha T_2) + v_2(1 + \alpha T_1)}.$$

Wenn die Emanationen wie Gase diffundieren, so kann man ihren Diffusionskoeffizienten in Luft und anderen Gasen zu bestimmen versuchen. Diese Versuche haben um so mehr Interesse, als sie Schlüsse auf das Molekulargewicht der (als materielle Gase betrachteten) Emanationen zulassen, während man ja noch nicht hoffen kann, dieses durch Messung der Dichte der Emanationen zu bestimmen.[2])

Die erste Bestimmung des Diffusionskoeffizienten der Radiumemanation ist von Rutherford und Miss Brooks[1]) nach der Methode von Loschmidt ausgeführt worden. Die Versuchsanordnung war folgende (Fig. 50). Ein 13 cm langer

---

[1]) Rutherford und Miß Brooks, Chem. News, 1902.

[2]) Vergl. jedoch Anmerkung zu Bd. II, § 169.

Messingzylinder von 6 cm Durchmesser war durch eine bewegliche Wand S in zwei gleiche Teile geteilt. An den Enden war der Zylinder durch zwei Ebonitstopfen verschlossen, durch die zwei Elektroden E_1 und E_2 in Richtung der Zylinderachse hindurchgeführt waren. Der Zylinder konnte auf hohes Potential geladen und jede der Elektroden mit einem Elektrometer verbunden werden. Der Apparat war in Baumwolle eingehüllt, um konstante Temperatur zu haben. Die Emanation wurde erhalten, indem ein radiumhaltiges Salz in einem Platinrohr erhitzt wurde; die entwickelte Emanation wurde mittels eines langsamen Stromes trockener, durch Watte filtrierter Luft in die Abteilung 1 des Zylinders gebracht. Der Druck im Zylinder blieb dauernd gleich dem Atmosphärendruck. Nach Einführung einer genügenden Menge von Ema-

Fig. 50.

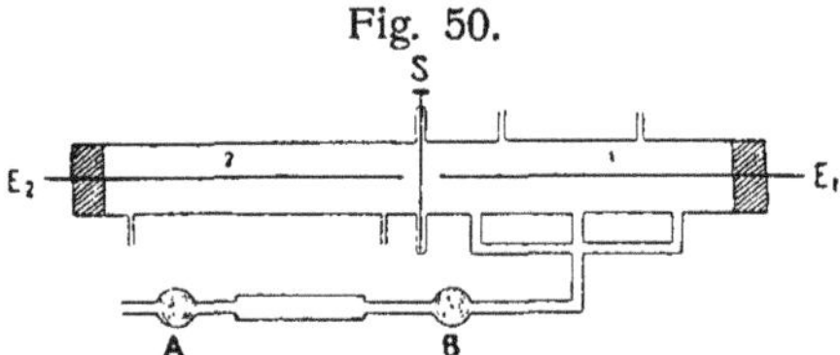

nation wurden die Öffnungen des Rohres verschlossen und der Apparat einige Stunden lang sich selbst überlassen, um das Gleichgewicht sich einstellen zu lassen. Dann wurde die Wand S weggezogen, und die Emanation begann aus der Abteilung 1 in die Abteilung 2 des Rohres zu diffundieren. Der Sättigungsstrom an den Elektroden E_1 und E_2 wurde in regelmäßigen Intervallen gemessen. Der an E_1 erhaltene Strom nimmt mit der Zeit ab, der an E_2, im Anfang null, nimmt zu. Nach einigen Stunden hat der Strom auf beiden Seiten annähernd gleiche Intensität; die Emanation ist dann gleichförmig in dem Zylinder verteilt.

Man kann annehmen, daß die Emanation allein in Bewegung und die Luft in Ruhe ist, da ja die Konzentration der Emanation äußerst gering ist.

Die Emanation diffundiert in der Richtung Ox infolge des Konzentrationsunterschiedes zwischen zwei benachbarten Querschnitten des Rohres. In einem einzelnen Querschnitte ist die Konzentration konstant. Bezeichnet man mit n die Konzentration der Emanation in einem Querschnitt im Abstand x vom Anfangsquerschnitt, so ist die Menge Emanation, die pro Zeiteinheit in der Richtung Ox durch die Flächeneinheit dieses Querschnittes geht, gleich $-D\frac{\partial n}{\partial x}$, wo D der Diffusionskoeffizient ist. Ebenso geht durch die Flächeneinheit des Querschnittes im Abstand $x + dx$ in der Zeiteinheit die Emanationsmenge

$$-D\frac{\partial}{\partial x}\left(n + \frac{\partial n}{\partial x}\right)dx.$$

Die Menge Emanation, die in einem Volumelement, das als Basis die Flächeneinheit und dx als Höhe hat, in der Zeiteinheit zerfällt, ist gleich $\lambda n dx$, wo λ die Zerfallskonstante der Emanation ist. Der Zuwachs, den die Emanationsmenge ndx, die in dem betrachteten Volumelement enthalten ist, in der Zeiteinheit erfährt, ist also

$$\frac{\partial}{\partial t}(n\,dx) = -D\frac{\partial n}{\partial x} + D\frac{\partial}{\partial x}\left(n + \frac{\partial n}{\partial x}dx\right) - \lambda n\,dx,$$

woraus folgt

$$\frac{\partial n}{\partial t} = D\frac{\partial^2 n}{\partial x^2} - \lambda n.$$

Dauert die Diffusion nur einige Stunden, so kann man den Zerfall der Emanation während dieser kurzen Zeit vernachlässigen; die Gleichung erhält dann die einfache Form

$$\frac{\partial n}{\partial t} = D\frac{\partial^2 n}{\partial x^2}.$$

Man kann die Lösung dieser Gleichung in Form einer Reihe darstellen. Sie enthält willkürliche Konstanten, die man so zu bestimmen hat, daß sie den Grenzbedingungen genügen, welche lauten, daß beim Beginn des Versuches die Emanation sich gleichförmig verteilt in der Abteilung 1 des Rohres und nur in dieser befindet, und daß die Diffusionsgeschwindigkeit an den Enden des Rohres konstant gleich null bleibt. Bezeichnet man die Länge des Rohres mit l und die Emanationsmengen, die zur Zeit t in den Abteilungen 1 und 2 des Rohres vorhanden sind, mit Q_1 bzw. Q_2, so ergibt sich:

$$Q_1 = \frac{n_0 l}{2} - Q_2,$$

6) $$\frac{Q_1 - Q_2}{Q_1 + Q_2} = \frac{8}{\pi^2}\left(e^{-\frac{D\pi^2 t}{l^2}} + \frac{1}{9}e^{-\frac{9D\pi^2 t}{l^2}} + \ldots\right).$$

Aus dieser Formel wurde der Koeffizient D berechnet. Man muß dazu das Verhältnis $\frac{Q_1}{Q_2}$ kennen; dieses ergibt sich aus der Messung der Sättigungsströme, die an den Elektroden E_1 und E_2 erhalten werden, nachdem die Diffusion unterbrochen ist und das Gleichgewicht zwischen Emanation und induzierter Radioaktivität sich eingestellt hat.

Meistens wurde die Messung auf andere Weise ausgeführt. Die Elektroden waren während der Dauer der Diffusion negativ geladen und der größte Teil des im Gase gebildeten aktiven Niederschlages (der induzierten Radioaktivität) sammelte sich auf ihnen; nach Unterbrechung der Diffusion wurden sie schnell durch gleichgestaltete, inaktive Elektroden ersetzt und die Messung sofort ausgeführt. Die Dauer der Diffusion schwankte zwischen 15 Minuten und 2 Stunden. Bei der Berechnung wurden nur die beiden ersten Glieder der Entwicklung berücksichtigt, da die Reihe stark konvergent ist. Die für D gefundenen Werte lagen zwischen 0,08 und 0,12. Spätere, mit besserer Temperaturkonstanz ausgeführte Versuche lieferten näher übereinstimmende Werte zwischen 0,07 und 0,09. Es ließ sich weder ein Einfluß der Luftfeuchtigkeit, noch irgendwelche Störung durch die Wirkung des elektrischen Feldes feststellen; diese letztere Tatsache beweist daß die Emanation nicht geladen ist.

Die eben beschriebene Methode scheint zu sehr exakten Messungen nicht geeignet zu sein. In dem Moment, in dem man die Scheidewand öffnet, muß eine erhebliche Störung eintreten. Außerdem muß die unvollkommene Gleichförmigkeit in der Verteilung der Emanation die Strommessung beeinflussen. Falls die Versuche eine hinreichende Genauigkeit gewährleisteten, könnte man leicht bei längeren Diffusionszeiten den spontanen Zerfall der Emanation in Rechnung ziehen.

P. Curie und Danne[1]) haben den Diffusionskoeffizienten der Radiumemanation auf einem anderen Wege gemessen.

Wir betrachten zwei Gefäße 1 und 2, die durch ein enges Rohr von der Länge l und dem Querschnitt s in Verbindung stehen. Ihre Volume sind v_1 und v_2. Im Anfang befindet sich Emanation

---

[1]) Curie und Danne, Comptes rendus, 136, 1314. 1903.

im Gefäße 1. Der Druck des Gases ist in beiden Gefäßen gleich und bleibt es während des ganzen Versuches, aber die Emanation diffundiert durch das Verbindungsrohr von 1 nach 2. Man kann die Annahme machen, daß die Konzentration n der Emanation an allen Punkten eines Rohrquerschnittes die gleiche ist, ferner daß die Diffusion im Inneren eines einzelnen Gefäßes sehr schnell von statten geht, und daß die Konzentrationen der Emanation

Fig. 51.

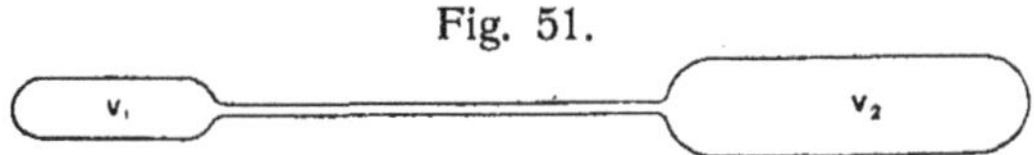

in ihnen zur Zeit t gleichförmig und gleich N_1 bzw. N_2 sind. Die Gesamtmengen der Emanation in den beiden Gefäßen sind dann

$$q_1 = N_1 v_1 \text{ und } q_2 = N_2 v_2.$$

Die Radiumemanation zerfällt so langsam, daß, wenn das Rohr nicht zu lang ist, der Strömungszustand durch den Zerfall der Emanation während ihres Durchganges durch das Rohr nicht beeinflußt wird. Die Emanationsmenge, die in der Zeiteinheit durch einen Querschnitt des Rohres geht, ist gleich $-sD\frac{\partial n}{\partial x}$, wobei der positive Sinn Ox der Diffusion von 1 nach 2 gerichtet ist. Sobald die Diffusion stationär geworden ist, ist diese Menge in einem gegebenen Zeitpunkt bei allen Querschnitten die gleiche, und folglich ist

$$\frac{\partial n}{\partial x} = \text{const.} = -\frac{N_1 - N_2}{l} = -\frac{1}{l}\left(\frac{q_1}{v_1} - \frac{q_2}{v_2}\right).$$

Die Konzentration in jedem der beiden Gefäße verändert sich also, einerseits infolge des Überganges einer gewissen Menge Emanation aus einem Gefäß in das andere während einer gegebenen Zeit, andererseits infolge des Zerfalls der Emanation innerhalb eines jeden Gefäßes, und zwar beträgt die Menge der in der Zeiteinheit zerfallenden Emanation λq_1 bzw. λq_2. Man erhält also die zwei Gleichungen

$$\text{(I)} \quad \begin{cases} \dfrac{dq_1}{dt} = -\lambda q_1 - \dfrac{sD}{l}\left(\dfrac{q_1}{v_1} - \dfrac{q_2}{v_2}\right), \\[2ex] \dfrac{dq_2}{dt} = -\lambda q_2 + \dfrac{sD}{l}\left(\dfrac{q_1}{v_1} - \dfrac{q_2}{v_2}\right). \end{cases}$$

Aus diesen ergeben sich die folgenden:

$$
\text{(II)} \qquad \begin{cases} \dfrac{d}{dt}(q_1 + q_2) = -\lambda(q_1 + q_2), \\[2ex] \dfrac{d}{dt}\left(\dfrac{q_1}{v_1} - \dfrac{q_2}{v_2}\right) = -\left[\lambda + \dfrac{sD}{l}\left(\dfrac{1}{v_1} + \dfrac{1}{v_2}\right)\right]\left(\dfrac{q_1}{v_1} - \dfrac{q_2}{v_2}\right), \end{cases}
$$

und durch Integration hieraus:

$$
\text{(III)} \qquad \begin{cases} q_1 + q_2 = (q_1 + q_2)_0 \, e^{-\lambda t}, \\[1ex] \dfrac{q_1}{v_1} - \dfrac{q_2}{v_2} = \left(\dfrac{q_1}{v_1} - \dfrac{q_2}{v_2}\right)_0 e^{-\lambda' t}, \end{cases}
$$

wo

$$
\lambda' = \lambda + \frac{sD}{l}\left(\frac{1}{v_1} + \frac{1}{v_2}\right).
$$

Die Messung von q_1 und q_2 zur selben Zeit t gestattet also, den Koeffizienten λ' und folglich auch D zu berechnen. Es ist vorteilhaft, eine Reihe von Messungen für verschiedene Werte von t auszuführen. Die Differenz der Konzentrationen in den beiden Gefäßen nimmt nach einem Exponentialgesetz ab; diese Abnahme erfolgt schneller als der Zerfall der Emanation ($\lambda' > \lambda$).

In dem Spezialfall, daß das Volumen v_2 sehr groß im Vergleich zu v_1 ist, nimmt die zweite der Gleichungen (III) folgende einfachere Form an:

$$
\text{(IV)} \qquad q_1 = (q_1)_0 \, e^{-\lambda' t} \qquad \text{wo} \quad \lambda' = \lambda + \frac{sD}{v_1 l}.
$$

In diesem Falle mißt man die Aktivität des Gefäßes 1 in bestimmten Zeitintervallen und konstruiert die Linie, die den Logarithmus der Strahlungsintensität als Funktion der Zeit darstellt. Man erhält so eine Gerade, aus deren Neigungswinkel man den Koeffizienten λ' und damit D berechnen kann. Die Temperatur muß während des Versuches konstant bleiben.

P. Curie und Danne verwandten ein Gefäß, das durch ein Kapillarrohr mit der offenen Luft in Verbindung stand. Die Formeln (IV) sind auf diesen Fall anwendbar. Die in dem Gefäß vorhandene Emanationsmenge wurde durch Messung seiner Strahlung nach außen ermittelt. Der Meßapparat war genau ebenso konstruiert, wie der, welcher zur Untersuchung des Zerfallsgesetzes der Emanation gedient hatte. Der Durchmesser der verwendeten Rohre variierte zwischen 0,09 und 0,4 cm, ihre Länge zwischen 5 und 50 cm. Die für D gefundenen Werte lagen zwischen 0,094 und 0,112; bei Veränderung der Länge des Rohres ergaben sich Werte, die besser untereinander stimmten, als wenn der Querschnitt verändert wurde; die weiten Rohre lieferten kleinere Zahlen als die engen. Das Volumen des Gefäßes schwankte zwischen 6 cm^3 und 27 cm^3.

Der Mittelwert für D ist ungefähr 0,100. Die Abweichungen zwischen den einzelnen Versuchen können auf Bewegungen im Gase zurückgeführt werden, die durch Temperaturveränderungen des Gefäßes oder durch Änderungen des atmosphärischen Druckes während der Dauer des Versuches verursacht sein konnten.

Die Form des Gefäßes war ohne Einfluß; man kann also schließen, daß die Geschwindigkeit, mit der die Emanation durch das Kapillarrohr strömt, in einem gegebenen Rohr proportional ihrer Konzentration in dem Gefäße ist.

Kürzlich ist die Messung des Diffusionskoeffizienten der Radiumemanation nach dieser selben Methode wieder aufgenommen worden, unter Bedingungen, die eine größere Genauigkeit erreichen ließen[1]). Die Diffusion fand zwischen zwei Gefäßen statt, die untereinander durch ein enges Rohr, aber nicht mit der Außenluft in Verbindung standen. Das Gefäß, das am Anfang die Emanation enthielt, hatte ein Volumen von ungefähr 100 ccm; das andere war ein Glasballon von ungefähr 12 Liter Inhalt. Der Apparat befand sich in einem Bad von schmelzendem Eis. Der für den Diffusionskoeffizienten D bei 0^0 und normalem Atmosphärendruck gefundene Wert ist

$$D = 0,1015.$$

Diese Zahl liegt dem Mittelwert der Resultate von Curie und Danne sehr nahe. Die Versuchsanordnung ist in Fig. 52 wiedergegeben.

Wie die beschriebenen Versuche zeigen, ist der Diffusionskoeffizient der Radiumemanation in Luft ungefähr gleich 0,1 und folglich von derselben Größenordnnng wie die Diffusionskoeffizienten verschiedener Gase in Luft. Es ist übrigens zu bemerken, daß die Bestimmung des Diffusionskoeffizienten einer Emanation nur Strahlungsmessungen erfordert und deshalb leichter

---

[1]) Chaumont, Le Radium, 1909.

auszuführen ist als eine analoge Bestimmung bei einem gewöhnlichen Gase.

Folgende Tabelle gibt die Diffusionskoeffizienten einiger Gase in Luft an; M ist das Molekulargewicht:

Wasserdampf	D = 0,198	M = 18
Kohlendioxyd	0,142	44
Alkoholdampf	0,101	46
Ätherdampf	0,077	74

Fig. 53.

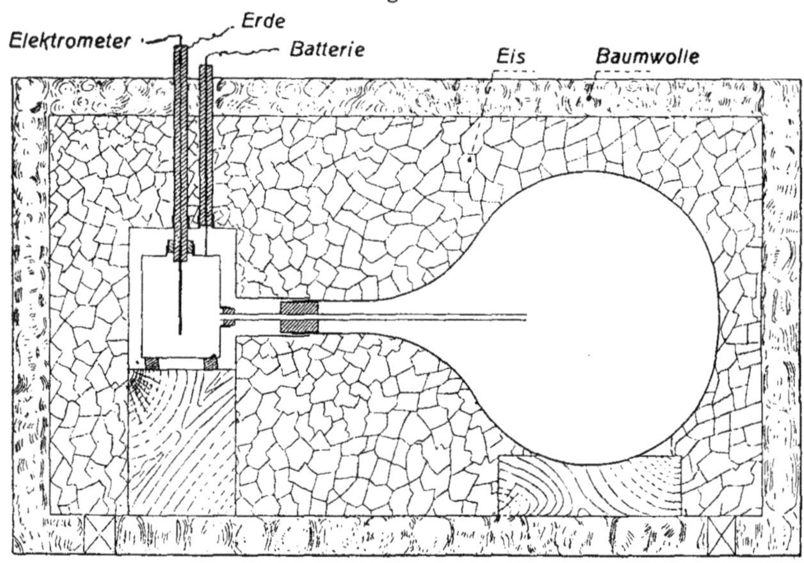

Bekanntlich besteht ein empirisches Gesetz, nach dem der Koeffizient der gegenseitigen Diffusion zweier Gase annähernd umgekehrt proportional der Quadratwurzel aus dem Produkt ihrer Molekulargewichte ist. In bezug auf ihren Diffusionskoeffizienten ist die Radiumemanation Gasen von ziemlich hohem Molekulargewicht an die Seite zu stellen; jedoch würde ihr Molekulargewicht, nach dem erwähnten Gesetz berechnet, kleiner als 100 sein. Andererseits ist Rutherford durch gewisse theoretische Erwägungen zu dem Schluß geführt worden, daß die Emanationen im allgemeinen, und die des Radiums im besonderen, ein sehr hohes, über 200 liegendes Molekulargewicht haben. Die Tatsache, daß die aus den Diffusionsversuchen abgeleitete Zahl mit der von der Theorie geforderten nicht übereinstimmt, hat Anlaß zu neuen Untersuchungen gegeben, die sich auf den Durchgang der Emanation durch poröse Pfropfen beziehen.

Eine derartige Versuchsreihe hat Makower[1]) mit Gipspfropfen ausgeführt. Die Geschwindigkeit, mit der die Emanation im Gemisch mit Luft durch den Pfropfen drang, wurde mit der anderer Gase, wie Wasserstoff, Sauerstoff, Kohlendioxyd und Schwefeldioxyd verglichen. Nach einem empirischen Gesetz, dem Gesetz von Graham, ist das Produkt $K\sqrt{M}$ aus dem für die Geschwindigkeit des Durchganges charakteristischen Koeffizienten K und der Quadratwurzel des Molekulargewichtes annähernd konstant. Dieses Gesetz gilt nicht streng, und das Produkt $K\sqrt{M}$ wächst gleichzeitig mit K; trägt man aber K als Abszissen und die Produkte $K\sqrt{M}$ als Ordinaten auf, so liegen die Punkte, die den oben genannten Gasen entsprechen, auf einer Geraden. Diese Gerade erlaubt, durch Extrapolation das Molekulargewicht der Radiumemanation zu berechnen; es wurden Werte zwischen 85 und 99 gefunden.

Eine andere vergleichende Untersuchung der Diffusion der Radiumemanation und des Kohlendioxyds durch eine poröse Wand hat durch einfache Anwendung des Gesetzes von Graham die Zahl 180 für das Molekulargewicht der Emanation ergeben[2]). Schließlich hat Perkins[3]) die Geschwindigkeit, mit der die Radiumemanation durch eine Asbestwand diffundierte, mit der von Quecksilberdampf bei einer Temperatur zwischen 250° und 275° verglichen. Die luftdichte Diffusionskammer enthielt Wasserstoff und Quecksilberdampf oder Wasserstoff und Emanation. Durch die Kammer hindurch ging ein eisernes Rohr, in dessen Wand die poröse Membran angebracht war. Ein Wasserstoffstrom ging durch das Rohr und nahm das durch die Asbestmembran diffundierte Gas mit sich; dieses wurde dann bei seinem Austritt aus dem Rohr aufgefangen. Die für die Diffusionsgeschwindigkeit charakteristischen Koeffizienten sind 0,034 für Radiumemanation

[1]) Makower, Phil. Mag., 1905.

[2]) Bumstead und Wheeler, Phil. Mag., 1904.

[3]) Perkins, Amer. Journ. of Sc., 1908.

und 0,037 für Quecksilberdampf. Daraus würde sich, nach dem Gesetz von Graham, für die Emanation das Molekulargewicht 234 ergeben. Immerhin ist die Ausführung des Versuches unter diesen Bedingungen schwierig und mit Fehlerquellen verbunden.

Der Quecksilberdampf ist deshalb als Vergleichssubstanz gewählt worden, weil er ein sehr hohes Molekulargewicht hat und außerdem einatomig ist. Nun soll die Emanation nach der Theorie ebenfalls ein hohes Molekulargewicht haben; außerdem ergibt sich aus den Versuchen über die chemische Natur der Emanationen, daß diese wahrscheinlich einatomige träge Gase aus der Argonfamilie sind; aus diesen beiden Gründen hoffte man beim Vergleich dieser beiden Gase die besten Resultate zu erhalten.

Die Diffusion der Thoriumemanation ist von Rutherford untersucht worden. Keine der oben beschriebenen Methoden kann auf diesen Fall angewendet werden; es wurde deshalb eine neue Methode gewählt, die in folgendem besteht[1]). Eine mit Thorium-

Fig. 53.

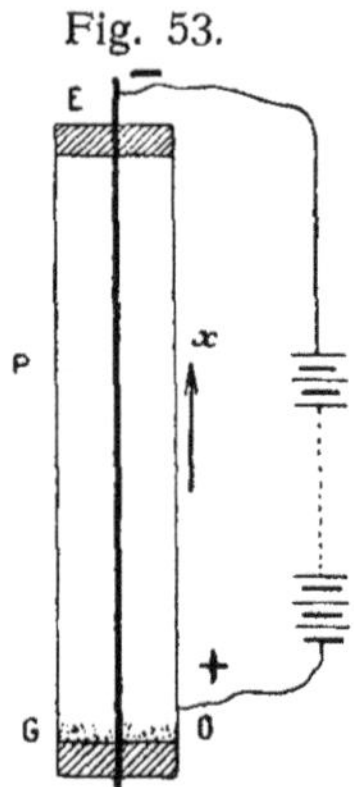

hydroxyd bedeckte Platte G (Fig. 53) befindet sich horizontal auf dem Boden eines hohen Messingzylinders P. Die Emanation, die sich entwickelt, diffundiert in dem Zylinder nach oben, und man kann annehmen, daß ihre Konzentration n in jedem Querschnitt desselben konstant ist. Ist Ox die Richtung der Diffusion, so ist die Gleichung, nach der diese erfolgt, dieselbe wie bei der Loschmidtschen Methode, nämlich die folgende:

---

[1]) Rutherford, Die Radioaktivität. Deutsche Ausgabe, S. 285. 1906.

$$\frac{\partial n}{\partial t} = D\frac{\partial^2 n}{\partial x^2} - \lambda n,$$

wobei D der Diffusionskoeffizient der Emanation in dem sie enthaltenden Gase und λ die Zerfallskonstante der Emanation ist. Nach hinreichend langer Zeit wird ein Gleichgewicht erreicht, und die Konzentration der Emanation behält dann in jedem Querschnitt des Zylinders einen konstanten Wert, der um so kleiner ist, je größer die Entfernung von der Oberfläche des Thoriumhydroxyds ist. Dann ist

$$D\frac{\partial^2 n}{\partial x^2} = \lambda n,$$

woraus sich durch Integration ergibt:

$$n = A e^{-\sqrt{\frac{\lambda}{D}}x} + B e^{\sqrt{\frac{\lambda}{D}}x}.$$

Die Konstanten A und B sind aus den Grenzbedingungen zu bestimmen. Man muß $B = 0$ setzen, da für $x = \infty$ $n = 0$ sein muß. Bezeichnet man mit n_0 die Konzentration an der aktiven Oberfläche, wo $x = 0$ ist, so hat man

$$A = n_0, \qquad n = n_0 e^{-\sqrt{\frac{\lambda}{D}}x}.$$

Die Konzentration der Emanation nimmt folglich mit dem Abstand x nach einem Exponentialgesetz ab, dessen charakteristischer Koeffizient $\sqrt{\frac{\lambda}{D}}$ ist. Dieser Koeffizient kann experimentell bestimmt werden, und daraus kann man D berechnen, wenn λ bekannt ist.

Anstatt direkt die Verteilung der Emanation längs des Zylinders zu untersuchen, brachte Rutherford in dessen Achse eine zylindrische Elektrode E an, die während der Dauer des Versuches mit dem negativen Pol einer Hochspannungsbatterie verbunden war, deren positiver Pol mit dem Zylinder in Verbindung stand. Auf der zentralen Elektrode sammelt sich aktiver Niederschlag an, und man kann annehmen, daß dieser an jedem Punkt der Elektrode proportional der Konzentration der Emanation im Gase in dem Niveau des betreffenden Punktes ist. Die Aktivierung dauert 1—2 Tage, während der Zylinder mit trockener Luft gefüllt ist und auf konstanter Temperatur erhalten wird. Die Elektrode wird sodann herausgezogen und die Aktivität ihrer verschiedenen Teile nach der elektrischen Methode untersucht. Diese Messung ist leicht ausführbar, da die von der Thoriumemanation erzeugte induzierte Aktivität lehr langsam abklingt, wenn die Aktivierung lange gedauert hat. Es ergibt sich, daß die Radioaktivität auf einer Länge von ungefähr 1,9 cm auf die Hälfte sinkt. Setzt man für λ den Wert 0,013 ein, so findet man für D den Wert 0,09, der etwas größer ist als der von demselben Forscher für Radiumemanation erhaltene.

Makower hat die Diffusionsgeschwindigkeiten der Radium- und Thoriumemanation durch dieselbe poröse Membran miteinander verglichen und ist zu dem Schluß gelangt, daß die beiden Emanationen ähnliche Molekulargewichte haben müssen.

Die Diffusion der Aktiniumemanation ist von Debierne[1]) untersucht worden, nach einer Methode, die der von Rutherford bei der Thoriumemanation benutzten ähnlich war. In der Form, die Debierne ihm gegeben hat, ist der Versuch mit großer Genauigkeit ausführbar, und aus diesem Grunde soll die Versuchsanordnung hier im einzelnen beschrieben werden.

Die Aktiniumverbindung befand sich in einer kleinen flachen Schale c, die den ganzen Boden eines rechteckigen Kastens einnahm (Fig. 54). In dem mittleren Teil des Kastens waren über dem Aktinium zwei ziemlich dünne Metallplatten, l_1 und l_2, angebracht. Diese beiden Platten glitten in parallelen Führungen und konnten sehr schnell herausgezogen werden. Um die Temperatur gleichförmig zu erhalten und jede Strömung in dem Gase zu vermeiden, was bei Versuchen dieser Art unumgänglich nötig ist, hatte der metallene Kasten doppelte Wände, zwischen denen Abteilungen angeordnet waren, die es gestatteten, um den ganzen inneren Kasten herum Wasser zirkulieren zu lassen; der Deckel besaß gleichfalls eine doppelte in Kammern geteilte Wand, durch die ebenfalls Wasser strömte. Die beiden rechteckigen Platten waren 8 cm lang und 6 cm breit und waren genau parallel in einem Abstand von entweder 2 mm oder 4 mm voneinander angeordnet.

Während sich die Platten im Apparat über dem Aktiniumsalz befanden und Wasser um den Kasten strömte, ließ man das Gleichgewicht sich einstellen. Nach 20—24 Stunden wurde der Deckel

[1]) Debierne, Le Radium, 1907.

entfernt, und die aktivierten Platten wurden herausgezogen. Man brachte dann die eine der Platten in den Meßapparat, um die Verteilung der induzierten Radioaktivität auf der der anderen Platte zugekehrten Seite zu bestimmen.

Fig. 54.

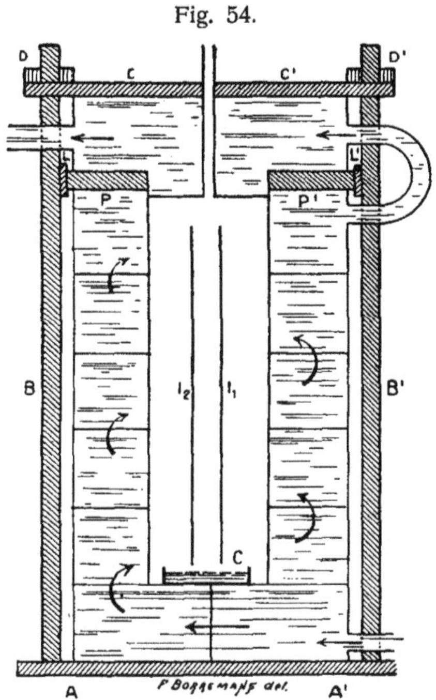

Wenn das Gleichgewicht hergestellt ist, so wird die Konzentration n der Emanation in einer Gasschicht im Abstande x von der aktiven Substanz durch die Formel

$$n = n_0 e^{-\sqrt{\frac{\lambda}{D}}x}$$

ausgedrückt, wo n_0 die Konzentration an der Oberfläche der aktiven Substanz ist. Die Konzentration der Emanation kann entweder durch die Ionisation, die sie in dem Gas hervorruft, oder durch die auf festen Körpern erzeugte induzierte Radioaktivität gemessen werden. Die zweite Methode ist leichter ausführbar. Nach den Versuchen von Debierne können die beiden Methoden gleich gut zur Messung der Konzentration der Aktiniumemanation dienen, da das Aktivierungsvermögen derselben ihrem

Ionisierungsvermögen proportional ist, außer in unmittelbarer Nähe der Substanz.

Der zur Messung dienende Apparat ist in Fig. 55 dargestellt. Er besteht aus einem Kondensator C, dessen Boden einen engen Spalt *f* besitzt, und aus einem beweglichen Wagen M, auf dem die Platte *l* liegt. Indem man den Wagen verschiebt, kann man die verschiedenen Teile der aktivierten Platte vor den Spalt bringen;

Fig. 55.

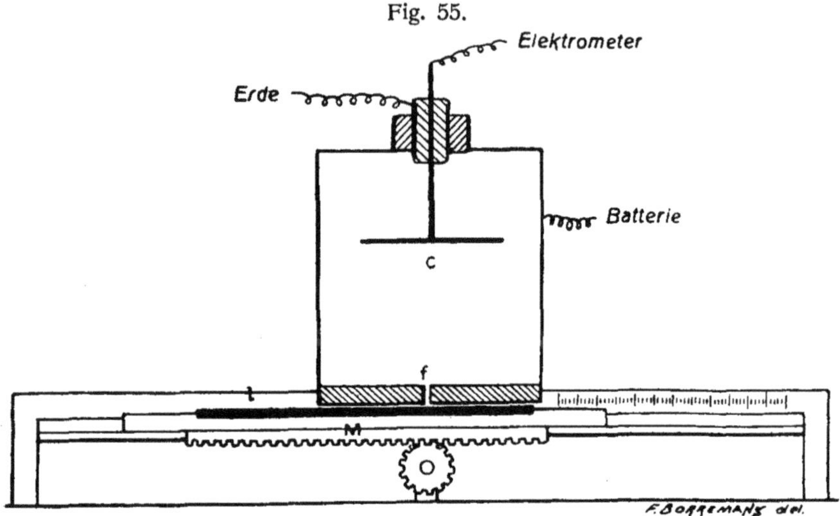

in jeder Lage ist der wirksame Teil ein kleiner Streifen von ungefähr 2 mm Breite.

Die induzierte Radioaktivität des Aktiniums nimmt ziemlich schnell ab; deshalb ist es nötig, die Aktivität aller Teile der Platte im gleichen Augenblick zu bestimmen. Zu diesem Zweck bestimmt man experimentell die Kurven, die die Abnahme der Aktivität mit der Zeit für verschiedene Streifen in bekannten Abständen der Platte angeben. Trägt man die Zeiten als Abszissen und die Logarithmen der Stromstärke als Ordinaten auf, so erhält man eine Reihe von parallelen Geraden, deren Neigung einer Abnahme auf die Hälfte in 36 Minuten entspricht. Legt man durch einen gegebenen Punkt eine Parallele zur Ordinatenachse, so schneidet diese die parallelen Geraden in einer Reihe von Punkten, aus denen man die Aktivität aller Teile der Platte im selben Augenblick berechnen kann. Man kann dann die Kurve konstruieren, die die

Abhängigkeit der induzierten Aktivität vom Abstande darstellt. Diese Kurve gibt gleichzeitig die Veränderung der Konzentration der Emanation mit dem Abstande von der aktiven Substanz an.

Fig. 56 zeigt die bei verschiedenen Versuchen erhaltenen Resultate. Als Abszissen sind die Abstände von der aktiven Substanz, als Ordinaten die Logarithmen der zugehörigen Aktivität im selben Augenblick aufgetragen. Wie man sieht, liegen bei jedem einzelnen Versuch die erhaltenen Punkte auf einer Geraden,

Fig. 56.

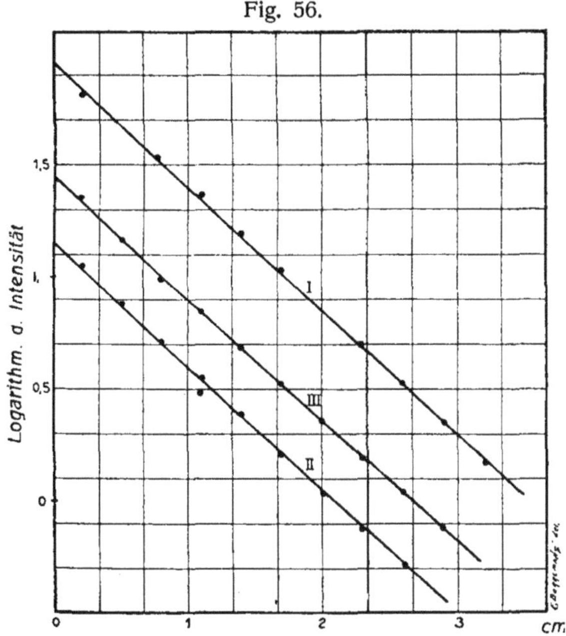

woraus hervorgeht, daß die Abnahme nach einem einfachen Exponentialgesetz erfolgt. Die Neigung der Geraden erlaubt den Exponenten zu berechnen, und aus diesem läßt sich der Diffusionskoeffizient ableiten.

Mehrere Reihen von Versuchen sind unter Abänderung verschiedener Bedingungen ausgeführt worden. Die Gerade I bezieht sich auf einen Versuch, bei dem der Plattenabstand 4 mm betrug, die Gerade II auf einen Versuch mit 2 mm Plattenabstand; in diesen beiden Fällen befand sich die Substanz am unteren Ende des Kastens, und die Diffusion war nach oben gerichtet. Um zu untersuchen, ob nicht vielleicht ein aufsteigender Gasstrom vorhanden wäre, etwa infolge der geringen Wärmeentwicklung des Aktiniumsalzes, wurde ein Versuch in der Weise ausgeführt, daß man die Emanation nach unten diffundieren ließ. Die Substanz wurde in Form kleiner Körner angewendet, die gerade groß genug waren, um durch ein feines Metallgewebe nicht hindurchfallen zu können; sie befand sich in einer kleinen flachen Schale, deren Boden aus dem Metallgewebe bestand und die am oberen Ende des Kastens angebracht wurde; die beiden Platten befanden sich darunter. Das Resultat war mit dem früher erhaltenen absolut identisch; die Gerade III, welche diesen Versuch darstellt, ist den anderen Geraden vollkommen parallel[1]).

Nach allen diesen Versuchen nimmt die Aktivität um die Hälfte ab, wenn der Abstand von der aktiven Substanz um 5,5 mm zunimmt, bei einer Temperatur von 15° und gewöhnlichem Atmosphärendruck.

Setzt man $\lambda = 0{,}18$,

so findet man $D = 0{,}112$.

Die bei den verschiedenen Versuchen erhaltenen Zahlen weichen um weniger als 2% voneinander ab.

Auf diese Weise ist der Koeffizient mit großer Genauigkeit bestimmt. Denn die Methode ist einfach, die Messungen genau, und die Resultate vollkommen regelmäßig und im Einklang mit der Theorie. Es ergibt sich aus dieser Arbeit, daß die Aktiniumemanation wahrscheinlich schneller als die Emanationen des Radiums und Thoriums diffundiert, deren Diffusionskoeffizienten übrigens weniger genau bekannt sind. Die Aktiniumemanation ist also wahrscheinlich unter den drei Emanationen die mit dem kleinsten Molekulargewicht. Vergleicht man ihren Diffusionskoeffizienten in Luft mit demjenigen des Kohlendioxyds, so erhält man aus dem empirischen Gesetz, nach welchem der Diffusionskoeffizient umgekehrt proportional der Quadratwurzel aus dem Molekulargewicht ist, für die Aktiniumemanation ein Molekulargewicht von ungefähr 70.

---

[1]) Ramsay hatte ein Aufsteigen der Aktiniumemanation in Luft zu beobachten geglaubt; der hier beschriebene Versuch zeigt, daß dies nicht der Fall ist.

Dieselbe Methode ist zur Untersuchung der Diffusion der Aktiniumemanation in Luft unter verschiedenen Drucken, sowie in anderen Gasen als Luft[1]) angewendet worden. Die Dimensionen der Diffusionskammer müssen dann in gewissen Fällen abgeändert werden, da ja die Theorie des Versuches von der Voraussetzung ausgeht, daß die Konzentration der Emanation am Ende der Platten nahe gleich null wird. Wenn der Diffusionskoeffizient größer wird, so diffundiert die Emanation bis zu einem größeren Abstand von der aktiven Substanz, und man muß daher längere Platten anwenden.

Die Werte des Diffusionskoeffizienten der Emanation in verschiedenen Gasen sind in der folgenden Tabelle angegeben:

Gas		D	
Luft	Debierne	0,112	bei 15° und normalem Druck
	Bruhat	0,112	,,
	Russ	0,123	,,
Wasserstoff . .	Bruhat	0,412	,,
	Russ	0,330	,,
Kohlendioxyd .	Bruhat	0,077	,,
	Russ	0,073	,,
Schwefeldioxyd	Russ	0,062	,,
Argon	Russ	0,106	,,

Die Diffusion der Emanation in Argon ist zu dem Zwecke untersucht worden, um festzustellen, ob das empirische Gesetz, das den Diffusionskoeffizienten mit dem Molekulargewicht verknüpft, auf einatomige Gase anwendbar ist. Der Vergleich der Diffusionskoeffizienten in Luft und in Argon spricht für dieses Gesetz.

Ist das empirische Gesetz streng gültig, so muß das Verhältnis der Diffusionskoeffizienten eines Gases A in zwei anderen Gasen B und C unabhängig von der Wahl des Vergleichsgases A sein. In folgender Tabelle finden sich für verschiedene Gase die Verhältnisse der Diffusionskoeffizienten in Luft und in Kohlendioxyd einerseits, in Luft und Wasserstoff andererseits.

---

[1]) Sidney Russ, Phil. Mag., März 1909. — Bruhat, Comptes rendus, März 1909; Le Radium, 1909.

	$\frac{D_{CO_2}}{D_{Luft}}$.	$\frac{D_{H_2}}{D_{Luft}}$.
Äther	0,71	3,8
Methylalkohol	0,66	3,8
Alkohol	0,67	3,7
Ameisensäure	0,67	3,9
Essigsäure	0,67	3,8
Äthylformiat	0,67	3,9
Benzol	0,70	3,9
Wasser	0,67	3,5
Kohlendioxyd		3,8
Aktiniumemanation	0,68	3,7

Die Aktiniumemanation folgt also der angegebenen Regel mit demselben Näherungsgrade wie die anderen Gase.

Die Diffusionskoeffizienten der Thoriumemanation in Luft und in Argon sind von Russ nach derselben Methode bestimmt worden. Die erhaltenen Zahlen sind

$$D_{Luft} = 0{,}103, \qquad D_{Argon} = 0{,}084.$$

Es folgt daraus, daß das Molekulargewicht der Thoriumemanation größer als das der Aktiniumemanation ist; das Verhältnis berechnet sich nach dem empirischen Gesetz zu 1,42.

Es war wichtig, sich davon zu überzeugen, ob die Diffusionskoeffizienten der radioaktiven Emanationen die gleiche Abhängigkeit vom Druck und von der Temperatur wie die Diffusionskoeffizienten anderer Gase zeigen. Der Koeffizient der gegenseitigen Diffusion zweier Gase ist umgekehrt proportional ihrem Gesamtdruck und nimmt mit der Temperatur zu.

Folgende Tabelle gibt die Resultate von Versuchen bei verschiedenen Drucken an[1]). Da die Temperatur nicht immer genau die gleiche war, wurde eine Korrektion angebracht, unter der Annahme, daß der Koeffizient D proportional dem Quadrat der absoluten Temperatur sei. Bei 0° ausgeführte Versuche haben gezeigt, daß die kleine, auf diese Weise berechnete Korrektion hinreichend genau ist.

Die Tabelle enthält in der ersten Kolumne den Druck der

---

[1]) Bruhat, l. c.

Luft, in der zweiten die Temperatur, in der dritten den Diffusionskoeffizienten D für Aktiniumemanation und in der vierten den Wert des Produktes $\frac{pD}{T_2}$.

p.	t.	D.	$\frac{pD}{T^2}$.
760	15	0,112	10,2 . 10^{-5}
367	15	0,245	10,3
362	12	0,224	10
287	11,5	0,33	11,6
235	14	0,343	9,9
209	13,5	0,404	10,2
134	13,2	0,61	9,9
127	16,3	0,55	8,5
97	14,8	0,93	10,8
71,5	16,1	1,165	10
52	15	1,62	10
36	16	2,29	10
25	13	3,65	11
9	12,3	9,1	10
765	0	0,095	9,8
764	0	0,096	9,9

Wie man sieht, ist der Diffusionskoeffizient der Aktiniumemanation in Luft sehr nahe umgekehrt proportional dem Druck; die Abweichungen von diesem Gesetz zeigen keinen systematischen Gang.

Die mit der Aktiniumemanation ausgeführten Versuche zeigen in ihrer Gesamtheit, daß die Diffusion der Emanationen in allen Punkten analog der Diffusion gewöhnlicher Gase ist, und zwar trotz der extremen Verdünnung der Emanationen. Übrigens bietet weder die Theorie noch irgendeine Erfahrungstatsache Grund zu der Annahme, daß die Gesetze der Diffusion nicht mehr anwendbar seien, wenn die Konzentration eines Gases sehr klein wird. Der Diffusionskoeffizient der Emanationen ist also genau definierbar und meßbar. Die experimentell erhaltenen Werte setzen die Emanationen an die Seite von Gasen, deren Molekulargewicht zwischen 70 und 100 liegt. Will man das oben erwähnte empirische

Gesetz auf die Emanationen übertragen, so kommt man zu dem Schlusse, daß die Molekulargewichte der Emanationen zwischen diesen Grenzen liegen.

Es ist interessant, dieses Resultat mit den Voraussagungen zu vergleichen, die sich aus theoretischen Erwägungen ergeben. Die radioaktiven Körper haben hohe Atomgewichte. Rutherford und Soddy haben die Annahme gemacht, daß die radioaktiven Emanationen einatomige Gase mit ebenfalls sehr hohem Atomgewicht seien. Ein Atom Radiumemanation würde sich z. B. aus einem Atom Radium infolge der Ausstoßung einer α-Partikel bilden; das Atomgewicht einer solchen Partikel ist gleich 4, da die Identität derselben mit einem Heliumatom bewiesen ist. Ist also das Atomgewicht des Radiums gleich 226, so wäre das der Radiumemanation gleich 222. Analoge Schlüsse führen zu der Annahme, daß die Emanationen des Thoriums und des Aktiniums ebenfalls hohe Atomgewichte haben müssen.

Die Diffusionsversuche scheinen diese Voraussagungen nicht zu bestätigen. Man muß jedoch bemerken, daß die kinetische Theorie keine einfache Beziehung zwischen dem Koeffizienten der gegenseitigen Diffusion zweier Gase und ihren Molekulargewichten erwarten läßt. Nach der Hypothese elastischer Stöße zwischen den Molekülen muß der Diffusionskoeffizient nicht allein von den Massen der Moleküle sondern auch von ihren Dimensionen abhängen.

Sicherer können die Molekulargewichte durch Untersuchung der Effusionserscheinung, d. h. des Ausflusses eines Gases durch eine kleine Öffnung bestimmt werden. Die Ausströmungsgeschwindigkeit ist unter sonst gleichen Bedingungen genau umgekehrt proportional der Quadratwurzel aus dem Molekulargewicht.

63. **Absorption der Radiumemanation durch Flüssigkeiten. Löslichkeit. Diffusion in Flüssigkeiten.** — Im Laufe ihrer Untersuchungen über die Entstehung induzierter Radioaktivität in der Umgebung von Radiumsalzen haben P. Curie und Debierne[1]) festgestellt, daß die Aktivität auf Flüssigkeiten und im besonderen auf Wasser übertragen werden kann.

---

[1]) Curie und Debierne, Comptes rendus, 132, S. 770. 1901.

Wasser kann auf verschiedene Weise radioaktiv gemacht werden. Man kann z. B. in einem vollständig geschlossenen Apparat das Wasser von einer einige Tage alten Lösung von radiumhaltigem Chlorbarium abdestillieren. Das so erhaltene destillierte Wasser ist stark radioaktiv. Noch einfacher bringt man in einen geschlossenen Raum zwei Schalen, deren eine radiumhaltige Salzlösung und deren andere destilliertes Wasser enthält. Nach einiger Zeit ist das destillierte Wasser aktiv geworden, indem sich ihm die Radioaktivität durch Vermittlung des Gases mitgeteilt hat. Man kann auch eine Lösung eines radiumhaltigen Salzes in eine vollkommen geschlossene Zelluloidkapsel einschließen. Diese stellt man aus einem Zelluloidblatt her, dessen Ränder man mittels Aceton miteinander verklebt. Das Zelluloid spielt die Rolle einer vollkommen halbdurchlässigen Membran, durch welche keine Spur des Salzes hindurchgeht, während die Aktivität der Lösung leicht in das außen befindliche Wasser übergeht.

Wenn zwischen zwei Kolben A und B, von denen der eine, A, eine wässerige Lösung eines radiumhaltigen Salzes, und der andere, B, destilliertes Wasser enthält, eine Verbindung hergestellt wird, so teilt sich die Aktivität der Lösung dem destillierten Wasser mit, und nach einiger Zeit stellt sich ein Gleichgewicht her. Falls die beiden Kolben das gleiche Volum haben und gleiche Flüssigkeitsmengen enthalten, so ist ihre Strahlung nach außen im Gleichgewichtszustand gleich groß. Trennt man jedoch dann die beiden Kolben voneinander und verwahrt sie geschlossen, so nimmt die Aktivität des Kolbens A mit der Zeit zu, während die des Kolbens B langsam mit der Zeit abnimmt und schließlich ganz verschwindet.

Öffnet man die beiden Kolben, nachdem das Gleichgewicht erreicht und ihre Strahlung nach außen gleich geworden ist, und läßt sie einige Zeit offen an der Luft stehen, so findet man, daß sie beide ihre Strahlung nach außen fast vollständig verlieren; schließt man sie aber dann wieder, so bleibt der Kolben B inaktiv, während die Aktivität des Kolbens A wieder erscheint und allmählich ihren ursprünglichen Wert wieder annimmt.

Läßt man ein festes Radiumsalz an der Luft liegen, so entaktiviert es sich nicht merklich. Aber ein solches Salz ist auch nicht fähig, in seiner Nachbarschaft eine so starke Aktivierung hervorzubringen, wie die, welche man mit der Lösung desselben Salzes unter den gleichen Umständen erhalten kann.

Alle diese Versuche lassen sich dadurch erklären, daß sich die Radiumemanation wie ein in Wasser lösliches Gas verhält. In den Körnern des festen Salzes häuft sich dieses vom Radium erzeugte Gas an; ist aber das Salz in Lösung, so löst sich auch die Emanation selbst und kann durch Vermittlung der Flüssigkeit in die Luft entweichen. Steht die mit Emanation beladene Luft mit Wasser in Berührung, so aktiviert sich dieses, indem es die Emanation absorbiert. Wird dieses Wasser dann in ein verschlossenes Gefäß gebracht, so daß die Emanation nicht entweichen kann, so entaktiviert es sich langsam in dem Maße, indem die Emanation zerfällt.

Zahlreiche Untersuchungen haben die Anwesenheit von Radiumemanation im Wasser verschiedener Quellen erwiesen, ferner im Meerwasser und in den Petroleumquellen. Die Radiumemanation wird von Petroleum leichter absorbiert als von Wasser.

Die Versuche von Curie und Debierne über die Absorption der Radiumemanation durch Wasser können mit den Emanationen des Thoriums und Aktiniums nicht in der gleichen Weise wiederholt werden, da diese zu schnell zerfallen.

Die Radiumemanation löst sich in Wasser in einem bestimmten Verhältnis. Die ersten Versuche hierüber sind von v. Traubenberg[1]) ausgeführt worden. Er hat die Emanation im Wasser der Quellen von Freiburg untersucht und hat gezeigt, daß die Gesetze der Löslichkeit von Gasen in Flüssigkeiten auf diese Emanation anwendbar sind. Die Anwesenheit einer radioaktiven Emanation in Quellwässern war von Himstedt und J. J. Thomson festgestellt worden.

v. Traubenberg bediente sich einer Saug- und Druckpumpe, mittels deren er ein bestimmtes Luftvolumen eine große Anzahl von Malen durch eine bestimmte Wassermenge zirkulieren lassen und darauf in einen Apparat überführen konnte, wo ihre Ionisation gemessen wurde. Nachdem die Luft hinreichend oft durch das Wasser gegangen ist, stellt sich zwischen ihr und dem Wasser ein Gleichgewicht her, und die Aktivität,

[1]) v. Traubenberg, Phys. Zeitschrift 5, S. 130. 1904.

welche die Luft annimmt, kann die Aktivität der Luft unter normalen Verhältnissen um das Hundertfache übertreffen.

Das Volumen der angewandten Luft sei v_1, das des Wassers v_2, der Absorptionskoeffizient der Emanation im Wasser sei α, γ_1 und γ_2 seien die Konzentrationen der Emanation im Wasser und in der Luft. Dann hat man

$$\alpha = \frac{\gamma_1}{\gamma_2}$$

und die gemessene Ionisation ist proportional γ_2. Dann wird die aktive Luft entfernt und durch ein gleiches Volumen gewöhnlicher Luft, deren Aktivität vernachlässigt werden kann, ersetzt. Darauf läßt man die Luft wieder durch das Wasser zirkulieren, bis ein neues Gleichgewicht sich eingestellt hat; die Konzentration der Emanation in der Luft wird dann gleich γ'_2; man mißt sie durch die von ihr hervorgebrachte Ionisation im Meßapparat. Nimmt man an, daß die nach der ersten Zirkulation im Wasser enthaltene Emanation sich bei der zweiten Zirkulation zwischen dem Wasser und der Luft so verteilt, wie ein Gas, dessen Absorptionskoeffizient gleich α ist, so erhält man die Beziehung

$$\gamma_1 v_1 = \gamma_2 \alpha v_1 = \gamma'_2 (\alpha v_1 + v_2),$$

woraus sich weiter ergibt

$$\frac{\gamma'_2}{\gamma_2} = \frac{v_1 \alpha}{v_1 \alpha + v_2}, \quad \alpha = \frac{v_2}{v_1} \frac{\frac{\gamma'_2}{\gamma_2}}{1 - \frac{\gamma'_2}{\gamma_2}}.$$

Ist die Aktivität der gewöhnlichen Luft so groß, daß sie nicht vernachlässigt werden darf, so ergeben sich die Konzentrationen γ_2 und γ'_2, die zur Messung des Koeffizienten α dienen, aus dem Überschuß der Aktivität der Luft, die durch das Wasser gegangen ist, über die der gewöhnlichen Luft.

Die so bestimmte Löslichkeit ergab sich zu $\alpha = 0{,}34$ bei gewöhnlicher Temperatur. Es ließ sich übrigens zeigen, daß es sich um Radiumemanation handelte.

Statt die Zirkulationsmethode in der angegebenen Form anzuwenden, kann man auch in anderer Art verfahren, indem man ein bestimmtes Luftvolumen, welches Radiumemanation enthält, mit einem gegebenen Flüssigkeitsvolumen schüttelt[1]). Zu diesem

[1]) R. Hofmann, Phys. Zeitschr. 6, S. 337. 1905. — Kofler, Phys. Zeitschr., 1907.

Zwecke bedient man sich zweier Kolben von gleichem Volumen, von denen sich der eine über dem anderen befindet, und die durch einen Hahn mit weiter Bohrung miteinander in Verbindung stehen; der untere Kolben wird mit der Flüssigkeit gefüllt, der obere mit dem Gas. Man läßt die Flüssigkeit und das Gas durch den Verbindungshahn hin- und herströmen. Nimmt man an, daß das Gleichgewicht erreicht ist, so richtet man den Apparat wieder auf, schließt den Hahn und trennt so die Flüssigkeit und das Gas voneinander. Dann kann man zur Messung der Aktivität des Gases schreiten. Das aktivierte Wasser wird dann von neuem mit dem gleichen Volumen frischer Luft geschüttelt, und die von dieser angenommene Aktivität wird wie vorher gemessen.

Folgende Resultate wurden für die Löslichkeit der Radiumemanation in Wasser und anderen Flüssigkeiten bei verschiedenen Temperaturen erhalten:

α für Wasser bei gewöhnl. Temperatur		Wasser (Hofmann) Temp.	α	Petrol. (Hofmann) Temp.	α
v. Traubenberg	0,34	3°	0,245	— 21°	22,7
Mache[1])	0,33	20°	0,23	+ 3°	12,87
Hofmann	0,23	40°	0,17	20°	9,55
Kofler	0,27	60°	0,135	40°	8,13
		70°	0,12	60°	7,01
		80°	0,12		

Flüssigkeit		α (bei gewöhnl. Temp.)
Wasser . . .	ca.	0,30
Petroleum .	„	9,55 (Hofmann)
Toluol. . . .	„	11,75 „
Alkohol . . .	„	5,6 (Kofler)
Meerwasser.	„	0,165 „

Wie man sieht, nimmt die Löslichkeit der Emanation in Flüssigkeiten mit steigender Temperatur ab, wie bei anderen Gasen. Die Emanation ist übrigens in organischen Flüssigkeiten viel löslicher als in Wasser; bei tiefer Temperatur kann der Absorptionskoeffizient für diese Flüssigkeiten sehr groß werden ($\alpha = 67$ bei — 79° für Toluol).

[1]) Mache, Wiener Akademieberichte, 1904.

Die Emanation ist in Salzlösungen weniger löslich als in reinem Wasser, und zwar um so weniger, je konzentrierter die Salzlösung ist. Nach Kofler ist die Löslichkeit in äquimolekularen Lösungen gleich und zwar für eine Normallösung gleich 0,16 (NaCl, $CuSO_4$, KCl).

In Mischungen von Alkohol und Wasser variiert der Lösungskoeffizient der Radiumemanation kontinuierlich mit der Zusammensetzung.

Die Diffusion der Radiumemanation in Wasser ist nach einer ähnlichen Methode untersucht worden wie die Diffusion in Gasen[1]). Man ließ die Emanation in einem geschlossenen Raum von einer Flüssigkeit absorbieren, die sich in einem langen zylindrischen Gefäß befand. Man konnte in verschiedenen Höhen des Zylinders Proben der Flüssigkeit ablassen und ihre Aktivität in einem Kondensator bestimmen. Die Theorie des Versuches ist genau gleich der, die für die Diffusion der Thoriumemanation entwickelt worden ist. Die Konzentration n der Emanation wird als Funktion der Entfernung von der Flüssigkeitsoberfläche durch folgende Formel gegeben:

$$n = n_0 e^{-\sqrt{\frac{\lambda}{D}} x},$$

wobei n_0 die Konzentration der Emanation an der Oberfläche der Flüssigkeit, D der Diffusionskoeffizient der Emanation in der Flüssigkeit und λ die Zerfallskonstante der Emanation ist.

Man findet für Radiumemanation $\sqrt{\frac{\lambda}{D}} = 1{,}6$ für Wasser und 0,75 für Toluol.

Daraus ergibt sich für Wasser

$$D = 0{,}066 \frac{\text{cm}^2}{\text{Tage}}.$$

Die von Stefan für den Diffusionskoeffizienten des Kohlendioxyds in Wasser gefundene Zahl ist 1,36 cm² pro Tag; die Emanation diffundiert also im Wasser langsamer als Kohlendioxyd.

64. **Absorption der Radiumemanation durch feste Körper.** Feste Substanzen, die durch die Gegenwart von radiumhaltigen

---

1) Wallstabe, Phys. Zeitschr., 4, 721. 1903.

Salzen aktiviert sind, verlieren im allgemeinen ihre Aktivität nach einem charakteristischen Gesetz, das von der Natur der Substanz unabhängig ist. P. Curie und Danne[1]) haben gezeigt, daß drei Stunden nach dem Beginn der Entaktivierung die Aktivität in einer Periode von ungefähr 28 Minuten auf die Hälfte sinkt. Sie fanden jedoch, daß bei gewissen Substanzen die Abnahme viel langsamer erfolgt, und zwar besonders deutlich bei Zelluloid und Kautschuk, in etwas geringerem Grade bei Wachs und Paraffin; die Erscheinung ist auch schon bei Alaun und Blei bemerkbar. Dieser Effekt kann der Absorption einer gewissen Menge Emanation durch feste Körper zugeschrieben werden, besonders durch solche, die weich oder porös sind. Es zeigt sich übrigens, daß Zelluloid, das lange Zeit hindurch aktiviert worden ist, darauf mehrere Tage lang Emanation abgibt; jedoch entaktiviert es sich schließlich vollständig.

Porzellanrohre sind in der Hitze für Radiumemanation durchlässig, ebenso eiserne Rohre, erhitzter Quarz jedoch nicht. Glas

Fig. 57.

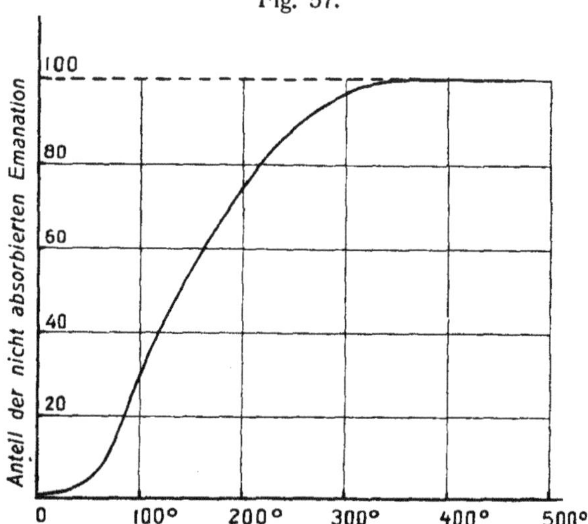

absorbiert in der Kälte sehr wenig Emanation, Kupfer etwas mehr und Blei noch mehr. Bei einigen Versuchen fand man den Bruchteil der Emanation, der von Glas, Kupfer oder Blei im geschlossenen Gefäß absorbiert wurde, von der Größenordnung 10^{-6}.

Curie und Danne, Comptes rendus. 136, 364. 1903.

Rutherford[1]) hat gezeigt, daß Holzkohle, besonders Kokosnußkohle, bei gewöhnlicher Temperatur sehr energisch Radiumemanation absorbiert, sie aber wieder abgibt, wenn sie zur Rotglut erhitzt wird. Der von der Kohle nicht absorbierte Anteil wächst in regelmäßiger Weise mit der Temperatur; und zwar nach dem aus Fig. 57 ersichtlichen Gesetze. Die Absorption ist bei 15° nahezu vollständig, sie wird praktisch gleich null bei 400°, für die bei dem betreffenden Versuche angewandte Emanationsmenge[2]). Verwendet man größere Mengen von Emanation, so ist die Absorption bei gewöhnlicher Temperatur nicht mehr vollständig; es scheint sich eine Art Sättigung herzustellen.

Meerschaum, Platinschwamm und Platinmohr absorbieren Radiumemanation leicht, ebenso wie Kohle; das Absorptionsvermögen scheint vom physikalischen Zustand der Substanz, im besonderen von ihrer Oberflächenbeschaffenheit abzuhängen[3]).

65. **Verdichtung der Emanationen.**—Man verdankt Rutherford und Soddy[4]) die wichtige Entdeckung, daß die radioaktiven Emanationen durch Kälte verdichtet werden können, wie Gase, die bei sehr tiefer Temperatur flüssig werden. Läßt man mit Radiumemanation beladene Luft langsam durch ein enges, langes, spiralförmiges Rohr streichen, das in flüssige Luft eintaucht, so verdichtet sich die Emanation in dem Rohr, und man kann den Versuch in der Weise leiten, daß in dem aus dem Spiralrohr austretenden Gase keine Emanation mehr nachweisbar ist. Läßt man das Spiralrohr sich dann wieder erwärmen, so geht die Emanation wieder in den gasförmigen Zustand über und kann von neuem durch einen Luftstrom fortgeführt werden.

Man kann diese Erscheinung unter Benutzung von Zinksulfid sehr schön demonstrieren. Der dazu dienende Apparat ist in Fig. 58 abgebildet.

Eine Radiumsalzlösung befindet sich in einem Glasgefäß A, das durch ein Rohr mit zwei anderen Glasgefäßen B und C in Verbindung steht, deren Wand mit Zinksulfid bekleidet ist. Man

---

[1]) Rutherford, Nature, 1907.

[2]) Henriot, Le Radium, 1908.

[3]) Laborde, Comptes rendus 148, S. 1591. 1909.

[4]) Rutherford und Soddy, Phil. Mag., 1903.

evakuiert B und C, während der Hahn R geschlossen ist. Öffnet man nun diesen, so verbreitet sich die mit Emanation beladene Luft aus dem Gefäße A in die Gefäße B und C und bringt sie zum Leuchten. Dann schließt man den Hahn R wieder und taucht das Gefäß C in flüssige Luft. Nach einer Stunde hat B zu leuchten aufgehört, während C noch leuchtet; die Emanation ist aus B verschwunden und hat sich in dem abgekühlten Teile in C verdichtet; jedoch leuchtet C nicht sehr stark, weil die Lumineszenz des Zink-

Fig. 58.

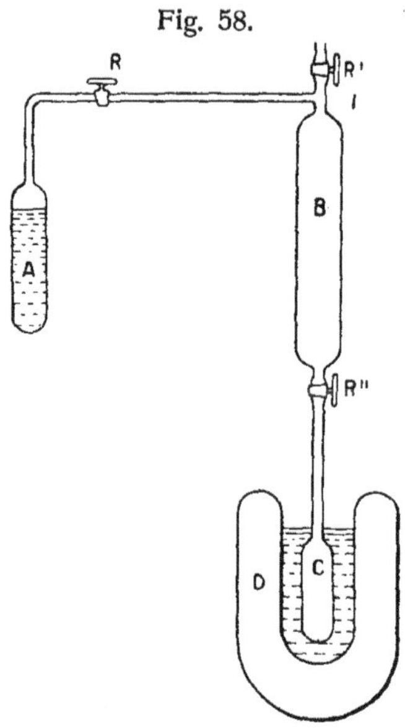

sulfids bei der Temperatur der flüssigen Luft schwächer ist als bei gewöhnlicher Temperatur. Man schließt dann den Hahn R'', wodurch die Verbindung zwischen B und C unterbrochen wird, entfernt die flüssige Luft und läßt das Gefäß C wieder gewöhnliche Temperatur annehmen. Dann leuchtet C stark, während B dunkel bleibt; die Emanation, die bei Beginn des Versuches in den beiden Gefäßen verteilt war, befindet sich jetzt ganz in dem Gefäß C. Die Verdichtung der Emanation erfolgt bei diesem Versuche um so schneller, je geringer der Druck des Gases ist, da die Diffusion der Emanation aus B nach C bei vermindertem Druck erleichtert ist. Man kann bemerken, daß das Gefäß B noch etwas leuchtet, nachdem die Emanation bereits vollständig nach C übergegangen ist; denn es hat unter der Wirkung der Emanation eine gewisse induzierte Radioaktivität angenommen und entaktiviert sich nur allmählich, nachdem die Emanation daraus verschwunden ist; das vollständige Verschwinden der induzierten Radioaktivität erfordert mehrere Stunden.

Rutherford und Soddy haben die Verdichtungstemperatur der Radiumemanation auf folgende Weise bestimmt: ein langsamer konstanter Gasstrom konnte durch eine Kupferspirale von 3 m Länge, die in ein Bad von flüssigem Äthylen eintauchte, geschickt werden (Fig. 59). Das Äthylen wurde fortwährend gerührt, und man konnte seine Temperatur erniedrigen,

Fig. 59.

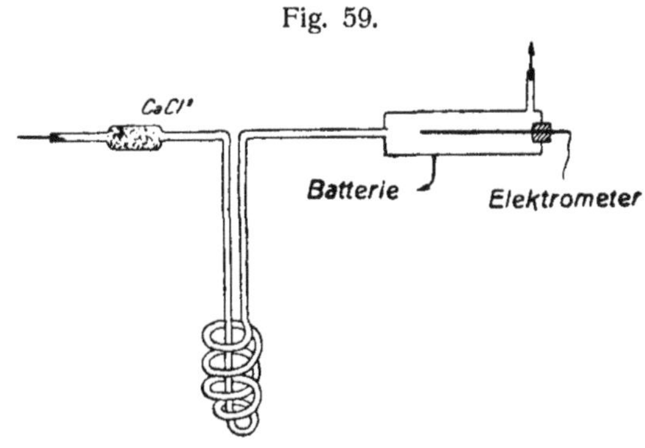

indem man das Gefäß, in dem es sich befand, in flüssige Luft eintauchte. Die Temperatur der Spirale wurde durch ihren elektrischen Widerstand bestimmt, der sich annähernd proportional ihrer absoluten Temperatur erwies. Um dies festzustellen, wurden vorher besondere Versuche ausgeführt: man schickte durch die Spirale einen elektrischen Strom von bekannter Intensität und maß die Potentialdifferenz zwischen den Enden. Diese Bestimmung wurde bei 0°, beim Siedepunkt des Äthylens —103,5°, beim Schmelzpunkt des Äthylens —169°, und bei der Temperatur der flüssigen Luft, die man mit Hilfe der Balyschen Tabellen nach ihrem Sauerstoffgehalt ermittelte, ausgeführt. Die Kurve, die den Widerstand der Spirale als Funktion der Temperatur darstellt, ist zwischen 0° und —192° annähernd eine durch den absoluten Nullpunkt gehende Gerade.

Der eigentliche Versuch bestand in folgendem:

Das Gas, das die Radiumemanation enthielt, ging durch die Spirale, die unter die Verdichtungstemperatur abgekühlt war. Nachdem sich die Emanation verdichtet hatte, schickte man durch die Spirale einen Strom von Sauerstoff oder Wasserstoff und ließ die Temperatur steigen. Aus der Spirale gelangte das Gas in einen zylindrischen Kondensator, wo seine Aktivität gemessen wurde. Diese war gleich null, so lange die Temperatur der Spirale niedrig genug war; aber in einem bestimmten Moment beobachtete man das Auftreten eines Stromes in dem Kondensator, der mit steigender Temperatur sehr schnell bis zu einem Maximum wuchs. Folgende Resultate wurden z. B. mit einem Wasserstoffstrom von 1,38 ccm pro Sekunde erhalten:

Temperatur	Intensität des Stromes im Kondensator
— 160°	0
— 156°	0
— 154,3°	1
— 153,8°	21
— 152,5°	24

Aus diesen Zahlen ist ersichtlich, daß sich die verdichtete Emanation in einem sehr kleinen Temperaturintervall vollständig verflüchtigt.

Folgende Tabelle enthält die Resultate, die mit verschieden raschen Sauerstoff- und Wasserstoffströmen erhalten wurden. T_1 bedeutet die Temperatur, bei der die Verflüchtigung beginnt, T_2 die Temperatur, bei der die Hälfte des maximalen Effekts erreicht ist.

		T_1	T_2
Wasserstoff	0,25 ccm : sec.	—,151,3°	— 150°
„	0,32 „ „	— 153,7	— 151
„	0,92 „ „	— 152	— 151
„	1,38 „ „	— 154	— 153
„	2,3 „ „	— 162,5	— 162
Sauerstoff	0,34 „ „	— 152,5	— 151,5
„	0,58 „ „	— 155	— 153

Ist der Gasstrom nicht zu schnell, so stimmen die Resultate gut überein; jedoch bei einem Strom von 2,3 ccm in der Sekunde wurde die Verflüchtigungstemperatur viel niedriger gefunden, was sich durch die Annahme erklären läßt, daß in diesem Falle das Temperaturgleichgewicht zwischen Gas und Metall sich nicht herstellen konnte und infolgedessen die innere Wand der Spirale eine höhere Temperatur als ihre Masse hatte. Rutherford und Soddy schlossen, daß die Verdichtungstemperatur der Radiumemanation in der Nähe von —152° liegt und sehr scharf definiert ist.

Die Versuche über die Verdichtung der Thoriumemanation sind in etwas anderer Weise ausgeführt worden. Ein Gasstrom von konstanter Geschwindigkeit wurde über Thoriumoxyd, dann durch die mit flüssiger Luft gekühlte Spirale und schließlich in den Meßkondensator geleitet. Die Emanation verdichtete sich in der Spirale, und im Kondensator war kein Strom nachzuweisen. Dann wurde die flüssige Luft entfernt, und man ließ die Temperatur langsam steigen. Die Ionisation im Kondensator wurde bei verschiedenen Temperaturen der Spirale gemessen; diese Ionisation zeigt die in den Kondensator mitgeführte Emanationsmenge an.

Folgendes sind die Temperaturen, bei welchen die Ionisation meßbar zu werden begann, d. h. bei der eine kleine Menge Emanation sich der Verdichtung entzog:

		Temperatur
Wasserstoff	$0{,}71 \frac{cm^3}{sec}$	— 155°
„	1,38 „	— 159°
Sauerstoff	0,58 „	— 155°

Die Verdichtung der Thoriumemanation erfolgt in einem viel größeren Temperaturintervall als die der Radiumemanation. Um die Verdichtung fast vollständig zu erreichen, ist eine Temperatur von —150° erforderlich, aber man muß die Temperatur bis auf — 120° steigern, wenn gar keine Verdichtung mehr stattfinden soll. Fig. 60 gibt den nicht verdichteten Bruchteil der Emanation als Funktion der Temperatur bei einem Sauerstoffstrom von 1,38 ccm in der Sekunde an.

Bei anderen Versuchen brachten Rutherford und Soddy eine bestimmte Menge Emanation im Gemisch mit einem Gase in die abgekühlte Spirale; den nicht kondensierten

Anteil der Emanation bestimmten sie, indem sie ihn schnell aus der Spirale in den Meßapparat pumpten. Die so gefundene Verdichtungstemperatur der Radiumemanation lag scharf in der Nähe von — 150⁰, in Übereinstimmung mit den früher erhaltenen Resultaten. Bei der Thoriumemanation beginnt die Verdichtung bei — 120⁰ und erstreckt sich über ein Temperaturintervall von ungefähr 30⁰. Der Bruchteil der Emanation, der sich bei einer

Fig. 60.

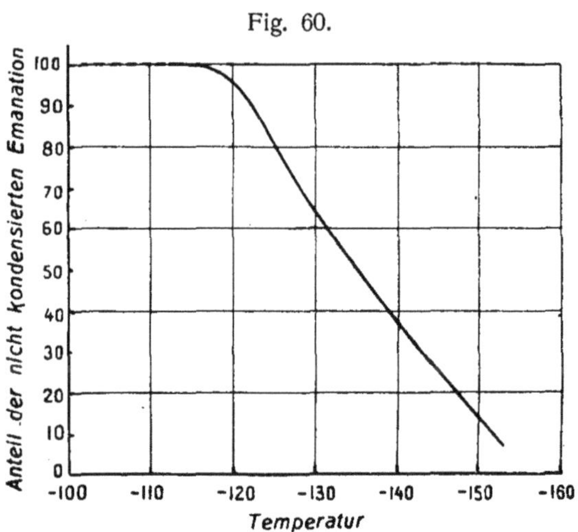

bestimmten Temperatur verdichtet, hängt vom Druck und von der Natur des Gases ab, ferner von der Konzentration der Emanation und von der Zeit, während welcher sie sich in der Spirale befunden hat; er ist größer in Wasserstoff als in Sauerstoff; er nimmt zu, wenn der Druck des Gases abnimmt und wenn die Emanation länger in der Spirale verweilt.

R u t h e r f o r d hat angenommen, daß die w a h r e Verdichtungstemperatur der Radiumemanation bei —150⁰ und die der Thoriumemanation bei —120⁰ liege, daß aber die Verdichtung der Thoriumemanation nicht so plötzlich erfolgen könne wie die der Radiumemanation, da sie in dem Gase in viel größerer Verdünnung enthalten sei und infolgedessen ihre Moleküle verhältnismäßig weiter voneinander entfernt seien, so daß ihre Zusammenlagerung schwieriger erfolge. Diese wird übrigens durch alle Bedingungen erleichtert, welche die Diffusion begünstigen; so würde sich der Einfluß erklären, den die Natur und der Druck des Gases auf den Vorgang ausüben.

Es ist sicher, daß die Bedingungen, unter denen die Diffusion stattfindet, für die Geschwindigkeit der Verdichtung bei einer bestimmten Temperatur eine wichtige Rolle spielen, und daß infolgedessen die beobachtete Erscheinung eine Folge mehrerer Ursachen ist. Indessen ist selbst abgesehen hiervon kein Grund einzusehen, warum eine wahre Verdichtungstemperatur existieren sollte.

Könnte man die verdichteten Emanationen als verflüssigte Gase betrachten, die bei einer bestimmten Temperatur einen bestimmten Dampfdruck besitzen, so müßte die Verdichtungstemperatur notwendigerweise von der Konzentration der Emanation in der Luft abhängig sein, und ein Gasstrom, der über die verdichtete Emanation hinweggeht, müßte bei jeder Temperatur eine Emanationsmenge mitführen, welche nahe proportional dem Dampfdruck bei der betreffenden Temperatur wäre. Die Kurve, die den verdichteten Anteil der Emanation als Funktion der Temperatur bei den Versuchen von Rutherford und Soddy angibt, müßte dann einige Ähnlichkeit mit der Kurve haben, die die Veränderung des Dampfdruckes einer Flüssigkeit mit der Temperatur darstellt. Man würde dann ein allmähliches, mehr oder minder schnelles Ansteigen beobachten, könnte aber keinen plötzlichen Effekt erwarten.

Wie wir gesehen haben, verläuft bei der Thoriumemanation die Verdichtung wirklich allmählich; bei der des Radiums scheint sie ziemlich plötzlich zu erfolgen; indessen hat Rutherford beobachtet, daß man, wenn man mit größeren Mengen der Emanation arbeitet, schon bei — 155° ihre Mitführung durch einen Luftstrom beobachten kann, während die vollständige Verflüchtigung erst bei —152° stattfindet. Ferner haben P. Curie und Dewar, ebenso wie Ramsay und Rutherford durch verschiedene Versuche festgestellt, daß, wenn eine verhältnismäßig große Menge Radiumemanation bei der Temperatur der flüssigen Luft in einem Gefäß verdichtet wird, das mit einer Quecksilberpumpe in Verbindung steht, die Emanation auch bei dieser so niedrigen Temperatur dauernd in gewissem Maße fortgeführt wird, solange man die Pumpe arbeiten läßt. In gewisser Hinsicht sind also die beobachteten Erscheinungen analog denen, die sich bei einem verflüssigten Gase zeigen würden, aber andererseits scheint die Verdichtungstemperatur der Radiumemanation nicht sehr von der Konzentration abhängig zu sein. Es ist übrigens sicher, daß bei den Verdichtungsversuchen die Emanation nicht in einer Menge vorhanden war, die zu einer wirklichen Verflüssigung ausreichend gewesen wäre, in dem Sinne, daß ihr Partialdruck dem Drucke des gesättigten Dampfes hätte gleich werden können. Es mag auch daran erinnert werden, daß selbst bei Gasen, für welche diese Bedingung erfüllt ist, die Verdichtung nicht immer bei derselben Temperatur erfolgt. Im Gase tritt im allgemeinen bei Temperaturerniedrigung eine Übersättigung ein, wenigstens wenn das Gas keine Kondensationszentren enthält, wie z. B. Staubteilchen.

Mehr Wahrscheinlichkeit hat die Annahme, daß die Verdichtung der sehr verdünnten Emanationen bei tiefer Temperatur analog der Absorption von Gasen durch kalte feste Wände ist. Bekanntlich ist dieses Phänomen selektiv, d. h. gewisse Substanzen absorbieren mehr oder weniger leicht bestimmte Gase. So absorbiert z. B. Holzkohle bei der Temperatur der flüssigen Luft sehr leicht die gewöhnlichen Gase der Luft und Argon, dagegen nicht Neon und Helium. Wie wir oben gesehen haben, absorbiert Holzkohle die Radiumemanation sehr energisch schon bei gewöhnlicher Temperatur. Unter denselben Umständen wird diese durch Wände aus Glas, Blei und Kupfer sehr schwach und in ungleichem Maße absorbiert, in höherem Grade von Zelluloid und Kautschuk.

Wenn man die Verdichtung der Emanationen bei tiefer Temperatur als eine Absorption durch die feste Wand betrachten kann, so ist diese Absorption wahrscheinlich selektiv, und man müßte einerseits erwarten, daß der unter bestimmten Bedingungen nicht verdichtete Anteil in regelmäßiger Weise mit der Temperatur wächst, und andererseits, daß die Größe dieses Bruchteils von der Natur der Wand abhängt, auf der die Verdichtung stattfindet. Der allgemeine Verlauf des Vorganges entspricht dieser Anschauungsweise; der Gang der Verdichtung ist bei der Emanation des Thoriums und auch bei der des Aktiniums ganz allmählich; bei Radiumemanation erfolgt sie mehr in plötzlicher Weise.

Es zeigt sich übrigens, daß es sehr schwer ist, größere Mengen von Radiumemanation im Gemisch mit Luft zu verdichten. Läßt man z. B. einen Luftstrom, der Emanation in verhältnismäßig hoher Konzentration enthält, durch eine mit flüssiger Luft gekühlte Spirale zirkulieren, so bemerkt man, daß die Emanation sich beim Eintritt in die Spirale verdichtet, daß aber ein großer Bruchteil der Verdichtung entgeht. Es hat also den Anschein, daß hier, wie bei der Holzkohle, eine Sättigung der Wand eintritt. Vielleicht ist die Erscheinung auch so zu erklären, daß die Kondensationskerne aus dem Gase verschwunden sind.

Über die Rolle, die die Wand bei den Verdichtungserscheinungen spielt, weiß man noch wenig. Neuere Versuche von Laborde[1]) scheinen zu beweisen, daß die Verdichtungstemperatur der Radiumemanation, nach der Methode von Rutherford bestimmt, in Metallspiralen und in Glasspiralen nicht die gleiche ist; in letzteren liegt sie zwischen -177^0 und -179^0, während mit Metallspiralen (Kupfer, Eisen, Zinn, Silber) Zahlen zwischen -153^0 und -155^0 gefunden wurden.

Wir werden weiter unten sehen, daß die Radiumemanation wirklich hat verflüssigt werden können, wenn sie in einer Konzentration vorlag, die mit der vergleichbar ist, bei der sich gewöhnliche Gase verflüssigen lassen. Es ist wahrscheinlich, daß die Verdichtung der stark verdünnten Emanationen bei tiefer Temperatur und die Verflüssigung verschiedene Vorgänge sind.

Die Verdichtung der Aktiniumemanation ist von Goldstein in folgender Weise beobachtet worden: Ein Gefäß, dessen Wand mit Zinksulfid bekleidet ist, und das in flüssige Luft eintaucht, steht durch ein gebogenes Rohr mit einem Behälter in Verbindung, in dem sich das Aktinium befindet. Der Apparat wird evakuiert. Dann bringt die Aktiniumemanation das Zinksulfid zum Leuchten, und zwar ist die Leuchterscheinung durch einen Ring oberhalb des Niveaus der flüssigen Luft begrenzt.

Henriot[2]) hat sich zur näheren Untersuchung derselben Erscheinung folgender Anordnung bedient:

Die von einem sehr aktiven Aktiniumsalz abgegebene Emanation diffundiert in einem hohen Vakuum durch ein Bündel

---

[1]) Laborde, Comptes rendus 148, S. 1591. 1909.

[2]) Henriot, Le Radium, 1908.

sehr enger, U-förmig gekrümmter Metallrohre. Beim Austritt aus diesen Rohren weist man sie nach, indem man die Szintillationen, die sie auf einem Zinksulfidschirm hervorruft, mit einem kleinen Mikroskop beobachtet. Das Röhrenbündel taucht in ein Gemisch von flüssiger Luft und Petroläther ein. Man läßt die Temperatur allmählich steigen und beobachtet die Szintillationen, indem man für einen Augenblick einen Hahn öffnet, der die Verbindung zwischen dem Aktinium und dem Schirm herstellt. Es zeigt sich, daß der nicht verdichtete Bruchteil der Emanation bei —143° sehr schnell zuzunehmen beginnt und dann bis gegen —100° kontinuierlich ansteigt.

Bei anderen Versuchen variierte die Temperatur des Aktiniumsalzes, das sich in einer kleinen Messingkapsel befand. Die sich

Fig. 61.

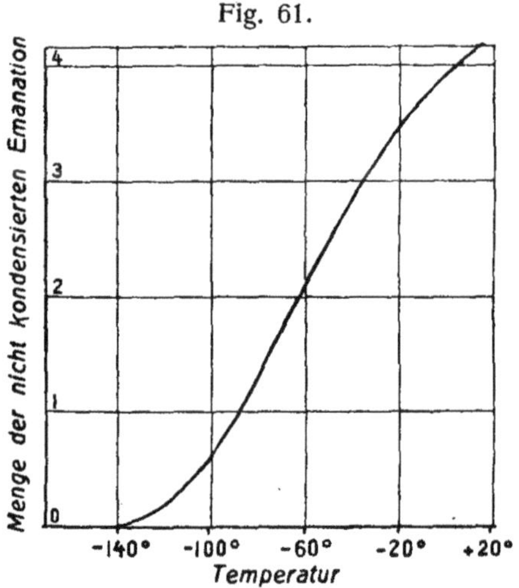

aus dem Salz entwickelnde Emanation wurde von Zeit zu Zeit durch einen plötzlichen Luftstrom in einen Kondensator fortgeführt und nach einer geeigneten Methode gemessen. Es zeigte sich, daß Emanation in den Kondensator gelangt, wenn die Temperatur des Salzes —140° erreicht, daß die Menge der mitgeführten Emanation dann schnell, aber progressiv mit der Temperatur bis zu 120° ansteigt und noch über diese Temperatur hinaus steigen muß (Fig. 61).

Läßt man Aktiniumemanation eine bestimmte Zeit lang in einem Spiralrohr verweilen, das in ein Kältebad eintaucht, so wächst der nicht verdichtete Bruchteil der Emanation in regelmäßiger Weise mit der Temperatur, und zwar um so mehr, je höher der Druck ist[1]). Thoriumemanation verhält sich ebenso. Die nahezu vollständige Verdichtung der Aktinium- und der Thoriumemanation wird bei nahe benachbarten Temperaturen erreicht.

66. **Chemische Eigenschaften der Emanationen.** — Verschiedene Versuche sind von Rutherford und Soddy[1]) zur Entscheidung der Frage ausgeführt worden, ob die Emanationen in chemischer Hinsicht Analogien mit bekannten Gasen zeigen. Sie haben gefunden, daß die Emanationen von Säurelösungen nicht stark absorbiert werden. Thoriumemanation kann unverändert durch ein auf die höchste erreichbare Temperatur erhitztes Platinrohr gehen, selbst wenn es mit Platinmohr gefüllt ist. Bei anderen Versuchen wurde Thoriumemanation über rotglühendes Bleichromat geleitet, oder im Gemisch mit Wasserstoff über glühendes Magnesiumpulver oder glühenden Palladiummohr; schließlich leitete man sie mit einem Kohlendioxydstrom über rotglühenden Zinkstaub. In keinem Falle beobachtete man eine andere Veränderung der Thoriumemanation, als ihren gewöhnlichen Zerfall.

Leitet man die von Thoriumoxyd entwickelte Emanation mittels eines Kohlensäurestromes, dem man nachträglich Luft beimengt, durch ein Rohr mit Ätznatron, so wird die Emanation von dem Natron nicht absorbiert, sondern bleibt bei der Luft, und zwar ist ihre Aktivität ebensogroß, wie wenn man den Kohlensäurestrom bei im übrigen gleicher Versuchsanordnung durch einen Luftstrom von gleicher Geschwindigkeit ersetzt. Dieser Versuch beweist, daß die Aktivität des über Thoriumoxyd geleiteten Gases nicht als eine Art oberflächlicher Veränderung des betreffenden Gases oder als eine ihm zugehörige vorübergehende Aktivität angesehen werden darf, sondern als die Eigenschaft einer ihm beigemengten besonderen Substanz.

Die Radiumemanation verhält sich ebenso; sie wird von den

---

[1]) Kinoshita, Phil. Mag., 1908.

[2]) Rutherford und Soddy, Phil. Mag., 1902.

eben erwähnten energischen chemischen Reagenzien ebenfalls nicht verändert.

Ramsay und Soddy[1]) ließen mehrere Tage lang durch ein Gemisch von Sauerstoff mit Radiumemanation in Gegenwart von Alkali elektrische Funken schlagen. Der Sauerstoff wurde darauf durch Phosphor absorbiert. Die Emanation blieb unverändert im Apparat; man konnte sie mittels eines Luftstromes in einen Meßkondensator überführen und feststellen, daß die Aktivität keine abnorme Veränderung erfahren hatte.

Auf Grund der eben beschriebenen Versuche kann man die Emanationen als Gase betrachten, die keine chemischen Affinitäten besitzen, und sie zu den Edelgasen der Argonfamilie rechnen. In Verfolgung dieser Analogie kann man annehmen, daß die radioaktiven Emanationen ein einatomiges Molekül haben.

67. **Strahlung und Ladung der Emanationen.** — Die drei Emanationen emittieren eine ionisierende Strahlung. Diese enthält keine durchdringenden Strahlen; sie besteht vollständig aus absorbierbaren α-Strahlen. Wir haben oben gesehen, wie diese Tatsache bei der Radiumemanation durch die Versuche von P. Curie bewiesen worden ist (§ 59). Für Thoriumemanation kann folgende Versuchsanordnung verwendet werden: Ein Luftstrom führt die Emanation von der aktiven Substanz in den Raum B (Fig. 62), in dessen Deckel sich ein Fenster befindet, das aus einem dünnen Aluminium- oder Glimmerblatt besteht. Man mißt die Ionisation der Luft in dem Raum zwischen dem Gefäß B und der Platte A, die zusammen einen Kondensator bilden. Es zeigt sich, daß beim Beginn des Versuches die Strahlung von einer Schicht von 0,0015 cm Glimmer und 0,0013 cm Aluminium vollkommen aufgehalten wird[2]). Allmählich aber beginnt das Gefäß B induzierte Radioaktivität anzunehmen, und gleichzeitig beginnen durchdringendere Strahlen aufzutreten; diese Strahlen rühren also nicht direkt von der Emanation her.

Derselbe Apparat kann zur Untersuchung der Aktiniumemanation dienen. Auch hier findet man im Anfang des Versuches

---

[1]) Ramsay und Soddy, Proc. Roy. Soc., 1903.

[2]) Rutherford, Phil. Mag., 1905.

nur absorbierbare Strahlen, aber die durchdringenden Strahlen erscheinen viel schneller, als bei der Thoriumemanation. Dies steht mit der schnelleren Entwicklung induzierter Radioaktivität in Zusammenhang.

Die Emanationen tragen keine elektrische Ladung. Wie von P. Curie einerseits, Rutherford andererseits beobachtet worden ist, wird die Diffusionsgeschwindigkeit der Radium- und Thoriumemanation durch das Vorhandensein eines elektrischen Feldes normal zur Diffusionsrichtung nicht beeinflußt. Rutherford ließ einen mit Thoriumemanation beladenen

Fig. 62.

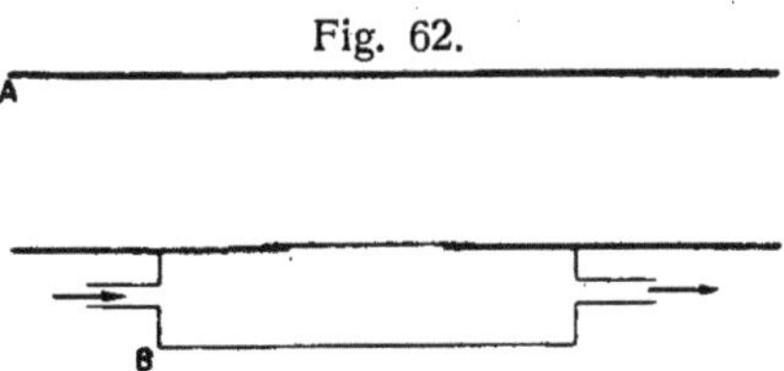

Luftstrom durch einen langen zylindrischen Kondensator gehen, der aus einem Metallrohr mit einer konaxialen zylindrischen Elektrode bestand. Durch Anlegung einer Potentialdifferenz zwischen dem Rohr und der Elektrode konnte man ein zur Bewegungsrichtung der Emanation normal gerichtetes elektrisches Feld erzeugen. Es zeigte sich kein Einfluß dieses Feldes auf die Bewegung der Emanation; daraus geht hervor, daß, für eine mittlere Feldstärke von 1 Volt pro Zentimeter, die Geschwindigkeit der Emanation in der Richtung des Feldes sicher weniger als 10^{-5} cm pro Sekunde beträgt; die Beweglichkeit einer Partikel der Emanation würde also nur ein sehr kleiner Bruchteil von derjenigen eines Gasions sein, welch letztere von der Größenordnung 1,5 cm pro Sekunde ist, während dagegen der Diffusionskoeffizient in Luft größer ist (ungefähr 0,1 für die Emanationen, und 0,03 im Mittel für ein Gasion). Daraus geht hervor, daß das Verhältnis der Ladung e', die ein Teilchen der Emanation tragen könnte, zur Elementarladung e folgender Beziehung genügen müßte:

$$\frac{e'}{e} < \frac{10^{-5}}{1{,}5} \frac{0{,}03}{0{,}1} \quad \text{oder} \quad \frac{e'}{e} < 2 \times 10^{-6}.$$

Demnach ist es wahrscheinlich, daß die Thoriumemanation nicht geladen ist.

McClelland[1]) hat einen direkten Versuch zur Entscheidung dieser Frage gemacht, der darin bestand, Radiumemanation plötzlich in einen Kondensator einzuführen, der als Faradayscher Zylinder benutzt wurde; das Gehäuse, das die äußere Belegung des Kondensators bildete, war mit dem Elektrometer verbunden. Ein Elektrometerausschlag bei Einführung der Emanation konnte nicht beobachtet werden. Versuche dieser Art werden dadurch erschwert, daß die Isolation des Faradayzylinders durch die Wirkung der durchdringenden Strahlen, die das Metall durchdringen und die Luft in seiner Umgebung leitend machen, mangelhaft wird; infolgedessen kann eine kleine Ladung unbemerkt bleiben.

68. **Bildung und Abgabe der Emanationen.** — Die radioaktiven Emanationen werden durch Radium-, Thorium- und Aktiniumverbindungen in festem Zustande oder in Lösung erzeugt und abgegeben; diese Entwicklung steht in enger Beziehung zu der Aktivität der verwendeten Produkte.

Giesel[2]) hat zuerst die Aufmerksamkeit darauf gelenkt, daß ein festes Radiumsalz, das aus einer Lösung dargestellt ist, nicht gleich im Anfang eine konstante Aktivität zeigt; seine Aktivität nimmt allmählich zu und erreicht nach Verlauf eines Monats einen nahezu unveränderlichen Grenzwert. In Lösungen findet das Gegenteil statt. Kurz nach der Herstellung sind sie zunächst sehr aktiv, läßt man sie aber offen an der Luft stehen, so entaktivieren sie sich schnell und nehmen schließlich eine Endaktivität an, die bedeutend schwächer sein kann als die anfängliche Aktivität. Diese Änderungen der Aktivität lassen sich sehr gut durch die Eigenschaften der Emanation erklären. Die Verminderung der Aktivität der Lösung entspricht hauptsächlich dem Verlust an Emanation, die in den Raum entweicht; diese Verminderung ist viel geringer, wenn sich die Lösung in einem zugeschmolzenen Rohr befindet. Eine an freier Luft entaktivierte Lösung nimmt wieder eine größere Aktivität an, wenn man sie einschmilzt. Die Periode, während der die Aktivität eines festen

---

[1]) Mc. Clelland, Phys. Zeitschr. 5, S. 538. 1904.

[2]) Giesel, Wied. Ann. 69, 91. 1899.

Salzes zunimmt, nachdem es aus der Lösung in den festen Zustand übergeführt worden ist, ist diejenige, während der sich die Emanation von neuem in dem festen Radium ansammelt.

Es mögen hier einige darauf bezügliche Versuche beschrieben werden:

Eine Lösung von radiumhaltigem Bariumchlorid wird in einem geschlossenen Gefäß aufbewahrt; man öffnet dann das Gefäß, gießt die Lösung in eine Schale und mißt ihre Aktivität:

Aktivität unmittelbar nach dem Ausgießen	67
„ nach 2 Stunden	20
„ „ 2 Tagen	0,25

Die Lösung wird also 300 mal weniger aktiv, wenn sie zwei Tage lang offen an der Luft steht.

Eine Lösung von radiumhaltigem Bariumchlorid, die an offener Luft gestanden hatte, wird in ein Glasrohr eingeschmolzen und die Strahlung dieses Rohres gemessen. Es ergeben sich folgende Resultate:

Aktivität unmittelbar nach dem Einschmelzen	27
„ nach 2 Tagen	61
„ „ 3 „	70
„ „ 4 „	81
„ „ 7 „	100
„ „ 11 „	100

Die Anfangsaktivität, die ein festes Radiumsalz nach seiner Darstellung zeigt, hängt von der Zeit ab, während der das Salz in Lösung gewesen ist, vorausgesetzt, daß diese Zeit kurz ist. Denn das feste Salz enthält eine gewisse Menge Emanation und induzierte Radioaktivität; löst man es nun auf und läßt die Lösung einen Tag lang oder länger unter Bedingungen stehen, unter denen die Emanation leicht entweichen kann, so erlischt die induzierte Radioaktivität allmählich; verdampft man dann die Lösung schnell, so enthält das resultierende trockene Salz zunächst nahezu keine Emanation und auch keine induzierte Radioaktivität; es hat also die kleinste totale Aktivität, die es unter bestimmten Bedingungen der Messung überhaupt zeigen kann. Wird dagegen ein vor längerer

Zeit dargestelltes festes Salz aufgelöst und unmittelbar darauf wieder in den festen Zustand übergeführt, so entweicht zwar die Emanation, die in dem Salz enthalten gewesen war, aber die induzierte Radioaktivität bleibt bei dem Salze, wodurch dessen Anfangsaktivität erhöht wird. Indessen erleidet in diesem Falle das Salz während der ersten Stunden, die auf die Trocknung folgen, eine Verminderung der Aktivität, weil der Zerfall der induzierten Radioaktivität schnell vor sich geht, während die Ansammlung der Emanation viel längere Zeit erfordert. Man beobachtet auch immer eine höhere als die minimale Anfangsaktivität, wenn man ein Salz durch schnelle Verdampfung einer Lösung herstellt, die in einem geschlossenen Gefäße aufbewahrt war und infolgedessen Emanation und induzierte Radioaktivität enthielt.

Im Folgenden sind einige Anfangsaktivitäten angegeben, die mit einem Chlorid erhalten wurden, dessen Endaktivität 800 betrug und das man eine bestimmte Zeit lang in Lösung hielt, dann trocknete und unmittelbar darauf einer Aktivitätsmessung unterwarf:

Endaktivität	. . . .	800
Anfangsaktivität	nach Auflösung und mittelbar folgender Trocknung . .	440
„	, nachdem sich der Salz 5 Tage in Lösung befunden hatte	120
„	, „ „ „ „ 18 „ „ „ „ „	130
„	, „ „ „ „ 32 „ „ „ „ „	114

Bei diesem Versuch befand sich die Lösung in einem nur mit einem Uhrglas bedeckten Gefäß.

Zwei aus demselben Salz bereitete Lösungen wurden mehrere Monate lang in zugeschmolzenen Rohren aufbewahrt, die eine war 8 mal konzentrierter als die andere. Nach schneller Trocknung zeigte sich die Aktivität des Salzes aus der konzentrierteren Lösung doppelt so groß als die des Salzes, das aus der verdünnteren Lösung erhalten worden war. Einen Tag darauf hatten beide Präparate die gleiche Aktivität, und die Zunahme der Aktivität fand weiter bei beiden in gleicher Weise bis zum Endwert statt. Der Unterschied der Anfangsaktivitäten rührte daher, daß die Lösung mit kleinerem Volumen schneller verdampft werden konnte und infolgedessen einen Überschuß an induzierter Radioaktivität aufwies.

Die eben beschriebenen Einzelheiten sind deshalb wichtig,

weil sie beim Vergleich der Aktivität von radiumhaltigen Salzen berücksichtigt werden müssen.

Die folgenden Tabellen zeigen, in welcher Weise die Aktivität eines festen radiumhaltigen Salzes von dem Augenblick an zunimmt, in dem das Salz aus einer Lösung in den festen Zustand übergeführt wird, bis zu der Zeit, wo es seine Endaktivität erreicht hat. I bedeutet die Strahlungsintensität; die Endintensität ist gleich 100 gesetzt und die Zeit von dem Augenblick an gerechnet, in dem das Produkt trocken geworden war. Tabelle I

Fig. 63.

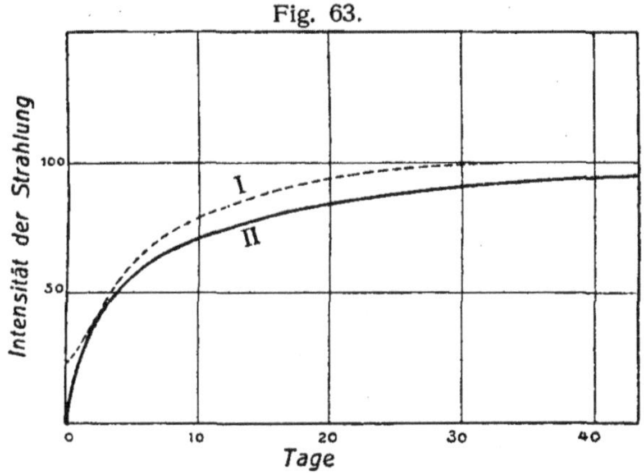

(Fig. 63, Kurve I) bezieht sich auf die Totalstrahlung, Tabelle II (Fig. 63, Kurve II) nur auf die durchdringende Strahlung (Strahlung, die 3 cm Luft und 0,01 mm Aluminium durchdrungen hat[1]).

Tabelle I

Zeit in Tagen	I
0	21
1	25
3	44
5	60
10	78
19	93
33	100
67	100

Tabelle II

Zeit in Tagen	I
0	1,3
1	19
3	43
6	60
15	70
23	86
46	94

[1]) Madame Curie, Thèse de doctorat, 1903.

Die bei verschiedenen Messungsreihen erhaltenen Resultate stimmen nicht absolut überein; die Unterschiede können von kleinen Verlusten an Emanation durch das feste Salz herrühren; aber der allgemeine Charakter der Kurven ist stets der gleiche. Die Aktivität nimmt erst nach einem Monat wieder den Endwert an, und zwar werden die durchdringendsten Strahlen am stärksten durch die Auflösung beeinflußt.

Die Anfangsintensität derjenigen Strahlung, die eine Schicht von 3 cm Luft und 0,01 mm Aluminium zu durchdringen vermag, war nur 1 Prozent der Endintensität, während die Anfangsintensität der Totalstrahlung 21 Prozent des Endwertes betrug.

Man sieht daraus, daß die durchdringende Strahlung eines Radiumsalzes, das keine Emanation und induzierte Radioaktivität enthält, praktisch gleich null ist; das Radium im Zustande minimaler Aktivität sendet nur absorbierbare Strahlen aus, und zwar, wie wir weiter unten sehen werden, α-Strahlen; die Gegenwart von β- und γ-Strahlen in der Radiumstrahlung ist an die Anwesenheit von Emanation geknüpft, welche übrigens diese Emission auch nicht direkt hervorruft, sondern nur infolge der sie begleitenden induzierten Radioaktivität[1]).

Wird eine Radiumlösung, die nahezu keine Emanation enthält, in einem geschlossenen Gefäß aufbewahrt, so nimmt ihre durchdringende Strahlung von dem Anfangswert null an mit der Zeit zu, und zwar in derselben Weise, wie die durchdringende Strahlung eines festen Salzes nach seiner Trocknung.

Die Erzeugung von Emanation findet also sowohl statt, wenn das Salz in Lösung vorliegt, wie wenn es sich im festen Zustande befindet. Die Menge Emanation, die sich in einem geschlossenen Gefäß ansammelt, das ein festes oder gelöstes Radiumsalz enthält, strebt einem Grenzwert zu. Dieser wird nach Verlauf eines Monats erreicht und ist der gleiche für das feste Salz wie für seine Lösung; er hängt nur von der Quantität des vorhandenen Radiums ab.

Dies läßt sich auf folgende Weise zeigen. Eine gewisse Menge eines löslichen, festen Radiumsalzes wird in eine trockene Glasflasche gebracht, die die aus Fig. 66a ersichtliche Form hat. Man

[1]) Gewisse Beobachtungen lassen es jedoch möglich erscheinen, daß ein sehr kleiner Bruchteil der β-Strahlung (höchstens 1 Prozent) dem Radium selbst zugehört.

saugt etwas Luft heraus, schließt dann die Hähne und überläßt die luftdicht verschlossene Flasche einen Monat lang sich selbst. Nach dieser Zeit öffnet man den Hahn B unter Wasser und läßt einige Kubikzentimeter Wasser in die Flasche eindringen, so daß sich das Radiumsalz schnell auflöst; die Menge der Flüssigkeit muß groß genug sein, daß das Rohr A in die Lösung eintaucht. Die in der Lösung und in der Flasche enthaltene Emanation wird dann durch einen Luftstrom fortgeführt und in einen Meßkondensator gebracht, was sehr vollkommen gelingt, wenn das Volumen der Lösung klein ist. Dann schließt man die Hähne wieder und überläßt die radiumhaltige Lösung einen Monat lang sich selbst; nach dieser Zeit wird die angesammelte Emanation von neuem gemessen, indem sie in der gleichen Weise in denselben Kondensator übergeführt wird. Die bei den beiden Messungen erhaltenen Zahlen liegen einander sehr nahe.

Der Grenzwert der Emanationsmenge, die sich in einem geschlossenen Gefäß über einer bestimmten Menge Radium ansammeln kann, ist unabhängig von der Form und den Dimensionen des Gefäßes; man kann sich davon durch Versuche von der Art der eben beschriebenen überzeugen. Die Produktion der Emanation ist also der Abgabe eines Dampfes, welche bis zu einem Sättigungszustande fortschreiten kann, nicht analog.

P. Curie und Debierne[1]) haben eine große Zahl von Versuchen über die Produktion von induzierter Radioaktivität durch Radiumsalze in geschlossenen Gefäßen angestellt. Sie haben gefunden, daß die induzierte Aktivität, die sich auf den Gefäßwänden oder auf in dem Gefäße befindlichen Platten entwickelt, langsam einem Grenzwerte zustrebt. Arbeitet man mit einer Radiumlösung unter verschiedenen Drucken, vom Atmosphärendruck bis zum Dampfdruck der Lösung, so zeigt sich, daß die Endaktivität die gleiche ist, und daß sie sich mit der gleichen Geschwindigkeit herstellt, wie groß auch der Druck sein mag. Ist die aktivierende Substanz ein festes Salz, so kann man unter Atmosphärendruck oder in einem vollkommenen Vakuum arbeiten; in beiden Fällen ist die Endaktivität nahezu die gleiche. Man erhält das gleiche Resultat, wenn man die Luft im Gefäß durch

---

[1]) Curie und Debierne, Comptes rendus, 1901.

Wasserstoff ersetzt. Also hängt der Grenzwert der induzierten Radioaktivität und die Geschwindigkeit ihrer Entwicklung nicht von der Natur und dem Drucke des Gases ab, sondern nur von der Quantität des Radiums. Die Aktivierung ist viel stärker bei Verwendung eines gelösten Salzes, als mit demselben Salze in festem Zustande. Die Intensität der Aktivierung kann als Maß der in dem Gefäße vorhandenen Emanationsmenge dienen. Die Versuche beweisen also, daß die Entwicklung dieser Emanationsmenge unabhängig von der Natur und dem Drucke des Gases ist.

Weder die Produktion, noch der Zerfall der Emanation können willkürlich beeinflußt werden. Andererseits stellt sich das Gleichgewicht so langsam ein, daß die Verzögerung, die durch die Diffusion der Emanation in einem großen Gefäß entsteht, vernachlässigt werden kann; darum haben die Bedingungen, die die Diffusionsgeschwindigkeit modifizieren, wie Natur und Druck des Gases, keinen Einfluß; dagegen würden diese selben Bedingungen bei Versuchen mit Thorium- oder Aktiniumemanation von Einfluß sein.

Die einfachste Deutung dieser Erscheinungen besteht in der Annahme, daß die Produktion der Emanation durch das Radium kontinuierlich und mit konstanter Geschwindigkeit erfolgt, und daß das Gleichgewicht in einem geschlossenen Gefäß dann erreicht wird, wenn die während einer bestimmten Zeit erzeugte Emanationsmenge derjenigen gleich ist, die in der gleichen Zeit infolge des spontanen Zerfalles verschwindet.

Bezeichnet man mit q die Menge der Emanation, die zur Zeit t in einem Gefäß, das kein Radium enthält, vorhanden ist, und mit q_0 die zur Zeit $t = 0$ in demselben Gefäß vorhandene Menge, so gilt, wie wir gesehen haben, die Beziehung

$$q = q_0 e^{-\lambda t},$$

wo λ die für den spontanen Zerfall der Emanation charakteristische Konstante ist.

Daraus folgt

$$\frac{dq}{dt} = -\lambda q_0 e^{-\lambda t} = -\frac{q_0}{\theta} e^{-\frac{t}{\theta}}$$

oder

$$\frac{dq}{dt} = -\lambda q = -\frac{q}{\theta};$$

die Menge Emanation, die in der Zeiteinheit infolge des spontanen Zerfalls verschwindet, ist also gleich λq resp. $\frac{q}{\theta}$.

Es sei $\varDelta$ die Menge Emanation, die in der Zeiteinheit von einem Gramm Radium produziert wird. Befinden sich p Gramm Radium in einem geschlossenen Gefäß, so erfolgt die Ansammlung der Emanation in diesem nach folgendem Gesetz:

$$\frac{dq}{dt} = p\varDelta - \lambda q.$$

Durch Integration dieser Gleichung erhält man

$$q = \frac{p\varDelta}{\lambda} + Ae^{-\lambda t},$$

wobei A eine willkürliche Konstante ist.

Bezeichnet man mit q_0 den Wert von q zur Zeit $t = 0$, so findet man

$$q = q_0 e^{-\lambda t} + \frac{p\varDelta}{\lambda}(1 - e^{-\lambda t}).$$

Das erste Glied $q_0 e^{-\lambda t}$ stellt den Rest dar, der nach der Zeit t von der ursprünglich vorhandenen Menge q_0 übrig ist. Das zweite Glied gibt an, wieviel Emanation sich in Gegenwart von Radium in derselben Zeit ansammelt. Ist im besonderen $q_0 = 0$, d. h. enthält das geschlossene Gefäß zur Zeit $t = 0$ keine Emanation, so nimmt die Formel folgende Gestalt an:

$$q = \frac{p\varDelta}{\lambda}(1 - e^{-\lambda t})$$

oder auch

$$q = p\varDelta\theta\left(1 - e^{-\frac{t}{\theta}}\right).$$

Liegt das Radiumsalz in festem Zustande vor, so bleibt die Emanationsmenge q fast ganz in okkludiertem Zustande darin enthalten. Ist das Salz in Lösung und die Lösung in einem geschlossenen Gefäß befindlich, so verteilt sich die Menge q zwischen der Lösung und der darüber stehenden Luft; der Zerfall der Emanation erfolgt übrigens so langsam, daß die Verteilung nach den Gesetzen der Löslichkeit von Gasen in Flüssigkeiten stattfinden kann, wenigstens in angenähertem Grade. Die durch die Diffusion bewirkte Verzögerung fällt nur bei großen Flüssigkeitsmengen und bei Gefäßen, welche kapillare Teile enthalten, ins Gewicht.

Der Grenzwert der Emanationsmenge, die sich in einem geschlossenen Gefäß über einer gegebenen Menge Radium ansammeln kann, kann mit q_∞ bezeichnet werden; er wird theoretisch erst bei $t = \infty$ erreicht. Folglich ist

$$q_\infty = p \Delta \theta,$$

I) $$q = q_\infty \left(1 - e^{-\frac{t}{\theta}}\right).$$

Man erhält die Größe q_∞, wenn man die in der Zeiteinheit produzierte Emanationsmenge mit der für den Zerfall der Emanation charakteristischen Zeitkonstanten Θ multipliziert. Für Radiumemanation ist Θ gleich ungefähr 133 Stunden; folglich ist q_∞ die Menge, die sich in 133 Stunden entwickeln würde, wenn kein spontaner Zerfall stattfände.

Setzt man

$$q' = q_\infty e^{-\frac{t}{\theta}},$$

so erhält man die Gleichung

$$q + q' = q_\infty.$$

Folglich haben die Kurven, die die Akkumulation der Emanation bzw. ihren Zerfall vom Grenzwert an darstellen, eine solche Gestalt, daß die Summe ihrer Ordinaten konstant und zwar gleich diesem Grenzwert ist. Solche Kurven werden komplementäre Kurven genannt. Sie sind in Fig. 64 in der theoretisch berechneten Form gezeichnet, wobei für Θ der Wert 133,2 Stunden angenommen ist.

Wenn man bedenkt, daß der Teil der Strahlung eines festen Salzes, der durch Auflösung zum Verschwinden gebracht werden kann, proportional der in dem Salze vorhandenen Emanationsmenge q ist, und wenn man annimmt, daß das feste Salz keine Emanation nach außen verliert, so muß die Kurve, die q als Funktion der Zeit darstellt, auch die zeitliche Zunahme der Aktivität eines Salzes darstellen, von dem Zeitpunkt an, in dem es sich im Zustande minimaler Aktivität befand. Die experimentell gefundenen Kurven der Fig. 63 müssen also mit der erwähnten Kurve identisch sein. Der allgemeine Verlauf dieser Kurven spricht tatsächlich zugunsten dieser Anschauungsweise, und, in Übereinstimmung mit der Theorie, wird der halbe Wert des Überschusses der Endstrahlung über die Anfangsstrahlung in einer Zeit von ungefähr 4 Tagen erreicht; jedoch ist die Übereinstimmung nicht sehr vollkommen, weil das Salz eine geringe Menge Emanation nach außen verlieren konnte.

Kurven, die mit der Theorie besser übereinstimmen, kann man erhalten, wenn man die Zunahme der Aktivität eines Salzes mißt, das nach der Überführung in den Zustand minimaler Aktivität in ein Rohr eingeschmolzen wird. Man mißt die Intensität der durchdringenden Strahlung des Salzes als Funktion der Zeit; die experimentelle Anordnung ist dabei dieselbe wie die, welche zur Untersuchung des Zerfalles der Emanation unter Anwendung von Außenelektroden dient. Die Strahlungsintensität ist proportional der in dem Salze erzeugten induzierten Radioaktivität, und diese wieder ist proportional der in dem Rohre nach der Zeit t vorhandenen Emanationsmenge q.

Fig. 64.

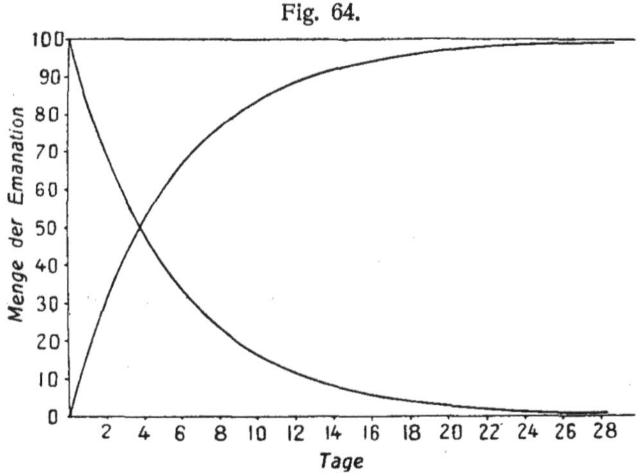

Die Formel I kann in folgender Weise geschrieben werden:

$$\frac{q_\infty - q}{q_\infty} = e^{-\frac{t}{\theta}} = e^{-\lambda t}.$$

Der Überschuß der Endaktivität über die in einem gegebenen Moment vorhandene Aktivität nimmt also nach demselben Gesetz ab, das für den Zerfall der Emanation gilt. Trägt man als Abszissen die Zeiten und als Ordinaten die Logarithmen der Differenz $q_\infty - q$ auf, so müssen die erhaltenen Punkte auf einer Geraden liegen, aus deren Neigungswinkel man die Konstante λ berechnen kann.

Man hat hierin also ein Mittel zur Bestimmung der Zerfallskonstante der Radiumemanation.

Verschiedene Versuche dieser Art haben mit der Theorie vollkommen übereinstimmende Resultate gegeben. Die Abnahme des Briggschen Logarithmus der Differenz $q_\infty - q$ pro Stunde ist genau die gleiche wie die aus den Geraden der Fig. 48 gefolgerte. Für diese Abnahme ergaben sich bei drei verschiedenen Versuchen die Zahlen 0,00317, 0,00326 und 0,00322.

Fig. 65.

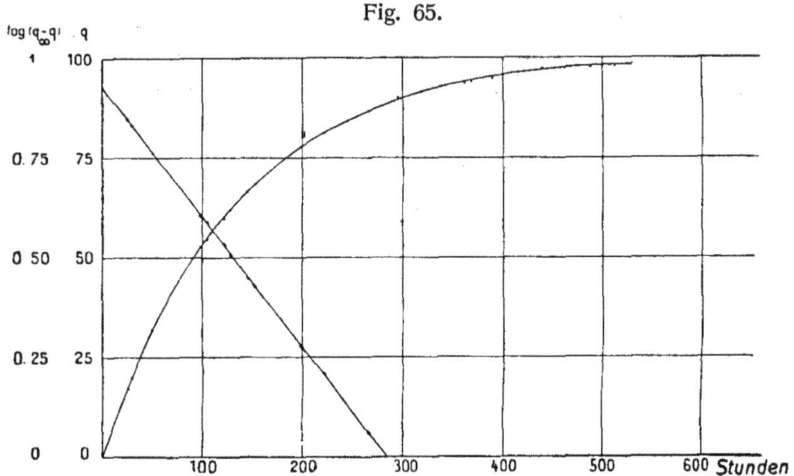

Einer dieser Versuche ist in Fig. 65 dargestellt. Da jedoch diese Methode keine ebenso gut übereinstimmenden Resultate ergeben hat wie die direkte Messung des Zerfalls der Emanation, so sind die erhaltenen Zahlen zur Berechnung der Konstante λ nicht benutzt worden. Die Methode hat übrigens den Nachteil, daß der Fehler bei der Messung des Endwertes der Strahlungsintensität jede der Differenzen $q_\infty - q$ beeinflußt.

69. **Bestimmung des Radiums durch Messung der entwickelten Emanation.** — Auf die vorstehende Theorie gründet sich eine Methode zur Bestimmung des Radiums durch die Emanation, die es in einer gegebenen Zeit entwickelt. Dies Verfahren ist von verschiedenen Seiten vorgeschlagen und in einer Reihe von Laboratorien zu teilweise äußerst wichtigen Untersuchungen praktisch verwendet worden. Am häufigsten wurde es in der Form an-

gewendet, daß die im Gleichgewicht von einer Radiumlösung entwickelte Emanation durch Kochen ausgetrieben und in einen Meßapparat übergeführt wurde. Ich habe im besonderen eine Methode dieser Art zur Radiumbestimmung ausgearbeitet, welche im Laboratorium für Radioaktivität in Paris seit mehreren Jahren beständig im Gebrauch ist, sich als sehr praktisch erwiesen hat und sehr genaue Resultate liefert; aus diesem Grunde soll sie hier etwas eingehender beschrieben werden. Sie besteht darin, die von einer kleinen Menge (einigen Kubikzentimetern) einer Radiumlösung entwickelte Emanation in der Kälte durch einen Luftstrom fortzuführen[1]).

Fig. 66.

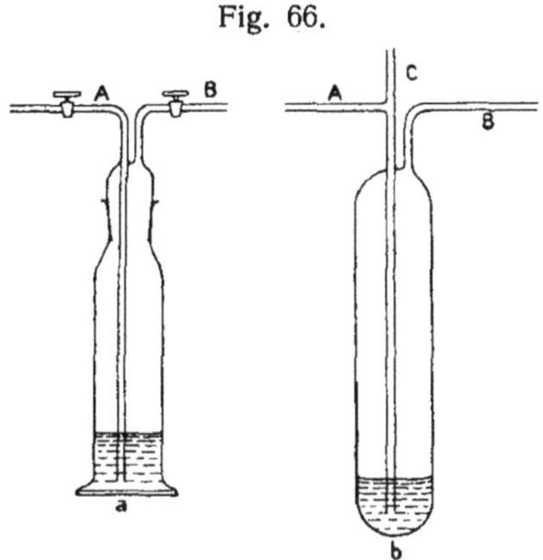

Die zur Aufnahme der Lösung dienenden Gefäße (Waschflaschen) sind in Fig. 66 abgebildet. Die Flasche *a* ist durch einen eingeschliffenen Stopfen verschlossen, durch den ein Rohr A, das bis auf den Boden des Gefäßes reicht, und ein Ableitungsrohr B hindurchgehen; beide Rohre tragen Hähne. Die Flasche *b* hat weder Schliff noch Hähne. Die Lösung wird durch das Rohr C mittels einer Pipette mit langer und feiner Spitze eingefüllt; dann wird das Rohr C zugeschmolzen. Das Rohr A dient als Einleitungsrohr, das Rohr B als Ableitungsrohr. Beide sind zu feinen Spitzen ausgezogen; während die Emanation sich ansammelt, werden sie zugeschmolzen gehalten, so daß keine Emanation entweichen kann. Die Flasche A bietet nicht dieselbe Sicherheit, da sie einen Schliff

[1]) M. Curie, Le Radium, 1910.

und zwei Hähne besitzt; sie ist jedoch in der Anwendung bequemer und dient zum gewöhnlichen Gebrauch, während die Form *b* zu Präzisionsmessungen verwendet wird. Das Gesamtvolumen beträgt im allgemeinen 25 ccm; man kann aber auch kleinere oder größere Flaschen verwenden. Man beschickt sie mit einem kleinen Volumen der zu untersuchenden Lösung, so daß das Rohr A einige Millimeter tief in die Lösung eintaucht. Zur Messung der von der Lösung gebildeten Emanation dient ein mit zwei Hähnen versehener Kondensator (Fig. 38). Die Überführung der Emanation aus einer Flasche der Form *a* in den Meßkondensator geschieht auf folgende Weise: das Rohr B der Waschflasche wird durch einen kurzen Kautschukschlauch an eines der Ansatzrohre des vorher evakuierten Kondensators angeschlossen; man öffnet den Hahn zwischen Waschflasche und Kondensator, während der Hahn A geschlossen ist; die mit Emanation beladene Luft wird dadurch in den Kondensator gesaugt, dessen Volumen ungefähr zwanzigmal größer als das der Flasche ist. Der größte Teil der in dieser enthaltenen Emanation gelangt durch diese Operation in den Kondensator. Man unterbricht dann die Verbindung mit dem Kondensator, öffnet allmählich den Hahn A und läßt inaktive Luft in die Flasche eintreten, die durch die Lösung perlt und die darin enthaltene Emanation mit sich nimmt. Wenn in der Waschflasche der Atmosphärendruck wieder hergestellt ist, saugt man von neuem ihren Luftinhalt in den Kondensator, indem man den Hahn A schließt und den Hahn, der zum Kondensator führt, öffnet. Durch mehrmalige Wiederholung dieser Operation kann man praktisch die gesamte in der Flasche enthaltene Emanation aus ihr entfernen, vorausgesetzt, daß die Ansammlung länger als einige Stunden gedauert hat. Es empfiehlt sich, immer in gleicher Weise zu verfahren; ich habe ausgezeichnete Resultate erhalten, wenn ich die Luft aus der Flasche dreimal in den Kondensator überführte und durch frische ersetzte. Darauf saugt man bei geöffnetem Hahn A einen Luftstrom in den Kondensator, der die Waschflasche unter Atmosphärendruck passiert und immer annähernd dieselbe Geschwindigkeit hat, was man durch Regulierung des Hahnes am Kondensator erreicht. Das dreimalige Aussaugen und Nachspülen mit frischer Luft erforderte bei meinen Versuchen 5 Minuten; der konstante Luftstrom ging dann 10 Minuten lang durch den Apparat. Nach jeder Messung befindet sich dann die Flüssigkeit in einem vollkommen definierten Zustande und hält nur so wenig Emanation zurück, daß diese gegenüber der in einigen Stunden neu entstehenden vernachlässigt werden kann. Die in gleichen Zeiträumen entnommenen Emanationsmengen sind sehr genau gleich, vorausgesetzt, daß die Ansammlung länger als 4 Stunden dauert.

Verwendet man eine Flasche von der Form *b*, so muß man zum Öffnen der Rohre ihre Spitzen abbrechen, während sie in Kautschukschläuchen stecken, durch die sie einerseits mit dem Kondensator, andererseits mit einer vorgeschalteten Waschflasche verbunden sind; die Hähne befinden sich in diesem Falle an dem Kondensator und an der vorgeschalteten Waschflasche. Nach der Operation schmilzt man die Spitzen der Rohre wieder zu.

Der Atmosphärendruck im Kondensator wird nicht gleich wieder hergestellt. Man läßt diesen unter vermindertem Drucke stehen und wartet, bis infolge der Entwicklung induzierter Radioaktivität der Strom den Maximalwert erreicht, der dann leicht mit großer Genauigkeit gemessen werden kann. Zweckmäßig stellt man den Atmosphärendruck im Kondensator erst einige Minuten vor der Messung her, weil, falls der Apparat nicht absolut dicht ist, der kleine dadurch verursachte Verlust an Emanation auf diese Weise vermindert wird. Man kann die Messung des Sättigungsstromes $3^1/_2$ bis 4 Stunden nach dem Ansaugen der Emanation vornehmen. Es ist vorteilhaft, zwei Messungsreihen in einem Intervall von einer halben Stunde auszuführen.

Die Größe des Sättigungsstromes für eine bestimmte Menge Emanation hängt von den Dimensionen des Kondensators und der Dichte des in ihm befindlichen Gases ab; denn diese Umstände beeinflussen die Ausnutzung der von der Emanation und der induzierten Radioaktivität ausgesandten Strahlen. Je größer der Kondensator und je größer die Gasdichte ist, desto stärker ist der Strom. Verwendet man immer Kondensatoren derselben Dimensionen, so genügt es, den Einfluß der Gasdichte zu bestimmen und alle Messungen auf eine bestimmte Normaldichte zu reduzieren. Die dadurch eingeführte Korrektion ist experimentell bestimmt worden. Man beschickte einen Kondensator, der mit einem Manometer verbunden war, mit einer bestimmten Menge

Emanation und maß, nachdem der Strom das Maximum erreicht hatte, die Stromstärke, indem man nach und nach die in dem Kondensator befindliche Luftmenge vermehrte, so daß man die Werte der Stromstärke für eine Reihe verschiedener Drucke erhielt, die sich in beiden Richtungen um einige Zentimeter Quecksilber vom Atmosphärendruck entfernten und diesen einschlossen. Die auf diese Weise experimentell gefundene Kurve gestattete, die Korrektion zu ermitteln, die infolge der Schwankungen des atmosphärischen Druckes erforderlich ist; die auf Temperaturänderungen bezügliche Korrektion wird berechnet, indem man annimmt, daß die Temperatur keinen anderen Einfluß hat, als daß sie die Dichte der Luft verändert. Bei den Dimensionen der praktisch verwendeten Kondensatoren ist die Korrektionsformel folgende:

$$\varepsilon = i\ [0{,}0007\,(760 - p) + 0{,}002\,(t - 15)],$$

wobei ε das Korrektionsglied bedeutet, das man zu dem gemessenen Strom i addieren muß, um den Wert zu erhalten, den man bei einem Druck von 760 mm Quecksilber und einer Temperatur von 15^0 im Kondensator gefunden haben würde, wenn Druck und Temperatur im Moment der endgültigen Füllung des Kondensators tatsächlich p Millimeter Quecksilber und t^0 betragen haben. Die Korrektion kann 2 Prozent des gemessenen Wertes ausmachen; bei genauen Messungen empfiehlt es sich, sie anzubringen.

Wenn der Kondensator zu einer Messungsreihe gedient hat, muß die Emanation wieder aus ihm entfernt werden. Zu diesem Zwecke wird er evakuiert und darauf mit trockener, filtrierter, inaktiver Luft gefüllt. Nach mehrmaliger Wiederholung dieser Operation überläßt man ihn einen Tag lang sich selbst, um die induzierte Radioaktivität erlöschen zu lassen; dann kann er zu einer neuen Messung verwendet werden. Jedoch kann er eine geringe Aktivität zurückhalten, die man bei den Messungen berücksichtigen muß, und die so schwach wie möglich sein soll. Es hat sich gezeigt, daß Kondensatoren gleicher Dimensionen beliebig miteinander vertauscht werden können.

Die mit Emanation beladene Luft, die in den Kondensator gelangt, ist sehr feucht; Zwischenschaltung von Trockenröhren kann Veranlassung zu Fehlern geben, etwa durch Absorption kleiner Mengen Emanation durch die Trockensubstanz. Die

Trocknung ist unnötig, wenn die Isolationen im Kondensator aus Bernstein bestehen, denn dieser isoliert auch in feuchter Luft noch gut genug, um sehr genaue Messungen nach einer Nullmethode zu gestatten; er kann nicht durch Ebonit ersetzt werden. Es ist vorteilhaft, nach jeder Messung den Kondensator zu trocknen.

Wie wir gesehen haben, wird die Emanationsmenge q, die sich während der Zeit t ansammelt, durch die Formel

$$q = \varDelta p \theta \left(1 - e^{-\frac{t}{\theta}}\right)$$

ausgedrückt. Falls die Emanation keinen spontanen Zerfall erlitte, so würde man dieselbe Menge q in einer Zeit t_r erhalten, die man die reduzierte Zeit nennen kann, und zwar ist

$$q = \varDelta\, p t_r,$$

und folglich

$$t_r = \theta\left(1 - e^{-\frac{t}{\theta}}\right).$$

Die reduzierte Zeit wächst mit t und nähert sich der Grenze Θ, wenn t unendlich groß wird. Praktisch wird der Grenzwert mit großer Annäherung in 30 Tagen erreicht.

Die Menge

$$\frac{q}{t_r} = \varDelta\, p$$

muß für ein bestimmtes Gefäß, das eine bestimmte Gewichtsmenge p Radium enthält, konstant sein. Dieses Verhältnis werde mit R bezeichnet. Für zwei Gefäße, die verschiedene Mengen p und p' Radium enthalten, müssen die entsprechenden Zahlen R und R′ der Beziehung genügen

$$\frac{\mathrm{R}'}{\mathrm{R}} = \frac{p'}{p}.$$

Es genügt also, den Wert des Verhältnisses R für eine Lösung zu kennen, die eine bestimmte Menge Radium enthält, um durch Vergleich mit dieser den Radiumgehalt jeder anderen Lösung bestimmen zu können. Um zu beweisen, daß die Methode brauchbar ist, muß man sich überzeugen, daß das Verhältnis R unabhängig von der Ansammlungszeit und proportional dem Radiumgehalt der Lösung ist.

Kennt man die Zeitkonstante Θ der Emanation, so kann man die reduzierte Zeit t_r für beliebige Ansammlungszeiten t leicht berechnen. Man kann eine Tabelle aufstellen, welche die Werte von t_r enthält, die in passenden Intervallen aufeinander folgenden Werten von t entsprechen. Eine derartige Tabelle ist seit mehreren Jahren in meinem Laboratorium in Gebrauch. Man kann Θ mit großer Annäherung gleich 133,2 Stunden setzen (siehe § 59). Diese Zahl liegt der am Ende dieses Bandes abgedruckten Tabelle zugrunde (Tab. B).

Der Versuch hat ergeben, daß das Verhältnis R völlig konstant ist und mit großer Genauigkeit gemessen werden kann, falls die Zeit der Ansammlung der Emanation 15 bis 48 Stunden beträgt. Für Ansammlungszeiten von nur einigen Stunden ist die Messung weniger gut definiert, insofern, als die Art und Weise, in welcher die Emanation entnommen wird, von größerem Einfluß ist; auch sind die Resultate weniger gut. Für Zeiten von einigen Tagen und mehr behält R annähernd denselben Wert bei wie für einen Tag, aber die Messungen stimmen weniger gut überein, und man findet für R meistens zu kleine Werte; die Abweichung kann ungefähr 5 Prozent erreichen.

Verwendet man Gefäße mit Hähnen, so kann man es auf mangelhaften Verschluß zurückführen, falls man zu kleine Werte für R findet; bei vollkommen geschlossenen Gefäßen kommt diese Fehlerquelle jedoch nicht in Betracht. Es ist möglich, daß bei langen Ansammlungszeiten teilweise Okklusion der Emanation durch das Glas stattfindet. Wenn man bei $t = 30$ Tagen immer einen konstanten Wert für das Verhältnis $\frac{q}{t_r}$ findet, der kleiner ist als für $t = 1$ Tag, so könnte man daraus schließen, daß der für Θ eingesetzte Wert zu groß ist; denn ändert man z. B. Θ um 5 Prozent, so ändert sich die reduzierte Zeit, die dem Werte $t = \infty$ entspricht, in demselben Verhältnis, während die reduzierten Zeiten, welche Ansammlungszeiten von weniger als 2 Tagen entsprechen, eine Veränderung von weniger als 1 Prozent erleiden. Die Resultate, die man mit Werten von t zwischen 5 und 30 Tagen erhält, sind jedoch nicht gleichmäßig genug, um sie zur Bestimmung von θ verwenden zu können.

Einige von den zahlreichen ausgeführten Messungsreihen mögen hier als Beispiel folgen:

I.		II.		III.	
Gefäß mit Hähnen		Gefäß ohne Hähne		Gefäß ohne Hähne	
t	R	*t*	R	*t*	R
40,2 Stunden	2,13	16,8 Stunden	14,34	45,5 Stunden	2,19
121,5 „	2,10	26,4 „	14,18	2580 „	2,13
51,4 „	2,15	21,5 „	14,27	48 „	2,16
67,4 „	2,13	21,2 „	14,28		
68,9 „	2,13	26,3 „	14,22		
24,1 „	2,15	4,23 „	14,38	IV.	
792 „	1,97	17,35 „	14,17	Gefäß ohne Hähne	
42,4 „	2,14	2,42 „	14,47	*t*	R
		21,68 „	14,07	17,28 Stunden	2,68
		0,908 „	14,38	44,75 „	2,68
		24,3 „	14,32	27,07 „	2,68

Verwendet man Ansammlungszeiten zwischen 1 und 2 Tagen und arbeitet sehr sorgfältig, so kann man eine Genauigkeit von 0,5 Prozent erreichen. Der der Konstante Θ anhaftende Fehler kann die Resultate nicht merklich beeinflussen, wenn t kleiner als 48 Stunden ist.

Die in zwei verschiedenen Gefäßen erhaltenen Werte von R sind sehr nahe proportional der Gewichtsmenge des in den Lösungen vorhandenen Radiums. Man kann eine Vergleichslösung aus einem reinen Radiumsalz darstellen und die Intensität des Sättigungsstromes, den die von dieser Lösung in der Zeiteinheit entwickelte Emanation in einem Kondensator von bestimmter Form hervorruft, in absolutem Maße bestimmen. Diese Messung dient dann als Basis aller auszuführenden Radiumbestimmungen; sie muß in Anbetracht ihrer Wichtigkeit mit größter Sorgfalt ausgeführt werden. Ich bin dabei in folgender Weise vorgegangen:

Das verwendete Radiumsalz war absolut reines Radiumchlorid (Atomgewicht 226,5). Es war aus einer salzsäurehaltigen Lösung auskristallisiert, dann getrocknet und vom Kristallwasser befreit worden. Dann wurden einige Stücke, welche die Form der Kristalle behalten hatten, herausgesucht, in einen Platintiegel gebracht und nach der Trocknung mit denselben Vorsichtsmaßregeln gewogen, wie sie bei einer Atomgewichtsbestimmung gebräuchlich sind. Das Gewicht der angewandten Menge wasserfreien Radiumchlorids betrug 0,02—0,03 Gramm.

Das Salz wurde in eine Glasflasche mit eingeschliffenem Stopfen von ungefähr 250 ccm Inhalt gebracht; diese wurde auf 1 Milligramm genau gewogen. Man goß etwas Wasser, das aus einem Platinapparat umdestilliert war, über das Salz; dieses muß sich ohne Rückstand lösen. Dann verdünnte man die Lösung auf ungefähr 150 ccm und fügte einen Tropfen reinster Salzsäure hinzu; darauf bestimmte man das Gewicht der Lösung auf 1 Milligramm genau. Man kann die so hergestellte Lösung einige Zeit aufbewahren, ohne irgendwelche Trübung zu bemerken.

Die zu einer Messung der Aktivität der abgegebenen Emanation dienende Menge reinen Radiumchlorids betrug im allgemeinen ungefähr 10^{-6} Gramm; man mußte also eine viel verdünntere Lösung als die ursprüngliche herstellen. Zu diesem Zwecke entnimmt man der letzteren bestimmte Anteile, die zur Darstellung von Hilfslösungen dienen. Die entnommene Flüssigkeitsmenge (1—2 ccm) wird sorgfältig gewogen; man verdünnt sie mit einer geeigneten Menge (150 ccm) absolut reinen Wassers und wägt die so erhaltene Lösung. Von jeder solchen Hilfslösung bringt man 0,5—1,5 Gramm in die Flasche, in der die Emanation sich entwickeln soll; man bestimmt diese Menge, indem man die Flasche vor und nach dem Einfüllen der Flüssigkeit wägt; dann gibt man etwas reines Wasser hinzu, bis das Volumen ungefähr 2 ccm beträgt, darauf wird die Flasche verschlossen und ist gebrauchsfähig.

Gewöhnlich wurden mit jeder Flasche drei Messungen ausgeführt. Man mißt nach einer bestimmten Ansammlungszeit t den Sättigungsstrom, den man in einen Kondensator von bestimmter Form 3—4 Stunden nach Einführung der Emanation, d. h. wenn der Strom den Maximalwert erreicht hat, erhalten kann. Die Stromstärke wird mittelst eines piezoelektrischen Quarzes in Grammen pro Sekunde gemessen; sie wird auf eine Stunde reduzierter Zeit sowie auf Normaldruck und eine Temperatur von 15^0 umgerechnet. Die so erhaltene Zahl werde mit R bezeichnet. Das Gewicht des angewendeten Salzes sei p. Das Verhältnis $\frac{R}{p}$ muß bei Verwendung eines bestimmten Kondensators und eines bestimmten piezoelektrischen Quarzes konstant sein; die Kenntnis dieses Verhältnisses genügt zur Ausführung von Radiumbestimmungen.

Ein Beispiel einer derartigen Bestimmung möge hier folgen:

			R.	$\frac{R}{p}$ (Mittelwert).
Ursprüngliche Lösung, hergestellt aus 0,0245 g reinem $Ra\,Cl_2$	Hilfslösung I	Flasche *a*	5,24	$2.257.10^6$
			5,21	
			5,24	
		Flasche *b*	3,165	$2.269.10^6$
			3,17	
			3,164	
	Hilfslösung II	Flasche *c*	5,17	$2.259.10^6$
			5,11	
			5,11	
		Flasche *d*	4,55	$2.267.10^6$
			4,60	
			4,53	

Wie man sieht, ist die Übereinstimmung sehr gut, die größte Abweichung erreicht noch nicht 0,5 Prozent. Die Ansammlungszeiten betrugen 1—2 Tage.

Um einen Absolutwert zu erhalten, muß man die Konstante der verwendeten Quarzplatte kennen; diese Konstante ist bestimmt worden (siehe § 27). Man kann auf diese Weise die Intensität i des maximalen Stromes für die Emanation aus einem Gramm Salz pro Stunde reduzierter Zeit berechnen. Als Mittelwert einiger übereinstimmender Messungsreihen habe ich gefunden

$i = 2{,}00 \,.\, 10^4$ elektrostatische Einheiten pro Gramm $RaCl_2$ und pro Stunde reduzierter Zeit,

bzw.

$i = 2{,}62 \,.\, 10^4$ elektrostatische Einheiten pro Gramm Ra und pro Stunde reduzierter Zeit.

Diese Zahl wurde unter folgenden experimentellen Bedingungen erhalten: der Meßkondensator hatte die Form eines Zylinders von 12,5 cm Höhe und 6,7 cm innerem Durchmesser (Inhalt ungefähr 440 ccm). Die zentrale Elektrode war ein Stab von 3 mm

Durchmesser, der 1 cm über dem Boden endigte. Eine kleine Abweichung von diesen Dimensionen hat keine merkbare Änderung der Messungsresultate im Gefolge, so daß die angegebenen experimentellen Bedingungen ohne Schwierigkeit reproduzierbar sind. Der Sättigungsstrom wurde immer erreicht; die Potentialdifferenz zwischen den Belegungen des Kondensators betrug 800 Volt.

Radiumlösungen von bekanntem Gehalt können zur Aichung von Meßapparaten, die zur Radiumbestimmung dienen sollen, verwendet werden. Ist die Stromempfindlichkeit eines Meßapparates in absolutem Maße bekannt, so kann man auf Grund der oben angegebenen Daten Bestimmungen ohne Zuhilfenahme einer Vergleichslösung ausführen.

Die Herstellung verdünnter Vergleichslösungen ist eine schwierige Operation, die mit der größten Sorgfalt ausgeführt werden muß, damit die Bildung unlöslicher Niederschläge vermieden wird. Die Aufbewahrung solcher Lösungen scheint ebenfalls auf Schwierigkeiten zu stoßen. Es hat den Anschein, daß eine völlig klare Lösung dennoch einen Verlust an Radiumsalz erleiden kann, indem dieses vielleicht vom Glas absorbiert wird. Die Haltbarkeit der Hilfslösungen wird erhöht, wenn man ihnen eine kleine Menge eines reinen Bariumsalzes zusetzt, da das Barium das Radium bei den Reaktionen vertreten kann, die dahin führen würden, das letztere unlöslich zu machen. Solche Hilfslösungen sind monatelang unverändert haltbar und zeigen eine konstante Emanationsentwicklung.

Die Methode ist auch zur Bestimmung von Radiummengen verwendbar, die viel kleiner sind als diejenigen, die zur Aichung gedient haben. Erhöht man die Empfindlichkeit des Meßapparates und die Flüssigkeitsmenge, so kann man z. B. 10^{-9} Gramm Radium bestimmen. Ist man jedoch gezwungen, zu große Flüssigkeitsmengen zu verwenden, so wird die Methode unanwendbar, und man muß die Emanation durch Kochen austreiben; übrigens ist es dann selbst bei dieser Arbeitsweise fraglich, ob die Emanation vollständig ausgetrieben wird. Handelt es sich darum, das Radium etwa in einem Mineral zu bestimmen, so kann man, statt direkt eine Lösung des Minerals zur Messung zu verwenden, zunächst das darin enthaltene radiumhaltige Barium so vollständig wie möglich abtrennen, wodurch es dann möglich wird, das Radium in einem geringeren Lösungsvolumen zu bestimmen.

Die Theorie setzt voraus, daß die Produktion der Emanation durch das Radium konstant erfolgt. Nach den bisherigen Erfahrungen ist das unzweifelhaft der Fall, wenigstens in erster Annäherung. Die Versuche gestatten jedoch nicht, zu entscheiden, ob die aus Radiumsalzen in der Zeiteinheit entwickelte Emanationsmenge nicht mit der Zeit einer langsamen Veränderung unterliegt. Eine systematische Untersuchung wird Gewißheit in diesem Punkte liefern können, und nach dem oben Gesagten ist eine solche Untersuchung mit hinreichend großer Genauigkeit ausführbar.

Feste Radiumsalze geben bei gewöhnlicher Temperatur verhältnismäßig wenig Emanation ab; aus diesem Grunde wird ihre Aktivität nicht merklich durch Luftströme beeinflußt. P. Curie und Debierne[1]) haben gefunden, daß das Aktivierungsvermögen, d. h. die Fähigkeit, in einem geschlossenen Gefäß induzierte Radioaktivität zu erzeugen, bei einem festen Salz nur einen kleinen Bruchteil, z. B. 2,5 Prozent, vom Aktivierungsvermögen der Lösung desselben Salzes beträgt; das Aktivierungsvermögen kann als Maß der in der Zeiteinheit in dem Gefäß in Freiheit gesetzten Emanation dienen. Man kann kaum annehmen, daß die Emanationsmenge, die ein festes Salz nach außen abgibt, einen vollkommen bestimmten Wert hat, sie hängt vielmehr von verschiedenen Umständen ab, wie von der Größe der freien Oberfläche und davon, ob das Salz locker oder dicht liegt. Bei löslichen Salzen ist die Fähigkeit, Emanation nach außen abzugeben, stark vom Feuchtigkeitsgehalt der umgebenden Luft abhängig; das Salz ist um so weniger durchlässig für die Emanation, je trockner es ist. Bei unlöslichen Salzen ist dieser Einfluß nicht merklich. Wie wir sehen werden, sind Salze auch dann weniger durchlässig für Emanation, wenn sie einer starken und langen Erhitzung ausgesetzt gewesen sind.

Bringt man ein radiumhaltiges Salz in ein Vakuum, so entzieht man ihm die gesamte freie Emanation. Jedoch erleidet die Aktivität eines Radiumchlorids durch 6 Tage langes Verweilen

[1]) Curie und Debierne, Comptes rendus, 1901.

im Vakuum keine merkbare Verminderung und bleibt dauernd viel höher als die minimale Aktivität desselben Salzes, die es nach Auflösung und darauf folgender Trocknung zeigt. Die Radioaktivität des Salzes rührt also zum großen Teile von der in seinem Inneren okkludierten Emanation her, welche ihm durch Evakuieren nicht entzogen werden kann.

Ebenso wie beim Übergang aus dem festen Salze in die umgebende Luft erfährt die Radiumemanation auch einen Widerstand beim Übergang aus der festen Substanz in eine Flüssigkeit. Schüttelt man Radiumsulfat einen ganzen Tag lang mit Wasser, so ist seine Aktivität nachher nahezu dieselbe wie die einer Probe des gleichen Sulfates, die an der offenen Luft gelegen hat.

70. **Einfluß der Temperatur auf die Abgabe radioaktiver Emanationen durch feste Substanzen.** — Die Abgabe der Emanation durch feste Radiumsalze wird, wie Dorn zuerst beobachtet hat, durch Temperaturerhöhung erleichtert. Ich habe den Einfluß der Erhitzung auf Radiumsalze eingehender untersucht[1]).

Erhitzt man eine radiumhaltige Verbindung, so gibt sie Emanation ab und verliert an Aktivität. Der Verlust an Aktivität ist um so größer, je höher die Temperatur ist und je länger man ihr die Substanz aussetzt. So verliert ein radiumhaltiges Salz bei 130° in 1 Stunde 10 Prozent seiner Gesamtstrahlung, während 10 Minuten langes Erhitzen auf 400° wenig Einfluß hat. Erhitzt man einige Stunden lang zur Rotglut, so verschwinden 77 Prozent der Gesamtstrahlung.

Die durchdringende Strahlung geht beim Erhitzen stärker zurück, als die absorbierbare. So zerstört mehrere Stunden langes, sehr starkes Erhitzen ungefähr 77 Prozent der Gesamtstrahlung, aber beinahe vollständig den Anteil der Strahlung, der 3 cm Luft und 0,1 mm Aluminium zu durchdringen vermag. Erhitzt man radiumhaltiges Bariumchlorid einige Stunden lang zum Schmelzen (ca. 800°), so verschwinden 98 Prozent der Strahlung, die 0,3 mm Aluminium durchdringt. Man kann sagen, daß die durchdringende Strahlung nach langer, starker Erhitzung nahezu vollständig verschwindet. Dies kann in Beziehung zu der analogen Tatsache

[1]) M. Curie, Thèse de doctorat.

gesetzt werden, daß das Radium im Zustande der minimalen Aktivität nach vorangegangener Auflösung ebenfalls nahezu keine durchdringende Strahlung besitzt. Beide Fälle sind auf dieselbe Ursache zurückzuführen. Da die durchdringende Strahlung der die Emanation begleitenden induzierten Radioaktivität angehört, so wird sie zeitweilig vernichtet, wenn das Salz der Emanation beraubt und die zugehörige induzierte Radioaktivität erloschen ist. Die übrigbleibende absorbierbare Strahlung kann vom Radium nicht getrennt werden; sie beträgt in dem verwendeten Meßapparate ungefähr 22 Prozent der Totalstrahlung.

Hat ein radiumhaltiges Salz einen Teil seiner Aktivität durch Erhitzen verloren, so bleibt dieser Zustand nicht bestehen, sondern die Aktivität regeneriert sich bei gewöhnlicher Temperatur von selbst und strebt einem Grenzwerte zu. Ich habe die merkwürdige Beobachtung gemacht, daß dieser Grenzwert nach der Erhitzung höher liegt als vorher, wenigstens beim Chlorid, das im allgemeinen kristallwasserhaltig ist. Ein Präparat radiumhaltigen Bariumchlorids hatte z. B., nachdem es seit langer Zeit seine Endaktivität besaß, eine Totalstrahlung, die durch die Zahl 470 ausgedrückt sei. Es wurde mehrere Stunden lang zur Rotglut erhitzt; zwei Monate darauf erreichte es die Endaktivität mit einer Totalstrahlung gleich 690; die Strahlung hatte also im Verhältnis 1,45 zugenommen. Ein anderes radiumhaltiges Bariumchlorid, das eine Endaktivität von 62 zeigte, wurde mehrere Stunden lang geschmolzen gehalten und die Schmelze nach dem Erkalten gepulvert. Es nahm eine neue Endaktivität im Betrage von 140 an, d. h. das Doppelte von der, welche es erreichte, wenn es ohne stärkere Erhitzung getrocknet worden war.

Fig. 67.

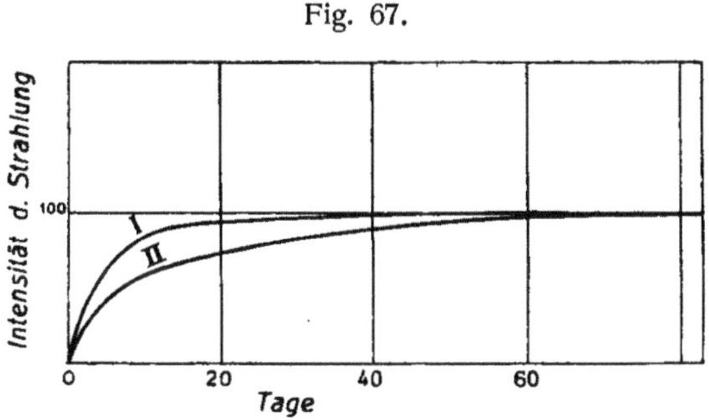

Folgende Zahlen zeigen den Gang der Zunahme der Aktivität nach der Erhitzung. Die Tabellen I und II geben die Strahlungsintensität I als Funktion der Zeit an, wobei der Grenzwert der Intensität gleich 100 gesetzt und die Zeit vom Aufhören der Erhitzung an gerechnet ist. Tabelle I (Fig. 67, Kurve I) bezieht sich auf die Totalstrahlung eines radiumhaltigen Bariumchlorids, Tabelle II (Fig. 67, Kurve II) auf die durchdringende Strahlung (Strahlung, die 3 cm Luft und 0,01 mm Aluminium durchdringt) eines radiumhaltigen Bariumsulfats. Beide Präparate wurden 7 Stunden lang auf Kirschrotglut erhitzt.

Tabelle I

Zeit in Tagen	I
0	16,2
0,6	25,4
1	27,4
2	38
3	46,3
4	54
6	67,5
10	84
24	95
57	100

Tabelle II

Zeit in Tagen	I
0	0,8
0,7	13
1	18
1,9	26,4
6	46,2
10	55,5
14	64
18	71,8
27	81
36	91
50	95,5
57	99
84	100

Die Gestalt der Kurven I und II erinnert an die Akkumulationskurve der Emanation (Fig. 64), mit der sie sich unter vollkommenen Versuchsbedingungen decken müßte.

Werden zwei Proben eines und desselben radiumhaltigen Salzes, von denen nur die eine erhitzt worden ist und dadurch eine andere Aktivität angenommen hat, mehrere Stunden lang in Lösung gehalten und dann getrocknet, so ist nachher kein Unterschied ihrer Aktivität zu bemerken.

Ein radiumhaltiges Salz, das nach vorangegangener Lösung bei sehr mäßiger Temperatur (unter 100°) getrocknet ist, besitzt immer nahezu die gleiche Fähigkeit, induzierte Aktivität zu erzeugen, läßt also immer gleich viel Emanation nach außen entweichen. Ferner ist sein Aktivierungsvermögen gleich dem einer Probe desselben Salzes, die hinreichend lange im festen Zustand gewesen ist, um die Endaktivität anzunehmen.

Bei festen radiumhaltigen Salzen wird die Fähigkeit, induzierte Radioaktivität hervorzurufen, durch Erhitzung stark beeinflußt. Während der Dauer der Erhitzung geben sie mehr Emanation nach außen ab, als bei gewöhnlicher Temperatur; aber läßt man sie dann erkalten, so ist nicht allein ihre Radioaktivität viel niedriger als die, welche sie vor der Erhitzung hatten, sondern auch ihr Aktivierungsvermögen ist beträchtlich reduziert. Während der Zeit, die auf das Erhitzen folgt, nimmt die Radioaktivität wieder zu und kann selbst den ursprünglichen Wert übersteigen; das Aktivierungsvermögen kehrt auch zum Teil zurück, jedoch nach langem Erhitzen zur Rotglut ist es zum großen Teile verschwunden und kehrt nicht mit der Zeit von selbst zurück. Man kann das ursprüngliche Aktivierungsvermögen wieder hervorrufen, wenn man das Salz in Wasser auflöst und dann bei 120° trocknet. Der Effekt des Glühens scheint also darin zu bestehen, das Salz in einen besonderen physikalischen Zustand zu bringen, in dem die Emanation viel schwieriger nach außen entweicht als bei dem ungeglühten Salze, und daraus folgt ganz von selbst, daß das Salz eine höhere Endaktivität erreichen muß, als die, die es vor der Erhitzung hatte. Um es in den ursprünglichen physikalischen Zustand zurückzuversetzen, braucht man es nur aufzulösen und unterhalb 150° zu trocknen.

Hier einige Zahlenbeispiele: Mit a werde die im Gleichgewicht durch ein radiumhaltiges Bariumkarbonat von der Aktivität 1600 im geschlossenen Gefäß auf einer Kupferplatte hervorgerufene induzierte Radioaktivität bezeichnet. Für das nichterhitzte Präparat setzen wir $a = 100$.

Man findet:

1	Tag	nach der	Erhitzung	$a = 3{,}3$
4	Tage	„ „	„	$a = 7{,}1$
10	„	„ „	„	$a = 15$
20	„	„ „	„	$a = 15$
37	„	„ „	„	$a = 15$

Die Radioaktivität des Produktes war durch die Erhitzung um 90 Prozent zurückgegangen, hatte aber schon nach Verlauf eines Monats den ursprünglichen Wert wieder angenommen.

Folgender Versuch der gleichen Art wurde mit einem radiumhaltigen Bariumchlorid von der Aktivität 3000 ausgeführt; das Aktivierungsvermögen wurde auf dieselbe Weise wie bei dem vorhergehenden Versuche bestimmt. Aktivierungsvermögen des nicht erhitzten Produktes: $a = 100$.

Aktivierungsvermögen nach dreistündigem Erhitzen auf Rotglut:

2 Tage nach der Erhitzung	$a =$ 2,3
5 „ „ „ „	$a =$ 7,0
11 „ „ „ „	$a =$ 8,2
18 „ „ „ „	$a =$ 8,2
Aktivierungsvermögen des nicht erhitzten Produktes nach Auflösung und Trocknung bei 150°	$a =$ 92
Aktivierungsvermögen des erhitzten Produktes nach Auflösung und Trocknung bei 150°	$a =$ 105

Man kann versuchen, die beim Erhitzen unter bestimmten Bedingungen in Freiheit gesetzte Emanation zu Radiumbestimmungen zu benutzen. Diese Methode hat zur Bestimmung des Radiums in den radioaktiven Mineralien Verwendung gefunden. In meinem Laboratorium sind Untersuchungen ausgeführt worden, um ihre Anwendungsbedingungen zu ermitteln. Der verwendete Apparat war ein langes, enges Quarzrohr von kleinem Volumen, das an einem Ende geschlossen war und am anderen Ende einen Dreiweghahn trug. Auf den Boden des Rohres brachte man ein Platinschiffchen mit einer kleinen Quantität radiumhaltigen Bariumchlorids. Das Quarzrohr konnte in einem elektrischen Ofen auf hohe Temperatur erhitzt werden; diese wurde mittels eines Thermoelementes gemessen. Durch besondere Versuche wurde festgestellt, daß Quarz selbst bei hoher Temperatur für Radiumemanation undurchlässig ist.

Der Versuch bestand darin, zunächst das Salz zum Schmelzen zu erhitzen und die entwickelte Emanation so vollständig wie möglich zu entfernen; zu diesem Zwecke saugte man sie in einen evakuierten Kondensator, ließ dann inaktive Luft in das Quarzrohr eintreten und saugte sie von neuem in den Kondensator. Indem man diese beiden Operationen öfters wiederholte, vermochte man die freie Emanation aus dem Rohr sehr vollständig in den Kondensator überzuführen. Dann wurde der Apparat geschlossen und eine bestimmte Zeit lang sich selbst überlassen, damit die Emanation sich von neuem in dem Salze ansammeln konnte; nach Ablauf dieser Zeit wurde das Salz wieder auf eine bekannte hohe Temperatur erhitzt und die Emanation von neuem extrahiert. Ihre Aktivität wurde durch den Sättigungsstrom gemessen, den sie drei bis vier Stunden nach der Ansaugung in dem Kondensator erzeugte.

Das Resultat war, daß die Emanationsmenge q, die aus dem Salz beim Schmelzen in Freiheit gesetzt wird, genau gleich der ist, die mit demselben Salz in derselben Zeit erhalten wird, wenn sich dieses in Lösung befindet, und wenn man die oben beschriebene Bestimmungsmethode verwendet. Es mag hervorgehoben werden, daß bei den Versuchen mit geschmolzenem Salz das Volumen desselben sehr klein war, da die angewandte Menge weniger als ein Dezigramm betrug. Folgende Zahlen mögen als Beispiel dienen:

q beim Schmelzen abgegeben	q aus der Lösung abgegeben
113	113
111	108
132	130
136	135

Eine Reihe von Versuchen wurde mit Ansammlungszeiten von ungefähr 3 Tagen durchgeführt. Das Salz wurde zunächst 2 bis 3 Stunden lang auf T^0 erhitzt und die freie Emanation entfernt; dann ließ man die Ansammlung der Emanation bei gewöhnlicher Temperatur stattfinden und erhitzte erst unmittelbar vor der Extraktion von neuem auf die Temperatur T^0, die dann wieder ebenso lange aufrecht erhalten wurde. Dann wurde die Emanation extrahiert und gemessen. Die Temperatur T ist in der ersten Kolumne der Tabelle angegeben. Die zweite Kolumne gibt die Emanationsmenge q, die auf diese Weise aus einem radiumhaltigen

Bariumchlorid erhalten wurde, auf eine Stunde Ansammlungszeit umgerechnet. Die dritte enthält dieselbe Größe q für ein radiumhaltiges Bariumsulfat, das ebensoviel Radium enthielt wie das Chlorid, mit dem die Zahlen der zweiten Kolumne erhalten wurden. In der letzten Kolumne schließlich finden sich die Werte von q für ein gelöstes Salz, das ebenfalls dieselbe Menge Radium enthielt; die Extraktion der Emanation geschah hier nach der oben erwähnten Durchlüftungsmethode.

Temp. T	q Chlorid	q Sulfat	q Lösung
1200°	113 (geschmolzen)	106 (3 Stunden erhitzt)	113
1060°	113 (geschmolzen)	59 (3 Stunden erhitzt)	
860°	71 (Erhitzungsdauer 3 St.)	4 (Erhitzungsdauer 3 St.)	
850°	72,3 (Erhitzungsdauer 3 St. 30 Min.)		
850°	56 (Erhitzungsdauer 2 St.)		
650°	32,5 (Erhitzungsdauer 2 St.)		
350°	6 (Erhitzungsdauer 2 St.)		

Wie man sieht, ist die mit dem geschmolzenen Salz erhaltene Emanationsmenge gleich der aus demselben Präparat in Lösung erhaltenen und stellt ein Maximum dar, das mit dem nichtgeschmolzenen festen Salz nicht erreicht werden konnte; selbst bei einer Temperatur von 1200° vermag das Sulfat nicht die gesamte in ihm enthaltene Emanation abzugeben; jedoch hält es nach 3 Stunden langem Erhitzen auf diese Temperatur nur einen kleinen Teil der in ihm angesammelten Emanation zurück.

Man sieht ferner, daß, wenn das Salz nicht geschmolzen war,

die in Freiheit gesetzte Emanationsmenge nicht nur von der Temperatur sondern auch von der Erhitzungsdauer abhängt.

Aus dem Gesagten ergibt sich der Schluß, daß die Methode nur dann anwendbar ist, wenn die Schmelztemperatur des radiumhaltigen Produktes erreicht wird. Diese Bedingung ist im allgemeinen bei den nach diesem Verfahren untersuchten Mineralien nicht erfüllt gewesen.

Die beschriebenen Versuche zeigen auch, daß bei gleicher Temperatur das nichtgeschmolzene Chlorid die Emanation viel leichter abgibt als das Sulfat.

Man könnte annehmen, daß die Abgabe der Emanation aus einem festen Salze auf einer Art von Diffusionsvorgang beruht, so daß der Verlust nach außen in jedem Augenblick proportional der in dem Salze angesammelten Emanationsmenge q wäre. Man könnte die Geschwindigkeit der Abgabe mit μq bezeichnen, wo μ eine Konstante ist, die mit der Temperatur wachsen müßte. Falls keine andere Erscheinung mit hineinspielte, würde sich dann für die Ansammlungsgeschwindigkeit der Emanation bei einer bestimmten Temperatur die Gleichung ergeben

$$\frac{dq}{dt} = p\Delta - \lambda p - \mu q,$$

wo p das Gewicht des in der Substanz enthaltenen Radiums, Δ die in der Zeiteinheit von einem Gramm Radium erzeugte Emanationsmenge und λ die Zerfallskonstante der Emanation ist. Unter dieser Voraussetzung würde sich ergeben

$$\left(\frac{dq}{dt}\right)_0 = p\Delta,$$

wo $\left(\frac{dq}{dt}\right)_0$ die Ansammlungsgeschwindigkeit für $t = 0$ bezeichnet, d. h. sehr kurze Zeit, nachdem dem Salz seine gesamte Emanation entzogen worden ist.

Eine genaue Untersuchung dieses Gegenstandes ist von Kolowrat[1]) ausgeführt worden, der bei verschiedenen Temperaturen die Werte $\left(\frac{dq}{dt}\right)_0$ gemessen hat. Er verjagte die Ema-

[1]) Kolowrat, Le Radium, 1907 und 1909.

nation aus dem Salze, während dieses geschmolzen war; dann stellte er eine bestimmte Temperatur T her und hielt diese 3,75 Stunden lang aufrecht; nach Ablauf dieser Zeit wurde die in Freiheit gesetzte Emanation abgesogen und gemessen. Dann wurde das Salz von neuem geschmolzen, um die darin okkludiert gebliebene Emanation zu extrahieren und zu messen. Man ermittelte also für das betreffende Salz:

1. Die Gesamtmenge der pro Stunde produzierten Emanation, welche vollständig erst bei Schmelztemperatur abgegeben wird, mit anderen Worten, die Bildungsgeschwindigkeit der Emanation, $p\Delta$;

2. Die pro Stunde bei bestimmter Temperatur unter den Versuchsbedingungen nach außen abgegebene Emanationsmenge;

3. Die Differenz dieser beiden Größen, welche gleich der in dem Salz okkludierten Emanationsmenge ist; sie gibt bei kurzen Ansammlungszeiten auch den Wert der Größe $\left(\frac{dq}{dt}\right)_0$ an.

Es ergibt sich, daß $\left(\frac{dq}{dt}\right)_0$ nicht unabhängig von der Temperatur T ist, sondern vielmehr eine Funktion derselben; es nimmt zunächst ab, wenn die Temperatur steigt; und nur bei gewöhnlicher Temperatur ist die Beziehung $\left(\frac{dq}{dt}\right)_0 = p\Delta$ gültig. Mit steigender Temperatur nimmt die Differenz

$$\pi = p\Delta - \left(\frac{dq}{dt}\right)_0$$

zu; sie bildet ein Maß für die Emanation, die durch einen anderen Prozeß als die Diffusion nach außen abgegeben wird.

Die Abhängigkeit der Differenz π von T ist aus der Fig. 68 ersichtlich. Für radiumhaltiges Bariumchlorid bleibt π bis zu ungefähr 350° nahezu gleich null; von dieser Temperatur an nimmt es rasch zu, bis 830°; dann tritt eine Störung ein, die eine Verminderung von π zur Folge hat und bis zu einem Minimum bei 900° andauert; auf dieses Minimum folgt ein neues rasches Ansteigen bis zur Schmelztemperatur 950°; hier wird $\pi = p\Delta$, d. h. die Emanation wird von dem geschmolzenen Salze vollständig nach außen abgegeben. Man kann annehmen, daß die Unregelmäßigkeit in der Nähe von 900° die Folge einer molekularen Umlagerung des Salzes ist, die bei dieser Temperatur einzutreten scheint.

Analoge Resultate ergeben sich mit radiumhaltigem Bariumfluorid; jedoch nimmt in diesem Falle π erst bei 600° einen merkbaren Betrag an. Die Kurve, die sich auf das Fluorid bezieht, zeigt einen ähnlichen Gang wie die für das Chlorid.

Die Emanation kann also von dem Salz auch auf andere Weise als durch Diffusion abgegeben werden; diese Abgabe, die mit der

Fig. 68.

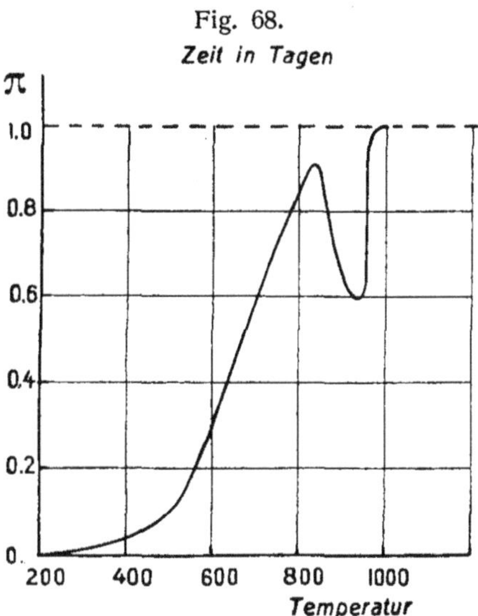

Temperatur zunimmt, hängt nicht von der vorhandenen Emanationsmenge, sondern nur von der Menge des Radiums ab; es existiert also eine Art von Emissionsvermögen, das eine Funktion der Temperatur ist. Zu seiner Erklärung könnte man die Annahme machen, daß Teilchen der Emanation von den Schichten des Salzes, aus denen sie leicht nach außen gelangen können, fortgeschleudert werden.

Die Kurven der Fig. 69 zeigen, nach welchem Gesetz die Emanation durch das Salz absorbiert oder okkludiert wird, wenn dieses 28 Stunden lang auf einer gegebenen Temperatur T erhalten wird. Einige andere Versuche wurden über mehrere Tage ausgedehnt. Die zu verschiedenen Werten von T gehörigen Kurven können sich sowohl durch den Neigungswinkel der Tangente am Anfangspunkt, d. h. den Wert von $\left(\frac{dq}{dt}\right)_0$, als auch durch den Grenzwert von q, d. h. q_∞, unterscheiden. Eine Unregelmäßigkeit im Verlauf der Kurven tritt infolge der abnormen Veränderung von $\left(\frac{dq}{dt}\right)_0$ in der Nähe von 900° ein. Die oberste Kurve stellt das theoretische Ansammlungsgesetz dar, für den Fall, daß die Emanation vollständig absorbiert bleibt.

Fig. 69.

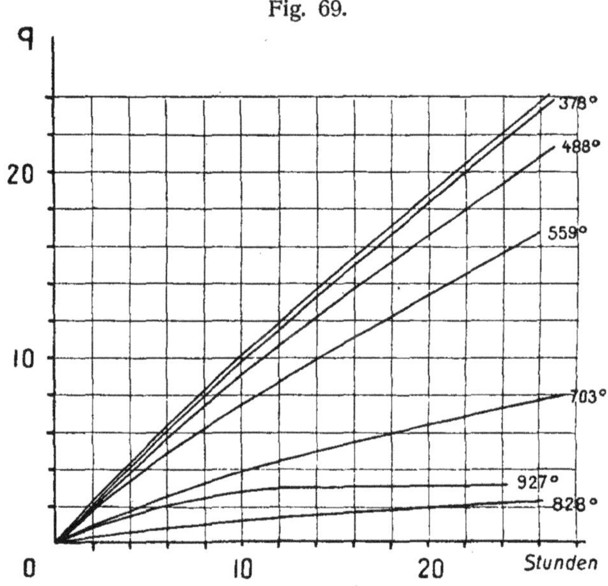

Man kann versuchen, die Beziehung zwischen q und t in folgende Form zu fassen

$$\frac{dq}{dt} = p(\varDelta - a) - \lambda q - \mu q,$$

wo a eine von der Zeit und von q unabhängige Größe darstellt, die aber von T abhängt. Man würde dann weiter haben

$$q = q_\infty \left[1 - e^{-(\lambda+\mu)t}\right]$$

mit

$$q_\infty = \frac{p(\varDelta - a)}{\lambda + \mu}.$$

Aus den Versuchen scheint zu folgen, daß der Koeffizient μ erst bei hoher Temperatur (wahrscheinlich oberhalb 800°) einen merklichen Wert annimmt, so daß bei mittleren Temperaturen der Verlust an Emanation unabhängig von q sein und hauptsächlich von einer Art Emission herrühren würde, deren Natur noch nicht erkannt ist.

Läßt man die Emanation sich bei einer verhältnismäßig niedrigen Temperatur T_1 ansammeln und steigert die Temperatur dann schnell bis zum Werte T_2, so erfolgt eine plötzliche Abgabe von Emanation. Entgegen dem, was man erwarten sollte, ist die Menge der dabei abgegebenen Emanation nicht gleich dem Über-

Fig. 70.

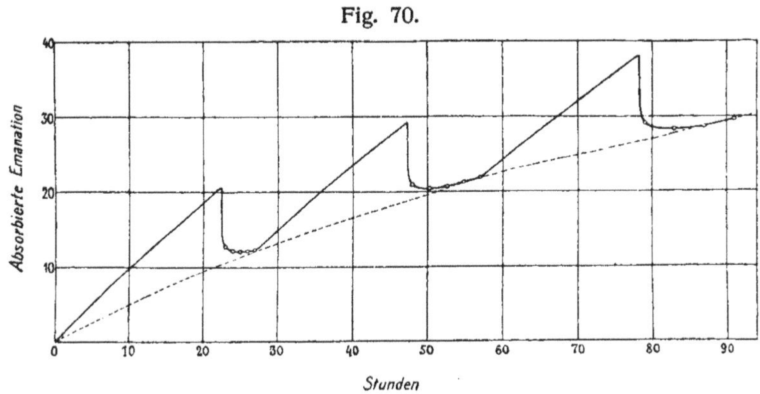

schuß der vorhandenen Menge über diejenige, die bei der Temperatur T_2 im Gleichgewicht mit dem Salz sein würde, sondern vielmehr gleich dem Überschuß der vorhandenen über diejenige Menge, die sich in derselben Zeit bei der Temperatur T_2 angesammelt haben würde. Die Resultate verschiedener derartiger Versuche sind in Fig. 70 dargestellt. Die Ansammlung findet bei gewöhnlicher Temperatur statt; nach bestimmter Zeit (ungefähr 20 Stunden) erhitzt man einige Stunden lang auf 729⁰ und entfernt die freie Emanation in kurzen Zeitintervallen; dann läßt man das Salz wieder gewöhnliche Temperatur annehmen. Man kann so die in einem gegebenen Moment in ihm enthaltene Emanationsmenge berechnen und durch eine Kurve als Funktion der Zeit darstellen. Wie man sieht, zeigt diese Kurve Schwankungen; die absorbierte Menge geht durch ein Minimum und wächst dann nach einem Gesetz, das sich dem Ansammlungsgesetz für die Temperatur 729⁰ nähert. Letzteres ist in der Figur durch die punktierte Linie bezeichnet. Die bei einer Temperatur T nach einer Zeit t absorbierte Menge ist also die gleiche, ob die Temperatur T vom Anfang der Ansammlung an geherrscht hat, oder ob man die Ansammlung zunächst in der Kälte hat erfolgen lassen und dann hinreichend lange auf die Temperatur T erhitzt hat.

Zur Deutung dieses Verhaltens hat Kolowrat folgende Hypothese vorgeschlagen: Die während einer gegebenen Zeit gebildeten Moleküle der Emanation können teilweise von dem Salz absorbiert werden, aber nicht alle Moleküle werden gleich stark festgehalten. Diejenigen, welche energischer festgehalten werden, können erst bei höherer Temperatur nach außen entweichen. Die Anzahl der Moleküle, die bei einer gegebenen Temperatur in Freiheit gesetzt zu werden vermögen, bildet einen bestimmten Bruchteil der sämtlichen pro Zeiteinheit entstandenen Moleküle; dieser Bruchteil wächst mit der Temperatur und wird beim Schmelzpunkt gleich 1. Eine plötzliche Temperatursteigerung bewirkt, daß die sämtlichen Moleküle in Freiheit gesetzt werden, die in dem Salze mit geringerer Kohäsionskraft festgehalten wurden, als der gesteigerten Temperatur entspricht.

Gemäß dieser Theorie muß das Gesetz der Ansammlung bei konstanter Temperatur die Form $q = q_\infty (1 - e^{-\lambda t})$ zeigen, wo λ die Zerfallskonstante der Emanation und q_∞ die Menge der Emanation bedeutet, die im Gleichgewichtszustand absorbiert bleibt, und die um so kleiner wird, je höher die Temperatur ist.

Der Versuch zeigt, daß die einmal abgegebene Emanation nicht wieder merklich von dem Salze absorbiert wird, selbst wenn man dessen Temperatur erniedrigt.

Vergleicht man verschiedene Portionen eines und desselben radiumhaltigen Salzes in gleichen Mengen, die infolgedessen nach gleichen Ansammlungszeiten beim Schmelzen gleiche Emanationsmengen abgeben, so zeigt sich, daß der Bruchteil der Emanation, der unter gleichen Bedingungen bei einer bestimmten Temperatur abgegeben wird, von einer Portion zur anderen Unterschiede zeigen kann, also vom physikalischen Zustand des Salzes und vielleicht auch von der Anwesenheit von Verunreinigungen abhängt. Es läßt sich auch denken, daß in gewissem Grade eine Nachwirkung der Erhitzung vorhanden sein könne. Jede einzelne

Portion des Salzes gibt sehr gleichmäßige Resultate, wenn man sie vor jedem Versuch wieder schmilzt.

Die Thoriumemanation wird bei gewöhnlicher Temperatur von festen Substanzen verhältnismäßig leicht abgegeben; aus diesem Grunde wird die Aktivität der Salze durch Luftströmungen stark beeinflußt.

Der allgemeine Charakter der Erzeugung und der Abgabe nach außen ist bei der Thoriumemanation der gleiche wie bei der Radiumemanation. Im besonderen haben Auflösung und Erhitzung einen ähnlichen Effekt.

Rutherford und Soddy[1]) haben die Emanationsentwicklung aus verschiedenen festen Thoriumverbindungen unter bestimmten Bedingungen untersucht, indem sie die von einem bekannten Gewicht der in einem flachen Gefäß befindlichen Substanz erzeugte Emanation durch einen Luftstrom von bekannter Geschwindigkeit in einen Meßkondensator überführten. Nach 10 Minuten wurde ein stationärer Zustand erreicht. Bei den von ihnen benutzten Geschwindigkeiten des Luftstromes zeigte sich der Sättigungsstrom proportional dem Gewicht der angewandten Substanz bis zu 20 Gramm. Das Ergebnis der Untersuchung war, daß die Fähigkeit der Thoriumverbindungen, Emanation nach außen abzugeben, in sehr weiten Grenzen schwankt. Thoriumhydroxyd gibt z. B. bei gleichem Gewicht 2—3 mal soviel Emanation ab als käufliches Thoriumoxyd. Festes Thoriumnitrat gibt nur $^1/_{200}$ der von einem gleichen Gewicht Thoriumoxyd gelieferten Emanation ab. Verschiedene Proben des Karbonats zeigten je nach ihrer Darstellungsart sehr verschiedenes Verhalten.

Die Abgabe der Emanation durch Thoriumoxyd findet in feuchten Gasen 2—3 mal leichter statt als in trockenen.

Durch Temperaturerhöhung wird die Emanationsabgabe begünstigt[2]). Erhitzt man Thoriumoxyd in einem Platinrohr zur Rotglut, so gibt es 3—4 mal soviel Emanation ab als in der Kälte. Solange man die Temperatur konstant erhält, behält die Geschwindigkeit der Abgabe diesen erhöhten Wert; sie sinkt nach der

---

[1]) Rutherford und Soddy, Phil. Mag.. 1902.

[2]) Rutherford, Phys. Zeitschr. 2, 42, 1901.

Abkühlung wieder auf den ursprünglichen Betrag. War jedoch das Produkt bis zur Weißglut erhitzt gewesen, so wird sein Vermögen, Emanation abzugeben, stark reduziert und beträgt nach der Abkühlung nur ein Zehntel des ursprünglichen Wertes. Ein Produkt in diesem Zustande wird von Rutherford „entemaniert" genannt[1]).

Die Fähigkeit des Thoriumoxyds, Emanation abzugeben, ist bei der Temperatur der festen Kohlensäure zehnmal kleiner als bei gewöhnlicher Temperatur; sie nimmt durch Erwärmung wieder den ursprünglichen Wert an.

Der Effekt von Temperaturänderungen ist umkehrbar, solange man die Temperatur der Entemanierung nicht erreicht. War diese überschritten, so kann man den Einfluß der Erhitzung wieder rückgängig machen, indem man das Produkt auflöst. Er besteht also, wie bei den Radiumsalzen, in einer physikalischen Veränderung der Substanz, durch die sie weniger durchlässig für Emanation wird; die Fähigkeit, diese zu produzieren, wird jedoch nicht verändert.

Auflösung erleichtert die Abgabe der Thoriumemanation. Gelöstes Thoriumnitrat entwickelt 3—4 mal soviel Emanation wie die entsprechende Menge Thoriumoxyd. Löst man eine bestimmte Menge Thoriumnitrat schnell in heißem Wasser auf, so wird die in dem Salz angesammelte Emanation in Freiheit gesetzt und kann durch einen raschen Luftstrom, der 25 Sekunden lang durch die Lösung hindurchgeht, in einen Meßapparat gebracht werden. Der Ionisationsstrom wird sofort gemessen; dann wird die Lösung 10 Minuten lang sich selbst überlassen. Nach Verlauf dieser Zeit ist das Gleichgewicht zwischen Erzeugung und Zerfall der Emanation erreicht; man mißt dann die angesammelte Emanation in genau derselben Weise wie vorher. Man findet, daß die Emanation, die sich im Gleichgewicht über dem gelösten Salz ansammelt, denselben Strom hervorbringt wie diejenige, die sich in dem festen Salze angesammelt hatte. Das war vorauszusehen, falls die Produktionsgeschwindigkeit der Emanation im festen Salz und in der Lösung die gleiche ist, und falls das feste Salz keine Emanation

---

[1]) Rutherford, Die Radioaktivität. Deutsche Ausg., S. 266.

nach außen abgibt, eine Bedingung, die für das Nitrat annähernd erfüllt ist[1]).

Festes Thoriumnitrat muß im Gleichgewichtszustand eine Emanationsmenge enthalten, die man berechnen kann, wenn man konstante Produktionsgeschwindigkeit und einen Zerfall nach dem charakteristischen Exponentialgesetz voraussetzt. Es ergibt sich dann für diese Menge q_∞

$$q_\infty = \frac{p\Delta}{\lambda}.$$

wo Δ die pro Sekunde von einem Gramm Thorium erzeugte Emanationsmenge, p das angewandte Thorium in Grammen und λ die Zerfallskonstante der Emanation bedeutet. Man findet

$$q_\infty = 87\, p\Delta;$$

die im Endzustand vorhandene Menge ist also 87 mal größer als die pro Sekunde entstehende.

Über die Abgabe der Aktiniumemanation liegen erst wenige Versuche vor. Es ist jedoch bekannt, daß sie bei festen Verbindungen schon bei gewöhnlicher Temperatur sehr leicht erfolgt, und daß deren Aktivität deshalb stark empfindlich gegen Luftströme ist. Das Hydroxyd gibt die Emanation am leichtesten ab, das Oxalat in viel geringerem Grade.

Die oben beschriebenen Verdichtungsversuche (§ 65) zeigen, daß die Abgabe von Emanation aus festen Aktiniumverbindungen durch tiefe Temperatur verhindert wird. Sie beginnt erst bei — 140° merklich zu werden und steigt dann mit der Temperatur schnell an, bis über + 120° hinaus. Die Kurve, die diesen Vorgang darstellt (Fig. 61), erinnert in ihrer Gestalt an diejenige, welche die Abgabe der Emanation durch Radiumsalze als Funktion der Temperatur angibt (Fig. 68), abgesehen davon, daß die auf das Aktinium bezügliche Kurve die bei Radiumsalzen beobachtete Unregelmäßigkeit nicht zeigt. Das Aktinium befindet sich, was seine Durchlässigkeit für Emanation betrifft, bei — 140° offenbar in ähnlichem Zustande wie das Radiumchlorid bei 350°.

Wie wir gesehen haben, erfolgt die Abgabe der Emanation bei gewöhnlicher Temperatur bei radiumhaltigen Bariumsalzen schwer, dagegen verhältnismäßig leicht bei Thoriumverbindungen

[1]) Rutherford, Radioactivity. 1901. (Deutsche Ausg. S. 271, 1906.)

und aktiniumhaltigen Substanzen. Es ist nun ein Unterschied in der Natur der in beiden Fällen in Betracht kommenden Substanzen vorhanden. Das Radium befindet sich im allgemeinen in verdünntem Zustande in den Bariumsalzen, das Aktinium spurenweise in den seltenen Erden, und das Thorium X, die Quelle der Thoriumemanation, in verdünntem Zustand in den Thoriumverbindungen verteilt. Man kann also schließen, daß die größere oder geringere Leichtigkeit, mit der die Emanationen abgegeben werden, von der Natur der Substanzen, innerhalb deren sie sich bilden, in höherem Maße abhängt, als von der Natur der Emanationen selbst. Diese Anschauungsweise findet ihre Bestätigung in neueren Untersuchungen[1]) über die Abgabe der Emanation aus verschiedenen unlöslichen Verbindungen, welche Spuren von Radium enthalten. Zu einer Lösung, die ein Salz des zur Untersuchung gewählten Metalles enthielt, wurde eine Lösung einer bekannten, sehr kleinen Menge Radium zugegeben, dann wurde das Metall in Form eines unlöslichen Salzes oder Hydroxyds ausgefällt. Der Niederschlag riß das Radium zum größeren oder geringeren Teile mit; sehr vollständig fällt das Radium mit einem Niederschlag von Eisen- oder Uranhydroxyd aus, während die Hydroxyde des Thoriums, Didyms und Aluminiums nur einen kleinen Bruchteil mitreißen. Die Fällung wurde abfiltriert und bei 120° getrocknet; dann wurde sowohl die aus der Flüssigkeit, wie die aus dem Niederschlag entwickelte Emanation nach einer Ansammlungszeit von 20 Stunden gemessen. Es ergab sich, daß bei den festen Barium- und Bleisalzen die abgegebene Emanation nur ungefähr 3 Prozent der angesammelten beträgt, während von anderen Verbindungen viel mehr abgegeben wird. Folgende Tabelle zeigt das Verhältnis der abgegebenen zu der angesammelten Emanationsmenge für einige der untersuchten Verbindungen.

Eisenhydroxyd	0,29
Uranhydroxyd	0,20
Bariumhydroxyd	0,035
Didymfluorid	0,20
Bariumfluorid	0,05

[1]) Herszfinkel, Comptes rendus, 1909.

Eisenchromat	0,34
Bariumchromat	0,045
Bleisulfat	0,033
Bariumsulfat	0,028

Bei den Versuchen mit Radiumemanation wird diese im allgemeinen von Lösungen geliefert; in gewissen Fällen kann das von Nachteil sein. Dann verwendet man das Radium vorteilhaft im Gemenge mit festen, für Emanation durchlässigen Substanzen (Eisen- oder Uranhydroxyd, Eisenchromat, Didymfluorid), da man auch auf diese Weise bei gewöhnlicher Temperatur einen großen Bruchteil der angesammelten Emanation gewinnen kann.

71. **Die Emanationen sind materielle Gase. Isolierung der Radiumemanation in reinem Zustand. Messung des Volumens.** — Wie wir gesehen haben, verhalten sich die radioaktiven Emanationen in vielen Punkten wie Gase; jedoch äußerte sich bei den bisher beschriebenen Versuchen die Anwesenheit einer Emanation nur durch ihre radioaktiven Eigenschaften. Um zu beweisen, daß die Emanationen wirklich Gase sind, kann man versuchen, sie zu isolieren, ihr Volumen unter bekanntem Druck zu messen und ein charakteristisches Spektrum zu beobachten. Derartige Versuche sind von großer Wichtigkeit. Gelingt nämlich ein einwandfreier Beweis, daß die Radioaktivität im Falle der Emanationen an materielle Gase wohl definierter Natur geknüpft ist, so ist damit gleichzeitig bewiesen, daß diese Gase nicht beständig sind, sondern einen spontanen Zerfall erleiden.

Die Ansicht, daß die Emanationen materielle Gase seien, ist von Rutherford und Soddy sofort nach ihrer Entdeckung ausgesprochen worden, als ihre Eigenschaften noch wenig bekannt waren. Die Erfahrung hat diese Ansicht in allen Punkten bestätigt, und die neueren Untersuchungen über die Radiumemanation sind geeignet, sie definitiv zu beweisen. Von den drei Emanationen ist übrigens die Radiumemanation die einzige, deren Beständigkeit groß genug ist, um an ihre Isolierung denken zu können; die Emanationen des Thoriums und Aktiniums zerfallen so schnell, daß es nicht möglich ist, sie in größerer Menge zu sammeln.

Die Radiumemanation ist in den Gasen enthalten, die beständig von festen oder gelösten Radiumsalzen abgegeben werden. Eine Radiumlösung von hinreichend großer Konzentration zeigt eine andauernde sichtbare Gasentwicklung, wasgleich im Anfang von Giesel[1]) beobachtet worden ist; die entwickelten Gase sind hauptsächlich Sauerstoff und Wasserstoff, und zwar ist die Zusammensetzung der Mischung annähernd die des Knallgases. Man kann also annehmen, daß durch die Wirkung des Radiums das Wasser zerlegt wird; jedoch ist im allgemeinen ein Überschuß an Wasserstoff vorhanden. Ein nicht vollkommen von Wasser befreites festes Radiumsalz entwickelt ebenfalls Gase, die in dem Salz okkludiert bleiben und beim Auflösen oder Schmelzen entweichen; auch in diesem Falle erhält man Sauerstoff und Wasserstoff mit einem Überschuß des letzteren. Ferner finden sich in den abgegebenen Gasen im allgemeinen geringe Mengen Kohlendioxyd und Spuren von Helium. Dieses letztere bildet sich in Gegenwart von Radium kontinuierlich, was Ramsay und Soddy[2]) in einer äußerst wichtigen Untersuchung, deren Resultate oftmals bestätigt worden sind, entdeckt haben.

Die Gasentwicklung aus einer Lösung von Radiumbromid oder -chlorid beträgt ungefähr 0,4 ccm pro Gramm Radium und pro Stunde.

Die ersten auf die Isolierung der Radiumemanation hinzielenden Versuche sind von Ramsay und Soddy[3]) ausgeführt worden. Die Emanation, die sich nebst anderen Gasen über einer Lösung von 60 Milligramm Radiumbromid angesammelt hatte, wurde in ein Eudiometer F übergeführt, in dem man eine Explosion bewirkte (Fig. 71). Der Überschuß an Wasserstoff, der die Emanation enthielt, wurde in Berührung mit Ätznatron gebracht, um die Spuren von Kohlensäure zu absorbieren. Dann wurde der übrige Teil des Apparates vollkommen evakuiert; worauf man den Wasserstoff mit der Emanation durch ein mit Phosphorpentoxyd gefülltes Rohr D eintreten ließ. Das Kapillar-

---

[1]) Giesel, Ber. d. Deutschen Chem. Ges., 36, 347. 1903.

[2]) Ramsay und Soddy, Phys. Zeitschr., 1903.

[3]) Ramsay und Soddy, Proc. Roy. Soc., 1904.

rohr A wurde sodann mit flüssiger Luft umgeben, um die Emanation darin zu verdichten; das Fortschreiten der Verdichtung konnte man verfolgen, indem man das Leuchten des Glases in Berührung mit der Emanation beobachtete. Dann ließ man das Quecksilber bis zum Niveau G steigen und stellte mittels des Hahnes C ein vollkommenes Vakuum her; nach Schließung des Hahnes entfernte man die flüssige Luft und ließ das Quecksilber steigen, so daß die Emanation in den kapillaren Teil des

Fig. 71.

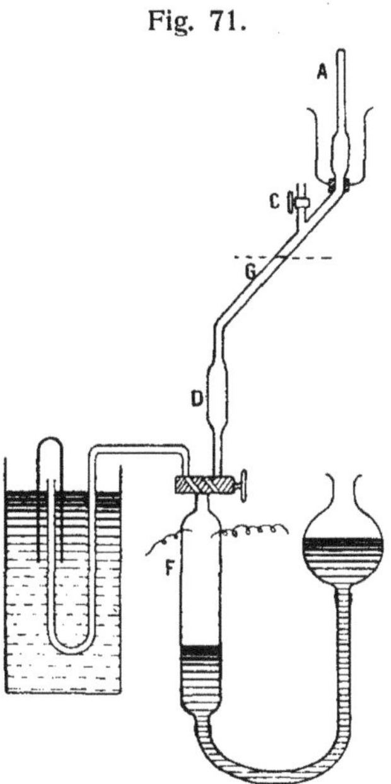

Rohres A gedrängt wurde. Dann maß man ihr Volumen als Funktion der Zeit und versuchte ihr Spektrum zu erzeugen, indem man mittels in dem Rohre angebrachter Elektroden eine Entladung hindurchgehen ließ.

Bei einem Versuch wurde auf diese Weise das Volumen zu 0,124 mm^3 unter Atmosphärendruck ermittelt; die leuchtende Gasblase wurde immer kleiner und verschwand in einem Monat fast vollständig. Bei einem anderen Versuch ergab sich das Volumen zu 0,025 mm^3 unter Atmosphärendruck, diesmal aber nahm es zu und wurde in 23 Tagen zehnmal größer; dabei war in dem Rohr die Anwesenheit von Helium aus seinem glänzenden Spektrum zu erkennen.

Ramsay und Soddy schlossen aus ihren Versuchen, daß die Emanation ein Gas ist, welches dem Gesetz von Boyle-Mariotte gehorcht, und daß das Volumen der mit einem Gramm Radium in Gleichgewicht stehenden Emanation unter Normaldruck und bei gewöhnlicher Temperatur ungefähr 1 mm^3 beträgt.

Die Volumenbestimmung der Emanation ist mit Schwierigkeiten verbunden, einesteils wegen der Unsicherheit in Betreff der Reinheit des Gases, andernteils wegen der unregelmäßigen Veränderung des beobachteten Volumens. Was diesen letzteren Punkt betrifft, so weiß man jetzt, daß in Gegenwart von Emanation Helium entsteht; infolgedessen müßte sich das Gasvolumen vermehren, während andererseits der Zerfall der Emanation eine Verminderung herbeizuführen strebt. Nach der jetzt herrschenden Theorie müßte das Endvolumen größer als das Anfangsvolumen sein. Nach dieser Theorie ist das Helium eins der Zerfallsprodukte der Emanation; es nimmt seinen Ursprung bei der Ausstoßung materieller Teilchen aus der Emanation und der sie begleitenden induzierten Radioaktivität; diese Teilchen, aus welchen die α-Strahlen bestehen, sind elektrisch geladene Heliumatome. Infolge der großen Geschwindigkeit, mit der sie ausgeschleudert werden, können sie in die Wände des Gefäßes eindringen und von diesen absorbiert werden. Die Art, in welcher sich das Gasvolumen verändert, hängt davon ab, wieviel Helium absorbiert wird, und dies wieder ist von sehr verschiedenen Umständen abhängig, wie von der Form des Rohres, der Beschaffenheit der Wände u. a. m. Ramsay hat übrigens gezeigt, daß unter gewöhnlichen Umständen Helium von Glas nicht merklich absorbiert wird; die Absorption ist also eine Folge der großen Geschwindigkeit der Teilchen.

Später erhielten Ramsay und Cameron[1]) bei der Messung des Volumens der Emanation andere Resultate. Sie wandten 0,0877 Gramm Radium an. Das aus der Lösung, die eine kleine Menge unlöslichen Salzes enthielt, gewonnene Gas wurde

---

[1]) Ramsay und Cameron, Proc. Chem. Soc. Lond., 1907.

einer Explosion unterworfen und über Phosphorpentoxyd getrocknet; sodann wurde die Emanation bei der Temperatur der flüssigen Luft verdichtet und der Überschuß des Wasserstoffs, der bei der Emanation geblieben war, durch Evakuieren entfernt. Während des Evakuierens entweicht immer auch etwas Emanation, was man aus dem Leuchten der Rohre erkennen kann. Aus diesem Grunde kann das Volumen der Emanation, die einer gegebenen Menge Radium entspricht, nicht mit voller Sicherheit bestimmt werden; evakuiert man nicht genügend, so bleibt Wasserstoff zurück; evakuiert man dagegen zu lange, so geht eine merkliche Menge Emanation verloren.

Die Versuche bestätigten, daß die Emanation dem Gesetz von Boyle gehorcht, wenn man die Messungen schnell ausführt und der Druck zwischen 20 mm und 200 mm Quecksilber, das Volumen zwischen ungefähr 1 mm^3 und 10 mm^3 variiert. Das Anfangsvolumen der Emanation war schwer zu bestimmen. In der ersten Stunde nach der Isolierung war im allgemeinen eine ziemlich schnelle Kontraktion zu beobachten, infolge deren das Volumen auf die Hälfte zurückging; dann blieb es bei manchen Versuchen konstant, bei anderen veränderte es sich, ohne daß eine allgemein gültige Gesetzmäßigkeit sich hätte erkennen lassen. Manchmal folgte die Volumverminderung dem Zerfallsgesetz der Emanation. Das Anfangsvolumen der in ungefähr 4 Tagen produzierten Emanation schwankte zwischen 0,182 mm^3 und 0,337 mm^3. Ramsay und Cameron sahen die größte Zahl als die genaueste an und nahmen für das Volumen der Emanation, die sich im Gleichgewicht mit einem Gramm Radium befindet, den Wert von 7 mm^3 unter Normaldruck an. Diese Zahl war viel höher als die früher erhaltene.

Das Volumen der Emanation, die im radioaktiven Gleichgewicht mit einem Gramm Radium steht, ist eine wichtige Konstante, die in direkter Beziehung zur Zerfallsgeschwindigkeit des Radiums steht. Denn wenn die Emanation auf Kosten des Radiums entsteht, so verschwindet dieses um so schneller, je schneller die Bildung der Emanation erfolgt; andererseits ist die im Gleichgewicht vorhandene Emanationsmenge proportional ihrer Bildungsgeschwindigkeit. Es ist sogar möglich, mit Hilfe gewisser Hypothesen die mittlere Lebensdauer des Radiums aus der Produktionsgeschwindigkeit der Emanation numerisch zu berechnen. Die Kenntnis dieser letzteren bietet also großes Interesse. Versuche, das Volumen der Emanation so genau wie möglich zu messen, sind von Rutherford, von Debierne und von Ramsay und Gray unternommen worden.

Rutherford[1]) verwandte 0,25 Gramm Radium. Die entwickelten Gase wurden in dem Reservoir C (Fig. 72) zur Explosion gebracht; nachdem dann der obere Teil des Apparates

Fig. 72.

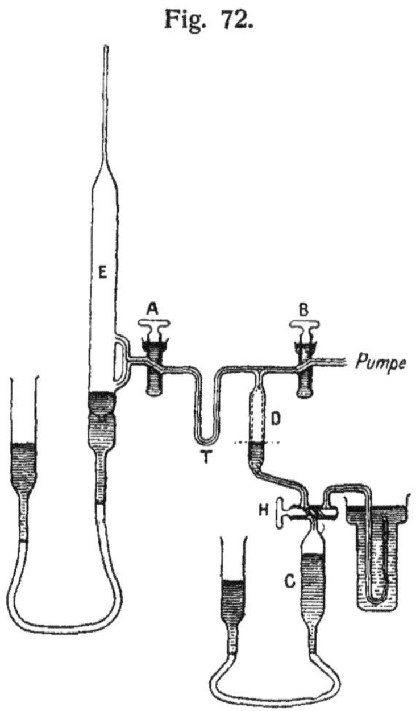

evakuiert war, wurde der Gasrest in das Reservoir D gedrückt, wo er zur Absorption des Wassers und des Kohlendioxyds in Berührung mit Kali gelassen wurde; dann wurde das U-Rohr T in ein Kältebad getaucht, um die Emanation zu verdichten, und mittels des Hahnes B ein Vakuum hergestellt. Die Emanation wurde nun durch den Hahn A in das vollkommen evakuierte Gefäß E übergeführt und in den kapillaren Teil desselben gedrückt, wo ihr

---

[1]) Rutherford, Phil. Mag., 1908.

Volumen gemessen wurde. Die Reinheit der Emanation wurde durch das Spektrum kontrolliert, das mittels außen an dem Kapillarrohr angebrachter Elektroden erzeugt wurde.

Das Spektrum zeigte das hartnäckige Festhaften von Spuren von Kohlendioxyd an. Um die kohlenstoffhaltigen Gase zu entfernen, war es nötig, die vom Wasserstoff befreite Emanation lange Zeit in Berührung mit Kali zu lassen und den Raum über der verdichteten Emanation bei einer Temperatur, die in der Mitte zwischen der der flüssigen Luft und der Verdichtungstemperatur lag, zu evakuieren.

Die Angabe von Ramsay, daß die Emanation dem Gesetz von Boyle folgt, wurde durch die Versuche bestätigt. Die Änderung des Volumens während der Zeit, in der sich die Emanation in dem Kapillarrohr befindet, verläuft bei den verschiedenen Versuchen nicht immer in genau gleicher Weise; manchmal beginnt das Volumen sofort zuzunehmen; bei anderen Versuchen zeigt sich zunächst eine Kontraktion, und nach Erreichung eines Minimums folgt im allgemeinen wieder eine Zunahme. Rutherford hat angenommen, daß man das Minimum des Volumens als den richtigen Wert ansehen muß; dieses Minimum tritt weniger als einen Tag nach Beginn der Beobachtungen ein.

Um das gemessene Volumen einer bestimmten Radiummenge zuordnen zu können, wurde die durchdringende Strahlung des Rohres, welches die Emanation im Gleichgewicht mit der von ihr erzeugten induzierten Radioaktivität enthielt, mit der durchdringenden Strahlung eines Gefäßes verglichen, in dem sich eine bekannte Menge Radium im Gleichgewicht mit Emanation und induzierter Radioaktivität befand. Die durchdringende Strahlung der induzierten Radioaktivität bildet ein Maß der entsprechenden Radiummenge. Durch dieses Verfahren wird die Unsicherheit eliminiert, die infolge der verschiedenen mit dem Gasgemisch vorgenommenen Operationen den Messungen anhaftet. Rutherford fand auf diese Weise für das Volumen der Emanation, die im Gleichgewicht mit einem Gramm Radium steht, ungefähr 0,6 mm^3 als Mittelwert der drei folgenden Zahlen, die bei drei verschiedenen Versuchen gefunden wurden und auf Normaldruck reduziert sind:

0,59 mm^3 0,66 mm^3 0,58 mm^3.

Rutherford hat darauf hingewiesen, daß die Radiumemanation von der Rohrwandung sehr schnell absorbiert wird, wenn man zur Erzeugung des Spektrums eine elektrische Entladung hindurchgehen läßt. Deshalb muß das Volumen der Emanation vorher gemessen werden.

Die Versuchsanordnung von Debierne[1]) ist etwas verschieden von der von Ramsay und Rutherford gebrauchten. Sie besteht darin, die Emanation und das Helium aus dem Gasgemisch zu isolieren, indem die anderen Gase durch geeignete

Fig. 73.

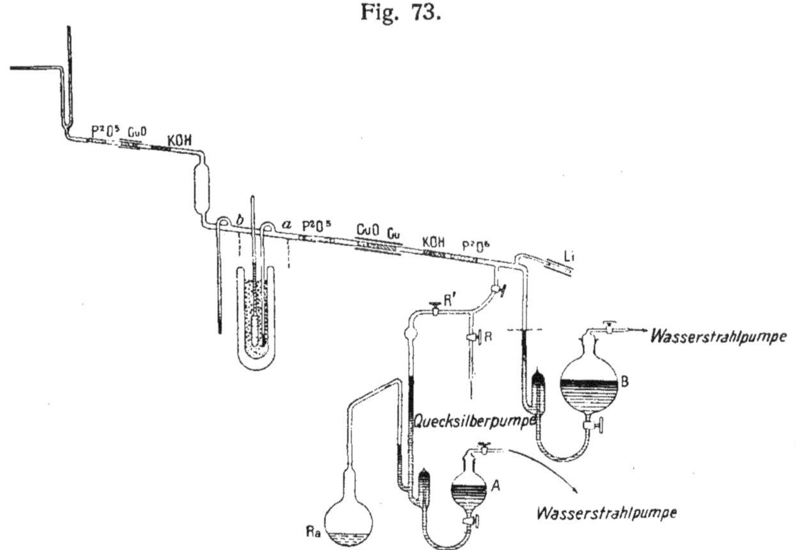

Mittel absorbiert werden. Der Sauerstoff wird durch Kupfer gebunden, der Wasserstoff und die kohlenstoffhaltigen Gase durch Kupferoxyd zu Wasserdampf und Kohlensäure verbrannt; der Wasserdampf wird dann durch Phosphorpentoxyd, die Kohlensäure durch geschmolzenes Kali, der Stickstoff endlich durch gelinde erhitztes Lithium absorbiert. Die Emanation wird vom Helium durch Kondensation mittels flüssiger Luft getrennt. Um eine fraktionierte Verdichtung zu erzielen und die bei verschiedenen

[1]) Debierne, Comptes rendus, Mai 1904.

Temperaturen verdichteten Gase sowie das nicht verdichtete Helium einzeln beobachten zu können, wurde eine besondere Apparatur benutzt. Nach der Reinigung kommen die Emanation und das Helium keinen Augenblick mehr in Berührung mit Hähnen, da das Hahnfett von der Emanation angegriffen wird und kohlenstoffhaltige Gase abgibt.

Der Apparat ist in Fig. 73 abgebildet. Die Emanation wird von einer Lösung von ungefähr 0,2 Gramm Radium geliefert. Vor dem Versuch wird die Luft durch mehrmaliges sorgfältiges Evakuieren vollkommen aus dem Apparat entfernt; während das Gas sich ansammelt, ist die Verbindung zwischen der Lösung und dem übrigen Apparat durch Quecksilber gesperrt. Wenn sich eine genügende Menge Gas angesammelt hat, wird der Apparat durch den Hahn R vollkommen evakuiert; dann werden die Hähne R und R′ geschlossen und durch Senken des Reservoirs A die Verbindung zwischen der Lösung und dem Apparat hergestellt. Dann läßt man durch den Hahn R′ einen Teil des Gases in die Absorptionsrohre eintreten, welche an den Stellen, wo sich das Kupfer, das Kupferoxyd und das Lithium befinden, von außen geheizt werden. Nach beendeter Absorption läßt man eine neue Portion Gas eintreten und fährt so fort, bis das ganze verfügbare Gas verbraucht ist. Den Gasrückstand läßt man 24 Stunden lang in Berührung mit den Absorptionsmitteln. Mittels des Quecksilbers in dem Reservoir B drückt man sodann das Gas in dem Absorptionsrohr bis zum Niveau *a* zurück. Die Verdichtung der Emanation erfolgt in dem seitlichen Kapillarrohr, das in ein mit Kupferfeilspänen gefülltes und von flüssiger Luft umgebenes Dewargefäß eintaucht. Die Temperatur wird mittels eines Pentanthermometers gemessen. Sobald die Verdichtung vollständig ist, entfernt man die flüssige Luft und läßt die Temperatur allmählich steigen; wenn sie einen bestimmten Punkt erreicht hat, sperrt man die verflüchtigten Gase ab, indem man das Quecksilber bis zum Niveau *b* steigen läßt. Durch sukzessive Verwendung mehrerer seitlicher Kapillarrohre kann man auf diese Weise das Gas in verschieden leicht verdichtbare Fraktionen zerlegen. Das nichtverdichtete Gas (Helium) wird sodann von neuem der Wirkung der Absorptionsmittel ausgesetzt, um die Spuren von Wasserstoff und Kohlendioxyd, die noch beigemengt sein könnten, zu entfernen, und schließlich in das am Ende befindliche Gabelrohr getrieben, wo es sich in zwei gleiche Teile teilt, von denen der eine zur Messung des Volumens, der andere zur Prüfung des Spektrums dient.

Die verschiedenen Fraktionen des Gases sind in den Kapillarrohren durch Quecksilber abgesperrt. Man trennt sie ab, indem man die Rohre in dem vom Quecksilber erfüllten Teil abschmilzt. Dann schneidet man die Enden der Rohre auf; der Atmosphärendruck stellt sich ein, und da sich am Boden der Rohre ebenfalls Quecksilber befindet, sind die Gasblasen unter Atmosphärendruck zwischen zwei Quecksilberfäden eingeschlossen. Man kann das Volumen einer Blase bestimmen, indem man ihre Länge mit der Teilmaschine mißt, wenn der Querschnitt des Rohres bekannt ist. Will man auch das Spektrum beobachten, so sammelt man die Emanation in einem gabelförmigen Rohr, wie das, das in der Figur am Ende des Apparates gezeichnet ist. Der eine Zweig des Rohres ist mit Elektroden versehen, der andere dient dazu, auf die eben beschriebene Weise eine Gasblase aufzunehmen.

Der Teil des Gases, der am stärksten radioaktiv ist und die größte Menge der Emanation enthält, kondensiert sich zwischen — 175° und — 150°. Das nichtverdichtete Gas gibt das reine Helium-Spektrum. Das Volumen der Emanation erleidet im allgemeinen im Anfang eine ziemlich starke Kontraktion; nach dieser Verminderung ist das Volumen gut definiert und dient zur Berechnung der Emanation, die im Gleichgewicht mit einem Gramm Radium steht. Zu diesem Zweck wurde die durchdringende Strahlung der Gasblase mit derjenigen einer bekannten Menge absolut reinen Radiumchlorids verglichen. Das Volumen der Blase war der Aktivität proportional, falls die Ansammlungszeit der Emanation 3 Tage bis 1 Monat betragen hatte. Die bei vier Versuchen gefundenen Werte waren 0,60 mm³, 0,52 mm³, 0,61 mm³, 0,59 mm³. Der Mittelwert 0,58 mm³ ist in guter Übereinstimmung mit dem von Rutherford angegebenen Werte.

Das Spektrum der Emanation zeigte keine Verschiedenheit von dem, welches Rutherford und Royds beobachtet hatten. Das Zerfallsgesetz der reinen Emanation unter Atmosphärendruck wurde bei sämtlichen Blasen untersucht; es zeigte sich kein Unterschied gegenüber dem an verdünnter Emanation beobachteten Gesetz[1]). Das Zerfallsgesetz ist also selbst bei dieser hohen Konzentration unverändert gültig (Fig. 48, XI).

Die von Rutherford und Debierne mit verschiedenen Versuchsanordnungen erhaltenen Resultate stimmen ausgezeichnet überein. Sie sind später von Ramsay und Gray[2]) bestätigt worden, die bei Verwendung von 0,2 Gramm Radium für das Volumen der mit 1 Gramm Radium im Gleichgewicht befindlichen Emanation den Wert 0,60 mm³ als Mittelwert aus drei übereinstimmenden Messungen gefunden haben. Die Apparatur war die gleiche wie die früher von Ramsay benutzte, doch waren einige Verbesserungen daran angebracht, um die Berührung der Emanation mit dem Fett der Hähne zu vermeiden. Ferner wurde darauf Rücksicht genommen, daß während des Evakuierens etwas von der verdichteten Emanation zusammen mit dem Wasserstoff entweicht; der verlorene Anteil der Emanation wurde mittels seiner durchdringenden Strahlung gemessen. Es wurde auch eine Korrektion bezüglich der nichtverdichtbaren Gase (Wasserstoff und Helium), die nicht vollständig entfernt worden waren, angebracht; diese Korrektion wurde aus den Werten des Druckes bei verschiedenen Volumen berechnet, wenn die Emanation zum Teil verflüssigt war. Schließlich diente das nach der anfänglichen Kontraktion gemessene Volumen und nicht das Anfangsvolumen als Grundlage der Berechnung.

Ramsay und Gray haben die Ansicht ausgesprochen, daß die anfängliche Kontraktion darauf zurückzuführen sei, daß die Reste der nicht kondensierbaren Gase (Wasserstoff und Helium) unter dem Einfluß der Emanation in das Glas eindringen.

Die Resultate verschiedener Arbeiten ergeben für das Volumen der gesättigten Emanation von einem Gramm Radium unter Atmosphärendruck den Wert 0,6 mm³. Diese Zahl steht in sehr guter Übereinstimmung mit verschiedenen Voraussagungen der Theorie der radioaktiven Umwandlungen.

---

[1]) Die nicht verdichtete Emanation im Gemisch mit wenig Helium schien jedoch etwas langsamer zu zerfallen (Halbierungszeit ungefähr 4,1 Tage). Eine analoge Beobachtung ist von Rutherford gemacht worden.

[2]) Ramsay und Gray, Journ. Chem. Soc., 1909.

72. **Verflüssigung der Radiumemanation.** — Bei der Messung des Volumens der Emanation kann man den Druck derselben bei verschiedenem Volumen beobachten. Man kann auch die Temperatur verändern, indem man das Kapillarrohr, in dem sich die Emanation befindet, in ein Kältebad eintaucht. Bei geeigneten Werten von Druck und Temperatur ist es gelungen, die Emanation zu verflüssigen und ihren Dampfdruck zu bestimmen. Derartige Versuche sind von Rutherford sowie von Ramsay und Gray veröffentlicht worden. Die Verflüssigung der Emanation gibt sich durch das Erscheinen eines glänzend lumineszierenden Punktes auf dem Boden des Kapillarrohres zu erkennen; dieser Punkt verschwindet, sobald man den Druck vermindert. Die zu diesen Versuchen dienenden Kapillarrohre hatten ungefähr 0,05 mm Durchmesser; die Beobachtung geschah mikroskopisch.

Die Werte des Dampfdruckes p der Emanation bei verschiedenen Temperaturen t sind folgende:

Rutherford

p	t	Absolute Temperatur
76 cm	— 65°	208°
25 ,,	— 78°	195°
5 ,,	— 101°	172°
0,9 ,,	— 127°	146°

Ramsay und Gray

p	Absol. Temp.	p	Absol. Temp.
50 cm	202,6°	2000 cm	321,7°
80 ,,	212,4°	2500 ,,	334,5°
100 ,,	217,2°	3000 ,,	346,0°
200 ,,	234,5°	3500 ,,	356,0°
400 ,,	255,3°	4000 ,,	364,4°
500 ,,	262,8°	4500 ,,	372,9°
1000 ,,	290,3°	4745 ,,	377,5° (krit. Punkt.)
1500 ,,	307,6°		

Ramsay und Gray führten ihre Versuche in einem Kompressionsapparat aus. Die Menge der nicht kondensierbaren Gase wurde bestimmt, indem der Druck des Gasgemisches bei einer festen Temperatur über verschiedenen Flüssigkeitsvolumen gemessen wurde. Dann wurde eine auf den Druck dieser Gase bezügliche Korrektion an den erhaltenen Zahlen angebracht.

Die Siedetemperatur der Emanation liegt nach Rutherford bei —65°, nach Ramsay und Gray bei —62°. Die kritische Temperatur ist 104,5°.

Die flüssige Emanation ist farblos und durchsichtig; sie lumineszierte, aber wahrscheinlich nur scheinbar, indem sie das Glas zum Leuchten bringt; die Farbe des Lumineszenzlichtes hängt von der Art des Glases ab. Bei tieferer Temperatur wird sie fest und undurchsichtig; der Schmelzpunkt wurde mit einem Pentanthermometer bei —71° gefunden. Die feste Emanation leuchtet in der Kälte mit glänzendem Licht, das bei Abkühlung von stahlblau nach gelb übergeht und bei der Temperatur der flüssigen Luft orangerot wird. Beim Erwärmen folgen die Farben in umgekehrter Reihenfolge aufeinander. Bei Drucken von weniger als 50 cm Quecksilber besitzt die Emanation nach Ramsay und Gray keine flüssige Phase.

Nach einer angenäherten Schätzung würde die Dichte der flüssigen Emanation beim Siedepunkt unter atmosphärischem Druck ungefähr gleich 5 sein.

Die vorstehenden Resultate haben Anlaß zu Erwägungen über das Atomgewicht der Emanation gegeben. Ramsay und Gray haben darauf hingewiesen, daß, falls die Differenzen zwischen den Atomgewichten konstant bleiben, die höheren Homologen des Xenons in der Familie der Edelgase die Atomgewichte 175, 219 und 263 haben würden. Trägt man für Argon, Krypton und Xenon die Atomgewichte als Ordinaten, als Abszissen einerseits die absoluten Siedetemperaturen, andererseits die absoluten kritischen Temperaturen auf, so kann man durch die erhaltenen Punkte Kreisbögen legen, und wenn die entsprechenden Punkte der Emanation auch auf diesen Kreisen lägen, so würde ihr Atomgewicht gleich 176 sein. Die Vergleichung der kritischen Drucke führt zu demselben Resultat. Jedoch ist eine derartige Extrapolation notwendigerweise unsicher.[1])

73. **Das Spektrum der Radiumemanation.** — Das Spektrum der Emanation haben Ramsay und Soddy im Laufe

[1]) Vgl. Anmerkung zu Bd. II, § 169.

ihrer Untersuchungen über die Reindarstellung der Emanation zu bestimmen versucht. Bei diesen Versuchen wurden öfters glänzende Linien beobachtet, aber im allgemeinen blieben diese nicht bestehen. Bei späteren Versuchen haben Ramsay und Collie[1]) ein leuchtendes Spektrum erhalten, welches sie der Emanation zuschrieben. Es war wenig beständig; es war aber doch möglich, die Wellenlängen der hauptsächlichen Linien zu messen. Nach dem Verschwinden des neuen Spektrums erschien das Wasserstoffspektrum; nach mehreren Tagen trat das Spektrum des Heliums auf.

Rutherford und Royds[2]) haben das Spektrum der nach der oben beschriebenen Methode dargestellten reinen Emanation photographiert. Diese wurde in einem Rohr von 50 mm^3 Inhalt, das mit Platinelektroden versehen war, in der Kälte verdichtet. Die Emanation entsprach 0,13 Gramm Radium; ihr Druck wurde aus dem von ihr eingenommenen Volumen zu 1,1 mm Quecksilber berechnet. Das Spektrum war besonders im Grünen und Violetten sehr glänzend; es verschwand, wenn ein seitliches Ansatzrohr in flüssige Luft eingetaucht wurde, es gehörte also einem verdichtbaren Gase an; es erschien wieder, wenn man die Emanation wieder verdampfen ließ. Die Anwesenheit von Wasserstoff konnte vermieden werden, wenn man das Rohr vor der Einführung der Emanation in der Hitze evakuierte. Die Zahl der beobachteten Linien beträgt ungefähr 100; keine von ihnen findet sich in den Sternspektren. Das Spektrum verschwindet, wenn man den Strom einige Zeit durch das Gas gehen läßt; gleichzeitig vermindert sich der Druck im Rohre infolge der Okklusion der Emanation durch die Glaswand.

Royds hat das Spektrum der Emanation auch mittels eines Konkavgitters beobachtet. Es ist in diesem Falle vollkommen gleich dem durch ein Prisma erhaltenen; es erstreckt sich jedoch weiter ins Ultraviolette.

---

[1]) Ramsay und Collie, Proc. Roy. Soc., 73, 470. 1904.

[2]) Rutherford und Royds, Phil. Mag., 1908; Royds, Phil. Mag., 1909.

Spektrum der Radiumemanation.

Intensität	Wellenlänge Rutherford u. Royds	Ramsay u. Collie
5	5721	5725
8	5589	
3	5393	
4	5084,5	
4	4979,0	4985
10	4861,3	
4	4817,2	
5	4721,5	
10	4681,1	4690
10	4644,7	4650
8	4625,8	4630
7	4609,9	
4	4604,7	
7	4578,7	
9	4509,0	
10	4460,0	
8	4435,7	
6	4391,8	
4	4372,1	
15	4350,3	
7	4340,9	
4	4225,8	
10	4203,7	
7	4188,2	
20	4166,6	
10	4114,9	
2	4102,2	
4	4045,4	
15	4018,0	
12	3982,0	
7	3957,7	
4	3917,5	
4	3888,9	
6	3867,6	
10	3753,6	
7	3739,9	
10	3664,6	
5	3622,2	

VII. Kapitel.

Die induzierte Radioaktivität.

74. **Die Entstehung der induzierten Radioaktivität.** — Als induzierte Radioaktivität bezeichnet man eine Aktivität, die in der Nachbarschaft von Körpern, welche eine radioaktive Emanation abgeben, ursprünglich inaktiven Körpern mitgeteilt wird. Solche aktivierenden Körper sind das Radium, das Thorium und das Aktinium. Uran, Polonium und andere Substanzen, welche keine Emanation produzieren, vermögen auch keine induzierte Radioaktivität hervorzurufen.

Die Entdeckung der induzierten Radioaktivität geschah verhältnismäßig früh (§ 53).

Die wesentlichen Merkmale der Erscheinung, so wie sie bei den ersten Versuchen festgestellt worden sind, sind folgende:[1])

1. Die Aktivität eines der Wirkung einer aktiven Substanz ausgesetzten Körpers nimmt mit der Expositionsdauer zu und nähert sich nach einem asymptotischen Gesetz einem bestimmten Grenzwert.

2. Die Aktivität eines Körpers, welcher nach der Aktivierung dem aktivierenden Einfluß entzogen wird, verschwindet allmählich und nähert sich asymptotisch der Grenze Null.

3. Unter im übrigen gleichen Umständen ist die auf verschiedenen Körpern induzierte Radioaktivität unabhängig von der Natur der Körper. Glas, Papier und Metalle aktivieren sich in demselben Betrage.

4. Die induzierte Radioaktivität auf einem bestimmten Körper erreicht einen um so höheren Grenzwert, je stärker aktiv die aktivierende Substanz ist.

---

[1]) P. Curie und Frau Curie, Comptes rendus, 1899. — Rutherford, Phil. Mag., 1900.

5. Bei im übrigen gleichen Umständen wird die induzierte Aktivität, welche ein Körper annimmt, im allgemeinen erhöht, wenn dieser eine negative elektrische Ladung trägt.

Die induzierte Radioaktivität ist also unabhängig von der Natur der Substanz, auf welcher sie erscheint; diese Substanz dient gewissermaßen nur als Träger. Es läßt sich auch zeigen, daß die induzierte Radioaktivität, die sich auf nicht porösen festen Oberflächen entwickelt, an der Oberfläche haftet; sie kann durch Reiben zusammen mit einer sehr dünnen Schicht der Substanz entfernt werden. Aus diesem Grunde hat Rutherford den Namen aktiver Niederschlag für das aktive Agens vorgeschlagen, das sich auf einer aktivierten Oberfläche befindet. Das Wort aktiver Niederschlag ruft die Vorstellung von etwas Materiellem hervor. Die induzierte Radioaktivität verhält sich tatsächlich, wie wenn sie die Eigenschaft einer in minimaler Menge auf der aktivierten Oberfläche niedergeschlagenen Materie wäre.

Die induzierte Radioaktivität besteht in allen Fällen in einer Abgabe von verschiedenartigen Strahlen, unter denen sich sowohl absorbierbare wie durchdringende befinden.

75. **Die induzierte Radioaktivität des Radiums.** — Curie und Debierne[1]) haben die Entstehungsweise der induzierten Radioaktivität im Falle des Radiums einer genauen Untersuchung unterworfen.

Aktiviert man eine Substanz durch Radium an der offenen Luft, so erhält man unregelmäßige Resultate; dagegen wird die Erscheinung sehr regelmäßig, wenn man in einem geschlossenen Gefäß arbeitet. Die aktive Substanz befinde sich in einem kleinen Glasgefäß *a* mit einer Öffnung bei *o* innerhalb eines geschlossenen Raumes (Fig. 74). Verschiedene Platten, A, B, C, D, E, welche sich in dem Raume befinden, werden nach eintägiger Exposition radioaktiv. Die Aktivität ist die gleiche, welches auch die Natur der Platten sein mag (Blei, Kupfer, Aluminium, Glas, Ebonit, Wachs, Karton, Paraffin), wenn die Dimensionen gleich sind. Die Aktivität einer Fläche ist um so größer, je größer der freie Raum vor ihr ist.

[1]) Curie und Debierne, Comptes rendus, März 1901.

Wiederholt man den Versuch bei geschlossenem Gefäß *a*, so erhält man keine induzierte Aktivität.

Die Strahlung des Radiums spielt bei der Erzeugung der induzierten Radioaktivität keine unmittelbare Rolle. Schützt man z. B. bei dem beschriebenen Versuch die Platte D durch einen dicken Bleischirm P vor der Strahlung, so wird sie ebenso stark aktiviert wie B und E.

Die Radioaktivität gelangt von Punkt zu Punkt durch die Luft von der strahlenden Substanz bis zu dem zu aktivierenden

Fig. 74.

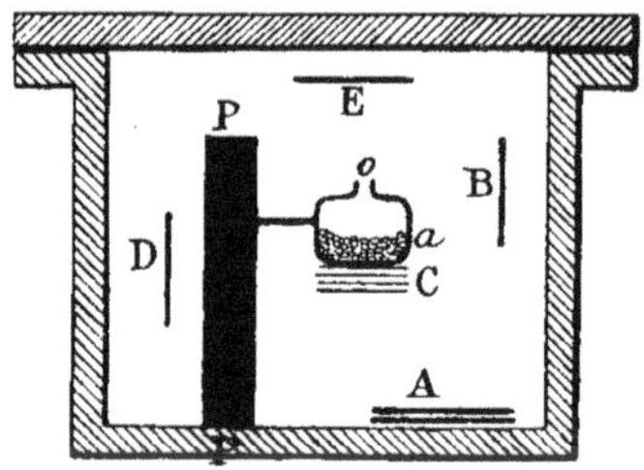

Körper. Sie kann selbst auf weite Entfernungen durch sehr enge Kapillarrohre übertragen werden.

Die induzierte Radioaktivität ist intensiver und auch regelmäßiger, wenn man statt eines festen radiumhaltigen Salzes eine wässerige Lösung zum Aktivieren verwendet.

Manche Substanzen werden leuchtend, wenn man sie der Aktivierung aussetzt (phosphoreszierende und fluoreszierende Körper, Glas, Papier, Baumwolle, Wasser, Salzlösungen). Phosphoreszierendes Zinksulfid leuchtet besonders glänzend. Die Radioaktivität dieser leuchtenden Körper ist jedoch die gleiche wie die eines Stückes Metall oder eines anderen Körpers, der unter denselben Bedingungen aktiviert wird, ohne zu leuchten.

Der Grenzwert, den die induzierte Aktivität in einem geschlossenen Gefäß erreicht, ist unabhängig von der Natur der aktivierten Substanz, wenn man mit derselben aktivierenden Substanz und demselben Apparat arbeitet.

Der Grenzwert der induzierten Radioaktivität, mittels einer geeigneten Anordnung gemessen, ist unabhängig von der Natur und dem Drucke des Gases, mit dem das Aktivierungsgefäß erfüllt ist (Luft, Wasserstoff, Kohlendioxyd). Er hängt nur von der anwesenden Menge gelösten Radiums ab und scheint dieser proportional zu sein.

Evakuiert man ein geschlossenes Gefäß, in dem sich ein festes Radiumsalz befindet, so entaktiviert sich das Gefäß zum Teil und die Aktivierung erscheint dann sehr langsam wieder, nachdem die Verbindung mit der Pumpe unterbrochen ist.

Bringt man das aktive Gas aus einem Radium enthaltenden Gefäß in ein anderes Gefäß, so behält es noch ziemlich lange die Fähigkeit, feste Körper, die mit ihm in Berührung kommen, radioaktiv zu machen. Das Aktivierungsvermögen des Gases verschwindet mit der Zeit nach einem Exponentialgesetz; es sinkt in ungefähr 4 Tagen auf die Hälfte.

Die wesentlichen Eigenschaften des Phänomens lassen sich durch die Annahme erklären, daß die induzierte Radioaktivität nur in Gegenwart der Emanation entstehen kann, und daß unter sonst gleichen Umständen ihre Intensität proportional der in dem Aktivierungsgefäß vorhandenen Emanationsmenge ist.

Wie Curie und Debierne[1]) beobachtet haben, ist die induzierte Aktivität wesentlich abhängig von der Größe des freien Raumes vor den zu aktivierenden Körpern. Bringt man in das Aktivierungsgefäß eine Reihe von parallelen Kupferplatten in zunehmenden Abständen, so findet man, daß, wenn der Abstand klein ist, z. B. 1 mm, die Oberflächen schwach aktiv werden, ist dagegen der Abstand der Platten groß, z. B. 3 cm, so aktivieren sie sich stark. Das Aktivierungsvermögen ist also in den verschiedenen Teilen des Gefäßes gleich groß; diese Tatsache steht mit der gleichmäßigen Verteilung der Emanation in Zusammenhang; aber die Flächen aktivieren sich in erster Annäherung proportional der Größe des vor ihnen befindlichen freien Raumes.

Besteht das Aktivierungsgefäß aus Glas, so wird es leuchtend, aber nicht an allen Stellen gleich stark. Rohrförmige Teile an ein und demselben Gefäß leuchten um so stärker und werden um so stärker radioaktiv, je weiter sie sind. In einem bestimmten Gefäß haben nach Erreichung des stationären Zustandes die Teile gleicher

[1]) Curie und Debierne, Comptes rendus, Dez. 1901.

Form gleiche Aktivität, gleichgültig ob sie sich in unmittelbarer Nachbarschaft der aktivierenden Lösung befinden oder nicht.

Mit verhältnismäßig großen Mengen Radium kann man eine sehr intensive induzierte Radioaktivität hervorbringen. Bei den oben beschriebenen Versuchen war die Aktivität der Platten mehrere tausendmal so stark wie die des Urans. Man kann noch viel stärkere induzierte Radioaktivität erzeugen.

76. **Das Zerfallsgesetz der induzierten Radioaktivität des Radiums.** — Wird eine in Gegenwart von Radiumemanation aktivierte Platte aus dem Aktivierungsgefäß entfernt, so verschwindet ihre Aktivität in weniger als einem Tage fast vollständig. Die Art, wie die Aktivität sich mit der Zeit verändert, hängt davon ab, wie lange sich die Platte in dem Aktivierungsgefäß befunden hat, mit anderen Worten von der Expositionszeit. Sie hängt außerdem davon ab, in welcher Weise man die Strahlung mißt, und ist nicht die gleiche für die Totalstrahlung oder für die durchdringende Strahlung allein. In allen Fällen sinkt jedoch die Strahlung nach 3 bis 4 Stunden auf einen sehr kleinen Teil ihres Anfangswertes.

Bleibt im Aktivierungsgefäß die Konzentration der Emanation konstant, so wächst die Aktivität einer in dem Gefäße befindlichen Platte mit der Expositionszeit. In weniger als einem Tage wird jedoch ein Grenzwert erreicht, und die induzierte Aktivität der Platte bleibt dann stationär. Das Gesetz, nach dem sie als Funktion der Zeit abnimmt, wenn die Platte aus dem Gefäß entfernt ist, ist unabhängig von der Expositionszeit von einem Tage an bis zu einer großen Zahl von Tagen. Man spricht dann von gesättigter Aktivierung oder auch Aktivierung mit langer Exposition.

I. Nach langer Exposition verändert sich die Strahlung einer Platte mit der Zeit in folgender Weise:

1. Die Totalstrahlung $\mathfrak{J}$ wird als Funktion der Zeit t durch die Kurve der Fig. 75, I dargestellt. Die Strahlungsintensität nimmt zuerst schnell ab und sinkt in ungefähr 15 Minuten auf die Hälfte des Anfangswertes. Dann beginnt eine langsamere Abnahme. Diese erfolgt nicht nach einem einfachen Gesetz, aber sie nähert sich asymptotisch einem Exponentialgesetz, welches

praktisch nach 3 bis 4 Stunden erreicht wird. Dann sinkt die Strahlung in einer Periode von ungefähr 28 Minuten auf den halben Wert.

Die erste eingehende Untersuchung des Gesetzes der Entaktivierung ist von P. Curie und Danne[1]) ausgeführt worden. Sie führte zu den eben besprochenen experimentellen Feststellungen und hat weiterhin das wichtige Resultat geliefert, daß die anscheinend komplizierte Kurve durch die Differenz zweier Exponentialfunktionen in einfacher Form dargestellt werden kann. Eine halbe Stunde nach dem Beginn der Entaktivierung folgt die Abnahme der Formel

$$\mathfrak{J} = \mathfrak{J}_0 [K e^{-\lambda t} - (K - 1) e^{-\lambda' t}],$$

wo die Konstanten folgende Werte besitzen:

$$\lambda' = 0{,}000538 \frac{1}{\sec},$$

$$\lambda = 0{,}000413 \frac{1}{\sec},$$

$$K = 4{,}2.$$

Nach einigen Stunden kann das zweite Glied gegenüber dem ersten vernachlässigt werden; dann erfolgt die Abklingung nach einem einfachen Exponentialgesetz (Abfall auf die Hälfte in 28 Minuten).

In vorstehender Formel ist $\mathfrak{J}_0$ nicht die wirklich beobachtete Anfangsintensität, sondern vielmehr diejenige, welche man beobachten würde, wenn die Formel von Anfang an gültig wäre; mit anderen Worten, $\mathfrak{J}_0$ ist die durch Extrapolation erhaltene Anfangsintensität. Der extrapolierte Teil der Kurve ist in der Figur punktiert gezeichnet.

2. Mißt man statt der Totalstrahlung nur diejenigen Strahlen, die 0,5 mm oder mehr Aluminium durchdringen, d. h. die β- und γ-Strahlen, so findet man, daß die Strahlungsintensität vom Beginn der Entaktivierung an annähernd der Formel von Curie und Danne folgt, ohne daß zunächst der rasche Abfall eintritt, der zu beobachten ist, wenn die gemessene Strahlung hauptsächlich aus α-Strahlen besteht.

---

[1]) Curie und Danne, Comptes rendus, 136, 364. 1903.

Wie wir weiter unten sehen werden, gibt die Formel von Curie und Danne das Abklingungsgesetz nicht streng

Fig. 75.

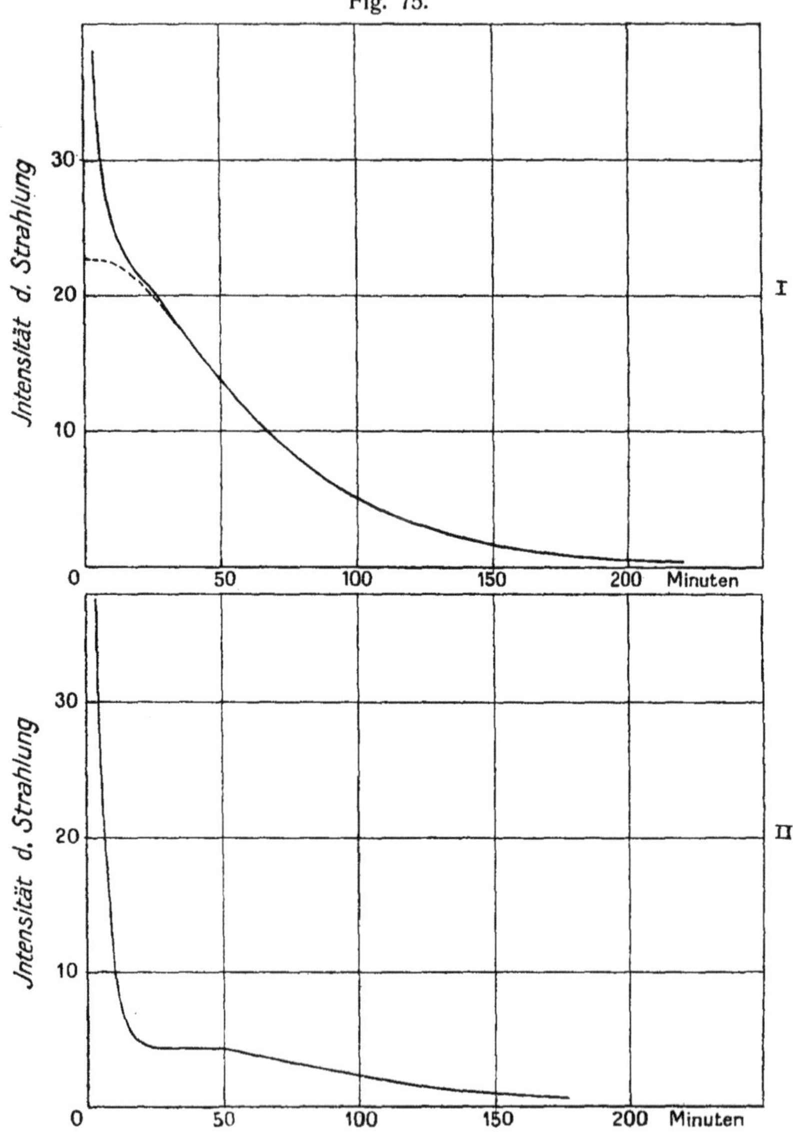

wieder. Den Koeffizienten λ und λ' kommen etwas andere Werte zu, und die Konstante K kann in gewissem Maße von den Versuchsbedingungen abhängen. Indessen gibt die Formel den Verlauf der Kurve in erster Annäherung gut wieder. Sie hat bei der mathematischen Analyse anderer ähnlicher Kurven, die bei radioaktiven Erscheinungen vorkommen, als Muster gedient. Näheres hierüber findet sich in § 170.

II. Die Kurven, die man bei verschiedenen Expositionszeiten (von einigen Sekunden bis zu 24 Stunden) erhält, sind einerseits von P. Curie und Danne[1]), andererseits von Miß Brooks[2]) untersucht worden. P. Curie und Danne haben gezeigt, daß in allen Fällen das Abklingungsgesetz schließlich, nach einigen Stunden, demselben durch eine Halbierungszeit von ungefähr 28 Minuten charakterisierten Exponentialgesetz zustrebt. Die Kurven, die die Intensität der Totalstrahlung als Funktion der Zeit für verschiedene Expositionszeiten darstellen, sind in Fig. 76 gezeichnet. Die Kurven der Fig. 77 geben den Logarithmus dieser selben Strahlungsintensität als Funktion der Zeit an; gemäß den oben erwähnten experimentellen Resultaten wird jede dieser Kurven zuletzt eine Gerade, und alle diese Geraden sind untereinander parallel. Die Kurven, die man erhält, wenn man nur die β- und γ-Strahlen berücksichtigt, finden sich in Fig. 78; sie geben die Intensität der durchdringenden Strahlung als Funktion der Zeit für verschiedene Expositionszeiten an.

1. Betrachten wir speziell die Kurve, die die Totalstrahlung nach sehr kurzer Expositionszeit (ungefähr 1 Minute) darstellt (Fig. 75, II). Während der ersten 10 Minuten, nachdem der Körper aus dem Aktivierungsgefäß entfernt ist, nimmt die Aktivität sehr schnell ab und sinkt auf ungefähr ein Achtel des Anfangswertes. Dann wird die Entaktivierung langsamer, und nach 15 Minuten nimmt die Aktivität einen stationären Wert an, der ungefähr 20 Minuten lang bestehen bleibt. Dann beginnt die Abnahme von neuem und strebt schließlich dem charakteristischen Exponentialgesetz zu.

Die Kurven, die zu Aktivierungszeiten zwischen einer Minute und 24 Stunden gehören, haben Formen, die in der Mitte zwischen

[1]) Curie und Danne, Comptes rendus, 136, 364. 1903.

[2]) Miss Brooks, Rutherford, Die Radioaktivität. Deutsche Ausg. S. 316.

den beiden extremen Typen liegen. In dem Maße, in dem die Expositionszeit zunimmt, wird der anfängliche Abfall weniger be-

Fig. 76.

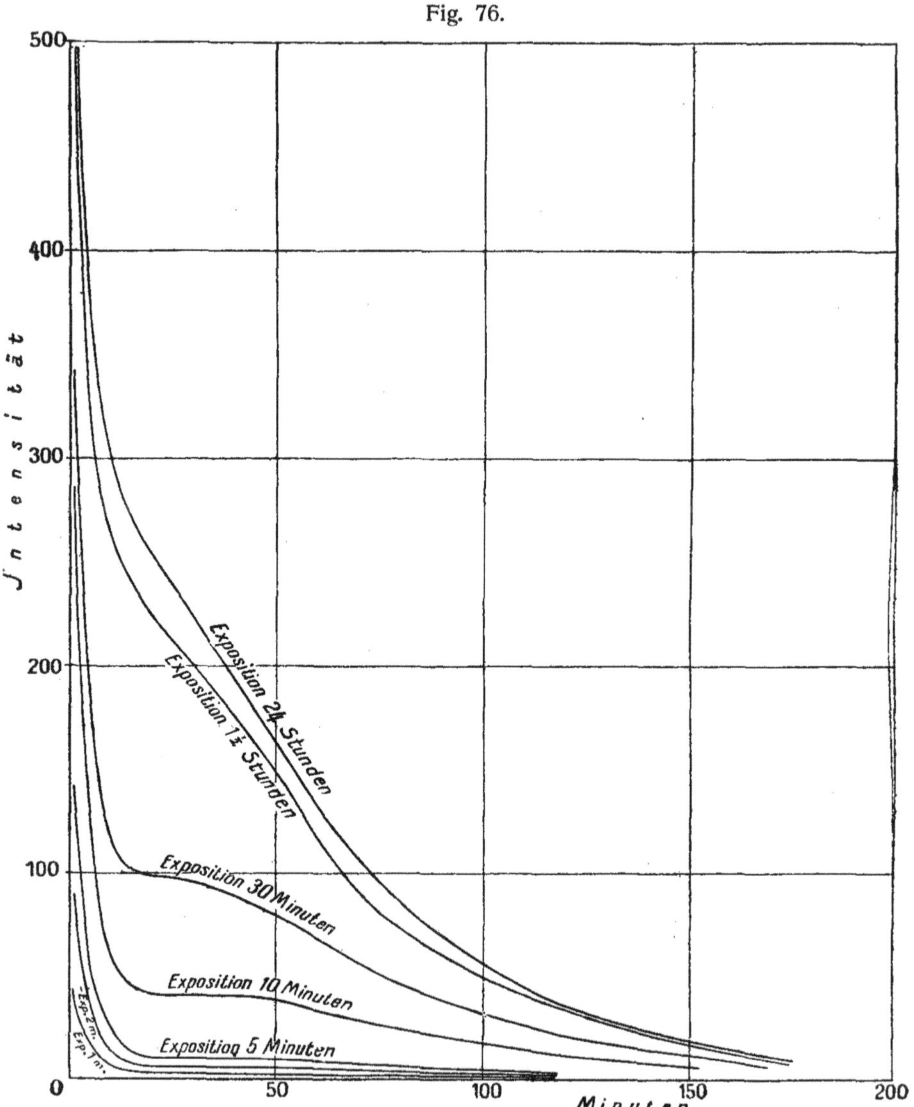

deutend, gleichzeitig wird die Periode konstanter Intensität kürzer und verschwindet bei längeren Aktivierungszeiten ganz.

2. Die Kurve, die die durchdringende Strahlung für sehr kurze Expositionszeit darstellt (Fig. 78), ist im Anfang wesentlich verschieden von derjenigen, die bei derselben Expositionszeit mit

Fig. 77.

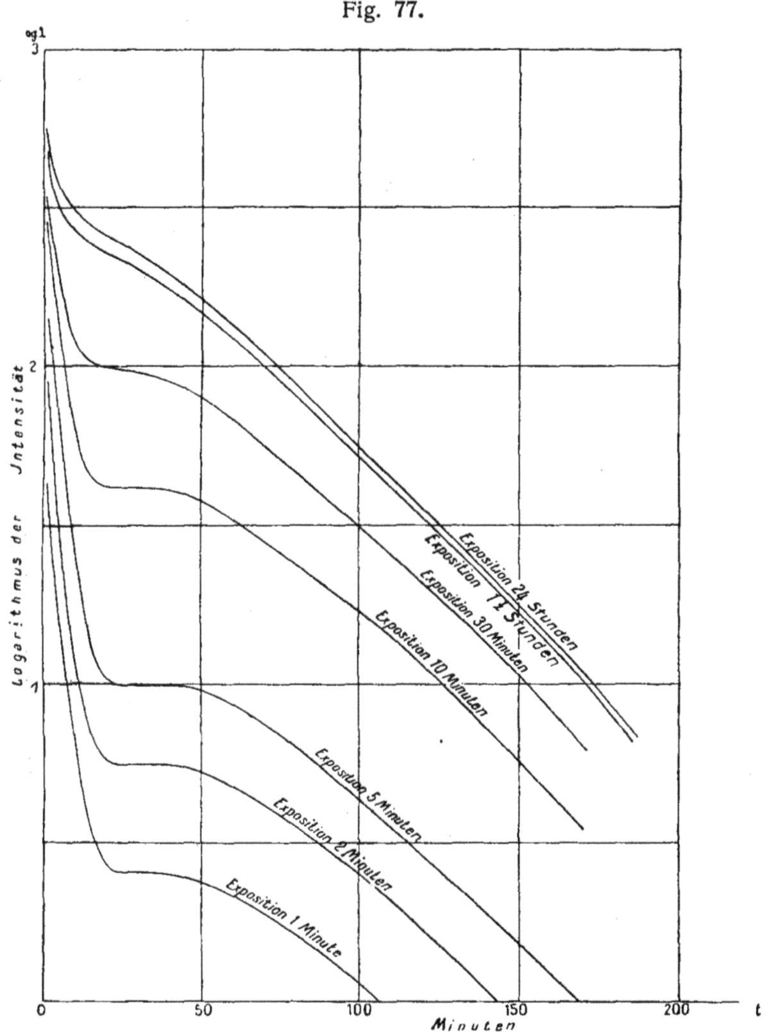

der Gesamtstrahlung erhalten wird. Nicht allein ist der so bedeutende Abfall bei Beginn der Entaktivierung gar nicht vorhanden, sondern im Gegenteil nimmt die anfangs sehr schwache Strahlung während der ersten ungefähr 35 Minuten zu, erreicht ein Maximum und nimmt dann allmählich nach einem Gesetz ab, das dem charakteristischen Exponentialgesetz zustrebt.

Nimmt die Expositionszeit zu, so ändert die Kurve ihre Gestalt. Die Anfangsintensität ist dann nicht mehr Null, und ihr Verhältnis zur Maximalintensität wird immer größer; ferner wird das Maximum in kürzerer Zeit erreicht. Bei einer Expositionszeit von 24 Stunden liegt es am Anfangspunkt selbst.

Fig. 78.

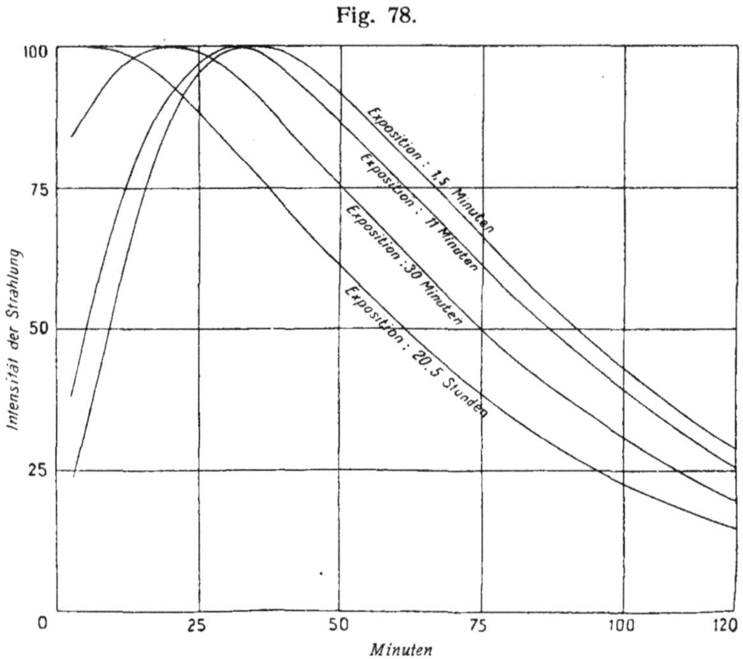

Durch ein Aluminiumblatt von 1 mm Dicke durchgegangene Strahlen

Wie man sieht, ist die Veränderung der induzierten Aktivität ein anscheinend sehr kompliziertes Phänomen. Indessen hat die experimentelle Untersuchung gezeigt, daß sich die Resultate durch lineare Kombination dreier verschiedener Exponentialfunktionen numerisch darstellen lassen (siehe Kap. XIII). Die Theorie der radioaktiven Umwandlungen erklärt dies durch die Annahme, daß der aktive Niederschlag des Radiums aus drei verschiedenen radioaktiven Substanzen besteht, deren jede nach einem für sie charakteristischen Exponentialgesetz zerfällt. Die erste ist Radium A genannt worden; sie entsteht direkt aus der Emanation und zerfällt sehr schnell, indem sie die zweite, das Radium B, erzeugt; diese zerfällt ihrerseits unter Bildung von Radium C. Die Zerfallsgeschwindigkeiten des Radiums B und Radiums C sind wenig voneinander verschieden. Jede dieser Substanzen hat ihre besondere Strahlung; die relative Intensität dieser Strahlungen ändert sich mit dem Verhältnis, in dem die Substanzen vorliegen, und der Natur der Schirme, welche die Strahlen durchdringen müssen; aus ihrer Superposition ergeben sich die sämtlichen beschriebenen Erscheinungen.

Die schnelle Abnahme der Totalstrahlung bei Beginn der Entaktivierung ist speziell eine Folge des Zerfalls des Radiums A; sie ist nicht bemerkbar, wenn man einen Schirm von mehr als 0,1 mm Dicke verwendet, da das Radium A keine durchdringenden Strahlen aussendet.

Es mag darauf hingewiesen werden, daß die Form der Kurven in gewissem Maße von der benutzten Versuchsanordnung abhängt, da diese dafür maßgebend ist, in welcher Weise die verschiedenen Teile der Strahlung zur Ionisation des Gases ausgenutzt werden.

Die vorstehenden Betrachtungen beziehen sich auf Substanzen, von denen die Emanation nicht merklich absorbiert wird (Kupfer, Glas usw.). Fig. 79 zeigt die Kurven, die P. Curie und Danne bei verschiedenen Expositionszeiten mit Substanzen wie Zelluloid oder Kautschuk gefunden haben, welche die Emanation aufsaugen und sie nur allmählich wieder abgeben; die Entaktivierungsgeschwindigkeit ist in diesem Falle geringer. Wie man sieht, ist diese Erscheinung beim Blei schon sehr wohl merkbar. Die Kurve der normalen Abklingung nach langer Aktivierung ist in der Figur stark ausgezogen.

Es läßt sich zeigen, daß alle Substanzen, bei denen die Abklingungskurve von der normalen Form in der aus der Figur ersichtlichen Weise abweicht, Emanation zu entwickeln und die Körper in ihrer Umgebung zu aktivieren vermögen. Derselbe Effekt kann in sehr geringem Grade auch an Metallen und an Glas beobachtet werden, die 1 bis 2 Stunden nach der Entfernung aus dem Aktivierungsgefäß ein wenig Emanation abgeben. Poröse Körper absorbieren die Emanation besonders leicht. Wie wir gesehen haben, sind Kohle, Meerschaum und Platinschwarz in dieser Hinsicht sehr wirksam.

Jedenfalls zeigt sich, daß beim Radium die induzierte Aktivität viel schneller verschwindet als die Emanation. Verjagt man die Radiumemanation plötzlich aus einem Gefäß, in dem sie mindestens einen Tag lang verweilt hat, so ändert sich die Abnahme der Strah-

Fig. 79.

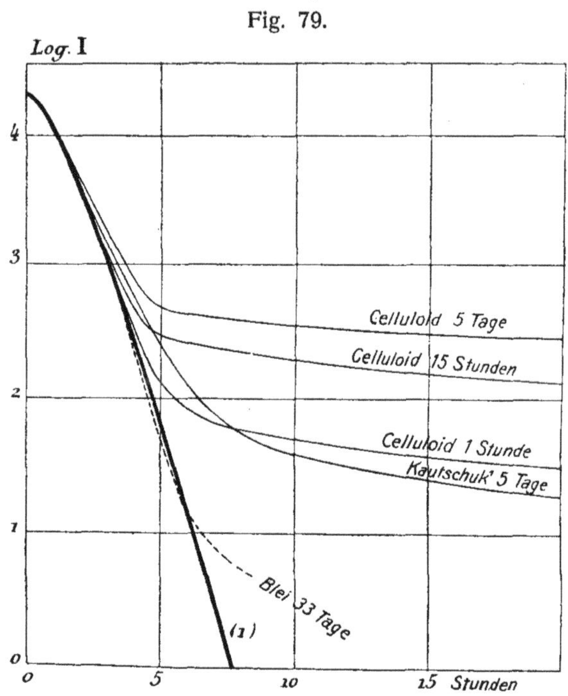

lung und erfolgt von diesem Moment an im Sinne einer der Kurven, die dem Verschwinden der induzierten Aktivität nach langer Exposition zukommen.

Läßt man plötzlich Emanation in ein Gefäß eintreten, so beginnt die induzierte Radioaktivität sofort auf den Gefäßwänden und auf jedem in dem Gefäße befindlichen festen Körper zu erscheinen. Bezeichnet man mit $\mathfrak{J}_1$ den Endwert der von dem Körper angenommenen Aktivität $\mathfrak{J}$, so ändert sich die Differenz $\mathfrak{J}_1 - \mathfrak{J}$, wie Curie und Danne gefunden haben, nach demselben Gesetz, das für die Entaktivierung eines Körpers nach langer

Aktivierung charakteristisch ist. Die Strahlung strebt also ihrem Endwerte nach dem gleichen Gesetze zu, gleichviel ob der Körper sich aktiviert oder entaktiviert. Die Aktivierungskurve und die Entaktivierungskurve nach langer Exposition sind einander komplementär, falls die Messungen unter denselben Bedingungen ausgeführt werden.

Die Kurve II der Figur 45 zeigt das Anwachsen der Totalstrahlung in einem Gefäße nach Einführung der Emanation (Innenelektroden); diese Kurve ist komplementär zu derjenigen, welche die Abnahme der Totalstrahlung für das gleiche Gefäß angibt, nachdem es 24 Stunden lang mit Emanation gefüllt gewesen und diese dann entfernt worden ist (Fig. 75, I). Ebenso ist die Kurve, die die Zunahme der durchdringenden Strahlung anzeigt (Fig. 45, I) komplementär zur Abklingungskurve derselben Strahlung (Fig. 75, I die punktiert verlängerte Kurve und Fig. 78, Exposition 20,5 Stunden).

Berücksichtigt man, daß das Verschwinden einer gewissen Menge Emanation mit der Entstehung einer bestimmten Menge induzierter Radioaktivität verbunden ist, so beweist die Zunahme der Strahlung in einem Gefäß unmittelbar nach Einführung der Emanation, daß die induzierte Radioaktivität eine viel stärkere Strahlung aussendet als die zugehörige Menge Emanation, bei deren Zerfall sie entstanden ist.

77. **Langsam veränderliche induzierte Radioaktivität. —** Die induzierte Radioaktivität des Radiums ist eine Erscheinung von solcher Größenordnung, daß sie leicht zu beobachten ist. Nach ihrem Verschwinden zeigt der aktivierte Körper im allgemeinen keine merkbare Aktivität mehr. Indessen ist dies nur eine Frage der Größenordnung, und jeder Körper, der aktiviert gewesen ist, behält in Wirklichkeit nach dem Verschwinden der schnell veränderlichen induzierten Radioaktivität einen Aktivitätsrückstand, der nur meistens zu klein ist, um beobachtet werden zu können.

Wie P. Curie und ich[1]) gefunden haben, nimmt jeder Körper, der lange (z. B. einen Monat) mit sehr konzentrierter Radium-

---

[1]) M. Curie, Thèse de doctorat, Paris 1903.

emanation in Berührung war, eine induzierte Radioaktivität an, die nach eintägiger Entaktivierung einen bedeutenden Rückstand hinterläßt. Das Gesetz der Abnahme im Beginn der Entaktivierung war bei diesen Versuchen dasselbe wie gewöhnlich; war aber die Aktivität auf einen kleinen Bruchteil, etwa $^1/_{20000}$ des Anfangswertes gesunken, so nahm sie nicht mehr oder doch nur noch äußerst langsam ab, manchmal nahm sie sogar wieder zu. Platten von Kupfer, Aluminium und Glas haben auf diese Weise einen Aktivitätsrest 6 Monate lang behalten. In einer wichtigen Arbeit über diese langsam veränderliche induzierte Radioaktivität hat Rutherford gezeigt, daß sie jahrelang zunimmt (§ 185).

Verwendet man sehr konzentrierte Emanation, so kann man leicht einen bedeutenden Aktivitätsrückstand erhalten, unter der Bedingung, daß man die Emanation lange in Berührung mit den zu aktivierenden Körpern läßt. Es läßt sich z. B. eine Aktivität erzielen, die 20 bis 100 mal stärker als die des Urans bei gleicher Oberfläche ist.

78. Die induzierte Aktivität des Thoriums. — Bringt man eine Thoriumverbindung in ein geschlossenes, mit Luft unter gewöhnlichem Druck gefülltes Gefäß, so kann die Verteilung der Emanation nicht homogen werden, wie im Falle des Radiums. Die induzierte Aktivität ist bei gleicher Expositionszeit immer um so stärker, je näher an der aktiven Verbindung man sich befindet. Man kann eine intensive Aktivierung erreichen, wenn man eine negativ geladene Elektrode in das Gefäß einführt, auf der sich dann der aktive Niederschlag hauptsächlich konzentriert. Auf diese Weise kann man aktivierte Drähte erhalten, deren Aktivität bei gleicher Oberfläche 10 000 mal größer als die des Thoriumoxyds ist.

Die Entstehung der induzierten Aktivität ist an die Anwesenheit von Emanation gebunden. Man beobachtet induzierte Aktivität auf einer Platte oberhalb einer Thoriumoxydschicht, die mit einem Blatt Papier bedeckt ist, welches die α-Strahlen, d. h. den hauptsächlichen Anteil der ionisierenden Strahlung, aufhält, aber für die Emanation genügend durchlässig ist. Außerhalb einer luftdicht verschlossenen, Thoriumoxyd enthaltenden Hülse, deren eine Wand aus einer dünnen Glimmerscheibe besteht, welche die α-Strahlen und folglich auch die β- und γ-Strahlen durchläßt, bleibt jedoch die Aktivierung aus. Die Intensität der induzierten Radioaktivität kann als proportional der vorhandenen Emanationsmenge betrachtet werden. Daher erzeugt geglühtes Thoriumoxyd im Vergleich zu nicht geglühtem sehr wenig induzierte Aktivität. Man kann einen langsamen, mit Thoriumemanation beladenen Luftstrom durch ein langes, mit gleichen und äquidistanten, isolierten Elektroden versehenes Metallrohr schicken, wie bei der Messung des Zerfalls der Emanation (Fig. 43). Nachdem der stationäre Zustand sich eingestellt hat, was ziemlich bald der Fall ist, mißt man den Ionisationsstrom zwischen jeder der Elektroden und dem Rohr; dieser bildet ein Maß für die Konzentration der Emanation in der Nachbarschaft einer jeden Elektrode, da die induzierte Radioaktivität ziemlich lange Zeit braucht, um sich zu entwickeln. Nach einigen Stunden nimmt man die Elektroden fort und mißt ihre Aktivität; diese ergibt sich für jede Elektrode annähernd proportional der Konzentration der Emanation, die in ihrer Umgebung geherrscht hatte[1]).

Die induzierte Aktivität des Thoriums nimmt mit der Expositionszeit zu und strebt einem Grenzwert zu, der erst nach ungefähr 4 Tagen erreicht wird; man nennt die Aktivierung dann gesättigt. Entzieht man den aktivierten Körper darauf der Einwirkung der Emanation, so nimmt seine Aktivität mit der Zeit ab. Das Gesetz dieser Abnahme ist von Rutherford[2]) untersucht worden. Es wird durch die Kurve der Figur 80, I dargestellt; die Zeiten t, von Beginn der Entaktivierung an gezählt, sind als Abszissen, die Strahlungsintensitäten $\mathfrak{J}$ als Ordinaten aufgetragen. Die Kurve entspricht in ihrem ganzen Verlauf einem einfachen Exponentialgesetz der Form

$$\mathfrak{J} = \mathfrak{J}_0 e^{-\lambda t},$$

wo $\mathfrak{J}_0$ die Anfangsintensität der Strahlung ist. Der Wert des Koeffizienten λ ist gleich $1,8 \,.\, 10^{-5}\,\frac{1}{\text{sec}}$. Die Strahlung sinkt demnach in einer Periode von ungefähr 11 Stunden auf die Hälfte. Während der ersten Stunden erfolgt die Abklingung langsamer, als sich aus obiger Formel berechnet.

[1]) Rutherford, Die Radioaktivität, S. 308.

[2]) Rutherford, Die Radioaktivität, S. 311.

Steht der zu aktivierende Körper in Berührung mit Thoriumemanation, deren Konzentration konstant erhalten wird, so läßt sich die von dem Körper angenommene Aktivität I als Funktion der Zeit t durch folgendes einfache Gesetz ausdrücken

$$\mathrm{I} = \mathrm{I}_{\infty}(1 - e^{-\lambda t}),$$

wo λ dieselbe Bedeutung hat wie in der vorhergehenden Formel und I_{∞} der Grenzwert der induzierten Aktivität ist. Machen wir im besonderen

$$\mathrm{I}_{\infty} = \mathfrak{J}_0,$$

so sieht man, daß die Aktivierungskurve und die Entaktivierungskurve nach gesättigter Aktivierung (Fig. 80, II und I) komplementär sind, und daß infolgedessen $\mathfrak{J} + \mathrm{I} = \mathfrak{J}_0$ ist.

Fig. 80.

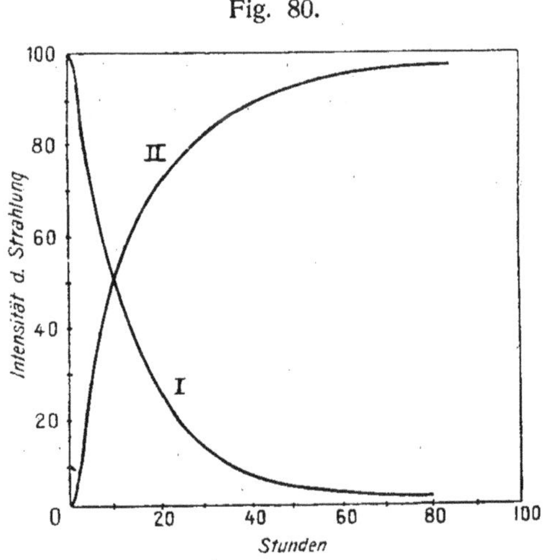

Während der ersten Stunden erfolgt die Aktivierung ebenfalls langsamer, als es sich aus der Formel berechnet, so daß die Kurven I und II auch in diesem Gebiet komplementär bleiben.

Berücksichtigt man statt der Totalstrahlung nur die durchdringende Strahlung, so wird die Gestalt der Kurven nicht merklich verändert. Aus folgenden Tabellen ist die Abhängigkeit der Strahlungsintensität von der Zeit bei der Aktivierung und bei der Entaktivierung nach gesättigter Aktivierung ersichtlich:

Aktivierung.		Entaktivierung.	
Zeit in Stunden.	Aktivität.	Zeit in Stunden.	Aktivität.
1,58	6,3	0	100
3,25	10,5	7,9	64
5,83	29	11,8	47,4
9,83	40	23,4	19,6
14,00	59	29,2	13,8
23,41	77	32,6	10,3
29,83	83	49,2	3,7
47,00	90	62,1	1,86
72,50	95	71,4	0,86
96,00	100		

Nach kurzer Exposition ist die Änderung der induzierten Radioaktivität des Thoriums mit der Zeit nicht der gleiche wie nach langer Exposition, sondern die Aktivität steigt zunächst an, erreicht ein Maximum und nimmt dann nach einem Gesetz ab, das dem einfachen, für die Abklingung nach langer Exposition charakteristischen Exponentialgesetz zustrebt. Dieser Einfluß der Expositionszeit ist von Rutherford[1]) entdeckt worden. Die Aktivität erreicht z. B. nach einer Exposition von 41 Minuten in 3 Stunden einen Maximalwert, der dreimal so groß als der anfängliche Betrag ist, und nimmt dann nach dem gewöhnlichen Gesetz mit einer Halbierungszeit von ungefähr 11 Stunden ab. Die Kurven, welche die Veränderung der induzierten Aktivität des Thoriums mit der Zeit für verschiedene Expositionszeiten darstellen, sind nach den Angaben von Miß Brooks[2]) in den Figuren 81 und 82 gezeichnet.

Nach einer Exposition von 10 Minuten in emanationhaltiger, staubfreier Luft erreicht die induzierte Aktivität in 3 Stunden 7 Minuten einen Betrag, der 5 mal so groß als der Anfangswert ist, und nimmt dann in normaler Weise ab.

Nimmt die Expositionszeit zu, so verschiebt sich das Maximum nach dem Anfangspunkt zu; gleichzeitig wächst das Verhältnis der Anfangsaktivität zur Maximalaktivität und strebt dem Werte 1

---

[1]) Rutherford, Phil. Mag., 1903.

[2]) Miss Brooks, Phil. Mag., 1004.

zu. Man kann annehmen, daß bei sehr kurzer Expositionszeit die Anfangsaktivität nahezu gleich null sein würde. In allen Fällen

Fig. 81.

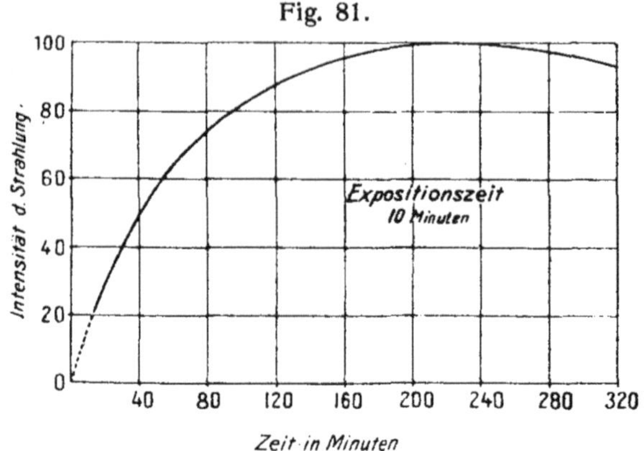

erhält man Kurven derselben Form, gleichviel, ob man die totale Aktivität oder nur die durchdringende Strahlung mißt.

Fig. 82.

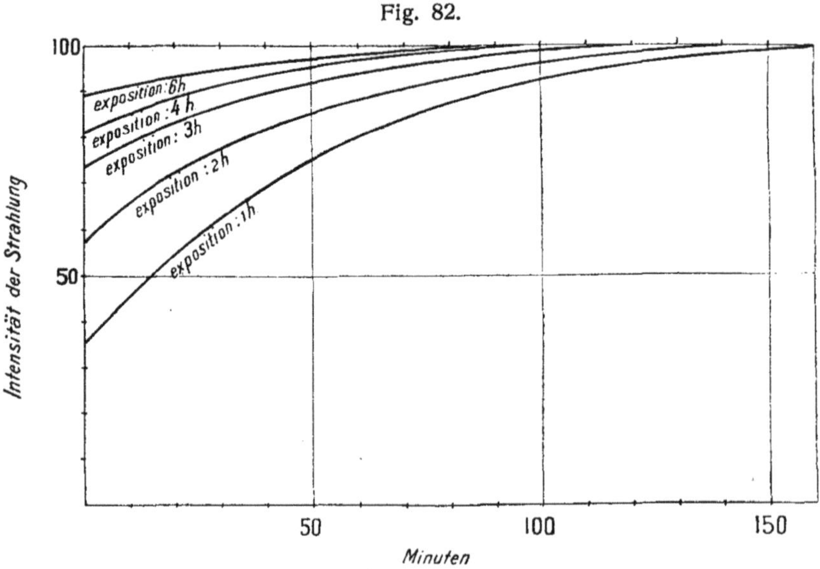

Im Lauf ihrer Arbeit über die induzierte Radioaktivität des Thoriums hat Miß Brooks die Beobachtung gemacht, daß die Anwesenheit von Staub in der Luft des Aktivierungsgefäßes die

Resultate beeinflussen kann. Die Intensität der mit einer Expositionszeit von 5 Minuten erhaltenen Aktivierung hängt in diesem Falle davon ab, wie lange die Luft in dem Gefäß in Berührung mit der Emanation gestanden hat; je länger dies der Fall war, desto stärker wird die Aktivierung und erreicht bei 18 Stunden ein Maximum. Die unter diesen Bedingungen erreichte Aktivität ist 20 mal größer als diejenige, die man mit frisch eingeführter Luft erhalten haben würde; außerdem erfährt sie in den ersten Stunden nach der Exposition keine starke Vermehrung, wie dies normalerweise bei einer Exposition von 5 Minuten in staubfreier Luft der Fall sein würde. Man kann sich das so erklären, daß sich die induzierte Radioaktivität auf den in der Luft suspendierten Staubteilchen wie auf jeder festen Substanz niederschlagen kann und sich auf ihnen nach den gewöhnlichen Gesetzen entwickelt. Führt man dann eine negativ geladene Elektrode in das Aktivierungsgefäß ein, so wie man gewöhnlich verfährt, wenn man die induzierte Radioaktivität des Thoriums gewinnen will, so sammeln sich auf dieser Elektrode auch alle die Staubteilchen, deren Aktivierung einer viel längeren Expositionszeit entsprechen kann als derjenigen, während der die Elektrode selbst sich in dem Aktivierungsgefäß befunden hat. Die aktivierten Staubteilchen können übrigens auch nach der positiven Elektrode wandern, die auf diese Weise eine starke Aktivierung annehmen kann.

Das schließliche Abklingungsgesetz der induzierten Aktivität des Thoriums ist von verschiedenen Seiten untersucht worden; die Abnahme auf die Hälfte erfolgt in einer Zeit von ungefähr 10 Stunden 36 Minuten.

79. **Die induzierte Radioaktivität des Aktiniums.** — Die induzierte Aktivität, die in der Umgebung von Aktiniumverbindungen entsteht, ist in Luft unter gewöhnlichem Druck auf einige Zentimeter im Umkreis der aktiven Substanz beschränkt; in größerem Abstand kann man sie nur unter vermindertem Druck erhalten. Das erklärt sich durch den sehr schnellen Zerfall der Aktiniumemanation, infolge deren sie nicht bis in große Entfernungen von der aktiven Substanz diffundieren kann. Um die Aktivierung zu erhalten, verfährt man meistens in der Weise, daß man die Emanation durch einen Luftstrom von dem Aktinium

dem zu aktivierenden Körper zuführt. Die Messungen von Debierne über die Zerfallskonstante der Aktiniumemanation haben gezeigt, daß, außer in sehr kleinen Abständen vom Aktinium, die induzierte Radioaktivität auf einem festen Körper unter sonst gleichen Umständen proportional der Konzentration der Emanation in seiner Umgebung ist. Die Emanation kann also, ebenso wie beim Radium und Thorium, als die direkte Ursache der induzierten Radioaktivität betrachtet werden.

Ein fester Körper nimmt in Berührung mit Aktiniumemanation von konstanter Konzentration eine induzierte Aktivität an, die in einigen Stunden bis zu einem Grenzwert ansteigt. Entzieht man den aktivierten Körper dann der Wirkung der Emanation, so verschwindet seine Aktivität ebenfalls im Verlauf von einigen Stunden vollständig. Das Gesetz, nach dem die Veränderung der induzierten Aktivität von dem Augenblick an erfolgt, in dem die Berührung mit der Emanation aufgehoben worden ist, hängt von der Expositionszeit ab; aber für alle Expositionszeiten sind die erhaltenen Resultate bei Messung der Totalstrahlung die gleichen wie bei alleiniger Berücksichtigung der durchdringenden Strahlen.

15 Minuten nach Beendigung der Exposition wird das Abklingungsgesetz der induzierten Aktivität in allen Fällen das gleiche, wie groß die Expositionszeit auch gewesen sein mag. Dieses zuletzt erreichte Gesetz ist von Debierne und später von zahlreichen anderen Forschern untersucht worden. Es ist ein einfaches Exponentialgesetz der Form

$$\mathfrak{J} = \mathfrak{J}_0 e^{-\lambda t},$$

wo $\mathfrak{J}_0$ die Intensität in dem Augenblick bedeutet, in dem man die Messungen beginnt, und $\mathfrak{J}$ die Intensität zur Zeit t. Das Exponentialgesetz ist sowohl durch den Koeffizienten λ wie auch durch die Zeit T, welche erforderlich ist, damit die Intensität auf den halben Betrag sinkt, charakterisiert; diese letztere beträgt ungefähr 36 Minuten.

Der Gang der Entwicklung der induzierten Radioaktivität des Aktiniums ist von der Expositionszeit von einer Minute bis zu mehreren Stunden abhängig[1]). Der Einfluß der Expositionszeit ist besonders in den ersten 10 Minuten nach beendeter Exposition

---

[1]) Miss Brooks, Phil. Mag., 1904.

bemerklich. Nach sehr langer Exposition nimmt die Intensität zuerst langsamer ab, als dem zuletzt erreichten Gesetz entsprechen würde; nach sehr kurzer Expositionszeit (weniger als 1 Minute), steigt die im Anfang sehr schwache Intensität zunächst schnell an, erreicht nach ungefähr 9 Minuten ein Maximum und nimmt dann nach dem charakteristischen Grenzgesetz ab. Die zu dazwischen liegenden Expositionszeiten gehörigen Kurven haben Formen, die in der Mitte zwischen den beiden extremen Typen liegen; mit zunehmender Expositionszeit wächst das Verhältnis der Anfangsintensität zur Maximalintensität, und das Maximum verschiebt sich nach dem Anfangspunkt zu (Fig. 83).

Fig. 83.

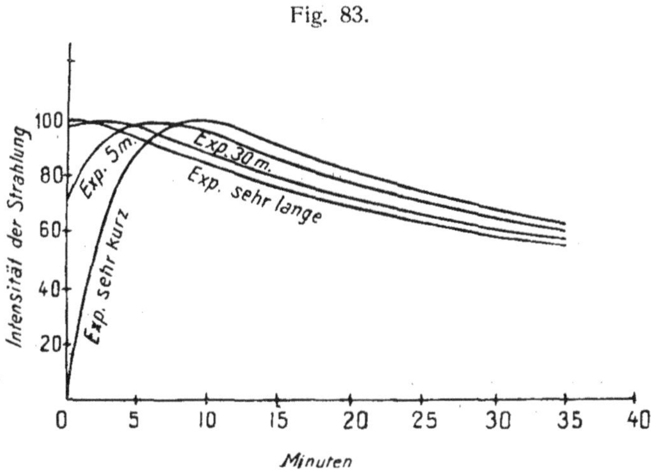

Die auf sehr kurze Expositionszeit bezügliche Kurve ist von B r o n s o n einer genauen Untersuchung unterworfen worden. Sie ist in Fig. 83 wiedergegeben. Das zuletzt erreichte Abklingungsgesetz ist charakterisiert durch

$$T = 35{,}7 \text{ Minuten.}$$

80. **Der Zusammenhang zwischen den induzierten Radioaktivitäten und den Emanationen.** — Wie wir gesehen haben, besteht in allen Fällen eine enge Beziehung zwischen Emanation und induzierter Radioaktivität. Diejenigen radioaktiven Körper, die keine Emanation abgeben (Polonium, Uran), erzeugen auch

keine induzierte Radioaktivität. Die induzierte Radioaktivität entsteht in Gegenwart der Emanation, auch wenn diese von dem Körper, der sie erzeugt hat, getrennt ist; und man kann annehmen, daß ihre Intensität unter sonst gleichen Bedingungen proportional der Menge der anwesenden Emanation ist. Man gelangt so zu dem Schluß, daß die induzierte Radioaktivität direkt aus der Emanation entsteht, wie diese aus dem radioaktiven Körper.

Die bei der Untersuchung der radioaktiven Emanationen erhaltenen Resultate lassen sich einfach durch die Hypothese erklären, daß ein radioaktiver Körper (Radium, Thorium, Aktinium) kontinuierlich und mit konstanter Geschwindigkeit Emanation produziert, welch letztere die Eigenschaft hat, nach einem charakteristischen und unveränderlichen Gesetz zu zerfallen. So bildet sich ein stationäres Gleichgewicht zwischen Produktion und Zerfall, d. h. die Menge der Emanation erreicht einen unveränderlichen Grenzwert, sobald die Produktion durch den Zerfall genau kompensiert wird.

Man kann die Bildung der induzierten Radioaktivität in Gegenwart der Emanation in derselben Weise auffassen. Sorgt man dafür, daß die Konzentration der Emanation und ihre Verteilung im Apparat konstant bleibt, so nimmt die induzierte Radioaktivität einen Endwert an, der ebenfalls konstant bleibt; er wird erreicht, wenn der spontane Zerfall der induzierten Radioaktivität ihre kontinuierliche und konstante Entstehung aus der Emanation gerade kompensiert.

Die Gesetze, nach denen die Veränderung der induzierten Radioaktivität erfolgt, sind komplizierter Natur; ihre eingehende Analyse wird an einer späteren Stelle dieses Werkes folgen.

81. **Die Natur der induzierten Radioaktivitäten.** — Jede Emanation erzeugt eine charakteristische induzierte Radioaktivität, deren Eigenschaften weder von der Natur der aktivierten Substanz, noch von der Intensität der Aktivierung abhängig sind. Es hat also den Anschein, als wenn die Aktivierung in einem wirklichen Niederschlag von aktiver Substanz auf der aktivierten Oberfläche bestände.

Andererseits ist die Aktivierung weder mit einer sichtbaren Veränderung der aktivierten Oberfläche, noch mit einer Gewichtsvermehrung des aktivierten Körpers verbunden. Der aktive Niederschlag verhält sich also wie eine Substanz, die sich in unendlich kleiner Menge auf der aktiven Oberfläche befindet.

Diese Anschauungsweise läßt sich durch verschiedene Versuche stützen. Entfernt man z. B. durch Reiben eine sehr dünne Schicht von der Oberfläche einer aktivierten Metallplatte, so verschwindet gleichzeitig die Aktivität vollkommen oder wenigstens zum großen Teile. Sie befindet sich dann konzentriert in dem abgeriebenen Teile der Substanz, und man kann auf diese Weise eine starke induzierte Aktivität auf einer kleinen Menge inaktiver Substanz erhalten.

Die aktiven Niederschläge können auch nach einem anderen Verfahren konzentriert werden. Wäscht man eine aktivierte Metallfläche mit Wasser, so erleidet die induzierte Aktivität im allgemeinen keine beträchtliche Änderung; wäscht man dagegen mit verdünnten oder konzentrierten Säuren, so lösen sich die aktiven Niederschläge auf. Verdampft man eine solche Lösung zur Trockne, so ist der Rückstand stark aktiv; er enthält die gesamte in Lösung gegangene Aktivität in konzentriertem Zustande. Rutherford[1]) hat gefunden, daß der aktive Niederschlag des Thoriums in verdünnter oder konzentrierter Schwefelsäure, Salzsäure und Flußsäure löslich ist, viel weniger in Salpetersäure, und daß die Abklingung seiner Aktivität in Lösung nach demselben Gesetz wie in festem Zustande erfolgt. Verdampft man in gleichen Zeitintervallen gleiche Volume der Lösung, so ist die Aktivität des Rückstandes die gleiche, wie wenn der aktive Niederschlag auf dem aktivierten Körper geblieben wäre.

In einer eingehenden Untersuchung hat v. Lerch[2]) nachgewiesen, daß die aktiven Niederschläge des Radiums und Aktiniums in Säuren löslich sind. In Alkohol und Äther sind sie unlöslich. Ist der aktive Niederschlag, der sich auf einem Metall befunden hatte, in Lösung gegangen, so enthält die Lösung auch eine gewisse Menge des Metalles; fällt man dann das Metall durch ein

---

[1]) Rutherford, Phys. Zeitschr. 3, S. 254. 1902.

[2]) v. Lerch, Ann. d. Phys. 12, S. 745. 1903.

geeignetes chemisches Reagens wieder aus, so geht die Aktivität im allgemeinen mit in den Niederschlag. Sie wird auch von Fällungen verschiedener Substanzen mitgerissen; fügt man z. B. zu der aktiven Lösung eine Lösung von Bariumchlorid und fällt das Barium mit Schwefelsäure aus, so erhält man ein stark aktives Bariumsulfat.

Der aktive Niederschlag läßt sich der Lösung auch auf elektrolytischem Wege entziehen. Elektrolysiert man die aktive Lösung, so schlägt er sich im allgemeinen auf der Kathode nieder. Ebenso schlägt er sich auf Metallen, welche man in die Lösung eintaucht, nieder; gewisse Metalle lassen sich auf diese Weise aktivieren, andere dagegen bleiben inaktiv. Aus diesen Versuchen geht hervor, daß die aktiven Niederschläge die Eigenschaften von Metallen haben. Es ist jedoch auch möglich, die Anode durch Elektrolyse zu aktivieren, besonders wenn das Anion gebunden wird; in einer salzsauren Lösung des aktiven Niederschlags von Thorium wird eine Silberanode stark aktiv, und ihre Aktivität klingt nach dem normalen Gesetz ab.

Es hat also den Anschein, als ob die aktiven Niederschläge Substanzen wären, denen man bestimmte chemische Eigenschaften zuschreiben kann. Entfernt man jedoch den aktiven Niederschlag durch Elektrolyse oder durch Fällung auf einem Metall aus der Lösung, so zeigt die so gewonnene induzierte Aktivität manchmal ein Abklingungsgesetz, das von dem normalen stark abweicht. Alle beobachteten Anomalien lassen sich jedoch erklären, wenn man jedem aktiven Niederschlag eine komplexe Natur zuschreibt und ihn als aus verschiedenen Substanzen zusammengesetzt betrachtet, deren jede ihr eigenes Entwicklungsgesetz hat, und die durch chemische Operationen voneiander getrennt werden können.

82. **Der Einfluß der Temperatur auf die induzierte Radioaktivität.** — Wird ein aktivierter Körper schwach erhitzt, so erleidet seine Aktivität keine merkbare Veränderung. Durch Erhitzen auf hohe Temperatur wird dagegen die induzierte Radioaktivität sehr stark beeinflußt. Ein durch Thorium aktivierter Platindraht kann z. B. seine Aktivität durch Erhitzen auf sehr hohe Temperatur fast vollständig verlieren.

Es hat sich herausgestellt, daß es sich hierbei nicht um eine

Zerstörung der induzierten Radioaktivität, sondern um eine Verdampfung handelt[1]). Die Aktivität verläßt den erhitzten Körper und geht auf benachbarte kalte Körper über. Erhitzt man z. B. einen in der Achse eines zylindrischen Rohres befindlichen aktivierten Draht durch einen elektrischen Strom auf hohe Temperatur, so destilliert die Aktivität von dem Draht auf die Innenwand des Zylinders über. Schickt man während des Erhitzens einen Luftstrom durch das Rohr, so wird der auf die Wandung übergehende Teil der Aktivität geringer. Ein durch Thorium aktivierter Draht verliert 99 Prozent seiner Aktivität, wenn man ihn nur eine halbe Minute auf 1460° erhitzt[2]).

Die Verdampfung der induzierten Radioaktivität hat den Gegenstand zahlreicher Untersuchungen gebildet. P. Curie und Danne[3]) haben gefunden, daß der Effekt der Erhitzung nicht nur in einem teilweisen Übergang der Aktivität von dem heißen Körper auf einen kalten Körper besteht, sondern daß außerdem das Abklingungsgesetz der überdestillierten und der auf dem aktivierten Körper zurückbleibenden Aktivität nicht das gleiche ist; sie haben gezeigt, daß sich diese Erscheinung durch die Annahme erklären läßt, daß die verschiedenen Bestandteile des aktiven Niederschlages sich durch Destillation teilweise trennen lassen. Dieser Weg zur Analyse der aktiven Niederschläge ist häufig benutzt worden.

83. **Der Einfluß eines elektrischen Feldes auf den Niederschlag der induzierten Radioaktivität.** — Die induzierte Radioaktivität des Thoriums schlägt sich, wie Rutherford beobachtet hat, mit Vorliebe auf negativ geladenen Körpern nieder. Eine Metallhülse B (Fig. 84), in die eine isolierte Elektrode C eingeführt ist, enthält Thoriumoxyd. Wenn keine Potentialdifferenz zwischen der Gefäßwand und der Elektrode besteht, so werden beide aktiv; erzeugt man aber ein elektrisches Feld in dem Gefäß, indem man die Wand mit dem positiven und die Elektrode mit dem negativen Pol einer Batterie von 300 Volt verbindet, so konzentriert sich die induzierte Aktivität vollständig auf der nega-

[1]) Miss Gates, Phys. Rev., 1903, S. 300.
[2]) v. Lerch, Ann. d. Phys., 12, S. 745. 1903.
[3]) Curie und Danne, Comptes rendus 138, S. 748. 1904.

tiven Elektrode[1]). Man kann auf diese Weise einen aktivierten Draht herstellen, dessen Aktivität bei gleicher Oberfläche 10000 mal größer als die des verwendeten Thoriumoxyds ist. Ist die zentrale Elektrode positiv geladen, so aktiviert sie sich nicht merklich.

Fig. 84.

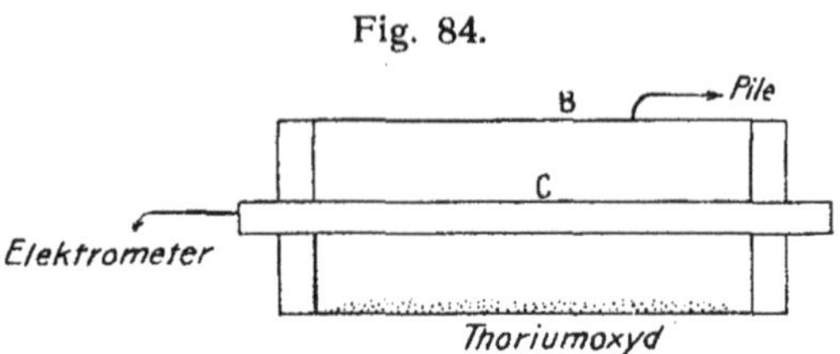

Derselbe Versuch läßt sich auch mit der induzierten Aktivität des Radiums ausführen; man braucht nur Radiumemanation in das Gefäß B zu bringen. Die Konzentrierung der induzierten Radioaktivität auf der Kathode ist jedoch in diesem Falle weniger vollständig, und auch eine positive Elektrode kann induzierte Radioaktivität aufnehmen, wenn auch in viel geringerem Grade.

Debierne hat gefunden, daß die induzierte Aktivität des Aktiniums sich ebenfalls auf der Kathode konzentriert.

Wenn das elektrische Feld nicht stark ist, so wandert nur ein weniger großer Bruchteil der Radioaktivität nach der Kathode. Bei den Versuchen mit Thoriumoxyd war das Gefäß B ein Zylinder von 5,5 cm Durchmesser. Wenn die Potentialdifferenz V zwischen der Gefäßwand und der Elektrode 50 Volt betrug, so konzentrierte sich die Aktivität zum größten Teil auf der Elektrode. Bei $V = 3$ Volt wanderte eine Hälfte des aktiven Niederschlags nach der Elektrode, die andere Hälfte nach der Gefäßwand. Bei $V = 0$ nahm die Elektrode nur 13 Prozent der gesamten induzierten Radioaktivität auf. In allen Fällen blieb, wenn der stationäre Zustand erreicht war, die Summe der induzierten Aktivitäten auf der Elektrode und der Wand konstant; das Feld beeinflußt also nur die Verteilung der induzierten Radioaktivität, läßt aber die entstehende Menge unverändert. Das Vorhandensein eines elektrischen Feldes während der Aktivierung übt auch, wenigstens in erster Annäherung, keinen Einfluß auf das Gesetz aus, nach dem sich

[1]) Rutherford, Die Radioaktivität, S. 304.

die induzierte Radioaktivität nach beendigter Exposition weiter verändert.

Unter vermindertem Druck beobachtet man ein anderes Verhalten[1]). So bleibt beim Thoriumoxyd der Bruchteil der induzierten Radioaktivität, der sich auf der zentralen Kathode sammelt, nahezu konstant für Drucke zwischen Atmosphärendruck und 1 cm Quecksilber. Sinkt der Druck im Gefäß aber unter diesen Betrag, so wird der zur Kathode wandernde Teil geringer und beträgt bei 0,1 mm Quecksilber nur noch einen geringen Bruchteil des ursprünglichen Wertes. Die induzierte Aktivität erscheint dann auf den Wänden des Gefäßes, selbst in einem starken Felde.

Aus diesen Versuchen hat man geschlossen, daß die Moleküle des aktiven Niederschlages, die sich in dem emanationhaltigen Gase bilden, eine positive Ladung besitzen oder von positiv geladenen Trägern transportiert werden. Diese Träger folgen in ihrer Bewegung den elektrischen Kraftlinien und konzentrieren sich an den Ecken und Kanten der Kathode, falls diese die Form einer Platte hat[2]).

Nach den gegenwärtigen Theorien der Radioaktivität stammen die Moleküle der aktiven Niederschläge von denen der Emanationen. Die Emanationen senden außerdem α-Strahlen aus, d. h. positiv geladene Teilchen von großer Geschwindigkeit. Die Masse eines α-Teilchens ist nach neueren Arbeiten gleich der eines Heliumatoms, während die Masse eines Moleküls der Emanation bedeutend größer ist. Den Rest, der nach Emission eines α-Teilchens von dem Molekül der Emanation übrig bleibt, betrachtet man als ein Molekül des aktiven Niederschlages. Dieses muß bei der Ausstoßung des α-Teilchens eine entsprechende Rückstoßbewegung erfahren, d. h. es wird selbst fortgeschleudert; seine Geschwindigkeit muß jedoch viel geringer sein als die des α-Teilchens, und deshalb wird es sehr schnell von den Molekülen des umgebenden Gases aufgehalten, wenn dieses unter Atmosphärendruck steht. Falls das Molekül nicht geladen ist, so erfährt es von diesem Moment an nur noch eine Diffusionsbewegung, ist es dagegen geladen, so unterliegt es außerdem der Wirkung eines elektrischen Feldes.

---

[1]) Rutherford, Phil. Mag., 1900.

[2]) Fehrle, Phys. Zeitschr. 3, S. 130. 1902.

In einem Gase unter geringem Druck kann der Vorgang anders verlaufen. Die fortgeschleuderten Moleküle des aktiven Niederschlages können dann die Gefäßwände erreichen, ohne von den Gasmolekülen aufgehalten zu werden, und ihre Geschwindigkeit könnte in diesem Falle genügend groß bleiben, um sie gegen die Wirkung des elektrischen Feldes unempfindlich zu machen.

Es bliebe nun noch zu erklären, wie ein Molekül des aktiven Niederschlages zu einer positiven Ladung kommen kann. Es erscheint sogar von vornherein wenig wahrscheinlich, daß der Rest, der von einem ungeladenen Emanationsmolekül nach Ausstoßung eines positiv geladenen α-Teilchens übrig bleibt, eine ebenfalls positive Ladung besitzen könne. Hierin liegt jedoch keine wesentliche Schwierigkeit, denn wie wir sehen werden, ist die Emission eines α-Teilchens im allgemeinen von einer Emission negativer Ladungen begleitet, welche von Elektronen sehr geringer Geschwindigkeit getragen werden. Unsere Kenntnisse über die Aussendung elektrischer Ladungen von den radioaktiven Körpern sind gegenwärtig in quantitativer Hinsicht noch zu unvollständig, als daß man bestimmte Schlüsse daraus ziehen könnte. Außerdem darf man nicht außer acht lassen, daß das Gas, innerhalb dessen die Emission der Moleküle des aktiven Niederschlages stattfindet, stark ionisiert ist und freie positive und negative elektrische Ladungen enthält. Jedes Gasion kann in der Weise wirken, daß es sowohl die Teilchen, die mit entgegengesetztem Vorzeichen geladen sind, als auch ungeladene Teilchen anzieht, falls deren Geschwindigkeit nicht zu groß ist. So könnte die Ladung eines Teilchens des aktiven Niederschlages von diesem unter gewissen Umständen in dem umgebenden Gase erworben werden.

Rutherford[1]) hat versucht, die Beweglichkeit der Träger des aktiven Niederschlages von Thorium und Radium zu bestimmen. Er bediente sich dabei folgender Methode: Die Emanation ist zwischen den parallelen Platten A und B (Fig. 85) homogen verteilt; der Plattenabstand ist gleich d. Wird eine alternierende Spannung E_0 an die Platten angelegt, so schlagen sich auf beiden Platten gleiche Mengen induzierter Radioaktivität nieder. Schaltet man eine konstante elektromotorische Kraft E, deren absoluter

[1]) Rutherford, Phil. Mag., 1903.

Betrag kleiner als E_0 ist, in Serie mit der alternierenden, so ist das Feld zwischen den Platten abwechselnd von A nach B oder von B nach A gerichtet.

Während einer halben Periode hat das Feld die Intensität $\frac{E_0 + E}{d}$ und die Richtung AB, während der folgenden halben Periode hat es die Intensität $\frac{E_0 - E}{d}$ und die Richtung BA. Nimmt man an, daß die Geschwindigkeit u eines Trägers des aktiven Niederschlages proportional der Feldstärke h ist, so daß $u = kh$ ist, wo k die Beweglichkeit bedeutet, so muß sich der Träger während

Fig. 85.

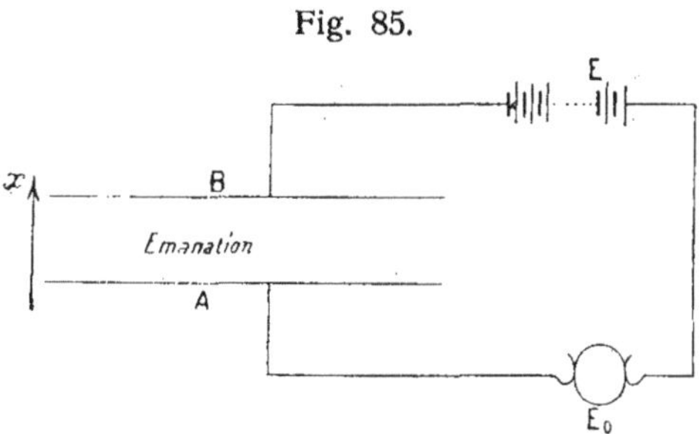

zweier aufeinander folgender Halbperioden mit ungleicher Geschwindigkeit bewegen, und die induzierte Aktivität muß sich ungleichmäßig zwischen den beiden Platten verteilen. Ist die Wechselzahl groß genug, so können nur diejenigen Träger, die sich in geringem Abstande von der Elektrode A befanden, diese erreichen, während alle anderen der Elektrode B zugeführt werden.

Die Dauer einer halben Periode sei T, x_1 der in der Zeit T bei der Feldstärke h_1 und x_2 der während der gleichen Zeit bei der Feldstärke h_2 durchlaufene Weg:

$$x_1 = kh_1 T, \qquad x_2 = kh_2 T.$$

Die von der Elektrode A während der Zeit 2T aufgenommenen Träger können in zwei Gruppen eingeteilt werden:

1. Die erste Gruppe umfaßt die Hälfte der Träger, die während der Zeit T bei der Feldrichtung BA in der an die Platte A grenzenden Gasschicht von der Dicke x_2 entstanden sind. Die Anzahl

dieser Träger pro Flächeneinheit der Elektrode ist gleich $\frac{1}{2}nx_2\mathrm{T}$, wenn n die Produktion pro Kubikzentimeter bedeutet.

2. Die zweite Gruppe wird von denjenigen Trägern gebildet, die am Ende der vorhergehenden Halbperiode in derselben Gasschicht übrig geblieben sind; ihre Zahl kann auf folgende Weise bestimmt werden: In einer Schicht von der Dicke dx, im Abstand x von der Platte A, werden pro Einheit der Zeit und der Fläche ndx Träger gebildet. Der Weg, den sie während der Zeit T zurücklegen, ist kleiner als $x_2 - x$, falls der Augenblick ihrer Entstehung t, vom Beginn der Periode an gerechnet, der Bedingung genügt

$$\mathrm{T} - t < \frac{x_2 - x}{kh_1}.$$

Der Abstand x_2 wird also von denjenigen Trägern nicht überschritten, die sich in der betrachteten Schicht während der Zeit $\frac{x_2 - x}{kh_1}$ bilden; ihre Zahl beträgt $\frac{n(x_2 - x)}{kh_1}dx$, und ihre Zahl in der ganzen Schicht von der Dicke x_2 ist gleich

$$\int_0^{x_2} \frac{n(x_2 - x)\,dx}{kh_1} = \frac{n}{kh_1}\frac{x_2^2}{2} = \frac{n}{2}\frac{x_2^2}{x_1}\mathrm{T}.$$

Folglich ist die Anzahl der Träger, die in der Zeit 2T von der Platte A aufgenommen werden, gleich

$$\frac{n}{2}\mathrm{T}x_2\left(1 + \frac{x_2}{x_1}\right) = \frac{n}{2}\mathrm{T}x_2\frac{x_2 + x_1}{x_1}.$$

Das Verhältnis ϱ dieser Zahl zu der Gesamtzahl $2nd\mathrm{T}$ der produzierten Teilchen ergibt sich zu

$$\varrho = \frac{1}{4}\frac{x_2(x_1 + x_2)}{x_1 d}$$

oder

$$\varrho = \frac{1}{2}\frac{\mathrm{E}_0(\mathrm{E}_0 - \mathrm{E})k\mathrm{T}}{d^2(\mathrm{E}_0 + \mathrm{E})},$$

daraus folgt

$$k = \frac{2\varrho d^2(\mathrm{E}_0 + \mathrm{E})}{\mathrm{T}\,\mathrm{E}_0(\mathrm{E}_0 - \mathrm{E})}.$$

Ist ϱ experimentell bestimmt, so kann man k berechnen. Die Theorie setzt voraus, daß nur die geladenen Träger an der

Aktivierung teilnehmen, und daß sie keine merkliche Wiedervereinigung erleiden.

Für den aktiven Niederschlag des Thoriums wurden folgende Resultate erhalten:

$E_0 + E$	$E_0 - E$	Periodenzahl pro Sek.	ϱ	k	
152	101	57	0,27	1,25	d = 1,3 cm
225	150	57	0,38	1,17	
300	200	57	0,44	1,24	
273	207	44	0,37	1,47	d = 2 cm
300	200	53	0,286	1,45	

Im Mittel aus verschiedenen Versuchen ergab sich für die Beweglichkeit die Zahl $k = 1{,}3 \frac{\text{cm}}{\text{sec}}$ für ein Feld von 1 Volt pro cm bei gewöhnlicher Temperatur und Atmosphärendruck. Die positiven Ionen, die durch Röntgenstrahlen in Luft erzeugt werden, besitzen eine ähnliche Beweglichkeit.

Die Versuche mit dem aktiven Niederschlag des Radiums ergaben weniger befriedigende Resultate, infolge der Aktivierung der positiven Elektrode. Die Beweglichkeit der Teilchen scheint jedoch nahezu die gleiche zu sein, wie bei dem aktiven Niederschlag des Thoriums.

Bei Versuchen über den letzteren hat Henning[2]) gefunden, daß die Kurve, die die Größe des Bruchteils der induzierten Aktivität, der sich auf die Kathode niederschlägt, als Funktion der herrschenden Potentialdifferenz darstellt, große Ähnlichkeit mit der Kurve zeigt, die die Abhängigkeit der Stromstärke in einem ionisierten Gas von der Potentialdifferenz angibt.

Schmidt[1]) hat ähnliche Versuche mit dem aktiven Niederschlag des Radiums ausgeführt. Untereinander gleiche Elektroden wurden nacheinander in demselben Kondensator, der immer die gleiche Menge Emanation enthielt, aktiviert; die Expositionszeit

[1]) Henning, Ann. d. Phys. 7, S. 562. 1902.

[2]) Schmidt, Phys. Zeitschr., 1908.

betrug immer 5 Minuten; die Potentialdifferenz V zwischen der Elektrode und der äußeren Belegung variierte zwischen 0 und 440 Volt, wobei die Elektrode als Kathode diente. Nach beendigter Exposition wurde die Elektrode entfernt und 25 Minuten später ihre Aktivität $\mathfrak{I}$ gemessen, da der Strom dann während einer für die Messungen hinreichenden Zeit annähernd konstant blieb. Die erhaltenen Werte zeigten keine besonders gute Übereinstimmung; indessen ließ sich die Kurve $\mathfrak{I} = f(V)$ konstruieren und erkennen, daß ihre Form sehr wenig von derjenigen abweicht, die die Stromstärke in einem ionisierten Gas als Funktion der Spannung darstellt.

Diese Resultate machen es wahrscheinlich, daß die positiv geladenen Träger des aktiven Niederschlags eine Beweglichkeit besitzen, die der der positiven Ionen nahe liegt, und daß sie ferner, wie diese letzteren, eine Wiedervereinigung erfahren können, d. h. daß ein Teilchen nur kurze Zeit lang positiv geladen bleibt.

Negativ geladene Träger des aktiven Niederschlags scheinen nicht in merklicher Menge im Gase vorhanden zu sein. Ein auf ein Potential von + 440 Volt geladener Draht nimmt nur 2 Prozent der Aktivität an, die er bei einem Potential von — 440 Volt erwerben würde.

Die Abhängigkeit der Verteilung der induzierten Aktivität des Radiums in einem starken elektrischen Felde von dem Gasdruck p ist von Russ[1]) untersucht worden. Die Aktivität der Anode verändert sich mit dem Druck wenig; sie nimmt mit steigendem Druck ein wenig ab. Die Aktivität der Kathode wächst mit dem Druck, zuerst, bei Drucken zwischen 0,01 mm und 1 mm Quecksilber, schnell, später langsamer; bei ungefähr 5 cm Quecksilber wird ein Grenzwert erreicht. Auch bei den niedrigsten verwendeten Drucken zeigt sich die Kathode stärker aktiv als die Anode, aber das Verhältnis der Aktivitäten, das bei $p = 0{,}01$ mm gleich 2 ist, wird gleich 20 für $p = 1$ mm und wächst bei höheren Drucken noch über diesen Betrag hinaus.

In Wasserstoff sind die Aktivitäten der Anode und der Kathode einander gleich und bleiben bei Drucken zwischen 0,1 mm und 1 mm konstant.

---

[1]) Russ, Phil. Mag., 1908.

Analoge Versuche sind mit den aktiven Niederschlägen des Thoriums und Aktiniums ausgeführt worden. Die Aktivierung geschah in einem horizontal liegenden zylindrischen Gefäße, die aktive Substanz befand sich in einer in der Mitte der Wand angebrachten Vertiefung. Zwei isolierte Elektroden waren an den beiden Enden in den Zylinder eingeführt; sie waren an die beiden Pole einer Batterie angeschlossen, deren Mitte mit der Gefäßwand verbunden war. Bei den Versuchen mit Thorium wurde bei $p =$ 1 Atm. die Kathode 200 mal, bei $p = 2$ mm nur 25 mal stärker aktiv als die Anode, deren Aktivität sich nicht wesentlich veränderte.

Bei dem aktiven Niederschlag des Aktiniums stieg das Verhältnis der von der Kathode angenommenen Aktivität zu der der Anode von 2 auf 22, wenn der Druck von einer Atmosphäre auf 2 mm Quecksilber sank; die Aktivität der Anode blieb dabei annähernd unverändert. Dieses unerwartete Resultat gab Anlaß zu einer eingehenderen Untersuchung, die gezeigt hat, daß im Falle des Aktiniums das Verhältnis der Aktivitäten der Elektroden wesentlich vom Abstand von der aktiven Substanz abhängt; es ist z. B. gleich 5, wenn die Elektroden 4 cm von dem Aktinium entfernt sind, wird aber gleich 100 bei einem Abstand von 2 mm.

84. **Der Mechanismus der Ablagerung der induzierten Radioaktivität. Die Ausstoßung des aktiven Niederschlages.** — Wenn der aktive Niederschlag aus Teilchen fester Substanz besteht, die von der Emanation ausgestoßen werden, so können diese zu festen Wänden entweder infolge ihrer Anfangsgeschwindigkeit direkt gelangen, oder aber sie werden zuerst von dem Gase aufgehalten und diffundieren dann nach den Wänden, welche sie festzuhalten vermögen. In beiden Fällen kann der Abstand, aus dem die Teilchen des aktiven Niederschlages zu einer festen Wand gelangen können, nicht unbeschränkt groß sein. Einerseits können die fortgeschleuderten Teilchen in dem Gase nur eine begrenzte Weglänge durchlaufen; andererseits können sie auch bei der Diffusionsbewegung wegen der Geschwindigkeit ihres Zerfalls nicht über große Entfernungen gelangen.

Die Untersuchung des Einflusses, den ein elektrisches Feld auf die Verteilung der induzierten Aktivität ausübt, hat uns zu der Annahme geführt, daß die Teilchen des aktiven Niederschlages infolge der Rückstoßwirkung bei der Ausstoßung der α-Teilchen fortgeschleudert werden. Die Masse eines α-Teilchens ist gleich derjenigen eines Heliumatoms, die Masse eines Moleküls der Emanation ist dagegen mindestens von der Größenordnung 100; nach dem Satz von der Erhaltung der Bewegungsgröße ist daher die Geschwindigkeit des ausgeschleuderten Restatoms sicher kleiner als $^1/_{25}$ der Geschwindigkeit des α-Teilchens und seine Energie kleiner als derselbe Bruchteil der Energie des letzteren. Es läßt sich also voraussehen, daß das Durchdringungsvermögen des Restatoms sehr gering sein muß, daß also dieses Atom von den Molekülen des umgebenden Gases sehr schnell aufgehalten werden muß. Bekanntlich haben auch die positiven Strahlen in Crookesschen Röhren, deren Energie von derselben Größenordnung ist, ein sehr geringes Durchdringungsvermögen und werden selbst in Gasen unter vermindertem Druck schnell absorbiert. In Übereinstimmung hiermit hat der Versuch ergeben, daß die Teilchen radioaktiver Substanz nur in Gasen unter sehr geringem Druck bis zu merkbaren Entfernungen fortgeschleudert werden können. In Gasen von Atmosphärendruck verlieren sie ihre Geschwindigkeit, bleiben aber fähig, entweder durch Diffusion oder, falls sie geladen sind, unter der Wirkung eines elektrischen Feldes ziemlich große Strecken zu durchlaufen.

Die ausgestoßenen Teilchen können nicht allein von der Emanation, sondern auch von dem auf einer festen Platte befindlichen aktiven Niederschlage ausgehen; denn dieser kann ja der Sitz radioaktiver Umwandlungen sein: Gewisse derartige Umwandlungen sind von der Emission von α-Teilchen begleitet, z. B. die des Radiums A in Radium B. In anderen Fällen werden nur β-Teilchen oder negative Elektronen emittiert, so z. B. bei der Umwandlung des Radiums B im Radium C. Da die Bewegungsgröße eines α-Teilchens im allgemeinen viel größer ist, als die eines Elektrons, so ist im letzteren Falle die Rückstoßbewegung bedeutend schwächer, und es ist schwerer, sie nachzuweisen. Befindet sich die Platte in einem Gase von Atmosphärendruck, so werden die ausgestoßenen Teilchen in unmittelbarer Nachbarschaft der Platte von demselben absorbiert; da sie nun im allgemeinen eine positive Ladung tragen, kehren sie infolge der elektrostatischen Anziehung zu der Platte zurück. Ist diese jedoch ebenfalls positiv geladen, so werden die geladenen Teilchen von dem elektrischen Feld in größere Entfernungen fortgeführt. Es kann auch der Fall eintreten, daß ein mit positiver Ladung ausgestoßenes Teilchen seine Ladung durch Neutralisation verliert, und zwar geschieht dies besonders leicht dann, wenn das Gas stark ionisiert ist. Ein auf diese Weise in den neutralen Zustand übergeführtes Teilchen erfährt keine elektrostatische Anziehung mehr von seiten der Platte, kann sich aber noch in dem Gase bewegen und an einer festen Wand haften bleiben, vielleicht infolge einer Kohäsionswirkung. Der so stattfindende Transport des aktiven Niederschlages ist weniger bedeutend als der durch ein elektrisches Feld bewirkte, er scheint aber doch zu existieren, und so ist wahrscheinlich die scheinbare Verflüchtigung des Radiums B bei gewöhnlicher Temperatur zu erklären (siehe § 179). Die Bewegung von Teilchen, welche ihre Geschwindigkeit, aber nicht ihre Ladung verloren haben, im elektrischen Felde ist bei mehreren Bestandteilen der aktiven Niederschläge des Radiums, Thoriums und Aktiniums festgestellt worden (Kapitel XIII, XIV und XV).

Folgender Versuch[1]) beweist, daß der von einer aktivierten Platte fortgeschleuderte aktive Niederschlag in Luft unter Atmosphärendruck eine Entfernung von 1 mm nicht überschreiten kann. Eine 10 Minuten lang stark aktivierte Platte wurde unmittelbar nach beendigter Aktivierung einer inaktiven Platte gegenübergestellt. Ein schneller Luftstrom strich zwischen den Platten hindurch. Unter diesen Umständen war kein Transport von induzierter Aktivität zu beobachten; nur diejenigen Teilchen hätten die gegenüberstehende Platte erreichen können, die nach Ausstoßung von der aktiven Platte in der Luft einen Weg von 1 mm ohne Absorption durchlaufen hätten.

In Gasen unter einem Druck von weniger als 0,01 mm Quecksilber ist durch Russ und Makower[2]) die Ausstoßung von Teilchen nachgewiesen worden. Sie arbeiteten mit durch flüssige Luft verdichteter Emanation und mit aktivierten Platten. Die Emanation wurde auf dem Boden eines vertikalen Glasrohres ver-

---

[1]) Debierne, Le Radium, 1909.

[2]) Russ und Makower, Proc. Roy. Soc., 1909.

dichtet; wenn die Verdichtung so vollständig wie möglich erreicht war, wurde ein sehr vollkommenes Vakuum hergestellt; dann ließ man wieder Luft eintreten und führte eine Scheibe in variablem Abstande von der Emanation in das Rohr ein; darauf wurde dieses von neuem sehr gut evakuiert. Nach einiger Zeit wurde die von den beiden Seiten der Scheibe angenommene Aktivität gemessen; es zeigte sich, daß die Aktivität der der Emanation zugekehrten Seite bis zu 50 mal größer als die der abgewandten war. Der Überschuß an Aktivität wurde dem durch Strahlung zu der Scheibe gelangten aktiven Niederschlag zugeschrieben. Bei diesen Versuchen verwendet man zweckmäßig möglichst geringe Mengen von Emanation, weil diese sonst nicht vollständig verdichtet bleibt und sich um so mehr in dem Rohr ausbreitet, je größer ihre Menge ist. Die der Scheibe mitgeteilte Aktivität verminderte sich annähernd im umgekehrten Verhältnis zum Quadrat des Abstandes von der verdichteten Emanation; sie wurde auch mit steigendem Gasdruck geringer. Der Gang dieser letzteren Verminderung gestattete den Absorptionskoeffizienten der Strahlung im Gase annähernd zu berechnen; er ist in Luft unter einem Drucke von 1 mm ungefähr gleich 0,5, bei Atmosphärendruck würde demnach die Strahlung auf einem Wege von ungefähr 0,1 mm vollständig absorbiert werden.

Die Zusammensetzung des von der Scheibe aufgenommenen aktiven Niederschlages kann aus der Veränderung erkannt werden, die die Aktivität nach beendigter Exposition mit der Zeit erfährt. Es zeigt sich, daß das Abklingungsgesetz nach langer Exposition wesentlich von demjenigen abweicht, das man beobachtet, wenn die Aktivierung durch Emanation unter den gewöhnlichen Bedingungen ausgeführt wird; der Unterschied läßt sich dadurch erklären, daß die Scheibe sowohl Radium A, wie Radium B aufnimmt, während eine in der gewöhnlichen Weise aktivierte Platte im allgemeinen unmittelbar nur Radium A empfängt. Die Ausstoßung von Radium B und Radium C durch eine aktivierte Platte wurde mit der gleichen Versuchsanordnung ebenfalls beobachtet. Solange die Platte Radium A enthält, wird Radium B und Radium C emittiert. Nachdem das Radium A verschwunden ist, findet nur noch Ausstoßung von Radium C statt; es gelangt dann nur eine einzige radioaktive Substanz zu der Scheibe; in diesem

Falle klingt die Aktivität nach beendigter Exposition nach dem einfachen Exponentialgesetz ab, das für den Zerfall des Radiums C charakteristisch ist (Halbierungszeit 19,5 Minuten).

85. **Die Ausbreitung des aktiven Niederschlages durch Diffusion.** — Nach den Versuchen von P. Curie und Debierne hängt die Aktivität, die eine der Berührung von Radiumemanation ausgesetzte Platte in einer gegebenen Zeit annimmt, von dem freien Raum ab, der sich vor der Platte befindet, und wächst in erster Annäherung der Größe dieses Raumes proportional. Diese Versuche waren in Luft von Atmosphärendruck angestellt worden und bezogen sich auf Plattenabstände von 1 mm bis zu 3 cm. Der Übergang des aktiven Niederschlages aus dem Gas auf die Platte kann nach dem oben Gesagten bei solchen Entfernungen nicht eine unmittelbare Folge der Ausstoßung der Teilchen sein. Diese bleiben unter den genannten Bedingungen in dem Gase. Falls die Platte eine absorbierende Wirkung auf sie ausübt, ist ihre Konzentration in unmittelbarer Nähe derselben gleich null; infolgedessen tritt eine Diffusionsbewegung nach der Platte hin ein, so daß die in einer gewissen Entfernung innerhalb des Gases entstandenen Teilchen die Platte erreichen und von ihr absorbiert werden können. Die wahrscheinlichste Ursache dieses Diffusionsvorganges ist die von der Platte auf die elektrisch geladenen Teilchen ausgeübte elektrostatische Anziehung. Es läßt sich jedoch voraussehen, daß die Teilchen, die in zu großem Abstande von der Platte entstanden sind, diese nicht erreichen können, da sie vorher zerfallen. Die Entfernung, aus der der aktive Niederschlag zu der Platte gelangen kann, hängt also von der Diffusionsgeschwindigkeit der Teilchen und von ihrer mittleren Lebensdauer ab.

Das Gesetz, nach dem die Stärke der Aktivierung einer Platte von dem vor ihr befindlichen freien Raume abhängt, ist von Debierne[1]) untersucht worden. Er hat die erhaltenen Resultate mit denen verglichen, die unter der Voraussetzung zu erwarten sind, daß die diffundierenden Teilchen alle von gleicher Art und daß sie nur der Diffusionsbewegung und ihrem spontanen Zerfall unterworfen seien. Die erste dieser Annahmen ist berechtigt, wenigstens in erster Annäherung, denn obwohl das Gas

[1]) Debierne, Le Radium, 1909.

ohne jeden Zweifel Radium A, Radium B und Radium C enthält, so scheinen doch fast ausschließlich die Teilchen des Radiums A von der Platte absorbiert zu werden.

Betrachten wir die Diffusion zwischen zwei parallelen Platten, deren Abstand a im Verhältnis zu ihren Dimensionen klein ist; x sei die Entfernung von der einen der Platten, n die Konzentration der Teilchen in dieser Entfernung, λ ihr Zerfallskoeffizient, D der Diffusionskoeffizient und q die Anzahl der pro Zeit- und Volumeneinheit gebildeten Teilchen. In einem Volumenelement, dessen Basis ds parallel zu der Platte und dessen Höhe dx ist, ist die Anzahl der pro Zeiteinheit gebildeten Teilchen $q\,dx\,ds$, die Zahl der in der gleichen Zeit zerfallenden Teilchen ist gleich $\lambda n\,dx\,ds$, und der Überschuß der in das Volumelement eintretenden Teilchen über die austretenden ist gleich $\mathrm{D}\frac{d^2n}{dx^2}ds\,dx$ (siehe § 62). Bleibt die Konzentration der Emanation konstant, so stellt sich ein stationärer Zustand ein, und die Konzentration der Teilchen des aktiven Niederschlags bleibt ebenfalls stationär. Es gilt dann folgende Gleichung:

$$\mathrm{D}\frac{d^2n}{dx^2}+q-\lambda n=0.$$

Durch Integration erhält man unter Berücksichtigung der Grenzbedingungen ($n=0$ für $x=0$ und für $x=a$) folgende Formel:

$$n=\frac{q}{\lambda}\left(1-\frac{e^{mx}+e^{m(a-x)}}{1+e^{ma}}\right),$$

wo

$$m=\sqrt{\frac{\lambda}{\mathrm{D}}}$$

ist.

Dieser Formel folgt die Verteilung der Teilchen zwischen zwei parallelen, unendlich großen, im Abstande a voneinander befindlichen Platten.

Die Zahl der Teilchen, die sich in der Zeiteinheit auf der Flächeneinheit der Platte niederschlagen, ist gleich dem Produkt $\mathrm{D}\frac{dn}{dx}$ für $x=0$. Die stationäre Aktivität $\mathfrak{J}$, welche die Platte annimmt, ist diesem Produkt proportional. Man findet

$$\mathfrak{J}=\frac{q}{m\lambda}\cdot\frac{e^{ma}-1}{e^{ma}+1}.$$

Nach dieser Formel ist die Aktivität proportional der Bildungsgeschwindigkeit q, welche ihrerseits der Konzentration der Emanation proportional ist, aber die Änderung der Aktivität $\mathfrak{J}$ mit dem Abstand a der Platten müßte unabhängig von dieser Konzentration sein. Wenn der Abstand a zunimmt, wächst $\mathfrak{J}$ zuerst proportional mit a, später immer weniger schnell und nähert sich endlich asymptotisch dem Grenzwert $\frac{q}{m\lambda}$, der bei unendlich großem Abstande erreicht werden würde. Man kann jedoch untersuchen, bei welchem Abstande dieser Grenzwert mit einer gegebenen Annäherung erreicht wird. Handelt es sich um die Diffusion von Radium A, so ist der Koeffizient λ gleich $3{,}8 \,.\, 10^{-3} \frac{1}{\text{sec}}$; falls ferner das Radium A in Gestalt einzelner Atome diffundierte, so wäre nach den gegenwärtigen Theorien die Masse eines Teilchens im Moment der Emission sehr wenig verschieden von der Masse eines Moleküls der Emanation, und der Diffusionskoeffizient könnte demjenigen der Emanation ähnlich sein. Setzt man $D = 0{,}1$, so findet man, daß der Grenzwert der Aktivität bei einem Abstande von 25 bis 30 cm mit einer Annäherung von 1 Prozent erreicht wird; setzt man $D = 0{,}03$, wie bei den Gasionen, so ergibt sich dieser Abstand zu etwa 15 cm; der letztere Wert des Diffusionskoeffizienten entspricht der wahrscheinlichen Größe der Beweglichkeit der geladenen Teilchen besser.

Die Versuche wurden mit einer Serie von parallelen Platten ausgeführt, die sich unter einer großen Glocke in verschiedenen Abständen, von 1 mm bis zu einigen Zentimetern, befanden. Die Platten waren vertikal aufgestellt, um die Wirkung der Schwerkraft auszuschließen, die im folgenden Paragraphen besprochen werden wird. Die Emanation wurde mit Luft von Atmosphärendruck in die Glocke eingeführt und verweilte darin einen oder zwei Tage lang. Die Luft war sorgfältig getrocknet, und die Glocke wurde auf sehr konstanter Temperatur erhalten, um Strömungen im Gase zu vermeiden. Nach beendeter Exposition wurde die Aktivität der Platten als Funktion der Zeit gemessen, und daraus konnte man den Wert der Aktivität aller Platten im gleichen Augenblick ableiten. Daraufhin wurde die Kurve konstruiert, die die Aktivität der Platten als Funktion ihres Abstandes darstellt.

Die Konzentration der Emanation variierte bei diesen Versuchen in weiten Grenzen.

Die Versuchsergebnisse stehen schon in qualitativer Hinsicht nicht ganz im Einklang mit der oben entwickelten Theorie, noch viel weniger in den numerischen Werten. Es zeigt sich, daß die Form der erhaltenen Kurven von der Konzentration der Emanation abhängt. In allen Fällen strebt die Aktivität mit zunehmendem Plattenabstand einem Grenzwert zu, aber dieser wurde immer schon bei einem Abstand von einigen Zentimetern praktisch er-

Fig. 86.

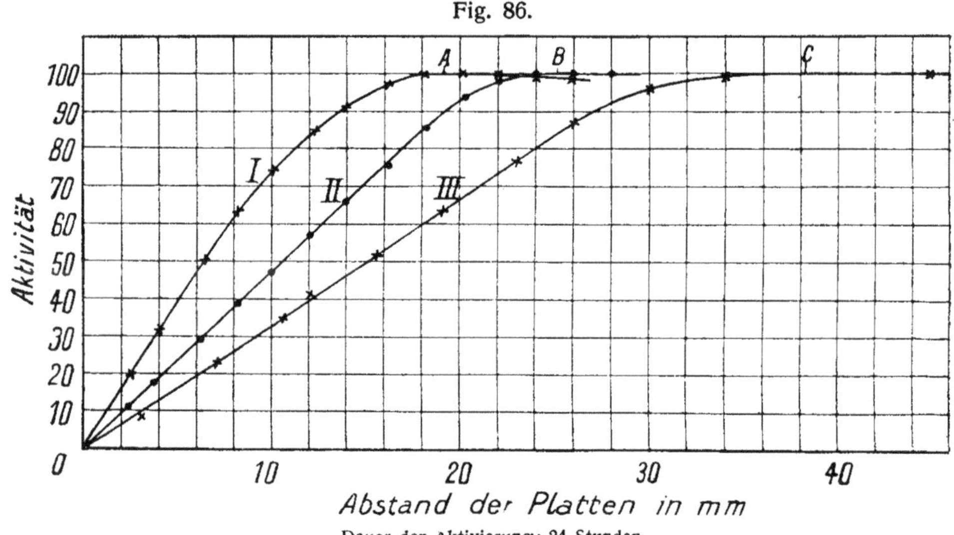

Dauer der Aktivierung: 24 Stunden.

Kurve I, Emanation von 50 mg Ra Br_2, Grenzabstand 19 mm.
Kurve II, Emanation von 10 mg Ra Br_2, Grenzabstand 25 mm.
Kurve III, Emanation von 0,4 mg Ra Br_2, Grenzabstand 38 mm.

reicht. Einige der mit verschiedenen Konzentrationen erhaltenen Kurven sind in Fig. 86 wiedergegeben. Die Menge der benutzten Emanation ist durch die Menge des Radiums ausgedrückt, mit dem sie im Gleichgewicht steht; sie war in einem Volumen von ungefähr 13 Litern verteilt. Der Plattenabstand, bei dem der Grenzwert erreicht wurde, ist für jeden Versuch angegeben. Wie man sieht, ist er um so kleiner, je konzentrierter die Emanation ist. Bei hohen Konzentrationen ist die allgemeine Gestalt der Kurve die gleiche wie die der theoretisch berechneten, aber bei schwachen Konzentrationen erstreckt sich der geradlinige Teil weiter, und die Grenze wird plötzlicher erreicht. Die Abklingungskurven der Strahlung der verschiedenen Platten lassen erkennen, ob der Niederschlag allein aus Radium A besteht oder nicht. Befinden sich die Platten sehr nahe aneinander (1 mm Abstand), so erreicht das in dem Gasraum zwischen ihnen entstandene Radium A offenbar sehr schnell die Wand und verweilt nicht in dem Gase; dieses kann also Radium B und C, welche erst sekundär aus dem Radium A entstehen, nicht enthalten. Wenn dagegen die Platten einige Zentimeter voneinander entfernt sind, so können sich Radium B und C gleichzeitig mit A niederschlagen, und die Form der Entaktivierungskurve würde dadurch verändert werden. Unter den Versuchsbedingungen war kaum ein Unterschied zwischen den Entaktivierungskurven zu bemerken, und daraus geht hervor, daß sich selbst bei großem Abstand nur verhältnismäßig wenig Radium B und C niederschlägt.

Man kann also annehmen, daß nur eine einzige Substanz zu den Platten diffundiert, aber die Art, wie sie sich niederschlägt, ist nicht so einfach, wie ursprünglich vorausgesetzt wurde. Der Einfluß, den die Konzentration der Emanation auf den Vorgang ausübt, zeigt, daß die Teilchen mit zunehmender Konzentration ihre Natur ändern. Das kann auf zwei verschiedene Weisen erklärt werden. Einmal kann man annehmen, daß sich die Atome des Radiums A untereinander zu größeren Aggregaten vereinigen und der Diffusionskoeffizient auf diese Weise herabgesetzt wird; die Leichtigkeit, mit der solche Atomaggregate sich bilden könnten, würde von der Anfangskonzentration der Atome des Radiums A abhängen, und diese ist proportional der Konzentration der Emanation. Um mittels dieser Hypothese die Erreichung des Grenzwertes bei einem Plattenabstand von der beobachteten Größe zu erklären, müßte man annehmen, daß die Teilchen, alle als gleich groß betrachtet, einen 140 mal kleineren Diffusionskoeffizienten als die Emanation und infolgedessen eine erheblich größere Masse als das Molekül derselben haben. Die Bildung derartiger Aggregate aus Atomen, die im Gase in sehr großer Verdünnung vorhanden sind, erscheint wenig wahrscheinlich. Versuche mit verschiedenen Aktivierungszeiten, von einer Minute bis zu 24 Stunden, und mit großer, in allen Fällen gleicher Konzentration der Emanation haben übrigens einander sehr ähnliche Resultate ergeben, sowohl in bezug auf die Form der Kurven wie auf die Größe des kritischen Abstandes. Der Einfluß der Konzentration auf die Natur der Teilchen macht sich also schon in einer Zeit von 1 Minute geltend.

Andererseits kann man die Annahme machen, daß einige von den Teilchen sich in der Weise verändern, daß sie die Fähigkeit verlieren, von der Wand absorbiert zu werden. Das ist z. B. der Fall bei den Teilchen, die ihre Ladung durch einen Neutralisationsvorgang verlieren. Die Neutralisation der mit positiver Ladung emittierten Atome des Radiums A kann durch die in dem Gase enthaltenen negativen Ionen bewirkt werden. Um diesen Vorgang in Rechnung zu ziehen, muß man annehmen, daß die Anzahl der Teilchen, die pro Volumen- und Zeiteinheit neutralisiert werden, gleich $\alpha n n'$ ist, wenn man mit n' die Konzentration der negativen Ionen an dem betrachteten Punkte und mit α den Koeffizienten der Wiedervereinigung bezeichnet. Die Gleichung, von der die stationäre Konzentration n der Teilchen des aktiven Niederschlags abhängt, nimmt dann die Form an

$$D \frac{d^2 n}{dx^2} + q - (\lambda + \alpha n')\, n = 0.$$

Die Diskussion dieser vollständigeren Gleichung wäre sehr leicht, wenn die Größe n' konstant wäre. Wie man sieht, würde dann einfach die Zerfallsgeschwindigkeit des aktiven Niederschlags scheinbar vergrößert werden, indem sich zu der Konstanten λ eine konstante, der Konzentration n' der negativen Ionen proportionale Größe hinzuaddieren würde. Diese stationäre Konzentration n' würde ihrerseits proportional der Quadratwurzel aus der Anzahl N der Ionen eines Vorzeichens sein, die pro Sekunde und Volumeneinheit entstehen; denn da die Zahl der Ionen im Gase bedeutend größer ist als die der Teilchen des aktiven Niederschlages, wird ihre Konzentration im stationären Zustand durch ihre gegenseitige Wiedervereinigung bestimmt. Da der Grenzwert der Aktivität der Platten praktisch erreicht wird, wenn $\sqrt{\frac{\lambda'}{D}}\, a = 5$ ist, wobei $\lambda' = \lambda + \alpha n'$, so sieht man, daß der zugehörige Abstand a ungefähr 2 cm beträgt, wenn man für D den Wert 0,03 und somit für λ' den Wert $0{,}2 \frac{1}{\sec}$ einsetzt. Da $\lambda = 3{,}8 \,.\, 10^{-3} \frac{1}{\sec}$ ist, so sieht man, daß unter diesen Bedingungen der spontane

Zerfall im Vergleich zur Neutralisation vernachlässigt werden kann, so daß annähernd die Beziehung $\lambda' = \alpha n'$ gilt. Nimmt man an, daß der Koeffizient α in diesem Falle ebenso groß ist wie bei der gegenseitigen Wiedervereinigung der Ionen, d. h. ungefähr 10^{-6} elektrostatische Einheiten, und setzt man $\alpha n' = \sqrt{N\alpha}$, so findet man für N einen Wert von ungefähr $2{,}5 \cdot 10^4$ Ionen pro Kubikzentimeter und Sekunde, wobei die Ionenproduktion als gleichförmig im ganzen Volumen vorausgesetzt ist. Bei den Versuchen von Debierne war die Ionenproduktion im allgemeinen viel größer; sie konnte den Betrag $N = 10^{10}$ erreichen; bei den angenommenen Werten der Koeffizienten und bei gleichförmiger Verteilung der Ionen müßte der Grenzwert der Aktivität also bei viel kleineren Plattenabständen erreicht werden als den tatsächlich beobachteten, unter Umständen schon bei Abständen von weniger als 1 mm.

Dabei muß jedoch bemerkt werden, daß die Werte der Koeffizienten noch wenig bekannt sind, und daß außerdem die Rolle des Neutralisationsvorganges kaum mit einiger Schärfe angegeben werden kann, da die Verteilung der Ionen sehr komplizierter Art ist. Die Ionen werden an einem bestimmten Punkte von Strahlen erzeugt, die von anderen Stellen ausgehen; die Dichte der Ionen hängt also an jedem Punkte von der Verteilung des aktiven Niederschlages und von der Art ab, wie die Strahlen der Emanation oder des aktiven Niederschlages in dem Raum zwischen den zu aktivierenden Platten ausgenutzt werden. Besonders die Ionisation durch α-Strahlen zeigt eine eigentümliche Abweichung von der homogenen Verteilung: die Ionen sind in der Richtung der einzelnen Strahlen in Reihen von großer linearer Dichte angeordnet (siehe § 145). Endlich übt auch die Diffusion der Ionen nach der Oberfläche der Platten einen Einfluß auf ihre Verteilung aus. Unter diesen Umständen erscheint es schwierig, eine Theorie aufzustellen, die sich in befriedigender Weise numerisch verifizieren läßt. Immerhin kann man aber schließen, daß die Neutralisation der Teilchen eine sehr bedeutende Rolle spielt, sobald die Konzentration der Ionen hinreichend groß ist. Ihr Effekt besteht darin, daß die Entfernung vermindert wird, die der aktive Niederschlag in dem Gase zu durchdringen vermag, und da ihre Bedeutung mit der Konzentration der Ionen zunimmt, so muß dies zur Folge haben, daß in Übereinstimmung mit dem experimentellen Befund die Aktivität der Platten als Funktion des freien Raumes von der Konzentration der Emanation abhängig ist.

Es ist möglich, daß auch die nicht geladenen Teilchen in erheblichem Maße von festen Wänden absorbiert werden. Schließlich läßt sich auch denken, daß sowohl Aggregation als auch Neutralisation unabhängig von einander wirksam sind. Wie wir gesehen haben, muß man den Teilchen eine ähnliche Beweglichkeit zuschreiben wie den Gasionen, die vielleicht aus Massenaggregaten bestehen, die mehrfach größer als die Gasmoleküle sind. Außerdem ist es sicher, daß in Gegenwart von Spuren von Wasserdampf in dem Gase Molekülaggregate entstehen, die den aktiven Niederschlag aufnehmen und groß genug sind, um der Wirkung der Schwerkraft zu unterliegen (§ 86). Jedoch hat Debierne keinen Einfluß des Wasserdampfes auf den Diffusionsvorgang feststellen können; es ist also wahrscheinlich, daß die Teilchen, welche der Wirkung der Schwerkraft unterliegen, schon vor ihrer Zusammenballung die Fähigkeit verloren haben, von festen Wänden absorbiert zu werden.

Die Kurven der Fig. 87 gestatten, die Aktivität als Funktion des Plattenabstandes in Luft und in Wasserstoff miteinander zu

Fig. 87.

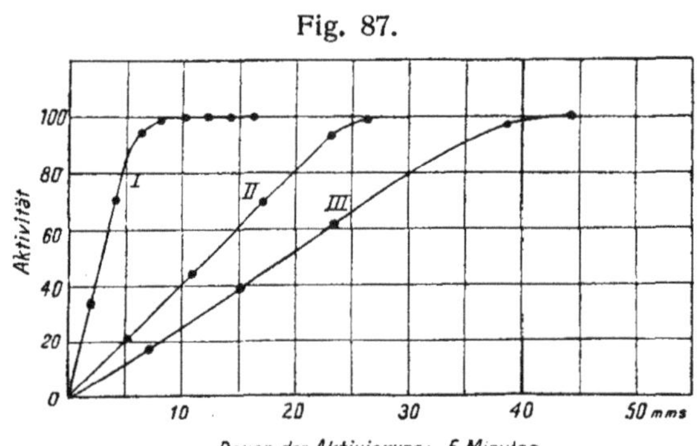

Kurve I: Luft, hohe Konzentration.
Kurve II: Luft, geringe Konzentration.
Kurve III: Wasserstoff, hohe Konzentration.

vergleichen. Wie man sieht, zeigt die in letzterem Gase mit konzentrierter Emanation erhaltene Kurve von der mit der gleichen Konzentration in Luft erhaltenen eine noch größere Abweichung, als die ebenfalls in Luft mit kleiner Konzentration erhaltene. Das erklärt sich durch die große Diffusionsgeschwindigkeit der Teilchen im Wasserstoff. Es ist bei einigen mit sehr konzentrierter Emanation erhaltenen Kurven beobachtet worden, daß die Aktivität der Platten, nachdem sie bei einem bestimmten Abstand einen Grenzwert erreicht hat, bei weiter wachsendem Plattenabstand sich wieder ein wenig vermindert. In diesem Falle scheinen sich in dem Gase Anhäufungen von Teilchen zu bilden, auf denen sich dann die induzierte Aktivität niederschlägt. Auch diese Ursache kann wirksam sein, um den Plattenabstand zu vermindern, bei dem der Grenzwert der Aktivität erreicht wird.

Berücksichtigt man gleichzeitig die Produktion, die Neutralisation, den spontanen Zerfall und die Diffusion der Teilchen und die Wirkung des elektrischen Feldes, so erhält man für die Konzentration n der geladenen Teilchen folgende Gleichung:

$$D\frac{d^2n}{dx^2}+q-(\lambda+\alpha n')\,n-\frac{d}{dx}(khn)=0,$$

wo k die Beweglichkeit bedeutet.

Auch das Verhalten der nicht geladenen Teilchen kann unter der Annahme, daß sie durch Neutralisation der geladenen Teilchen entstehen, daß sie der Diffusion und dem spontanen Zerfall unterliegen und daß sie von festen Oberflächen absorbiert werden, theoretisch behandelt werden[1]).

86. **Die Wirkung der Schwerkraft auf den Niederschlag der induzierten Radioaktivität.** — Nimmt man die Aktivierung in einem Gefäß von sehr konstanter Temperatur vor, so zeigt sich ein deutlicher Einfluß der Schwerkraft auf den Niederschlag der induzierten Radioaktivität.

P. Curie hatte die Beobachtung gemacht, daß, wenn Radiumemanation sich in einem geschlossenen Gefäß befindet, dessen innere Wandung mit Zinksulfid bekleidet ist, die Lumineszenz sich allmählich am unteren Ende des Gefäßes konzentriert. Kehrt man das Gefäß um, so daß die leuchtende Stelle nach oben kommt, so verschwindet sie allmählich, während ein neuer leuchtender

[1]) Eine theoretische Untersuchung der Vorgänge beim Niederschlag des Radiums A ist von Salpeter veröffentlicht worden (Akademie zu Krakau, 1910).

Fleck am unteren Ende erscheint. Die Lage der leuchtenden Stelle scheint unabhängig von anderen äußeren Ursachen als der Orientierung zu sein, im besonderen unabhängig von der Temperatur und von der Anwesenheit von Magneten.

Man konnte vermuten, daß die Staubteilchen, die das Gefäß erfüllen und in Berührung mit der Emanation radioaktiv werden, langsam zu Boden sinken und auf der unteren Gefäßwand einen Überschuß an Radioaktivität gegenüber dem übrigen Teile der Wandung hervorrufen. Ich habe die Untersuchung dieses Vorganges nach der elektrischen Methode wieder aufgenommen[1]).

Unter einer Glocke, die Emanation enthielt, befanden sich Paare paralleler Platten von gleichem Abstand; einige dieser

Fig. 88.

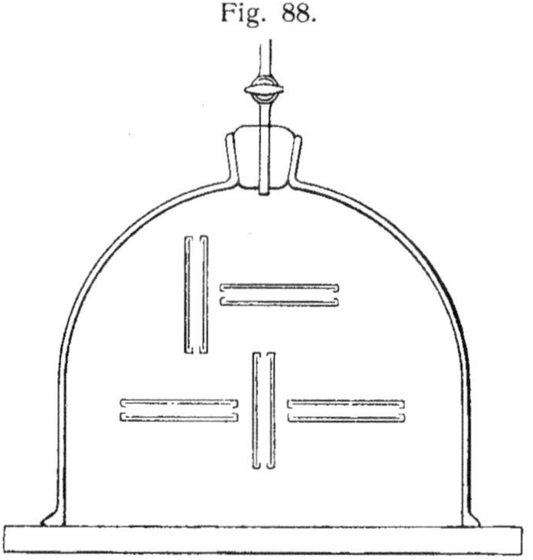

Paare waren horizontal, andere vertikal aufgestellt (Fig. 88). Von jedem Plattenpaar konnten sich nur die einander zugewandten Flächen aktivieren; die äußeren Flächen waren mit Metallplatten bedeckt. Die Emanation wurde in bekannter Menge von einer Lösung von 0,05 Gramm Radiumchlorid geliefert; man ließ sie 2—3 Tage lang unter der Glocke verweilen, verjagte sie dann und maß die Strahlungsintensität der aktivierten Flächen der verschiedenen Platten als Funktion der Zeit. Die Abklingungskurven dieser Aktivität gestatten, durch Interpolation die Aktivität

[1]) M. Curie, Comptes rendus, 1907.

der verschiedenen Platten im gleichen Zeitpunkt zu berechnen. Um Temperaturschwankungen auszuschließen, wurde die Glocke während der Aktivierung in einen mit Baumwolle ausgefütterten Metallkasten gestellt und in einem Kellerraum aufbewahrt.

Es zeigte sich, daß alle vertikalen Platten sowie diejenigen horizontalen, die nach unten gewendet waren, bei gleicher Oberfläche die gleiche Aktivität besaßen, die nach oben gewandten horizontalen Platten jedoch eine 2—5 mal größere. Man hat also den Eindruck, daß die in dem Gase suspendierte induzierte Radioaktivität sich wie eine schwere Substanz verhält und nach unten fällt.

Wir haben gesehen, daß sich die induzierte Radioaktivität wie eine feste Substanz verhält, die sich im Zustande äußerster Verdünnung in dem emanationhaltigen Gase bildet und entweder infolge eines Diffusionsvorganges oder infolge der bei der Emission erteilten Anfangsgeschwindigkeit benachbarte feste Wände erreicht und sich auf ihnen niederschlägt. Man kann sich fragen, wie es möglich ist, daß die Teilchen dieser Substanz in dem Gase Aggregate genügender Größe bilden, um die Fallgeschwindigkeit erlangen zu können, die in der eben beschriebenen Erscheinung zutage tritt.

Man konnte vermuten, daß die im Gase suspendierten Staubteilchen als Verdichtungszentren wirken. Die Anwesenheit des Gases ist tatsächlich eine unerläßliche Bedingung; die Fallerscheinung tritt nicht ein, wenn die Aktivierung unter stark vermindertem Druck geschieht (2 oder 3 cm Quecksilber). Man kann die Gegenwart von Staub ausschließen, indem man die Glocke evakuiert und dann filtrierte Luft eintreten läßt; diese Operation wurde mehrmals wiederholt, wobei als Luftfilter eine 130 cm lange, dicht gestopfte Schicht von Glaswolle diente. Das Fallphänomen wurde jedoch hierdurch weder ganz unterdrückt, noch wesentlich beeinflußt.

Es zeigte sich dagegen, daß die Anwesenheit von Wasserdampf zur Hervorbringung des Phänomens erforderlich ist. Ist die Luft unter der Glocke absolut trocken, so tritt es überhaupt nicht oder nur in sehr geringem Grade ein. Man erhält die gleichen Resultate, wenn man die Aktivierung in reinem Kohlendioxyd oder in reinem Wasserstoff ausführt. Die Erscheinung tritt auch in diesen Gasen nicht hervor, wenn sie trocken sind, wohl aber in feuchtem Kohlendioxyd. Es ist nicht nötig, daß der Wasserdampf gesättigt ist. Je konzentrierter die Emanation ist und je weiter die Platten von einander abstehen, desto bedeutender wird der Effekt; bei kleinen Abständen (2 mm) tritt er überhaupt nicht ein; im allgemeinen wurde er bei einem Plattenabstand von 1—3 cm beobachtet, war aber nicht zu konstatieren, wenn die Konzentration der Emanation zu gering war.

Arbeitet man mit der gleichen Konzentration der Emanation, dem gleichen Plattenabstand und demselben Gas, so ist die von allen Platten angenommene Aktivität gleich groß, falls die Fallbewegung nicht eintritt. Findet sie aber statt, so wird die Aktivität der nach oben gewandten Platten vermehrt und die der nach unten gewandten vermindert, woraus hervorgeht, daß die Quelle der von den Platten angenommenen Aktivität in dem dazwischen befindlichen Gase zu suchen ist, und daß die Aktivität der einen nur auf Kosten der anderen vermehrt werden kann.

Wird ein starkes elektrisches Feld zwischen zwei einander gegenüberstehenden horizontalen Platten erregt, so wird der Effekt der Fallbewegung überdeckt. Die negativ geladene Platte zeigt sich dann immer viel stärker aktiv als die positive, unabhängig von der Orientierung.

Die Zusammenballung des aktiven Niederschlages zu größeren Partikeln ist also an die Gegenwart von Wasserdampf gebunden. Das gilt jedoch nur für die Bildung von Aggregaten, die so groß sind, daß sie der Wirkung der Schwerkraft unterliegen. Die Beziehung, die zwischen der Stärke der Aktivierung vertikaler Platten und ihrem Abstand besteht, wird durch die Gegenwart kleiner Mengen von Wasserdampf nicht merklich beeinflußt.

Die Natur der unter der Wirkung der Schwerkraft fallenden Teilchen kann ermittelt werden, indem man die Abklingungskurven der Aktivität derjenigen Platten, die den schweren Niederschlag aufnehmen, mit denen der anderen vergleicht[1]). Man findet so, daß dieser Niederschlag aus Radium B und Radium C in wechselndem Verhältnis zusammengesetzt ist; Radium A ist nicht anwesend, woraus hervorgeht, daß die zur Bildung des Niederschlages erforderliche Zeit die mittlere Lebensdauer des Radiums A überschreitet.

[1]) Wertenstein, Comptes rendus, 1909.

Es ist auch von Interesse, sich davon zu überzeugen, ob sich die Wirkung der Schwerkraft mit wachsendem Plattenabstand erschöpft, so wie das bei der Diffusion der Fall ist. Zu diesem Zweck bestimmt man die Aktivität des schweren Niederschlages als Funktion des über der Platte befindlichen freien Raumes. Der Verlauf der erhaltenen Kurven hängt von der Konzentration des Wasserdampfes in dem Gase ab; man läßt diese variieren, indem man Gemische von Wasser und Schwefelsäure von wechselnder Zusammensetzung in das Aktivierungsgefäß bringt. In allen Fällen ist bei kleinen Abständen die Menge des schweren Niederschlages nahezu gleich null; sie scheint merkbar zu werden, wenn der Abstand den für den Diffusionsvorgang charakteristischen Grenzwert erreicht, und fährt dann fort zu wachsen. Enthält das Gas sehr wenig Feuchtigkeit, so strebt die Aktivität auch in diesem Falle einem Grenzwert zu, der bei um so größerem Abstande erreicht wird, je größer die Konzentration des Wasserdampfes ist. Bei einem hinreichend großen Feuchtigkeitsgehalt wächst die Aktivität bis zu den größten beobachteten Abständen, ohne daß Anzeichen für das Vorhandensein eines Grenzwertes bemerkbar wären.

Diese Tatsachen können durch die Annahme erklärt werden, daß die Größe der Teilchen und ihre Fallgeschwindigkeit mit dem Feuchtigkeitsgehalte des Gases zunimmt. Die in einem bestimmten Abstande von der Platte entstandenen Teilchen können die Aktivität derselben nur dann vergrößern, wenn sie sie erreichen, ehe sie den spontanen Zerfall erleiden.

Aus der Größe des Grenzwertes, falls ein solcher zu beobachten ist, kann man die Fallgeschwindigkeit und die Größe der Teilchen annähernd bestimmen. Eine angenäherte Theorie der Erscheinung läßt sich unter der Voraussetzung entwickeln, daß sich, wie es nach den Versuchsergebnissen wahrscheinlich ist, die größeren Aggregate in der Gasschicht, in der die Diffusion stattfindet, nicht bilden, daß außerhalb dieser Schicht aber ihre Produktion im ganzen Volumen gleichförmig ist. Man kann auch eine konstante und für alle Teilchen gleiche Fallgeschwindigkeit v voraussetzen.

Es sei x die Entfernung von der unteren Platte (Fig. 89), n die Konzentration der schweren Teilchen in dieser Entfernung, l der Plattenabstand und $2a$ der unter den Versuchsbedingungen für den Diffusionsvorgang geltende Grenzabstand. Es sei ferner

q die Zahl der pro Zeit- und Volumeneinheit in dem zwischen $x = a$ und $x = l - a$ liegenden Gebiet entstehenden Teilchen. In einem Volumelement, das zwischen den Ebenen x und $x + dx$ liegt und als Basis die Flächeneinheit hat, werden pro Zeiteinheit

Fig. 89.

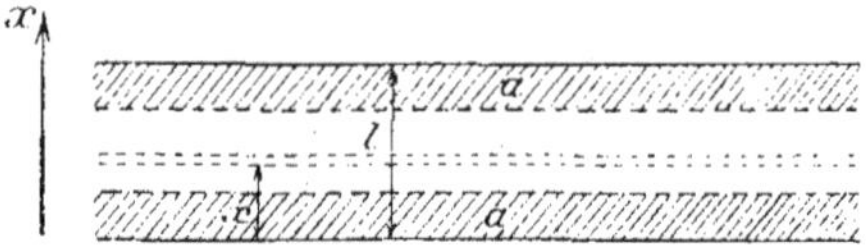

qdx Teilchen gebildet, dagegen werden durch den spontanen Zerfall $\lambda n\, dx$ zerstört. Die Zahl der Teilchen, die in der Zeiteinheit im Fallen die untere Grenzfläche passieren, ist gleich nv und die Zahl der die obere Grenzfläche passierenden gleich

$$v\left(n + \frac{dn}{dx}\,dx\right),$$

wodurch sich die Zahl der Teilchen in dem Volumelement um $v\frac{dn}{dx}\,dx$ vermehrt. Nachdem sich der stationäre Zustand eingestellt hat, bleibt die Konzentration konstant, und man kann schreiben

$$v\frac{dn}{dx} = \lambda n - q.$$

Integriert man diese Gleichung, indem man berücksichtigt, daß für $x = l - a$ $n = 0$ sein muß, so findet man

$$n = \frac{q}{\lambda}\left[1 - e^{-\frac{\lambda}{v}(l - a - x)}\right].$$

Diese Gleichung gibt die Verteilung der Teilchen in der Schicht zwischen $x = a$ und $x = l - a$ an. Für $x = a$ findet man

$$n = \frac{q}{\lambda}\left[1 - e^{-\frac{\lambda}{v}(l - 2a)}\right].$$

Die Zahl der Teilchen, die die Ebene $x = a$ pro Zeit- und Flächeneinheit passieren, ist gleich nv. Die Zahl derjenigen, die pro Zeit- und Flächeneinheit die Oberfläche der Platte nach einem Zeitintervall $\frac{a}{v}$ erreichen, ist infolge des spontanen Zerfalls kleiner, nämlich gleich

$$N = \frac{qv}{\lambda} e^{-\frac{a\lambda}{v}} \left[1 - e^{-\frac{\lambda}{v}(l-2a)} \right].$$

Man sieht, daß für $l = \infty$

$$N = N_\infty = \frac{qv}{\lambda} e^{-\frac{a\lambda}{v}}$$

wird, woraus weiter folgt

$$N = N_\infty \left[1 - e^{-\frac{\lambda}{v}(l-2a)} \right].$$

Nehmen wir an, durch den Versuch sei der Abstand l, bei dem der Grenzwert N_∞ erreicht wird, mit einer gegebenen Annäherung bestimmt worden. Setzt man z. B.

$$e^{-\frac{\lambda}{v}(l-2a)} = \frac{1}{100},$$

so kann man hieraus v berechnen, wenn λ, l und $2a$ bekannt sind.

Die Versuche zeigen, daß $l = 3$ cm werden kann, wenn $2a = 1{,}5$ cm ist; besteht die Substanz, welche die Fallbewegung ausführt, aus Radium B, so hat man

$$\lambda = 4{,}3 \, . \, 10^{-4} \frac{1}{\text{sec}}.$$

Man findet dann

$$v = \text{ca. } 10^{-4} \frac{\text{cm}}{\text{sec}};$$

setzt man die Dichte der Teilchen gleich 1, so ergibt sich hieraus nach dem Gesetz von Stokes ein Wert von ungefähr 0,1 μ für den Radius der Teilchen. Diese Dimensionen sind von derselben Größenordnung wie die der im Ultramikroskop sichtbaren Teilchen eines langsam fallenden Nebels[1]).

87. **Der Einfluß der Aktivierungsbedingungen auf die Form der Entaktivierungskurve. Der im Gase suspendierte aktive Niederschlag.** — Unabhängig von dem Effekt der Okklusion der Emanation durch feste Körper kann die Entaktivierungskurve der letzteren in gewissem Grade von den Bedingungen der Aktivierung abhängen. Die beobachteten Unterschiede sind allerdings klein,

[1]) De Broglie, Le Radium. 1909.

und man kann im allgemeinen sagen, daß die bei gleicher Aktivierungszeit im gleichen Meßapparat und mit Platten, die die Emanation nicht merklich absorbieren, erhaltenen Kurven annähernd übereinstimmen. Man kann die Dimensionen des Aktivierungsgefäßes, die Konzentration der Emanation und den freien Raum vor der aktivierten Platte verändern. Man kann auch die Aktivierung in einem elektrischen Felde vornehmen und dann die Aktivität der Anode und Kathode getrennt untersuchen. In allen diesen Fällen bleibt die Entaktivierungskurve beinahe, aber doch nicht vollkommen unverändert.

Als normale Vergleichskurve kann man diejenige wählen, die man mit einer Platte erhält, welche ohne Mitwirkung eines elektrischen Feldes und in Berührung mit einem sehr kleinen freien Raume (1 mm), in dem der aktive Niederschlag nicht lange verweilen kann, aktiviert ist. Untersucht man die Entaktivierungskurven der in Berührung mit einem größeren freien Raume aktivierten Platten genau, so kann man in manchen Fällen kleine Abweichungen beobachten, die darauf hindeuten, daß die Platte aus dem Gase in geringer Menge auch solchen aktiven Niederschlag aufgenommen hat, dessen Entwicklung schon weiter fortgeschritten war als die des normalen Niederschlages. Das Gas des Aktivierungsgefäßes enthält eine gewisse Menge aktiven Niederschlag in Suspension, den man ihm entziehen kann, wenn man es durch Watte filtriert oder einem starken elektrischen Feld aussetzt. Die Entaktivierungskurve nach kurzer Exposition, die ein mit hohem negativen Potential aktivierter Draht liefert, ist nicht genau die gleiche, wenn unmittelbar vor der Exposition in dem Gefäß ein starkes Feld geherrscht hat, wie wenn dies nicht der Fall war[1]); im ersteren Falle ist das Gas im Gefäß durch das elektrische Feld von aktivem Niederschlag gereinigt worden. Die erhaltenen Kurven gestatten den Schluß, daß der Zustand, in dem der aktive Niederschlag auf dem aktivierten Körper ankommt, von der Zeit abhängig ist, während deren er in dem Gase verweilt hatte, ehe er den Körper erreicht.

Auch die Kurve, die das Anwachsen des Sättigungsstromes in einem Gefäße nach der Einführung von Emanation anzeigt,

---

[1]) Schmidt, Phys. Zeitschr., 1908.

kann etwas verschieden verlaufen, je nachdem, ob das die Emanation enthaltende Gas aktiven Niederschlag enthält oder vorher davon gereinigt worden ist. Alle Effekte dieser Art sind um so deutlicher, je höher die Konzentration der Emanation ist, und sie werden sehr bedeutend, wenn das Gas nicht staubfrei ist; die Staubteilchen wirken nämlich als Zentren für den Niederschlag der induzierten Radioaktivität und rufen, indem sie sich auf den festen Körpern ansetzen, eine Störung im normalen Verlaufe der Aktivierung hervor, besonders wenn man mit Hilfe eines elektrischen Feldes arbeitet. Wenn es sich um die Aufnahme von Normalkurven handelt, vermeidet man daher besser die Anwendung eines elektrischen Feldes.

Eine wirklich große Abweichung existiert zwischen den Kurven, die den einander zugewandten Flächen zweier während der Aktivierung in horizontaler Lage einander gegenüberstehender Platten entsprechen, wenn die Aktivierung ohne Zuhilfenahme eines elektrischen Feldes geschieht. Ist der Plattenabstand hinreichend groß, so empfängt die nach oben gewendete Fläche den schweren Niederschlag, die nach unten gewendete nicht. Die Abklingungskurve der ersteren entspricht der Superposition einer normalen Kurve und einer Kurve, die einer ebenfalls normalen, aber während ihres Aufenthaltes im Gase vor Erreichung der Platte in der Entwicklung schon weiter fortgeschrittenen Aktivität entspricht.

Es ist also nicht zweifelhaft, daß sich in Gasen, die radioaktive Emanationen enthalten, auch die aktiven Niederschläge dieser Emanationen in Suspension befinden. Da diese letzteren die Natur fester Substanzen haben, müssen sie das Bestreben zeigen, in den sie enthaltenden Gasen größere Aggregate zu bilden. Wir haben gesehen, welche Tatsachen für die Existenz derartiger Aggregate sprechen. In einem Gase, das Staubteilchen enthält, denen diese als Zentren bei der Zusammenballung, und die Beweglichkeit dieser aktivierten Staubteilchen hängt von ihrer Größe ab.

Sella[1]) hat die Beobachtung gemacht, daß beim Übergang einer Entladung zwischen einer Spitze und einer Platte innerhalb

[1]) Sella, Rendic. Ac. Lincei, 1902.

eines Aktivierungsgefäßes dem darin enthaltenen Gase der aktive Niederschlag vollständig entzogen wird; er wird dabei von der Platte aufgenommen, welches auch die Richtung der Büschelentladung sein mag. Der Versuch ist in staubfreier sowohl wie in staubhaltiger Luft ausgeführt worden[1]). In beiden Fällen tritt der Effekt ein, durch Gegenwart von Staub wird er jedoch begünstigt.

88. **Die Radioaktivität von Substanzen, die sich gleichzeitig mit aktiven Substanzen in Lösung befinden.** — Bei den Operationen, die zur Gewinnung des Radiums aus radioaktiven Mineralien dienen, kann man, solange die Konzentrierung noch nicht weit fortgeschritten ist, chemische Trennungen bewirken, nach denen die Radioaktivität sich vollständig bei dem einen Reaktionsprodukte befindet, während das andere gänzlich inaktiv ist. Man kann auf diese Weise einerseits Produkte gewinnen, die mehrere hundertmal aktiver als Uran sind, andererseits vollkommen inaktives Kupfer, Antimon, Arsen usw. Manche andere Körper (Eisen, Blei) konnten niemals in absolut inaktivem Zustande abgetrennt werden. In dem Maße, in dem die aktiven Bestandteile sich konzentrieren, ändert sich das Verhalten; dann liefert keine chemische Trennung mehr absolut inaktive Produkte, vielmehr sind immer alle bei einer Trennung erhaltenen Anteile aktiv, wenn auch in verschiedenem Grade.

Nach der Entdeckung der induzierten Radioaktivität versuchte Giesel[2]), das gewöhnliche inaktive Wismut in der Weise zu aktivieren, daß er es gleichzeitig mit stark aktivem Radium in Lösung hielt. Er erhielt tatsächlich radioaktives Wismut und schloß daraus, daß das aus der Pechblende erhaltene Polonium wahrscheinlich durch die Nachbarschaft des Radiums aktiviertes Wismut wäre.

Ich habe in gleicher Weise aktiviertes Wismut hergestellt, indem ich Wismut zusammen mit einem stark aktiven radiumhaltigen Salz in Lösung hielt[3]). Die Schwierigkeit bei diesem Ver-

---

[1]) Martinelli, Nuovo Cimento, 1908.

[2]) Giesel, Berliner Physikalische Gesellschaft, Jan. 1900.

[3]) M. Curie, Thèse.

such besteht darin, daß man das Radium mit größter Sorgfalt wieder aus der Lösung entfernen muß. Wenn man bedenkt, welche unendlich kleine Menge von Radium ausreichend ist, um einem Gramm Substanz eine sehr merkliche Radioaktivität zu erteilen, so glaubt man, das aktivierte Produkt niemals genügend auswaschen und reinigen zu können. Nun bringt jede Reinigung einen Aktivitätsrückgang des aktivierten Produktes mit sich. Trotzdem scheinen die erhaltenen Resultate mit Sicherheit erkennen zu lassen, daß eine Aktivierung stattfindet und auch nach der Trennung vom Radium bestehen bleibt. Unterwirft man z. B. die salpetersaure Lösung des aktivierten Wismuts nach sorgfältiger Reinigung einer fraktionierten Fällung mittels Wasser, so ist, wie beim Polonium, der zuerst ausfallende Anteil am stärksten aktiv. War das Produkt noch nicht genügend gereinigt, so ist das Gegenteil der Fall, was ein Zeichen dafür ist, daß dem aktivierten Wismut noch Spuren von Radium beigemengt waren. Ich habe aktiviertes Wismut dargestellt, bei dem der Gang der Fraktionierung auf große Reinheit schließen ließ und das 2000 mal aktiver als Uran war. Seine Aktivität nimmt mit der Zeit ab; einige Präparate haben jedoch ihre Aktivität schon seit mehreren Jahren ohne merkliche Abnahme bewahrt.

Auf die gleiche Weise kann man Blei und Silber aktivieren, indem man sie zusammen mit Radium in Lösung läßt. In den meisten Fällen nimmt die so erhaltene Aktivität kaum mit der Zeit ab, aber sie verschwindet im allgemeinen bei wiederholter chemischer Reinigung des aktivierten Metalles.

Diese Ergebnisse sind in der Weise zu erklären, daß das Metall in Wirklichkeit nicht selbst aktiv wird, sondern eine radioaktive Substanz, die sich in der Lösung des Radiumsalzes befand, mit sich reißt. Man weiß jetzt, daß die Lösungen von Radiumsalzen Polonium enthalten können, und zwar um so mehr, je älter das Radiumsalz ist, denn das Polonium ist ja eins der Zerfallsprodukte des Radiums. Neben dem Polonium läßt sich aus Lösungen von Radiumsalzen auch Radioblei isolieren, welches die Ursache dafür ist, daß sich die Aktivität infolge dauernder Neubildung von Polonium jahrelang erhalten kann. Beide Substanzen, Radioblei und Polonium, sind jedoch im allgemeinen in so minimalen Spuren in der Lösung, daß sie durch Schwefelwasserstoff nicht ausgefällt werden, falls man nicht vorher eine durch Schwefelwasserstoff fällbare Substanz zusetzt.

Die Versuche von Debierne über die Aktivierung von Barium, welches sich mit Aktinium in Lösung befindet, und die von Becquerel über die Aktivierung des Bariums in Lösung mit Uran, haben eine analoge Deutung gefunden (siehe § 55). Zahlreiche später beobachtete Fälle gleicher Art erklären sich in derselben Weise.

89. **Versuche, durch die bloße Strahlung einer radioaktiven Substanz oder in Abwesenheit einer solchen Aktivität hervorzurufen.** — Die induzierte Radioaktivität des Radiums, Thoriums und Aktiniums entsteht nur in Berührung mit den von diesen Körpern abgegebenen Emanationen; ebenso die langsam veränderliche induzierte Radioaktivität des Radiums. Ist die aktive Substanz in ein Glasrohr eingeschmolzen, so erzeugt sie, selbst wenn dieses sehr dünnwandig ist, auf außerhalb desselben befindlichen Substanzen, welche von der Strahlung getroffen werden, keine Aktivierung, wie aus den negativen Resultaten verschiedener, in dieser Richtung unternommener Versuche hervorgeht[1]). Falls dennoch eine derartige Aktivierung stattfände, so könnte sie nur äußerst schwach und nur bei Anwendung aller Vorsichtsmaßregeln sicher erkennbar sein.

Es ist auch versucht worden, induzierte Radioaktivität in Abwesenheit von radioaktiven Substanzen hervorzurufen.

Villard[2]) hat ein Stück Wismut als Antikathode in einer Crookesschen Röhre der Wirkung von Kathodenstrahlen ausgesetzt; dieses Wismut zeigte darauf eine äußerst geringfügige Aktivität; erst nach 8 Tagen war eine Wirkung auf die photographische Platte zu bemerken.

Mac Lennan[3]) hat verschiedene Salze der Wirkung von Kathodenstrahlen ausgesetzt und dann gelinde erhitzt. Sie hatten dann die Fähigkeit erlangt, positiv geladene Körper zu entladen.

Es ist durch nichts bewiesen, daß in diesen Fällen Radioaktivi-

[1]) Vgl. Rutherford, Die Radioaktivität.
[2]) Villard, Soc. de Phys. 1900.
[3]) Mac Lennan, Phil. Mag. 1902.

tät im wahren Sinne des Wortes erzeugt worden ist; indessen sind Versuche dieser Art doch von großem Interesse. Wenn es möglich wäre, durch bekannte physikalische Ursachen an ursprünglich inaktiven Körpern eine merkliche Radioaktivität hervorzurufen, so könnte man hoffen, dadurch Aufklärung über die Ursachen der spontanen Radioaktivität zu erhalten.

VIII. Kapitel.

Die Theorie der radioaktiven Umwandlungen.

90. **Die Theorien der Radioaktivität.** — Faßt man die in den vorangehenden Kapiteln beschriebenen Tatsachen zusammen, so gelangt man zu folgenden allgemeinen Schlußfolgerungen:

1. Es existiert eine Reihe radioaktiver Substanzen, die in verschiedenen Punkten die bekannten Eigenschaften der Materie im gasförmigen oder festen Zustande zeigen, und deren Radioaktivität nicht beständig ist, sondern mehr oder weniger schnell mit der Zeit verschwindet. Dahin gehören das Polonium, die radioaktiven Emanationen, die aktiven Niederschläge.

2. In einigen Fällen beobachtet man eine Zunahme der Radioaktivität mit der Zeit. Das ist der Fall bei frisch dargestelltem Radium, bei den Emanationen unmittelbar nach ihrer Einführung in den Meßapparat, bei den aktiven Niederschlägen im Anfangsstadium ihrer Entwicklung, bei der langsam veränderlichen induzierten Radioaktivität des Radiums, bei dem von Thorium X befreiten Thorium usw.

Die befriedigendste Erklärung dieser Erscheinungen besteht in der Annahme, daß jedesmal, wenn man eine Abnahme der Radioaktivität beobachtet, radioaktive Substanz verschwindet, dagegen in allen Fällen, in denen die Aktivität zunimmt, radioaktive Substanz entsteht. In den Fällen, in denen eine Zunahme zu bemerken ist, wie z. B. beim Radium im Zustande minimaler Aktivität oder bei dem von Thorium X befreiten Thorium, zeigt sich übrigens, daß die Aktivität, die sich allmählich neu bildet, nicht derselben Art ist, wie diejenige, die nicht hatte abgetrennt werden können, sondern vielmehr von der Art der abtrennbaren Aktivität, und daß sie gewisse vollkommen charakteristische Eigenschaften besitzt, die wir mit großer Schärfe zu präzisieren lernen werden. Man kann annehmen, daß jede bestimmte Strahlenart dazu dienen kann, eine bestimmte Substanz zu charakterisieren, von der sie ausgeht und mit der sie erscheint und verschwindet.

Ferner muß der Tatsache besondere Beachtung geschenkt werden, daß die Radioaktivität eine Eigenschaft der Atome ist, in dem Sinne, daß jedes Entstehen und Verschwinden einer bestimmten Art von Radioaktivität dem Entstehen oder Verschwinden von Atomen einer bestimmten radioaktiven Substanz entspricht.

Von diesem Standpunkt aus kann man z. B. sagen, daß das Radium die Quelle der Produktion von Atomen eines Gases, der Emanation, ist, daß die Atome der Emanation einen freiwilligen Zerfall erleiden, der mit der Bildung von Atomen des aktiven Niederschlages Hand in Hand geht, welche dann ihrerseits weiter zerfallen. Da die Bildung der Atome des aktiven Niederschlages an das Verschwinden von Atomen der Emanation gebunden ist, so wird man ohne weiteres zu der Anschauung geführt, daß die Atome des aktiven Niederschlages auf Kosten der verschwundenen Atome der Emanation entstehen.

Der Zerfall des Radiums hat nicht direkt beobachtet werden können; es ist aber doch wahrscheinlich, daß ein derartiger Zerfall tatsächlich stattfindet, obwohl er zu langsam erfolgt, um direkt bemerkbar zu werden, und daß aus den zerfallenden Atomen des Radiums Atome der Emanation entstehen.

Man kann ganz allgemein annehmen, daß jeder radioaktive Körper in mehr oder weniger schnellem Zerfall begriffen ist und daß kein stabiler Zustand erreicht werden kann, solange die Umwandlung zu anderen ebenfalls radioaktiven Körpern führt. Nur inaktive Substanz kann beständig sein.

Die eben auseinandergesetzte Theorie hat das charakteristische Kennzeichen, daß sie die Umwandlung chemischer Elemente voraussetzt. Sie ist fast unmittelbar nach Entdeckung der Uranstrahlung zur Erklärung der Erscheinungen der Radioaktivität aufgestellt worden. Die präzise Form, in der sie gegenwärtig vorliegt, verdankt man Rutherford und Soddy[1]). Im

[1]) Rutherford und Soddy, Phil. Mag., 1903.

Folgenden sei kurz die historische Entwicklung der diesbezüglichen Ideen beschrieben.

Von Beginn der Untersuchungen über die Radioaktivität an führte die Tatsache, daß die Uranstrahlung spontan erfolgte, zu der Frage, wo die Quelle der dabei auftretenden Energie zu suchen sei, deren Ursprung trotz ihrer scheinbar äußerst geringen Menge rätselhaft erschien. Verschiedene Hypothesen wurden damals zur Erklärung vorgeschlagen. Ich habe in einer sehr weit zurückdatierenden Publikation über diese Frage die verschiedenen möglichen Hypothesen aufgezählt[1]). Es waren die folgenden:

1. Die Strahlung besteht in einer Emission von Materie und ist von einem Gewichtsverlust der radioaktiven Substanzen begleitet.

2. Die Strahlung ist von einer Abnahme der freien Energie der radioaktiven Substanzen begleitet. Die Radioaktivität würde dann z. B. den Elementen mit hohem Atomgewicht zukommen, deren Entwicklung noch nicht abgeschlossen ist.

3. Die Strahlung ist sekundärer Natur und zwar von Strahlen hervorgerufen, die den Röntgenstrahlen analog sind. Diese erregende Strahlung existiert im Raume und wird nur von den Elementen mit hohem Atomgewicht absorbiert.

4. Die Strahlung geschieht auf Kosten der Wärme der Umgebung, im Widerspruch mit dem Carnotschen Prinzip. Es würde dann hier ein Beispiel eines Mechanismus vorliegen, der klein genug wäre, um die lebendige Kraft der Moleküle in äußere Arbeit umwandeln zu können. Die Strahlung würde gewissermaßen der Reflex der ungeordneten Bewegungen der materiellen Moleküle sein.

Die Hypothesen 1 und 2 gehen in die Desaggregationstheorie der radioaktiven Elemente ein. Die dritte Hypothese hat Anlaß zu einer Reihe von Versuchen gegeben, die in Kapitel IV angeführt sind und deren Resultate zu ihren Ungunsten sprechen.

Eine Hypothese von der Art der unter 4 angeführten ist von Crookes[2]) vorgeschlagen worden, der die Annahme machte, daß die von radioaktiven Substanzen abgegebene Energie der kinetischen Energie der Moleküle des umgebenden Gases entlehnt

---

[1]) Mme. Curie, Revue générale des Sciences, 1899.

[2]) Crookes, Comptes rendus, 1899.

sei. Elster und Geitel[1]) haben jedoch nachgewiesen, daß die Strahlung in Luft unter Atmosphärendruck nicht intensiver ist als in dem vollkommensten erreichbaren Vakuum.

Das theoretische Interesse, das die Frage nach der Natur der Radioaktivität bietet, ist durch die Entdeckung der stark radioaktiven Substanzen, die eine bedeutend größere Energieentwicklung als das Uran zeigen, noch erheblich gesteigert worden. Bei Gelegenheit eines im Juni 1900 in Paris gehaltenen Vortrages bin ich auf die möglichen Ursachen der radioaktiven Erscheinungen zurückgekommen[2]) und habe dabei besonderes Gewicht darauf gelegt, daß man vor allem zwei fundamentale Hypothesen ins Auge fassen muß. Die eine derselben betrachtet die Energieabgabe seitens der radioaktiven Substanzen als unverträglich mit den Prinzipien der Energetik, im besonderen mit dem Carnotschen Prinzip. Die andere, welche ich eingehender in Erwägung gezogen habe, besteht in der Annahme, daß die radioaktiven Atome in Umwandlung begriffen sind. Ich habe sie damals folgendermaßen ausgeführt: „Die radioaktive Materie würde Materie sein, die sich im Zustande lebhafter innerer Bewegung befindet, d. h. im Zerfall begriffen ist. Falls das so ist, so muß das Radium dauernd an Gewicht verlieren. Bekennen wir uns zu dieser Theorie, so müssen wir uns zu der Annahme entschließen, daß die radioaktive Materie sich nicht in einem gewöhnlichen chemischen Zustande befindet; der Aufbau ihrer Atome stellt keinen stabilen Zustand dar, da ja Teilchen, die kleiner als die Atome sind, ausgestrahlt werden, und die kleineren Bestandteile der Atome sind in Bewegung. Die radioaktive Materie erleidet also eine chemische Umwandlung, welche die Quelle der ausgestrahlten Energie ist; aber es handelt sich keineswegs um eine gewöhnliche chemische Umwandlung, denn eine solche läßt das Atom unverändert. Wenn sich in der radioaktiven Materie irgend etwas verändert, so ist dies notwendigerweise das Atom, da die Radioaktivität eine dem Atom zugehörige Eigenschaft ist"[3]).

---

[1]) Elster und Geitel, Wied. Ann., 1898.

[2]) Mme. Curie, Revue scientifique, 1900.

[3]) Diese Zeilen, die von mir im Einverständnis mit P. Curie im Jahre 1900 geschrieben wurden, liefern den deutlichen Beweis, daß wir schon damals eine Umwandlung der Atome der radioaktiven Elemente für durchaus

Es verdient hervorgehoben zu werden, daß die Theorie, nach welcher jedes Entstehen und Verschwinden von Radioaktivität an das Entstehen und Verschwinden von radioaktiven Atomen gebunden ist, als wesentliche Grundlage die Erfahrungstatsache benutzt, daß die Radioaktivität eine dem Atom zugehörige Eigenschaft ist. In diesem Sinne stellt die Theorie der radioaktiven Umwandlungen eine natürliche Erweiterung der Grundanschauungen dar, die uns, P. Curie und mich, zur Entdeckung des Poloniums und des Radiums geführt haben.

Auf Grund der Untersuchungen über die β-Strahlen und ihre Identität mit den Kathodenstrahlen kann man sich verschiedene Vorstellungen über das radioaktive Atom bilden. So gibt Perrin[1]) für das Atom das Bild eines kleinen Planetensystems, in dem die am weitesten vom Zentrum entfernten Teilchen sich am leichtesten loslösen können. Becquerel[2]) betrachtet das Atom als aus positiv und negativ geladenen Teilchen zusammengesetzt, in Übereinstimmung mit den Theorien von J. J. Thomson; aus den negativ geladenen Teilchen würden die β-Strahlen bestehen, aus den positiv geladenen die α-Strahlen, und außerdem würden noch ungeladene Teilchen vorhanden sein, welche die Emanation bilden und einen materiellen Niederschlag induzierter Radioaktivität auf festen Körpern erzeugen können; die Teilchen dieses Niederschlages würden ihrerseits eine weitere Teilung erleiden, bei der wieder eine Emission materieller Strahlen stattfindet.

Rutherford hat schon im Jahre 1900 die Ansicht ausgesprochen, daß die Emanationen und die Niederschläge der induzierten Radioaktivität materieller Natur seien. Auf Grund ihrer Untersuchungen über die chemische Natur der Emanationen betrachteten Rutherford und Soddy dieselben als Edelgase der Argonfamilie. Im Lauf ihrer Arbeiten über die Abtrennung des Thoriums X vom Thorium sind dieselben Forscher im Jahre 1902 zu der Anschauung gelangt, daß das Thorium X eine vom Thorium

---

wahrscheinlich gehalten haben. Wenn P. Curie auch später noch die Möglichkeit anderer Erklärungen ins Auge gefaßt hat, so geschah das deshalb, weil eine experimentelle Lösung des Problems noch nicht vorlag.

[1]) Perrin, Revue scientifique, 1901.

[2]) Becquerel, Comptes rendus, 1901.

chemisch verschiedene, von ihm kontinuierlich produzierte Substanz *ist, die einen spontanen Zerfall nach einem charakteristischen* Gesetze erfährt[1]). Die konstante Radioaktivität des Thoriums ist also das Ergebnis eines Gleichgewichts zwischen Produktion und Zerfall von Thorium X. Rutherford und Soddy haben seit damals an der Anschauung festgehalten, daß die Radioaktivität ganz allgemein als Folge eines Zerfalls von Atomen zu betrachten sei. Aus einer von Rutherford im Jahre 1902 ausgeführten Arbeit ergab sich weiter, daß höchst wahrscheinlich die α-Strahlen positiv geladene Teilchen von der Größe von Atomen sind, die von den radioaktiven Körpern mit großer Geschwindigkeit ausgestoßen werden. Man konnte also annehmen, daß die Ausschleuderung eines derartigen Teilchens die Zerstörung des betreffenden Atoms zur Folge haben würde. Verschiedene Versuche über die radioaktiven Emanationen (Diffusion, Verdichtung bei tiefer Temperatur, Löslichkeit in Flüssigkeiten usw.) lieferten zu der gleichen Zeit neue Stützpunkte für die Hypothese der materiellen Natur der radioaktiven Emanationen. Auf Grund aller dieser Tatsachen haben Rutherford und Soddy im Jahre 1903 eine ins einzelne gehende Theorie der radioaktiven Erscheinungen entwickelt, wobei sie diese als eine Folge des Atomzerfalles betrachteten; gleichzeitig haben sie verschiedene Konsequenzen der Theorie erörtert[2]).

Die Entdeckung der spontanen Wärmeentwicklung des Radiums durch P. Curie und Laborde stammt aus dem Anfang des Jahres 1903[3]). Aus dieser sehr wichtigen Entdeckung ging hervor, wie beträchtlich die Energieabgabe seitens des Radiums ist. Ein Gramm-Atom Radium entwickelt in einer Stunde eine Wärmemenge von der Größenordnung derjenigen, die bei der Verbrennung eines Gramm-Atoms Wasserstoff in Sauerstoff frei wird. P. Curie und Laborde haben sich hierüber folgendermaßen ausgesprochen: „Die kontinuierliche Entwicklung einer derartigen Wärmemenge ist durch einen chemischen Prozeß gewöhnlicher Art nicht zu erklären. Sucht man den Ursprung dieser Wärmeproduktion in einer inneren Umwandlung, so muß diese

[1]) Rutherford une Soddy, Phil. Mag., 1902.

[2]) Rutherford und Soddy, Phil. Mag., Mai 1903.

[3]) P. Curie und Laborde, Comptes rendus 136, S. 673. März 1903.

von tieferliegender Natur sein und in einer Umwandlung des Radiumatoms selbst bestehen. Eine derartige Umwandlung erfolgt, falls sie überhaupt existiert, mit äußerst geringer Geschwindigkeit, denn die Eigenschaften des Radiums erfahren im Laufe mehrerer Jahre keine merkliche Veränderung. Ist die oben ausgesprochene Theorie also richtig, so muß die bei der Umwandlung der Atome auftretende Energie einen außerordentlich großen Betrag haben.“ An derselben Stelle erwähnten P. Curie und Laborde auch die Möglichkeit, daß die Wärmeentwicklung des Radiums als von einer von außen aufgenommenen Energie verursacht betrachtet werden könne.

Zur gleichen Zeit äußerte auch J. J. Thomson[1]) die Ansicht, daß die Energieabgabe seitens des Radiums ihren Grund in einer Umwandlung der Atome haben müsse, und wies darauf hin, daß die Energiebeträge, die bei Atomkontraktionen in Freiheit gesetzt werden, sehr erheblich sein können.

Schließlich datiert von 1903 auch die äußerst wichtige Entdeckung von Ramsay und Soddy[2]), daß aus Radium dauernd Helium entsteht. Damit war zum ersten Male die Bildung eines vollkommen definierten chemischen Elementes, des Heliums, aus einem anderen, ebenso gut definierten, mit Radioaktivität begabten chemischen Element, dem Radium, nachgewiesen, und hierin lag ein entscheidendes Argument zugunsten der Transmutationstheorie der radioaktiven Körper.

Man sieht, wie beträchtlich die Zahl der um das Jahr 1903 aufgefundenen Tatsachen und wie bedeutend die daraus hervorgegangene Ideenumwälzung gewesen ist. Die Theorie, daß die Atome der radioaktiven Körper in Umwandlung begriffen sind, fand immer festere Stützen. Diese Theorie ist in der präzisen Form, die ihr von Rutherford und Soddy verliehen wurde, von großem Nutzen für die experimentelle Forschung gewesen und hat sich im einzelnen in einer großen Zahl von Punkten, darunter einigen sehr wichtigen, bestätigen lassen. Wir verdanken Rutherford und Soddy eine Reihe kühner und genialer Ideen, die der Theorie sofort ein konkretes Leben verliehen und

[1]) J. J. Thomson, Nature, 1903.

[2]) Ramsay und Soddy, Nature, 1903.

als Ausgangspunkt für zahlreiche Untersuchungen gedient haben. Als Beispiele möchte ich die Ideen anführen, daß die Emanationen radioaktive Gase sind, und daß die induzierte Radioaktivität durch Niederschläge fester Substanzen hervorgerufen wird; daß die langsam veränderliche induzierte Radioaktivität des Radiums Substanzen angehört, die identisch mit in den Uranmineralien aufgefundenen radioaktiven Körpern sind, und daß im besonderen das Polonium ein Zerfallsprodukt des Radiums ist; daß das Radium sich in den Uranmineralien in kontinuierlicher Weise bilden muß; und schließlich, daß die α-Teilchen Heliumatome sind. Verschiedene von Rutherford eingeführte Näherungsrechnungen haben sich ebenfalls von großem Nutzen für den Fortschritt der Theorie erwiesen.

91. **Theorie der Umwandlung einer einzigen Substanz.** — Die Grundlagen der Theorie können folgendermaßen gefaßt werden:

1. Jede einfache radioaktive Substanz zerfällt freiwillig nach einem Exponentialgesetz, das ihr eigentümlich ist und zu ihrer Charakterisierung dienen kann. Sind zur Zeit $t = 0$ N_0 Atome vorhanden und zur Zeit t N Atome, so gilt die Beziehung

$$N = N_0 e^{-\lambda t},$$

wo λ eine charakteristische Konstante, die radioaktive Konstante der betrachteten Substanz, ist.

Gleichzeitig hat man

$$\frac{dN}{dt} = -N_0 \lambda e^{-\lambda t} = -\lambda N.$$

Infolgedessen ist die Zahl der in der Zeiteinheit zerfallenden Atome ein immer gleicher Bruchteil der Gesamtzahl N der in dem betrachteten Augenblick vorhandenen Atome, und zwar ist dieser Bruchteil gleich λ.

Eine nach diesem Gesetz verlaufende chemische Reaktion, d. h. eine solche, bei der die Reaktionsgeschwindigkeit in jedem Moment der Anzahl der vorhandenen Moleküle der reagierenden Substanz proportional ist, heißt bekanntlich eine irreversible monomolekulare Reaktion.

Die Zeit, die erforderlich ist, damit die Zahl der Atome auf die Hälfte sinkt, ist ebenfalls eine für die Umwandlung charakteristische Konstante. Diese Zeit T, die als die Zerfallsperiode bezeichnet werden kann, berechnet sich folgendermaßen:

$$e^{-\lambda T} = \frac{1}{2}, \qquad T = \frac{\log 2}{\lambda \log e}.$$

Schließlich kann man noch eine dritte, mit λ und T verknüpfte Konstante zur Charakterisierung des Vorganges einführen. Schreibt man nämlich

$$N = N_0 e^{-\frac{t}{\Theta}},$$

so bedeutet die Konstante Θ eine Zeit, die man als die mittlere Lebensdauer der Substanz bezeichnet.

Falls nämlich N die Anzahl der zur Zeit t vorhandenen Atome ist, so ist die Zahl der während der Zeit dt zerfallenden Atome gleich $\lambda\, N dt$; diese Atome haben während einer Zeit von der Länge t existiert. Folglich berechnet sich die mittlere Lebensdauer eines Atoms nach folgender Formel:

$$\frac{1}{N_0}\sum t\lambda N dt = \frac{1}{N_0}\int_0^\infty \lambda N t dt = \frac{\lambda}{N_0}\int_0^\infty N_0 t e^{-\lambda t} dt = \frac{1}{\lambda} = \Theta.$$

Das Integral $\int_0^\infty \lambda N t dt$ stellt das zwischen der Kurve $N = f(t)$ und den Koordinatenachsen liegende Flächenstück S dar. Die Zeit Θ ist eine mittlere Abszisse von der Art, daß $N_0 \Theta = S$ wird.

Bei der Radiumemanation ist z. B.

$$\lambda = 2{,}085 . 10^{-6} \frac{1}{\sec}, \quad T = 3{,}85 \text{ Tage}, \quad \Theta = 5{,}55 \text{ Tage} = 133{,}2 \text{ Std.}$$

2. Die Strahlung einer einfachen radioaktiven Substanz ist proportional der Zahl der in der Zeiteinheit zerfallenden und folglich auch der in einem gegebenen Augenblick vorhandenen Atome.

Eine im Zerfall begriffene radioaktive Substanz bewahrt trotzdem, solange sie überhaupt beobachtet werden kann, ihre Eigenschaften unverändert. Die radioaktive Konstante der Radiumemanation hängt z. B. nicht von der Konzentration der letzteren ab und erleidet keine Veränderung, wenn die Menge der Emanation abnimmt. Daraus muß man schließen, daß die Emanation, die nach einer gewissen Zeit noch übrig bleibt, von genau derselben Natur ist wie die ursprünglich vorhandene. Man sieht also, daß die Umwandlung nicht alle Atome gleichzeitig ergreifen kann, sondern zu einer gegebenen Zeit nur einen bestimmten Bruchteil der vorhandenen Atome. Man kann sich vorstellen, daß in jeder Zeiteinheit eine gewisse Menge von Atomen gewissermaßen explosionsartig zerfallen, während die übrigen Atome unverändert bleiben.

Ein explodierendes Atom ist ein solches, das aus irgend welchem Grunde kein stabiles System mehr bildet; nach der Explosion tritt eine Neuanordnung der Bestandteile ein, welche dauernder oder vorübergehender Natur sein kann, und die ein von dem zerstörten chemisch verschiedenes Atom darstellt.

Die Strahlung ist das äußere Anzeichen für die Umwandlung des Atoms. Diese ist von der Ausstoßung materieller, elektrisch geladener und mit großer Geschwindigkeit begabter Teilchen begleitet, sowie von der Emission elektromagnetischer Perturbationen in den umgebenden Raum.

92. **Theorie der Umwandlung von zwei oder drei Substanzen.** — In bezug auf die Umwandlung einer radioaktiven Substanz A in eine andere radioaktive Substanz B können verschiedene Hypothesen gemacht werden. Man kann annehmen, daß jedes Atom der Substanz A bei seinem Zerfall n_1 Atome B erzeugt. Bezeichnet man dann mit A und B die Anzahl der zur Zeit t vorhandenen Atome der beiden Substanzen und mit a und b ihre radioaktiven Konstanten, so ist

$$A = A_0 e^{-at}$$

wo A_0 den Wert von A zur Zeit $t = 0$ bedeutet, und

$$\text{(I.)} \qquad \frac{dA}{dt} = -aA.$$

Jedes zerfallende Atom der Substanz A erzeugt n Atome der Substanz B, deren Zerfallsgeschwindigkeit gleich bB ist. Für die Substanz B gilt also die Beziehung

$$\frac{dB}{dt} = n_1 aA - bB.$$

Falls die Substanz A sehr langsam zerfällt, so bleibt A annähernd konstant, und man kann schreiben

$$n_1 a \mathrm{A} = \varDelta.$$

Ist ferner $\mathrm{B} = 0$ für $t = 0$, so ergibt sich

$$\mathrm{B} = \mathrm{B}_\infty (1 - e^{-bt}), \quad \text{wo } \mathrm{B}_\infty = \frac{\varDelta}{b} \text{ ist.}$$

Dieser Fall ist schon oben bei der Ableitung des Gesetzes behandelt worden, nach dem die Ansammlung der Radiumemanation in einem geschlossenen Gefäß erfolgt (§ 68).

Sind die Zerfallsgeschwindigkeiten der Substanzen A und B von vergleichbarer Größe, so berechnet sich die Anzahl ihrer Atome zur Zeit t aus folgenden beiden Differentialgleichungen:

$$\text{(II.)} \quad \begin{cases} \dfrac{d\mathrm{A}}{dt} = -a\mathrm{A}, \\ \dfrac{d\mathrm{B}}{dt} = -b\mathrm{B} + n_1 a\mathrm{A}. \end{cases}$$

Ist der Wert von A aus der Formel I bekannt, so erhält man für B folgendes Resultat:

$$\mathrm{B} = \frac{n_1 a \mathrm{A}_0}{b - a} e^{-at} + \left(\mathrm{B}_0 + \frac{n_1 a \mathrm{A}_0}{a - b}\right) e^{-bt},$$

wo A_0 und B_0 die Werte von A bzw. B zur Zeit 0 bedeuten. Man kann B als aus zwei Summanden zusammengesetzt betrachten, in folgender Weise:

$$\mathrm{B} = \mathrm{B}_1 + \mathrm{B}_2$$

$$\mathrm{B}_1 = \frac{n_1 a \mathrm{A}_0}{b - a} (e^{-at} - e^{-bt}), \quad \mathrm{B}_2 = \mathrm{B}_0 e^{-bt}.$$

Das Glied B_1 bedeutet die zur Zeit t durch Umwandlung der ursprünglich vorhandenen Substanz A entstandene Menge von B. Sie stellt auch die Lösung des Gleichungssystems II unter Annahme folgender Anfangsbedingungen dar:

$$\mathrm{A} = \mathrm{A}_0 \text{ und } \mathrm{B} = 0 \text{ für } t = 0.$$

Das Glied B_2 bezeichnet die Menge von B, die nach der Zeit t von der ursprünglich vorhandenen Menge B_0 noch übrig ist. Diese Lösung ist von derselben Form wie die Lösung I und stellt außerdem die vollständige Lösung des Systems II bei folgenden Anfangsbedingungen dar:

$$\mathrm{A} = 0 \text{ und } \mathrm{B} = \mathrm{B}_0 \text{ für } t = 0.$$

Unter diesen Bedingungen vereinfacht sich das System II und verwandelt sich in eine einzige Gleichung von der Form I:

$$\frac{dB}{dt} = -bB.$$

Betrachten wir jetzt den Fall, daß drei Substanzen A, B, C ursprünglich in den Mengen A_0, B_0, C_0 vorhanden sind, und daß jede von ihnen bei dem Zerfall der vorhergehenden entsteht. Die Werte von A, B und C zur Zeit t genügen folgendem System von Differentialgleichungen:

$$\text{(III.)} \quad \begin{cases} \frac{dA}{dt} = -aA, \\ \frac{dB}{dt} = -bB + n_1 aA, \\ \frac{dC}{dt} = -cC + n_2 bB, \end{cases}$$

wobei n_1 die Zahl der Atome von B bedeutet, die aus einem Atom A entstehen, und n_2 die Zahl der Atome von C, die aus einem Atom B entstehen.

Sind die Werte von A und B aus der vorstehenden Rechnung bekannt, so genügt es, C zu ermitteln. Man erhält für dieses

$$C = C_1 + C_2 + C_3,$$

$$C_1 = n_1 n_2 ab A_0 \left[\frac{e^{-at}}{(b-a)(c-a)} + \frac{e^{-bt}}{(a-b)(c-b)} + \frac{e^{-ct}}{(a-c)(b-c)}\right],$$

$$C_2 = \frac{n_2 b B_0}{c-b}(e^{-bt} - e^{-ct}),$$

$$C_3 = C_0 e^{-ct}.$$

Das Glied C_1 bedeutet die Menge der Substanz C, die im Zeitpunkt t aus der ursprünglich vorhandenen Menge A_0 der Substanz A hervorgegangen ist.

Das Glied C_2 bedeutet die Menge der Substanz C, die im Zeitpunkt t aus der ursprünglich vorhandenen Menge B_0 der Substanz B hervorgegangen ist.

Das Glied C_3 bedeutet die Menge der Substanz C, die im Zeitpunkt t von der ursprünglich vorhandenen Menge C_0 übrig ist.

Es sei darauf hingewiesen, daß C_2 die Lösung eines dem System II analogen Gleichungssystems ist, das aus dem System III durch Streichung aller auf A bezüglichen Ausdrücke hervorgeht. Ebenso ist C_3 die Lösung einer Gleichung von der Form I, auf welche sich das System III reduziert, wenn man darin alle auf A und B bezüglichen Ausdrücke streicht.

Es ist übrigens selbstverständlich, daß, wenn die Substanz C die einzige ursprünglich vorhandene ist, ihre Menge im Zeitpunkt t, ausgedrückt durch C_3, wie in dem Falle einer einzigen Substanz zu berechnen ist; entstammt die Substanz C einer Substanz B, die im Anfang ebenfalls vorhanden war, so muß man zu der Lösung C_3 eine Lösung C_2 hinzufügen, entsprechend dem Falle von zwei Substanzen, und wenn die Substanz B ihrerseits aus einer ursprünglich vorhandenen Substanz A hervorgeht, so addiert sich eine weitere Größe C_1 zu den vorhergehenden, und dieses Glied allein ist charakteristisch für den Fall von drei Substanzen.

Die vollständige Lösung für C ist eine lineare Kombination dreier Exponentialfunktionen e^{-at}, e^{-bt} und e^{-ct}.

93. **Allgemeiner Fall.** — Die auf zwei, drei und vier Substanzen bezüglichen Formeln sind von P. Curie[1]), von Rutherford[2]) und von Grüner[3]) entwickelt worden. Die Resultate lassen eine Verallgemeinerung für den Fall einer beliebigen Anzahl m von Substanzen zu, die durch sukzessive Umwandlungen auseinander hervorgehen (eine Familie radioaktiver Substanzen).

Bezeichnen wir mit

$$N_1,\ N_2,\ \ldots,\ N_i,\ \ldots,\ N_m$$

die Zahlen der im Augenblick t vorhandenen Atome, mit

$$\lambda_1,\ \lambda_2,\ \ldots,\ \lambda_i,\ \ldots,\ \lambda_m$$

die radioaktiven Konstanten, mit

$$n_1,\ n_2,\ \ldots,\ n_i,\ \ldots,\ n_m$$

die Zahlen einander gleicher radioaktiver Atome, die bei dem Zerfall je eines der betrachteten Atome erzeugt werden, so haben wir folgendes Gleichungssystem zu lösen:

---

[1]) P. Curie, Comptes rendus, 1903 und 1904.

[2]) Rutherford, Radioactivity.

[3]) Grüner, Arch. des Sciences phys. et nat., 1907.

$$\text{(IV.)}\qquad \begin{cases} \dfrac{dN_1}{dt} = -\lambda_1 N_1, \\ \dfrac{dN_2}{dt} = -\lambda_2 N_2 + n_1 \lambda_1 N_1, \\ \dots\dots\dots\dots\dots\dots, \\ \dfrac{dN_m}{dt} = -\lambda_m N_m + n_{m-1} \lambda_{m-1} N_{m-1}. \end{cases}$$

Die Lösung, welche N_m liefert, ist eine lineare Kombination von m Exponentialfunktionen, die durch die m Koeffizienten λ charakterisiert sind.

Sie kann in der Form einer Summe von m Gliedern dargestellt werden:

$$\text{(V.)}\qquad N_m = N_{m,1} + N_{m,2} + \dots + N_{m,m}.$$

Das Glied N_{m1} bedeutet die Menge der Substanz N_m, die im Zeitpunkt t aus der Umwandlung der Substanz 1 hervorgegangen ist. $N_{1,0}$ sei die Menge dieser Substanz im Zeitpunkt 0. Man findet

$$N_{m,1} = n_1 n_2 \dots n_{m-1} \lambda_1 \lambda_2 \dots \lambda_{m-1} N_{1,0} \left[\frac{e^{-\lambda_1 t}}{(\lambda_2 - \lambda_1)(\lambda_3 - \lambda_1)\dots(\lambda_m - \lambda_1)} + \frac{e^{-\lambda_2 t}}{(\lambda_1 - \lambda_2)(\lambda_3 - \lambda_2)\dots(\lambda_m - \lambda_2)} + \dots + \frac{e^{-\lambda_m t}}{(\lambda_1 - \lambda_m)(\lambda_2 - \lambda_m)\dots(\lambda_{m-1} - \lambda_m)} \right].$$

Das folgende Glied $N_{m,2}$ entspricht dem ersten Glied der Lösung eines Problems, das sich auf die $m - 1$ Substanzen 2, 3, ..., m bezieht. Man kann also unter Anwendung derselben allgemeinen Formel schreiben

$$N_{m,2} = n_2 n_3 \dots n_{m-1} \lambda_2 \lambda_3 \dots \lambda_{m-1} N_{2,0} \left[\frac{e^{-\lambda_2 t}}{(\lambda_3 - \lambda_2)\dots(\lambda_m - \lambda_2)} + \dots + \frac{e^{-\lambda_m t}}{(\lambda_2 - \lambda_m)\dots(\lambda_{m-1} - \lambda_m)} \right].$$

Die folgenden Glieder werden in der gleichen Weise erhalten, bis zu dem letzten, für welches man findet

$$N_{m,m} = N_{m,0}\, e^{-\lambda_m t}.$$

Diese Resultate gestatten, die Lösung aller bei radioaktiven Umwandlungen auftretenden Probleme zu finden. Es mögen einige Anwendungen folgen:

1. Wir betrachten eine Familie von m radioaktiven Substanzen, von denen zur Zeit $t = 0$ nur die erste vorhanden ist. In welcher Menge werden zur Zeit t die sämtlichen in Betracht kommenden Substanzen vorliegen?

Die Lösung dieses Problems ergibt sich direkt aus der Theorie. Es genügt, in den obigen Formeln

$$N_{2,0} = N_{3,0} = \ldots = N_{m,0} = 0$$

zu setzen.

Man findet:

$$\text{(VI.)} \left\{ \begin{aligned} & N_1 = N_{1,1} = N_{1,0}\, e^{-\lambda_1 t}, \\ & N_2 = N_{2,1} = n_1 \lambda_1 N_{1,0} \left[\frac{e^{-\lambda_1 t}}{\lambda_2 - \lambda_1} + \frac{e^{-\lambda_2 t}}{\lambda_1 - \lambda_2} \right], \\ & \ldots\ldots\ldots\ldots\ldots\ldots\ldots\ldots \\ & N_m = N_{m,1} = n_1 n_2 \ldots n_{m-1} \lambda_1 \lambda_2 \ldots \lambda_{m-1} N_{1,0} \left[\frac{e^{-\lambda_1 t}}{(\lambda_2 - \lambda_1) \ldots (\lambda_m - \lambda_1)} + \ldots \right. \\ & \qquad \left. + \frac{e^{-\lambda_m t}}{(\lambda_1 - \lambda_m) \ldots (\lambda_{m-1} - \lambda_m)} \right]. \end{aligned} \right.$$

2. Man läßt die in dem eben behandelten Problem betrachtete Entwicklung sich während einer Zeit τ vollziehen. Dann trennt man den Rest der ursprünglichen Substanz (Portion I) von den daraus hervorgegangenen Substanzen (Portion II). Wie groß sind zur Zeit t, vom Moment der Trennung an gerechnet, die Mengen dieser Substanzen in der Portion II?

Dieses Problem wird auf das vorhergehende zurückgeführt, wenn man berücksichtigt, daß die Gesamtentwicklung aller Substanzen in den Portionen I und II durch die Trennung nicht beeinflußt wird. Die Menge einer beliebigen Substanz in der Portion II im Augenblick t ist gleich der Differenz der Gesamtmenge dieser Substanz und der in der Portion I befindlichen Menge. Die Entwicklung der Portion I geschieht in der gleichen Weise wie in dem schon behandelten Falle; nur die ursprüngliche Menge der primären Substanz ist eine andere, ihr Wert ist gleich

$$N_{1,0}\, e^{-\lambda_1 \tau}.$$

Die Gesamtmenge der m-ten Substanz der Reihe zur Zeit t ist gleich

$$n_1 n_2 \ldots n_{m-1} \lambda_1 \lambda_2 \ldots \lambda_{m-1} \mathrm{N}_{1,0} \left[\frac{e^{-\lambda_1 (t+\tau)}}{(\lambda_2 - \lambda_1) \ldots (\lambda_m - \lambda_1)} + \ldots + \frac{e^{-\lambda_m (t+\tau)}}{(\lambda_1 - \lambda_m) \ldots (\lambda_{m-1} - \lambda_m)} \right].$$

Die Menge derselben Substanz im gleichen Augenblick in der Portion I ist gleich

$$n_1 n_2 \ldots n_{m-1} \lambda_1 \lambda_2 \ldots \lambda_{m-1} \mathrm{N}_{1,0}\, e^{-\lambda_1 \tau} \left[\frac{e^{-\lambda_1 t}}{(\lambda_2 - \lambda_1) \ldots (\lambda_m - \lambda_1)} + \ldots + \frac{e^{-\lambda_m t}}{(\lambda_1 - \lambda_m) \ldots (\lambda_{m-1} - \lambda_m)} \right].$$

Die Differenz stellt die Lösung des betrachteten Problems in bezug auf die m-te Substanz dar:

$$\text{(VII.)} \quad \mathrm{N}_m = n_1 n_2 \ldots n_{m-1} \lambda_1 \lambda_2 \ldots \lambda_{m-1} \mathrm{N}_{1,0} \left[\frac{e^{-\lambda_2 \tau} - e^{-\lambda_1 \tau}}{(\lambda_1 - \lambda_2) \ldots (\lambda_m - \lambda_2)} e^{-\lambda_2 t} + \ldots + \frac{e^{-\lambda_m \tau} - e^{-\lambda_1 \tau}}{(\lambda_1 - \lambda_m) \ldots (\lambda_{m-1} - \lambda_m)} e^{-\lambda_m t} \right].$$

3. Ein besonderes Interesse bietet der Fall, daß die mittlere Lebensdauer der primären Substanz bedeutend größer ist als diejenige der daraus entstehenden Substanzen; mit anderen Worten, daß die radioaktive Konstante der primären Substanz im Vergleich zu den anderen Konstanten der Reihe sehr klein ist. Das ist der Fall bei der Radiumemanation und den Bestandteilen der von ihr erzeugten induzierten Radioaktivität: Radium A, B und C. Die Menge einer beliebigen dieser Substanzen stellt sich im allgemeinen Falle dar durch eine Summe von Gliedern mit den Faktoren $e^{-\lambda_1 t}$, $e^{-\lambda_2 t}$ usw. Nach einer im Vergleich zu den mittleren Lebensdauern der Substanzen 2, 3, ..., m hinreichend langen Zeit verschwinden alle diese Ausdrücke im Vergleich zu $e^{-\lambda_1 t}$. Man erhält also, von einem beliebigen Anfangspunkt an gerechnet, als Grenzwerte folgende aus den Lösungen (V.) des allgemeinen Problems sich ableitende Lösungen:

$$\text{(VIII.)} \quad \begin{cases} N_1 = N_{1,0}\, e^{-\lambda_1 t} \\ N_2 = \dfrac{n_1 \lambda_1 N_{1,0}}{\lambda_2 - \lambda_1} e^{-\lambda_1 t} \\ \dots\dots\dots\dots\dots\dots\dots \\ N_m = \dfrac{n_1 n_2 \dots n_{m-1} \lambda_1 \lambda_2 \dots \lambda_{m-1} N_{1,0}}{(\lambda_2 - \lambda_1) \dots (\lambda_m - \lambda_1)} e^{-\lambda_1 t}. \end{cases}$$

Alle Substanzen der Reihe haben also im Endzustand dasselbe Zerfallsgesetz wie die primäre Substanz. Das Mengenverhältnis der sämtlichen Substanzen bleibt konstant, und man sagt dann, daß sie sich in einem stationären radioaktiven Gleichgewicht befinden.

So hat z. B. das Zerfallsgesetz der Radiumemanation durch die Messung der von der begleitenden induzierten Radioaktivität emittierten Strahlung bestimmt werden können; einige Stunden sind erforderlich, bis das für die Emanation charakteristische einfache Exponentialgesetz sich einstellt.

Die Formeln (VIII.) nehmen eine einfachere Form an, wenn man λ_1 gegenüber den anderen Konstanten der Reihe vernachlässigt. Man erhält so die Näherungswerte

$$\text{(IX.)} \quad \begin{cases} N_1 = N_{1,0}\, e^{-\lambda_1 t} \\ N_2 = \dfrac{n_1 \lambda_1 N_{1,0}}{\lambda_2} e^{-\lambda_1 t} \\ \dots\dots\dots\dots\dots\dots\dots \\ N_m = \dfrac{n_1 n_2 \dots n_{m-1} \lambda_1 N_{1,0}}{\lambda_m} e^{-\lambda_1 t}. \end{cases}$$

Es gelten dann folgende Beziehungen zwischen den Mengen $N_1, N_2, \dots, N_m$:

$$N_1 \lambda_1 = \frac{N_2 \lambda_2}{n_1} = \dots = \frac{N_m \lambda_m}{n_1 n_2 \dots n_{m-1}}.$$

Diese Gleichungen gelten mit um so größerer Annäherung, je kleiner die Quotienten $\frac{\lambda_1}{\lambda_2}, \dots, \frac{\lambda_1}{\lambda_m}$ sind.

In dem Spezialfall, daß $n_1 = n_2 = \dots = n_m = 1$ ist, d. h., daß jedes Atom bei seinem Zerfall ein einziges Atom der folgenden

Substanz erzeugt, nehmen diese Gleichungen die Form an

$$N_1 \lambda_1 = N_2 \lambda_2 = \ldots = N_m \lambda_m.$$

D i e M e n g e n d e r v o r h a n d e n e n A t o m e d e r b e t r a c h t e t e n S u b s t a n z e n s i n d a l s o d a n n u m g e k e h r t p r o p o r t i o n a l d e n r a d i o a k t i v e n K o n s t a n t e n, d. h. d i r e k t p r o p o r t i o n a l d e r m i t t l e r e n L e b e n s d a u e r.

D i e Z a h l d e r p r o Z e i t e i n h e i t z e r f a l l e n d e n A t o m e i s t i n d i e s e m F a l l e f ü r s ä m t l i c h e S u b s t a n z e n d i e g l e i c h e.

Die Möglichkeit eines stationären radioaktiven Gleichgewichts ist an die Bedingung gebunden, daß die mittlere Lebensdauer der primären Substanz groß gegenüber denjenigen der aus ihr hervorgehenden Substanzen ist. Das Gleichgewicht stellt sich um so schneller ein, eine je kürzere Lebensdauer die entstehenden Substanzen haben.

Ist die mittlere Lebensdauer der primären Substanz so groß, daß ihre Abnahme in keinem experimentell in Betracht kommenden Zeitraum wahrgenommen werden kann, so wird das stationäre radioaktive Gleichgewicht zu einem praktisch permanenten Gleichgewicht, d. h. die Mengen der entstehenden Substanzen erreichen selbst konstante Grenzwerte. Die Exponentialfunktion $e^{-\lambda_1 t}$ kann in diesem Falle für alle Werte der Zeit gleich 1 gesetzt werden, und die Formeln (IX.) nehmen die Form an

$$\text{(X.)} \quad \begin{cases} N_1 = N_{1,0} \\ N_2 = \dfrac{n_1 \lambda_1 N_{1,0}}{\lambda_2} \\ \ldots\ldots\ldots\ldots, \\ N_m = \dfrac{n_1 n_2 \ldots n_{m-1} \lambda_1 N_{1,0}}{\lambda_m}. \end{cases}$$

Diese Gleichungen gelten für diejenigen radioaktiven Substanzen, die innerhalb der Versuchsgrenzen unveränderlich sind (Radium, Uran).

Die Beziehungen zwischen den Mengen der einzelnen Substanzen der Reihe werden dann streng gültig und können direkt aus den Differentialgleichungen (IV.) abgeleitet werden, wenn man in ihnen sämtliche Differentialquotienten gleich 0 setzt, gemäß der Bedingung des permanenten Gleichgewichtes.

Bei jeder Substanz wird dann die Produktionsgeschwindigkeit von der Zerfallsgeschwindigkeit genau kompensiert. Da die primäre Substanz konstant bleibt, so ist die Anzahl $n_1\lambda_1 N_{1,0}$ der pro Zeiteinheit gebildeten Atome der ersten aus ihr entstehenden Substanz ebenfalls konstant. Diese Zahl werde mit Δ bezeichnet. Ist im Anfang die primäre Substanz allein anwesend und ihre Menge gleich $N_{1,0}$, so berechnen sich die Mengen der aus ihr hervorgehenden Substanzen zur Zeit t, indem man in den Formeln des Problems 1 (S. 394) $e^{-\lambda_1 t}$ durch 1 und $n_1\lambda_1 N_{1,0}$ durch Δ ersetzt.

Man findet so

$$\text{(XI.)}\quad \begin{cases} N_1 = N_{1,0}, \\ N_2 = \dfrac{\Delta}{\lambda_2}(1-e^{-\lambda_2 t}), \\ \dots\dots\dots\dots, \\ N_m = n_2 \dots n_{m-1}\dfrac{\Delta}{\lambda_m}\left[1 - \dfrac{\lambda_3\dots\lambda_m e^{-\lambda_2 t}}{(\lambda_3-\lambda_2)\dots(\lambda_m-\lambda_2)} - \dots \right. \\ \qquad\qquad \left. - \dfrac{\lambda_2\dots\lambda_{m-1} e^{-\lambda_m t}}{(\lambda_2-\lambda_m)\dots(\lambda_{m-1}-\lambda_m)}\right]. \end{cases}$$

Bei großen Werten von t erhalten die Lösungen folgende Grenzwerte, die dem permanenten Endzustand entsprechen:

$$\text{(XII.)}\quad \begin{cases} N_1 = N_{1,0}, \\ N_2 = \dfrac{\Delta}{\lambda_2}, \\ \dots\dots\dots, \\ N_m = n_2 \dots n_{m-1}\dfrac{\Delta}{\lambda_m}. \end{cases}$$

Trennt man nach der Zeit τ die konstante primäre Substanz von den inzwischen angesammelten daraus entstandenen Substanzen, so ergibt sich das Entwicklungsgesetz dieser letzteren aus den Formeln des Problems 2, wenn man einsetzt

$$e^{-\lambda_1 t} = 1$$

und

$$n_1\lambda_1 N_{1,0} = \Delta.$$

Man erhält so folgende Formeln:

$$\text{(XIII.)}\left\{\begin{aligned} N_2 &= \frac{\varDelta}{\lambda_2}(1-e^{-\lambda_2\tau})\,e^{-\lambda_2 t},\\ &\ldots\ldots\ldots\ldots\ldots\ldots,\\ N_m &= n_2\ldots n_{m-1}\frac{\varDelta}{\lambda_m}\left[\frac{\lambda_3\ldots\lambda_m}{(\lambda_3-\lambda_2)\ldots(\lambda_m-\lambda_2)}(1-e^{-\lambda_2\tau})\,e^{-\lambda_2 t}+\ldots\right.\\ &\qquad\left.+\frac{\lambda_2\ldots\lambda_{m-1}}{(\lambda_2-\lambda_m)\ldots(\lambda_{m-1}-\lambda_m)}(1-e^{-\lambda_m\tau})\,e^{-\lambda_m t}\right].\end{aligned}\right.$$

Entfernt man die primäre Substanz erst nach Einstellung des permanenten Gleichgewichtes, so kann man $\tau=\infty$ setzen, und die Formeln nehmen die Gestalt an

$$\text{(XIV.)}\left\{\begin{aligned} N_2 &= \frac{\varDelta}{\lambda_2}\,e^{-\lambda_2 t},\\ &\ldots\ldots\ldots\ldots,\\ N_m &= n_2\ldots n_{m-1}\frac{\varDelta}{\lambda_m}\left[\frac{\lambda_3\ldots\lambda_m}{(\lambda_3-\lambda_2)\ldots(\lambda_m-\lambda_2)}\,e^{-\lambda_2 t}+\ldots\right.\\ &\qquad\left.+\frac{\lambda_2\ldots\lambda_{m-1}}{(\lambda_2-\lambda_m)\ldots(\lambda_{m-1}-\lambda_m)}\,e^{-\lambda_m t}\right].\end{aligned}\right.$$

Vergleicht man die Formeln (XIV.) mit den Formeln (XI.), so findet man, daß die einander entsprechenden Glieder für alle Werte der Zeit konstante Summen haben. Diese Summen stellen die Grenzwerte der Lösungen (XII) dar. Daraus ergibt sich folgender ganz allgemeine Satz:

Leitet sich eine Familie radioaktiver Substanzen von einer konstanten Primärsubstanz her, und verfolgt man die Entwicklung von einem Zeitpunkt an, in dem die primäre Substanz allein anwesend ist, so strebt die Menge jeder daraus entstehenden Substanz einem Grenzwert zu, der dem radioaktiven Gleichgewicht entspricht, und der Überschuß der dem Gleichgewicht entsprechenden Menge über die in einem gegebenen Moment vorhandene nimmt nach einem bestimmten Gesetz ab. Entfernt man die Primärsubstanz nach Einstellung des Gleichgewichtes, so nimmt die Menge einer jeden der daraus gebildeten Substanzen nach demselben Gesetze ab. Diese beiden Vorgänge nennt man k o m p l e - m e n t ä r. Stellt man die zeitliche Veränderung einer Substanz bei jedem dieser beiden betrachteten Vorgänge durch eine

Kurve dar, so ist die Summe der in beiden Kurven zu demselben Zeitwerte gehörigen Ordinaten konstant und ein Maß für die im radioaktiven Gleichgewicht vorhandene Menge der Substanz. Die beiden Kurven sind ebenfalls komplementär.

Dieses Gesetz gilt auch bei stationären Gleichgewichten mit um so größerer Annäherung, je langsamer die Entwicklung der primären Substanz ist.

Die eben entwickelte Theorie der radioaktiven Umwandlungen geht von der Voraussetzung aus, daß der Zerfall der Atome einer einfachen radioaktiven Substanz unmittelbar nur zur Bildung einer einzigen Art neuer radioaktiver Atome führt. Diese Voraussetzung hat sich im allgemeinen als zulässig erwiesen; sie vermag jedoch der wahrscheinlichen Verwandtschaft zwischen der Aktiniumfamilie einerseits und den Familien des Urans und Radiums andererseits nicht gerecht zu werden. Die dem Aktinium und seinen Derivaten zukommende relative Aktivität in den Uranmineralien ist kleiner, als nach der genannten Hypothese zu erwarten wäre (siehe § 212). Man muß also auch die Möglichkeit anderer Umwandlungsweisen, bei denen zwei Arten radioaktiver Atome unmittelbar aus einer und derselben Ausgangssubstanz hervorgehen, in Betracht ziehen. Es lassen sich zwei Arten eines derartigen Zerfalls denken:

1. Ein radioaktives Atom einer bestimmten Gattung erzeugt mehrere radioaktive Atome verschiedener Gattungen.

2. Unter den radioaktiven Atomen einer bestimmten Gattung dient ein bestimmter Bruchteil zur Bildung eines gewissen radioaktiven Elementes, während ein anderer Bruchteil gleichzeitig ein anderes radioaktives Element erzeugt.

Soddy[1]) hat gezeigt, daß die zweite Voraussetzung die experimentellen Resultate, die bei der Untersuchung der Uranmineralien gewonnen worden sind, im Sinne einer Verwandtschaft zwischen Uran, Radium und Aktinium zu deuten gestattet.

Die Anzahl der Atome einer primären Substanz im Zeitpunkt t sei gleich N und N_0 der Wert von N für $t = 0$. Nehmen wir an, daß pro Zeiteinheit $\lambda_1 N$ Atome unter Bildung einer radioaktiven

[1]) Soddy, Phil. Mag., 1909.

Substanz A und gleichzeitig $\lambda_2 N$ Atome unter Bildung einer Substanz B zerfallen. A und B möge die Anzahl der Atome der Substanzen A und B, a und b ihre radioaktiven Konstanten bezeichnen. Es gilt dann für die primäre Substanz

$$N = N_0 e^{-(\lambda_1 + \lambda_2)t}.$$

Ist die mittlere Lebensdauer $\frac{1}{\lambda_1 + \lambda_2}$ der primären Substanz groß im Vergleich zu der mittleren Lebensdauer $\frac{1}{a}$ bezw. $\frac{1}{b}$ der Substanzen A und B, so kann sich ein radioaktives Gleichgewicht einstellen, und man hat dann

$$aA = \lambda_1 N, \quad bB = \lambda_2 N, \quad \frac{aA}{bB} = \frac{\lambda_1}{\lambda_2}.$$

Die Zahl der Atome der Substanzen A und B, die während der gleichen Zeit spontan zerfallen, stehen in dem Verhältnis der radioaktiven Konstanten λ_1 und λ_2. Sie können sehr voneinander verschieden sein, wenn die betreffenden Konstanten voneinander stark abweichen.

94. **Die Beziehung zwischen der Ionisation und der vorhandenen Menge radioaktiver Substanz.** — Die Theorie setzt voraus, daß die Strahlung einer radioaktiven Substanz proportional der Zahl der pro Zeiteinheit zerfallenden Atome ist. Es seien K_1, $K_2, \ldots, K_m$ die Zahlen der in einem bestimmten Raum bei dem Zerfall eines Atoms erzeugten Ionen. Die Gesamtzahl $\mathfrak{J}$ der in dem betrachteten Raume produzierten Ionen ergibt sich aus der Formel

$$\mathfrak{J} = K_1 \lambda_1 N_1 + K_2 \lambda_2 N_2 + \ldots + K_m \lambda_m N_m.$$

Die Zahl der in einer Ionisationskammer produzierten Ionen, die zur Messung der Strahlungsintensität dienen kann hängt also nicht nur von der Zahl der zerfallenden Atome sondern auch von den Koeffizienten K ab, deren relative Werte mit den Formen und Dimensionen der Kammer variieren können. Diese Koeffizienten werden als die Aktivitätskoeffizienten der Substanzen in einem bestimmten Meßapparat bezeichnet. Im Falle eines radioaktiven Gleichgewichtes verhalten sich die Zahlen der von den verschiedenen Substanzen erzeugten Ionen wie die Zahlen

$$K_1, \; n_1 K_1, \; \ldots, \; n_1 n_2 \ldots n_{m-1} K_m.$$

Will man die zeitliche Veränderung von $\mathfrak{J}$ durch eine Kurve darstellen, so erhält man diese, indem man die einander entsprechenden Ordinaten der auf die einzelnen Substanzen bezüglichen, die zeitliche Veränderung der Produkte λN darstellenden Kurven zueinander addiert, nachdem man sie vorher mit den Aktivitätskoeffizienten multipliziert hat. Die Form der so gewonnenen Kurve für $\mathfrak{J}$ hängt von der benutzten Ionisationskammer ab.

95. **Unabhängigkeit der radioaktiven Konstanten von allen äußeren Bedingungen.** — Da die Strahlung einer radioaktiven Substanz ihrer Menge proportional ist, so muß jede Ursache, welche den Zerfall der Substanz zu beeinflussen vermag, auch die Abklingung ihrer Strahlung in genau der gleichen Weise beeinflussen. Hat im speziellen eine Substanz eine konstante Aktivität, so könnte diese unter Umständen durch eine äußere Ursache verändert werden, wenn diese den sehr langsamen Zerfall der Substanz irgendwie beeinflußt. Würde die Zerfallsgeschwindigkeit etwa auf den doppelten Betrag gesteigert, so könnte die Aktivität immer noch konstant erscheinen, würde aber zweimal so groß sein als vorher.

Es hat bis jetzt noch kein Einfluß dieser Art beobachtet werden können, sondern die radioaktiven Konstanten haben sich als völlig unempfindlich gegen jeden äußeren Eingriff erwiesen. Es ist besonders bemerkenswert, daß sie auch von der Temperatur, die ja bei chemischen Reaktionen eine so bedeutende Rolle spielt, nicht beeinflußt zu werden scheinen. Diese Tatsache steht im Einklang mit der Hypothese, daß die Umwandlungen der radioaktiven Körper nicht molekularer, sondern atomarer Natur sind, denn die Eigenschaften des Atoms sind keine Funktionen der Temperatur. Die Unabhängigkeit der Strahlung von der Temperatur ist von H. Becquerel beim Uran und von P. Curie beim Radium nachgewiesen worden (siehe § 147).

Die Versuche von P. Curie über das Zerfallsgesetz der Radiumemanation haben gezeigt, daß dieses zwischen -180^0 und 450^0 von der Temperatur unabhängig ist (§ 59). Rutherford hat beobachtet, daß die Zerfallsgeschwindigkeit der Thoriumemanation bei der Temperatur der flüssigen Luft unverändert bleibt.

Der Einfluß der Temperatur auf die induzierte Radioaktivität des Radiums ist der Gegenstand zahlreicher Untersuchungen gewesen (§ 176, § 182). Der aktive Niederschlag des Radiums ist komplexer Natur, und die Versuche sind nicht immer einfach zu deuten. Bis jetzt liegen jedoch keine hinreichenden Gründe für die Annahme vor, daß die radioaktiven Konstanten der den Niederschlag bildenden Substanzen mit der Temperatur ihre Werte ändern.

Auch die Versuche über den Einfluß sehr starker Drucke auf die radioaktiven Umwandlungen sind ohne positives Resultat verlaufen.

Aus verschiedenen Versuchen ergibt sich auch mit großer Wahrscheinlichkeit, daß die Art der chemischen Bindung und der Einfluß chemischer Agenzien nicht imstande sind, die radioaktiven Konstanten zu verändern. So zerfällt z. B. der radioaktive Niederschlag des Thoriums in Lösung nach demselben Gesetz wie in festem Zustande; die Radiumemanation behält ihr gewöhnliches Zerfallsgesetz auch unter der Einwirkung sehr energischer chemischer Mittel. Man kann eine große Zahl derartiger Beispiele anführen; die Versuche sind jedoch im allgemeinen nicht mit großer Genauigkeit durchgeführt worden, und unbedeutende Effekte hätten wohl dabei übersehen werden können.

Schließlich scheinen die radioaktiven Konstanten von der Konzentration der aktiven Substanz in sehr weiten Grenzen unabhängig zu sein. Die bei der Radiumemanation gewonnenen Erfahrungen sind in dieser Hinsicht besonders bezeichnend, da die Konzentration bei ihnen in einem Verhältnis von $1 : 10^{13}$ variierte.

P. Curie hat darauf hingewiesen, daß die radioaktiven Konstanten, da sie in so hohem Grade von den Versuchsbedingungen unabhängig sind, zur Definition absoluter Zeiteinheiten dienen können.

96. **Gründe, welche für die Annahme einer Umwandlung der Atome sprechen.** — Die Gründe, welche gegenwärtig zur Annahme der Theorie von der Umwandlung der Atome führen, mögen hier noch einmal zusammengefaßt werden:

1. Die Theorie gibt eine gute Erklärung für die am Radium

beobachtete beträchtliche Energieabgabe sowie für die Tatsache, daß diese von der Temperatur unabhängig ist und auch bei der Temperatur des flüssigen Wasserstoffs noch stattfindet, bei der gewöhnliche chemische Reaktionen in der Regel ausbleiben. Die Theorie erklärt gleichzeitig die Unabhängigkeit der Strahlung von der Temperatur.

2. Die emittierten Strahlen sind korpuskularer Natur. Die absorbierbaren Strahlen bestehen zum großen Teile aus α-Teilchen, welche die Dimensionen von Atomen haben. Die Ausstoßung eines solchen Teilchens muß den Zerfall des Atoms zur Folge haben.

3. Sowohl das Radium wie andere radioaktive Körper erzeugen dauernd Helium. Es findet also ohne Zweifel die Bildung eines wohlcharakterisierten chemischen Elementes aus einem anderen Element statt. Ferner ist der Beweis erbracht worden, daß die α-Teilchen Heliumatome sind. Man kann also annehmen, daß aus den Radiumatomen Heliumatome entstehen.

4. Die Theorie umfaßt die sämtlichen Erscheinungsformen vorübergehender Radioaktivität: Polonium, radioaktive Emanationen, induzierte Radioaktivitäten, Thorium X, Uran X, Aktinium X usw., und erklärt sie in einfacher Weise. Auch über die beobachteten Fälle von Aktivitätszunahme und -abnahme gibt sie genügende Rechenschaft.

5. Die Theorie steht in Übereinstimmung mit der Grundannahme, daß die Radioaktivität eine Eigenschaft der Atome ist. Sie stellt eine Weiterbildung dieser Hypothese dar und dehnt sie auf die Erscheinungen vorübergehender Aktivität aus, die als bestimmten chemischen Substanzen zugehörig betrachtet werden. Sie erhält in diesem Punkte eine wichtige Stütze durch die neueren Arbeiten, die den Beweis liefern, daß die Radiumemanation ein isolierbares und durch sein Spektrum charakterisierbares Gas ist.

6. Die konstante Radioaktivität des Urans, des Radiums, des Aktiniums und des Thoriums steht nicht im Widerspruch mit der Theorie. Man braucht nur anzunehmen, daß der Zerfall dieser Körper sehr langsam erfolgt. Die neueren Arbeiten über die Entstehung des Radiums in den radioaktiven Mineralien stützen die Annahme, daß das Radium einen spontanen Zerfall erleidet.

Anmerkung. Rutherford ist zu der Ansicht gelangt, daß gewisse radioaktive Umwandlungen ohne Aussendung von Strahlen stattfinden können. Die Versuche deuten immer mehr darauf hin, daß tatsächlich Umwandlungen ohne Emission von α-Strahlen vorkommen, daß aber immer mindestens β-Strahlung stattfindet. Die Möglichkeit einer Umwandlung von Atomen ohne gleichzeitige Strahlung ist jedoch offenbar nicht ausgeschlossen. Die Umwandlung einer inaktiven Substanz in eine andere gleichfalls inaktive wird niemals mit den in der Radioaktivität gebräuchlichen Untersuchungsmethoden beobachtet werden können, wohl aber kann man die Umwandlung inaktiver Substanz in aktive feststellen, wie wir an einer späteren Stelle dieses Buches sehen werden.

97. **Abweichungen von dem einfachen Gesetz der radioaktiven Umwandlungen.** — Wir haben gesehen, daß nach der gegenwärtig geltenden Theorie der Zerfall einer jeden radioaktiven Substanz in der Weise geschieht, daß die Zahl der in der Zeiteinheit zerfallenden Atome proportional der Zahl der vorhandenen Atome ist. Dieses Gesetz besagt einfach, daß die Wahrscheinlichkeit, daß ein Atom innerhalb einer gegebenen Zeit zerfällt, für alle Atome die gleiche und unabhängig von ihrer Zahl ist, außerdem ist diese Wahrscheinlichkeit proportional der Beobachtungsdauer. Es ist also nichts anderes als ein Mittelwertsgesetz oder ein Gesetz der großen Zahlen; man muß erwarten, daß es nur mit einer gewissen Annäherung gilt, und zwar mit um so größerer Annäherung, je größer die Zahl der betrachteten Atome ist.

Da wir die Ursachen, die den Zerfall eines bestimmten Atoms in einem gegebenen Moment hervorrufen, nicht kennen, so nehmen wir an, daß sie von dem Gesetz der großen Zahlen beherrscht werden und daß der Zerfall eines individuellen Atomes eine Zufallswirkung ist.

E. v. Schweidler[1]) hat die Wahrscheinlichkeitsrechnung auf dieses Problem angewandt. Die Wahrscheinlichkeit für den Zerfall eines Atoms während der Zeit dt sei gleich λdt; wird diese

[1]) v. Schweidler, Kongreß für Radiologie, Lüttich 1905.

Wahrscheinlichkeit als unabhängig von dem betrachteten Zeitpunkt und von der Anzahl der Atome angesehen, so ist λ eine Konstante, und bezeichnet man mit N die Zahl der vorhandenen Atome und mit $-dN$ die Zahl der während der Zeit dt zerfallenden, so erhält man

$$\frac{-dN}{N} = \lambda dt,$$

$$N = N_0 e^{-\lambda t}, \tag{1.}$$

wo N_0 die Zahl der Atome zur Zeit $t = 0$ ist.

Das so abgeleitete Zerfallsgesetz ist also genau das gleiche, das wir oben als für eine einfache radioaktive Substanz gültig kennen gelernt haben. Es stellt jedoch nur einen Grenzfall für eine sehr große Zahl von Atomen dar. Praktisch müssen Abweichungen von diesem Gesetz vorkommen, und der Wert von N muß um den von der Formel 1 gelieferten Mittelwert schwanken. Diese Schwankungen müssen sich durch ihnen proportionale Schwankungen der Strahlung um den dem einfachen Exponentialgesetz entsprechenden Mittelwert verraten. Die Größe der Schwankungen kann durch Rechnung ermittelt werden.

Betrachten wir eine hinreichend große Reihe von Zeitintervallen der Größe δ. Ist der ganze Zeitraum $m\delta$ klein im Vergleich zur mittleren Lebensdauer der betrachteten Substanz, so besagt die Theorie, daß in jedem Zeitintervall gleich viel Atome zerfallen. In Wirklichkeit ist dies nicht der Fall, sondern es finden um so merklichere Abweichungen statt, je kleiner die Zahl der vorhandenen Atome ist. Bezeichnen wir mit mZ die Gesamtzahl der während der Zeit $m\delta$ umgewandelten Atome, so daß während der Zeit δ im Mittel Z Atome zerfallen. In Wirklichkeit werden in einem bestimmten Zeitintervall $Z + \Delta$ Atome zerfallen, wo Δ die Abweichung vom Mittelwert in dem betrachteten Zeitintervall bedeutet. Als relative Abweichung bezeichnet man die Größe

$$\varepsilon = \frac{\Delta}{Z}.$$

Einem jeden Zeitintervall entspricht eine bestimmte relative Abweichung, und man bezeichnet als mittlere relative Abweichung den Ausdruck

$$\bar{\varepsilon} = \sqrt{\frac{\Sigma \varepsilon^2}{m-1}}.$$

Die mittlere Abweichung Δ ist gleich $\bar{\varepsilon}$Z. Es läßt sich zeigen, daß zwischen $\bar{\varepsilon}$, $\bar{\Delta}$ und Z folgende sehr einfache Beziehungen bestehen:

$$\bar{\varepsilon} = \frac{1}{\sqrt{Z}}, \qquad \bar{\Delta} = \sqrt{Z}.$$

Diese Beziehungen sind der experimentellen Prüfung zugänglich. Wir betrachten eine radioaktive Substanz, die die Luft in einem Meßapparat ionisiert. Die Schwankungen der Zerfallsgeschwindigkeit kommen in der erhaltenen Ionisation zum Ausdruck, und wenn man diese nach den gewöhnlichen Methoden mißt, so kann man versuchen, sie durch unregelmäßige Schwankungen der Stromintensität zu erkennen. Derartige Schwankungen haben sich tatsächlich beobachten lassen. Man benutzt dabei mit Vorteil einen sehr empfindlichen Meßapparat und kompensiert den zu messenden Ionisationsstrom so vollkommen wie möglich, denn die Amplitude der Schwankungen ist im allgemeinen nur ein kleiner Bruchteil der Stromstärke.

Wir messen die in der Ionisationskammer in gleichen Zeitintervallen δ in Freiheit gesetzten Elektrizitätsmengen. Diese sind proportional der Zahl der in denselben Intervallen zerfallenden Atome. Man kann auf diese Weise die mittlere relative Abweichung ε experimentell bestimmen. Andererseits ist die Zahl Z proportional der im Mittel in einem Zeitintervall δ in Freiheit gesetzten Elektrizitätsmenge q, und man hat

$$q = i\delta,$$

wo i die mittlere Stromstärke bedeutet.

Betrachtet man lauter Zeitintervalle von gleicher Größe δ, so muß ε umgekehrt proportional $\sqrt{i}$ und Δ proportional $\sqrt{i}$ sein.

Liefert die Strahlungsquelle nur α-Strahlen, wie z. B. das Polonium, und ist der Zerfall eines Atoms von der Emission nur eines einzigen α-Teilchens begleitet, so hat man

$$q = ZNe,$$

wo N die Zahl der von einem α-Teilchen erzeugten Ionen und e das Elementarquantum bedeutet; es ist vorausgesetzt, daß die Strahlen in der Ionisationskammer vollständig absorbiert werden und N infolgedessen wohl definiert ist. Tatsächlich vermögen sämtliche von einer einfachen radioaktiven Substanz ausgesandten

α-Teilchen in Luft die gleiche Entfernung zu durchdringen und erzeugen auf ihrem Wege gleich viel Ionen (siehe § 124).

Man erhält also die Gleichung

$$\varepsilon = \sqrt{\frac{Ne}{i\delta}}.$$

Das Produkt Ne bezeichnet die bei der Absorption eines α-Teilchens in dem Gase in Freiheit gesetzte Elektrizitätsmenge. Für ein α-Teilchen des Poloniums hat dieses Produkt ungefähr den Wert $7{,}5 \,.\, 10^{-5}$ elektrostatische Einheiten (siehe § 135).

Die Formel erlaubt die mittlere Abweichung ε zu berechnen und mit dem experimentell gefundenen Werte zu vergleichen.

Die eben beschriebene Methode ist von Kohlrausch[1]) angewandt worden, der zwei entgegengesetzt gerichtete Ionisationsströme, die von zwei Poloniumpräparaten von möglichst genau gleicher Aktivität geliefert wurden, miteinander kompensierte. Es zeigte sich, daß die Kompensation nicht vollkommen eingehalten werden kann, und die beobachteten Unregelmäßigkeiten standen im Einklang mit der Theorie. Das Zeitintervall δ war in diesem Falle gleich 1 Minute und die verwendeten Ionisationsströme waren von der Größenordnung 10^{-10} Amp. Die beobachtete mittlere Abweichung stimmte mit der berechneten überein.

Fig. 90.

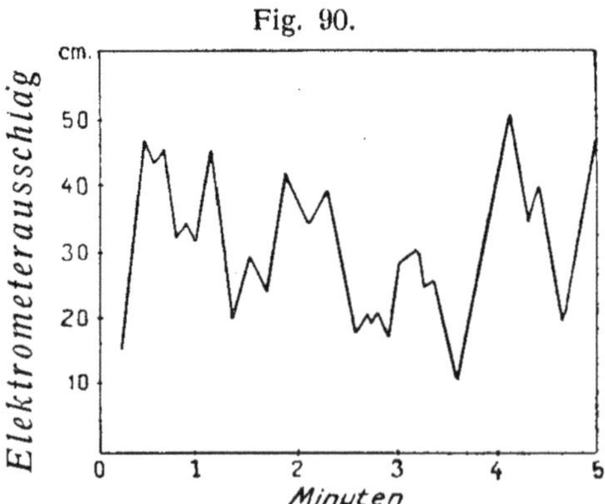

Meyer und Regener[2]) haben ähnliche Versuche ausgeführt, wobei sie ebenfalls den Ionisationsstrom kompensierten.

---

[1]) Kohlrausch, Wiener Akademieberichte, 1906.

[2]) Meyer und Regener, Deutsche phys. Ges., 1908.

Das Elektrometer führte Schwankungen um eine mittlere Lage aus, die in Fig. 90 dargestellt sind. Die Zeiten sind als Abszissen, die Lagen der Elektrometernadel als Ordinaten aufgetragen; in der Figur sind nur die Umkehrpunkte berücksichtigt und durch gerade Linien miteinander verbunden; in Wirklichkeit war die Bewegung nicht gleichförmig.

Diese Schwankungen lassen sich theoretisch nicht in einfacher Weise deuten. Es läßt sich jedoch voraussehen, daß ihre Amplitude proportional der Quadratwurzel aus der Stromstärke sein muß, und man findet tatsächlich, daß die mittlere Amplitude proportional $\sqrt{i}$ ist, wenn i im Verhältnis 1 : 100 variiert.

Diese Schwankungen der Stromstärke sind sowohl mit α-Strahlen als auch mit durchdringenden Strahlen beobachtet worden.

Geiger[1]) hat versucht, die Schwankungen des Elektrometers zu eliminieren, indem er ein einziges Bündel von α-Strahlen gleichzeitig auf zwei durch ein dünnes, für die Strahlen durchlässiges Aluminiumblatt voneinander getrennte Ionisationskammern wirken ließ. Die in beiden Kammern erhaltenen Ströme waren gleich und umgekehrt gerichtet und konnten sich daher kompensieren. Handelte es sich tatsächlich um Schwankungen der Strahlungsintensität, d. h. um Schwankungen der Zahl der in dem Bündel vorhandenen α-Teilchen, so mußte die Kompensation, nachdem sie einmal hergestellt war, erhalten bleiben, da die Unregelmäßigkeiten der Strahlung jeden der beiden Ströme in gleicher Weise beeinflussen mußten. Die beobachteten Schwankungen waren tatsächlich viel unbedeutender als sonst; vollkommen konnten sie jedoch nicht zum Verschwinden gebracht werden, was wahrscheinlich daher kommt, daß die benutzten Strahlen nicht parallel waren.

Die relative Schwankung des Ionisationsstromes ist bei den durchdringenden Strahlen weniger bedeutend als bei den α-Strahlen. Das kommt daher, daß zur Erlangung der gleichen Ionisation viel mehr β-Teilchen als α-Teilchen erforderlich sind.

Neuerdings sind von Rutherford[2]) und von Regener[3])

[1]) Geiger, Phil. Mag., 1908.

[2]) Rutherford, Proc. Manch. Phil. Soc., 1908.

[3]) Regener, Deutsche Phys. Ges., 1908.

zwei Methoden zur direkten Zählung der α-Teilchen angegeben worden. Die eine besteht darin, den individuellen Effekt eines einzelnen α-Teilchens nach einer elektrometrischen Methode zu beobachten, die andere in einer Zählung der α-Teilchen mittels der von ihnen auf einem Zinksulfidschirm hervorgerufenen Szintillationen. Diese Versuche, die im folgenden Kapitel besprochen werden sollen, gestatten auch, das Gesetz zu ermitteln, dem die Emission der α-Teilchen folgt; dieselbe hat tatsächlich den Charakter einer vom Zufall beherrschten Erscheinung, und durch eingehendere Untersuchungen wird die Analogie noch vervollständigt werden können. Man kann auf diese Weise direkt die Zahl der in einer gegebenen Zeit zerfallenden Atome bestimmen; gleichzeitig ergibt sich aus dem Werte der mittleren relativen Abweichung eine Beziehung zwischen der Anzahl der bei dem Zerfall eines Atoms gebildeten α-Teilchen, der Anzahl der von jedem α-Teilchen in dem Gas erzeugten Ionen und der Ladung eines Ions, d. h. dem Elementarquantum.

98. **Die möglichen Ursachen des Zerfalls der radioaktiven Atome.** — Wenn auch die Theorie der Umwandlung der radioaktiven Atome der Gesamtheit der beobachteten Erscheinungen vollkommen gerecht wird, so bleibt der Mechanismus dieser Umwandlung doch noch gänzlich unbekannt. Um ihn aufzuklären, kann man nach Beziehungen zwischen den radioaktiven Eigenschaften und anderen Eigenschaften der betreffenden Atome suchen, d. h. man kann die Frage aufwerfen, ob die stark radioaktiven Substanzen auch in irgendwelcher anderen Hinsicht von der gewöhnlichen Materie verschieden sind. Es ist sehr bemerkenswert, daß die Erfahrung in dieser Richtung noch keinerlei Anhaltspunkte gegeben hat. Von den stark radioaktiven Substanzen hat bis jetzt nur das Radium chemisch untersucht werden können; es verhält sich vollkommen wie ein Erdalkalimetall, es hat die chemischen Eigenschaften eines solchen und sein Spektrum ist dem der anderen Elemente der Gruppe durchaus analog; die physikalischen Eigenschaften der festen und gelösten Salze sind ebenfalls ganz ähnlich. Das Radium ist in der Gruppe der Erdalkalimetalle das Element mit dem höchsten Atomgewicht.

Die radioaktiven Substanzen sind ganz im allgemeinen Elemente mit hohem Atomgewicht. Das Uran und das Thorium haben unter den bekannten Elementen die höchsten Atomgewichte. Man konnte annehmen, daß das Radium, da es viel stärker aktiv ist, ein noch höheres Atomgewicht hätte. Wie wir gesehen haben, ist das nicht der Fall, sein Atomgewicht ist aber dennoch ziemlich hoch; es kommt gleich nach dem des Thoriums. Jedes dieser drei Elemente ist das höchste Glied einer Elementengruppe. Es scheint aber auch radioaktive Elemente zu geben, die sich dieser Regelmäßigkeit nicht fügen. Neuere Versuche haben die Existenz einer sehr schwachen Radioaktivität beim Kalium (Atomgew. 39) und Rubidium (85,4) erwiesen, während das höhere Homologe dieser Metalle, das Caesium (135), nicht als aktiv erkannt werden konnte. Andererseits ist eine Reihe von Elementen, deren Atomgewicht nur wenig niedriger als das des Radiums ist, nicht radioaktiv (Wismut, Blei, Thallium, Quecksilber usw.).

Man hat auch in der Weise einen Unterschied zwischen radioaktiver und inaktiver Materie aufzufinden versucht, daß man sich fragte, ob die Beschleunigung der Schwerkraft beim Radium dieselbe sei wie bei anderen Substanzen. Versuche in dieser Richtung sind von Thomson[1]) ausgeführt worden, der die Schwingungen eines Pendels, das zum Teil aus einem Radiumsalz bestand, beobachtete. Sagnac[2]) hat die Massen zweier Gefäße von gleichem Gewicht, von denen das eine Barium, das andere Radium enthielt, mittels der Schwingungen einer Drehwage miteinander verglichen. Diese Versuche haben zu keinem positiven Resultat geführt.

Man kann über den Mechanismus der Umwandlung auch dadurch Klarheit zu gewinnen versuchen, daß man ihn durch äußere Mittel zu beeinflussen versucht. Wir haben gesehen, daß auch in dieser Hinsicht bis jetzt keine positiven Resultate zu erzielen gewesen sind (§ 95). Die radioaktiven Konstanten der veränderlichen Substanzen und die Strahlungsintensität der Substanzen mit konstanter Aktivität sind innerhalb der Fehlergrenzen unabhängig von den äußeren Bedingungen. Dieses Resultat könnte überraschend erscheinen, besonders in bezug auf den möglichen Einfluß der Konzentration, denn man könnte denken,

[1]) J.-J. Thomson, International Electrical Congress, St. Louis 1904.
[2]) Sagnac, Journ. de Phys., 1906.

daß die von bestimmten Atomen emittierte Strahlung die Umwandlung anderer, von der Strahlung getroffener Atome zu beeinflussen vermöchte, und in diesem Falle müßte ein deutlicher Einfluß der Konzentration zu bemerken sein.

In Ermangelung experimenteller Anhaltspunkte ist man auf rein theoretische Erwägungen über den Mechanismus der Umwandlung und ihre möglichen Ursachen angewiesen. Es ist schwer zu verstehen, warum manche Atome fast sofort nach ihrer Entstehung wieder zerfallen, während andere gleichartige sozusagen unendlich lange ohne Veränderung bestehen bleiben. Man kann nicht gut anders schließen, als daß entweder die entstandenen Atome untereinander nicht absolut gleich sind, oder daß ihr Zerfall durch zufällige äußere Umstände ausgelöst wird. Ist die erste Anschauungsweise richtig, so könnte man hoffen, Methoden aufzufinden, mittels deren man eine einfache radioaktive Substanz in zwei Teile von verschiedener Lebensdauer zerlegen könnte. Nach der zweiten Auffassung müßte man es erreichen können, durch die Wirkung äußerer Einflüsse, wie z. B. der Temperatur, des Druckes, eines magnetischen oder elektrischen Feldes, durch den Einfluß von Strahlungen, von chemischen Reaktionen u. dgl. die radioaktiven Konstanten zu verändern. Die Erfahrung spricht bis jetzt zugunsten keiner der beiden Hypothesen.

Es liegt ein Versuch vor, den Zerfall der Atome durch die allmähliche Verminderung ihrer inneren Energie zu erklären, die sie infolge der konstanten Emission elektromagnetischer Strahlung erleiden. Thomson[1]) hat theoretisch untersucht, in welcher Weise sich negative Elektronen in bestimmter Anzahl zu stabilen Konfigurationen anordnen können, wenn sie sich im Inneren einer Kugel befinden, die eine homogen in ihrem Volumen verteilte positive Ladung enthält, wobei er annahm, daß die Elektronen um den Kugelmittelpunkt gleichförmige Rotationsbewegungen in einer einzigen Ebene ausführen. Die Elektronen sind dann im stabilen Zustand in regelmäßigen Abständen auf konzentrischen Ringen verteilt. Die von einem solchen Ring emittierte Strahlung ist unter sonst gleichen Umständen um so schwächer, je größer die Zahl der Elektronen ist; sie würde gleich null, wenn die negative

[1]) J.-J. Thomson, Phil. Mag., März 1904.

Ladung der Elektronen gleichmäßig über die Peripherie des Ringes verteilt wäre. Es wird auf diese Weise verständlich, daß der Energieverlust durch elektromagnetische Strahlung von einem Atom zum anderen sehr verschiedene Werte annehmen kann. Dieser Energieverlust führt jedoch notwendigerweise eine schnellere oder langsamere Verminderung der Rotationsgeschwindigkeit mit sich, und da eine bestimmte Konfiguration nur bei Geschwindigkeiten stabil ist, die eine gewisse kritische Geschwindigkeit übersteigen, so folgt daraus, daß das System in einem bestimmten Moment instabil werden und eine plötzliche Veränderung erleiden muß. Eine derartige plötzliche Umformung würde der Umwandlung des Atoms entsprechen. Die verschiedene Lebensdauer der einzelnen individuellen Atome und das Exponentialgesetz des Zerfalles würden jedoch noch zu erklären bleiben.

Tabellen zum Gebrauche bei auf Radiumemanation bezüglichen Rechnungen.[1])

Die folgenden Tabellen enthalten für verschiedene Werte der Zeit t die Werte der Funktionen $e^{-\lambda t}$ und $\frac{1}{\lambda}(1-e^{-\lambda t})$, wo λ die radioaktive Konstante der Emanation ist. Sie gestatten also, zu berechnen:

a) Den Bruchteil, der von einem ursprünglich vorhandenen Quantum Emanation nach einer Zeit t übrig ist, während deren die Emanation den spontanen Zerfall erlitten hat, gemäß der Formel

$$q = q_0 e^{-\lambda t}.$$

b) Die Menge q der Emanation, die sich in einer Zeit t in einem geschlossenen Gefäß über einer radiumhaltigen Substanz ansammelt, unter der Voraussetzung, daß die pro Stunde produzierte Menge $\varDelta$ bekannt und die ursprünglich vorhandene Menge gleich null ist. Man hat in diesem Falle

$$q = \frac{\varDelta}{\lambda}(1-e^{-\lambda t}).$$

Die Funktion $\frac{1}{\lambda}(1-e^{-\lambda t})$, bzw. $\theta\,(1-e^{\frac{t}{\theta}})$, wo θ die mittlere Lebensdauer bedeutet, gibt die reduzierte Zeit an (siehe § 69).

Den Tabellen liegt der Wert

$$\lambda = 0{,}0075 \frac{1}{\text{Stunden}}$$

zugrunde, was einer Zerfallsperiode T = 3,86 Tage entspricht.

In beiden Tabellen werden die Intervalle der Unabhängigen t gegen das Ende zu größer, aber die in der dritten bzw. vierten Kolumne verzeichneten Differenzen beziehen sich immer auf eine Stunde Zeitintervall. Ist also t der gegebene Zeitwert und τ der

---

[1]) Die Tabellen sind von Herrn Kolowrat berechnet.

nächst niedrige in der Tabelle enthaltene, so ist

$$f(t) = f(\tau) \mp (t - \tau)\delta,$$

wo das Zeichen — für die Tabelle A und das Zeichen + für die Tabelle B gilt; δ ist die in der Tabelle angegebene Differenz, ohne Rücksicht auf das Vorzeichen. Man suche z. B. $f(t) = \frac{1}{\lambda}(1 - e^{-\lambda t})$ für

$$t = 5 \text{ Tage } 22 \text{ Stunden } 15 \text{ Minuten} = 5 \text{ Tage } 22{,}25 \text{ Stunden.}$$

Man findet $\tau = 5$ Tage 20 Stunden, $f(\tau) = 86{,}675$ Stunden, $\delta = 0{,}3447$, und erhält daraus

$$f(t) = 86{,}675 + 2{,}25 \,.\, 0{,}3447 = 87{,}45.$$

Der bei dieser Interpolation entstehende Fehler ist nie größer als 4—5 Einheiten der letzten Dezimale bei Tabelle A, 6—7 Einheiten bei Tabelle B. In praxi läßt man im allgemeinen nach der Interpolation die letzte Dezimale weg; will man aber, daß der Fehler eine Einheit der letzten Dezimale nicht übersteigt, so muß man die in der letzten Kolumne angegebenen Differenzen zweiter Ordnung zu Hilfe nehmen und hat dann nach der Formel zu rechnen:

$$f(t) = f(\tau) \mp (t - \tau)\,\delta + \frac{t - \tau}{2}\left(1 - \frac{t - \tau}{h}\right)\delta',$$

wo δ und δ' ohne Rücksicht auf das Vorzeichen verstanden sind und h das Intervall von t an der betreffenden Stelle der Tabelle bezeichnet, d. h. je nach dem vorliegenden Falle 2, 3, 4, 6, 8, 12 oder 24 Stunden. Bei obigem Beispiel wäre

$$\delta' = 0{,}010, \quad h = 4,$$

woraus sofort folgt:

$$f(t) = 86{,}675 + 2{,}25 \,.\, 0{,}3447 + \frac{2{,}25}{2}\left(1 - \frac{2{,}25}{4}\right).\, 0{,}010 = 87{,}456.$$

Es sei darauf hingewiesen, daß am Anfang jeder Tabelle die Differenzen δ und δ' mit derselben Anzahl von Dezimalen, wie die Werte der Funktionen $f(\tau)$ selbst, angegeben sind; von $t =$ 5 Tagen an ist jedoch für δ eine Dezimale mehr angeführt und von $t = 18$ Tagen an zwei Dezimalen mehr; bei δ' ist ähnlich verfahren. Diese zugesetzten Dezimalen sind, um Irrtümer auszuschließen, durch kleineren Druck gekennzeichnet.

Tabelle A

t Tage	t Stunden	$e^{-\lambda t}$	δ 0.00	t Tage	t Stunden	$e^{-\lambda t}$	δ pro Stunde 0.00	δ' pro Stunde 0.0000
	0	1.00000	747	1	14	0.75201	562	
	1	0.99253	742	1	15	0.74639	557	
	2	0.98511	736	1	16	0.74082	554	
	3	0.97775	730	1	17	0.73528	549	
	4	0.97045	726	1	18	0.72979	545	
	5	0.96319	719	1	19	0.72434	542	
	6	0.95600	715	1	20	0.71892	537	
	7	0.94885	709	1	21	0.71355	533	
	8	0.94176	703	1	22	0.70822	529	
	9	0.93473	699	1	23	0.70293	525	
	10	0.92774	693	2	0	0.69768	522	
	11	0.92081	688	2	1	0.69246	517	
	12	0.91393	683	2	2	0.68729	514	
	13	0.90710	678	2	3	0.68215	509	
	14	0.90032	672	2	4	0.67706	504	8
	15	0.89360	668	2	6	0.66698	496	8
	16	0.88692	663	2	8	0.65705	489	7
	17	0.88029	657	2	10	0.64726	482	7
	18	0.87372	653	2	12	0.63763	475	7
	19	0.86719	648	2	14	0.62813	468	7
	20	0.86071	643	2	16	0.61878	461	7
	21	0.85428	639	2	18	0.60957	454	7
	22	0.84789	633	2	20	0.60050	447	7
	23	0.84156	629	2	22	0.59156	440	7
1	0	0.83527	624	3	0	0.58275	432	9
1	1	0.82903	620	3	3	0.56978	422	9
1	2	0.82283	614	3	6	0.55711	413	9
1	3	0.81669	611	3	9	0.54471	404	9
1	4	0.81058	605	3	12	0.53259	395	9
1	5	0.80453	601	3	15	0.52074	386	9
1	6	0.79852	597	3	18	0.50916	378	9
1	7	0.79255	592	3	21	0.49783	369	9
1	8	0.78663	588	4	0	0.48675	361	8
1	9	0.78075	583	4	3	0.47592	353	8
1	10	0.77492	579	4	6	0.46533	345	8
1	11	0.76913	575	4	9	0.45498	337	8
1	12	0.76338	570	4	12	0.44486	330	8
1	13	0.75768	567	4	15	0.43496	323	7

Tabelle A (Fortsetzung)

t		$e^{-\lambda t}$	δ pro Stunde 0.00	δ' pro Stunde 0.0000	t		$e^{-\lambda t}$	δ pro Stunde 0.00	δ' pro Stunde 0.0000
Tage	Stunden				Tage	Stunden			
4	18	0.42528	315	7	12	6	0.11025	0809	37
4	21	0.41582	308	7	12	12	0.10540	0773	36
5	0	0.40657	3004	9	12	18	0.10076	0739	34
5	4	0.39455	2915	9	13	0	0.09633	0701	43
5	8	0.38289	2829	9	13	8	0 09072	0660	41
5	12	0.37158	2745	8	13	16	0.08543	0622	38
5	16	0.36059	2664	8	14	0	0.08046	0586	36
5	20	0.34994	2585	8	14	8	0.07577	0552	34
6	0	0.33960	2509	8	14	16	0.07136	0519	32
6	4	0.32956	2435	7	15	0	0.06721	0489	30
6	8	0.31982	2363	7	15	8	0.06329	0461	28
6	12	0.31037	2293	7	15	16	0.05961	0434	27
6	16	0.30119	2225	7	16	0	0.05613	0409	25
6	20	0.29229	2160	7	16	8	0.05287	0385	24
7	0	0.28365	2096	6	16	16	0.04979	0362	22
7	4	0.27527	2034	6	17	0	0.04689	0341	21
7	8	0.26714	1974	6	17	8	0.04416	0321	20
7	12	0.25924	1915	6	17	16	0.04159	0303	19
7	16	0.25158	1859	6	18	0	0.03916	0280	26
7	20	0.24414	1804	5	18	12	0.03579	02569	24
8	0	0.23693	1751	5	19	0	0.03271	02347	22
8	4	0.22993	1699	5	19	12	0.02990	02146	20
8	8	0.22313	1649	5	20	0	0.02732	01964	18
8	12	0.21654	1600	5	20	12	0.02497	01790	17
8	16	0.21014	1553	5	21	0	0.02282	01631	15
8	20	0.20393	1507	5	21	12	0.02086	01497	14
9	0	0.19790	1462	4	22	0	0.01906	01366	13
9	4	0.19205	1419	4	22	12	0.01742	01257	12
9	8	0.18637	1377	42	23	0	0.01592	01140	11
9	12	0.18087	1326	61	23	12	0.01455	01042	098
9	18	0.17291	1268	59	24	0	0.01330	00954	090
10	0	0.16530	1212	56	24	12	0.01216	00874	082
10	6	0.15803	1159	53	25	0	0.01111	00792	075
10	12	0.15107	1108	51	25	12	0.01015	00727	069
10	18	0.14442	1059	49	26	0	0.00928	00638	126
11	0	0.13807	1013	47	27	0	0.00775	00537	105
11	6	0.13199	0968	45	28	0	0.00647	00442	088
11	12	0.12619	0925	43	29	0	0.00541	00374	073
11	18	0.12063	0885	41	30	0	0.00452	—1	—
12	0	0.11533	0846	39	∞		0.00000		

Tabelle B

t		Reduzierte Zeit	δ	t		Reduzierte Zeit	δ	δ'
Tage	Stunden	$\frac{1}{\lambda}(1 - e^{-\lambda t})$		Tage	Stunden	$\frac{1}{\lambda}(1 - e^{-\lambda t})$	pro Stunde	pro Stunde 0,0
	0	0.000	0.996	1	14	33.065	0.749	
	1	0.996	0.989	1	15	33.814	0.744	
	2	1.985	0.982	1	16	34.558	0.738	
	3	2.967	0.974	1	17	35.296	9.732	
	4	3.941	0.966	1	18	36.028	0.727	
	5	4.907	0.960	1	19	36.755	0.722	
	6	5.867	0.952	1	20	37.477	0.716	
	7	6.819	0.946	1	21	38.193	0.711	
	8	7.765	0.938	1	22	38.904	0.706	
	9	8.703	0.931	1	23	39.610	0.700	
	10	9.634	0.925	2	0	40.310	0.695	
	11	10.559	0.917	2	1	41.005	0.690	
	12	11.476	0.910	2	2	41.695	0.684	
	13	12.386	0.904	2	3	42.379	0.680	
	14	13.290	0.897	2	4	43.059	0.672	10
	15	14.187	0.890	2	6	44.403	0.662	10
	16	15.077	0.884	2	8	45.727	0.652	10
	17	15.961	0.877	2	10	47.031	0.642	10
	18	16.838	0.870	2	12	48.316	0.633	09
	19	17.708	0.864	2	14	49.582	0.623	09
	20	18.572	0.858	2	16	50.829	0.614	09
	21	19.430	0.851	2	18	52.057	0.605	09
	22	20.281	0.845	2	20	53.267	0.596	09
	23	21.126	0.838	2	22	54.459	0.587	09
1	0	21.964	0.832	3	0	55.634	0.576	13
1	1	22.796	0.826	3	3	57.362	0.563	13
1	2	23.622	0.820	3	6	59.053	0.551	13
1	3	24.442	0.813	3	9	60.705	0.539	12
1	4	25.255	0.808	3	12	62.321	0.527	12
1	5	26.063	0.802	3	15	63.901	0.515	12
1	6	26.865	0.795	3	18	65.446	0.503	11
1	7	27.660	0.790	3	21	66.956	0.492	11
1	8	28.450	0.783	4	0	68.433	0.481	11
1	9	29.233	0.778	4	3	69.877	0.471	11
1	10	30.011	0.772	4	6	71.289	0.460	10
1	11	30.783	0.766	4	9	72.669	0.450	10
1	12	31.549	0.761	4	12	74.019	0.440	10
1	13	32.310	0.755	4	15	75.339	0.430	10

Tabelle B (Fortsetzung)

t		Reduzierte Zeit	δ	δ'	t		Reduzierte Zeit	δ	δ'
Tage	Stunden	$\frac{1}{\lambda}(1-e^{-\lambda t})$	pro Stunde	pro Stunde 0.0	Tage	Stunden	$\frac{1}{\lambda}(1-e^{-\lambda t})$	pro Stunde	pro Stunde 000
4	18	76.629	0.421	10	12	6	118.633	0.1078	50
4	21	77.891	0.411	09	12	12	119.280	0.1031	47
5	0	79.124	0.4005	12	12	18	119.898	0.0985	45
5	4	80.726	0.3887	12	13	0	120.490	0.0935	58
5	8	82.281	0.3772	11	13	8	121.238	0.0880	54
5	12	83.790	0.3661	11	13	16	121.942	0.0829	51
5	16	85.254	0.3552	11	14	0	122.605	0.0784	48
5	20	86.675	0.3447	10	14	8	123.230	0.0736	45
6	0	88.054	0.3346	10	14	16	123.818	0.0693	43
6	4	89.392	0.3247	10	15	0	124.373	0.0652	40
6	8	90.691	0.3151	10	15	8	124.894	0.0614	38
6	12	91.951	0.3058	09	15	16	125.386	0.0579	36
6	16	93.174	0.2967	09	16	0	125.849	0.0545	34
6	20	94.361	0.2879	09	16	8	126.285	0.0513	32
7	0	95.513	0.2794	09	16	16	126.695	0.0483	30
7	4	96.631	0.2712	08	17	0	127.082	0.0455	28
7	8	97.715	0.2632	08	17	8	127.446	0.0429	26
7	12	98.768	0.2554	08	17	16	127.789	0.0404	25
7	16	99.790	0.2478	08	18	0	128.111	0.03745	35
7	20	100.781	0.2405	07	18	12	128.561	0.03423	32
8	0	101.743	0.2334	07	19	0	128.972	0.03128	29
8	4	102.677	0.2265	07	19	12	129.347	0.02859	27
8	8	103.583	0.2198	07	20	0	129.690	0.02613	25
8	12	104.462	0.2133	06	20	12	130.004	0.02388	23
8	16	105.315	0.2070	06	21	0	130.290	0.02183	21
8	20	106.143	0.2009	06	21	12	130.552	0.01994	19
9	0	106.947	0.1950	06	22	0	130.792	0.01823	17
9	4	107.727	0.1982	06	22	12	131.010	0.01666	16
9	8	108.483	0.1836	056	23	0	131.210	0.01523	14
9	12	109.218	0.1769	081	23	12	131.393	0.01392	13
9	18	110.279	0.1691	078	24	0	131.560	0.01272	12
10	0	111.293	0.1616	074	24	12	131.713	0.01162	11
10	6	112.263	0.1545	071	25	0	131.852	0.01062	10
10	12	113.190	0.1477	068	25	12	131.980	0.00971	09
10	18	114.077	0.1412	065	26	0	132.096	0.00845	17
11	0	114.924	0.1350	062	27	0	132.300	0.00709	14
11	6	115.734	0.1291	059	28	0	132.470	0.00592	12
11	12	116.509	0.1234	057	29	0	132.612	0.00495	10
11	18	117.249	0.1180	054	30	0	132.731	—	—
12	0	117.957	0.1128	052	∞		133.333	—	—

Ende des ersten Bandes.

Corrigenda.

S. 1 Z. 7 v. u. statt „proportinalen“ lies: proportionalen.

„ 8 „ 10 v. u. statt „$\frac{dn}{dt} = N - \alpha n_2$“ lies: $\frac{dn}{dt} = N - \alpha n^2$.

„ 9 „ 3 und 4 v. o. statt „$2\sqrt{\alpha N t}$“ lies in beiden Gleichungen: $2t\sqrt{\alpha N}$.

„ 36 „ 16 v. o. statt „$-s\frac{D}{n}\frac{\partial n}{\partial x}$“ lies: $-\frac{D}{n}\frac{\partial n}{\partial x}$.

„ 57 „ 8 v. o. statt „Zeemann“ lies: Zeeman.

„ 80 „ 2 v. u. statt „S. 00.“ lies: S. 90.

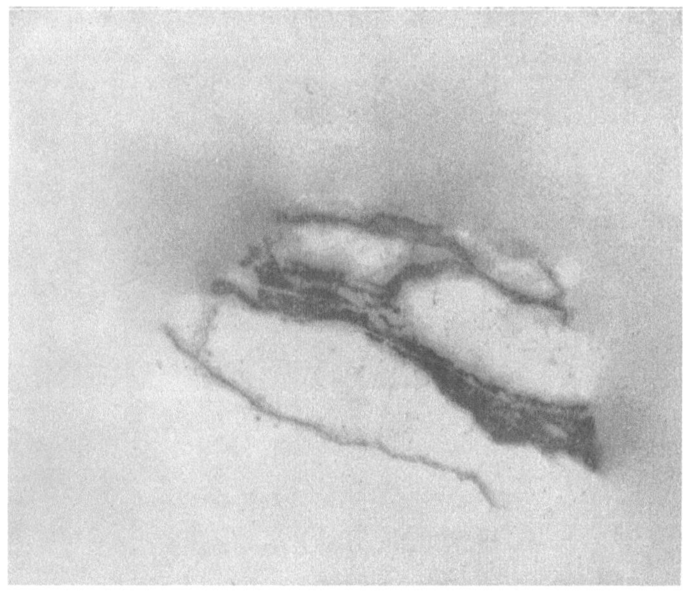

Photographischer Abdruck, erhalten mit einem Stück Pechblende von Cornouailles.

Reines Radiumchlorid

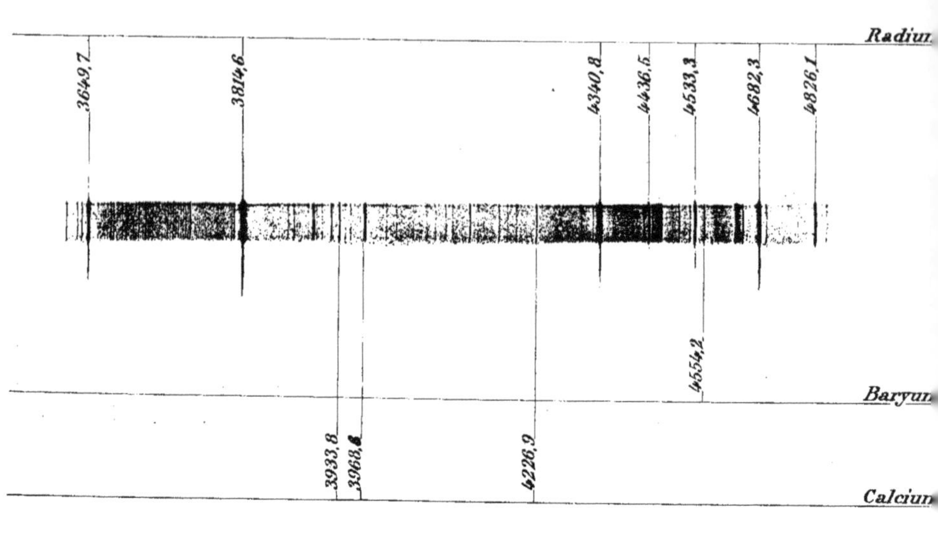

Reines Radiumchlorid
mit 0,6 %-Bariumchlorid versetzt

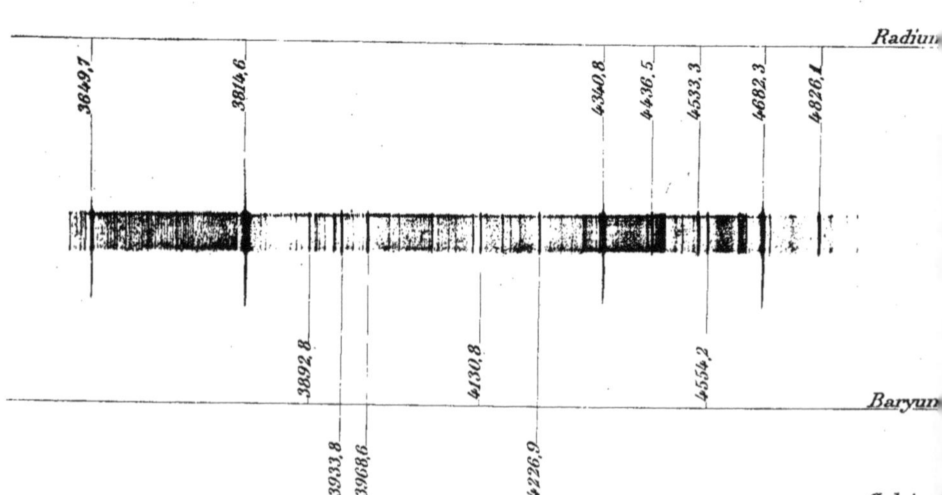

www.ingramcontent.com/pod-product-compliance
Ingram Content Group UK Ltd.
Pitfield, Milton Keynes, MK11 3LW, UK
UKHW041845200726
13854UKWH00005BA/2195

9 783958 012974